塔里木盆地油气藏流体相态特征

孙龙德 江同文 谢 伟 肖香姣 编著

石油工业出版社

内 容 提 要

本书基于塔里木盆地30多年来已开发的多类型油气藏流体相态研究数据资料，将原始流体相态实验数据按照油气聚集区域进行分类总结，分析了不同类型油气藏的流体相态变化特征，内容涵盖了目前油气开发领域内的绝大多数油气藏类型。

本书适合从事油气田开发工程的科技人员、工程技术人员和高等院校师生参考阅读。

图书在版编目（CIP）数据

塔里木盆地油气藏流体相态特征 / 孙龙德等编著. — 北京：石油工业出版社，2021.12
ISBN 978-7-5183-4769-8

Ⅰ.①塔… Ⅱ.①孙… Ⅲ.①塔里木盆地-含油气盆地-油气藏-流体-研究 Ⅳ.①P618.130.2

中国版本图书馆 CIP 数据核字（2021）第 151550 号

出版发行：石油工业出版社
　　　　　（北京安定门外安华里2区1号　100011）
　　　　　网　　址：www.petropub.com
　　　　　编辑部：（010）64523710
　　　　　图书营销中心：（010）64523633
经　　销：全国新华书店
印　　刷：北京中石油彩色印刷有限责任公司

2021年12月第1版　2021年12月第1次印刷
787×1092毫米　开本：1/16　印张：24.5
字数：518千字

定价：186.00元
（如出现印装质量问题，我社图书营销中心负责调换）
版权所有，翻印必究

《塔里木盆地油气藏流体相态特征》编写组

组　　长：孙龙德
副组长：江同文　谢　伟　肖香姣
成　　员：（按姓氏笔画排序）

王小强	王亚娟	王胜军	王洪峰	王　勇
王振彪	王益民	王　涛	王海应	王　敏
王　慧	王艳丽	付小涛	仝可佳	朱卫红
朱松柏	乔　霞	伍轶鸣	刘文超	刘志良
刘　艳	刘　宵	刘　敏	刘骐峣	阳建平
孙　雷	杨　敏	吴蜜蜜	旷曦域	汪如军
汪　斌	宋静波	张　旭	张利明	张建业
张银涛	张　超	张曙振	陈文龙	陈　东
邵剑波	林　娜	罗彩明	金　玉	李　旭
赵　冀	胥珍珍	姚　琨	聂延波	夏　静
郭　平	黄召庭	黄扬明	曹国娟	董　晨
焦玉卫	颜　雪	魏　聪	孟祥娟	唐永亮

序一

塔里木盆地位于世界第二大流动性沙漠塔克拉玛干腹地，在这一片环境恶劣的荒漠戈壁之下，埋藏着丰富的油气藏宝藏。自20世纪50年代开始，塔里木盆地油气勘探经历了"五上五下"的艰辛历程。20世纪80年代末以来，为贯彻党中央、国务院关于陆上石油工业"稳定东部、发展西部"的战略方针，塔里木盆地勘探引进新工艺和新技术，相继在塔北、塔中和南天山山前发现了以塔中4、牙哈和克拉2等一批优质油气田。

世界油气开发实践证明，只有获得对油气藏特征的充分认识，才能确定经济、合理和有效的开发方式，实现高效开发的目标。塔里木盆地已发现的绝大多数油气藏具有埋藏深、储层类型多、油气藏流体性质复杂，组分变化范围宽等特征。我国对于流体相态特殊的复杂油气藏，例如凝析气藏和异常高压气藏等基础研究甚少。在"八五"之前，国内对复杂油气藏进行大规模成功开发仍无先例可循。

为此，中国石油天然气集团公司自"八五"以来，联合国内20多家科研机构持续开展了复杂油气藏开发新技术攻关研究。"九五"期间，在相态研究方面，室内实验证实高含蜡凝析气具有特殊的气—液—固相态特征，建立了高含蜡凝析气相态理论模型，奠定了凝析气藏高效开发的理论基础，创建了以牙哈凝析气田为代表的高压循环注气提高采收率开发模式，也将中国的复杂油气藏开发技术推向了世界舞台。21世纪初，塔里木盆地又相继发现塔中Ⅰ号、大北、克深和博孜等一批超深、高压油气藏。面对这种在国内外罕见的油气藏，塔里木石油人再次超越自我，实现了勘探开发技术从深层到超深层、从高压到超高压、从优质储层到复杂储层的重大跨越，指导了超深、超高压油气资源的成功开发，2020年油气产量达到了3000万吨。塔里木盆地石油科技工作者坚定不移地走科技自主创新之路，通过自主创新破解世界级勘探开发难题，将塔里木盆地建成了国内重要的油气生产基地和西气东输主力气源地。

塔里木石油科技工作者将数十年的油气藏相态实验研究成果进一步总结提炼，形成了这本《塔里木盆地油气藏流体相态特征》。此书突出科学性、系统性、实践性，是座广大石油科技工作者的参考知识库。该书的出版既是塔里木油气开发科技发展的缩影，也是对塔里木石油人致力于理论创新和技术创新无止境追求的致敬。我热烈祝贺该书的出版，更希望广大石油科技工作者用好这本书，为国家油气勘探开发事业添砖加瓦。

序二

　　塔里木盆地是我国油气资源富集区域之一，油气藏埋藏深，压力温度高，油气藏构造特征、油气储层和流体相态尤为复杂，开发这类复杂油气藏具有很多世界性难题。塔里木油田公司集全国智慧，很好地实现"产、学、研"结合，科学、有效、经济地成功开发这类复杂气藏，形成了很多具有世界水平的开发经验，对全国乃至世界都具有一定的指导意义。

　　塔里木盆地也是国内最大的凝析气田开发生产基地，已开发油气藏类型众多而复杂，除凝析气藏外，还有高压干气气藏和类型多样的油藏。通过30年来的油气藏开发，塔里木石油科技工作者积累了宝贵的复杂油气藏开发经验，建立了特有的油气藏开发技术系列，创建了具有国际先进水平的采油气和地面集输工艺。除凝析气藏高压注气开发取得很好的开发效果之外，在深层油藏注气提高采收率技术方面也取得很好的效果。目前正向超深层超高压油气藏开发进军。

　　本书内容主要是塔里木盆地已开发油气藏流体相态特征与规律总结，其涵盖了全球大部分油气藏类型。油气体系相态特征研究是油气藏勘探开发，特别是凝析气藏和油藏注气开发提高采收率的基本理论之一。在复杂油气藏开发中，相态特征研究处于基础性、指导性地位。依据流体相态研究获得的油气藏流体组分特征与变化规律，开发技术人员可确定科学合理的开发方式，指导开发方案编制与实施。本书正是基于这一基本认识，结合在塔里木盆地油气藏开发的科研、生产实践的总结，既有丰富的数据，也有工作流程和方法；既有现象的描述，也有规律性认识。这些成果对塔里木盆地勘探开发科研人员及全国其他油气藏地质与开发工作者都有很好的借鉴和指导意义。

在相态研究领域很难发现有这么多、这么全的油气藏流体相态数据与规律认识，我很同意这本书的出版。广大读者通过该书籍可以深入了解塔里木盆地油气藏开发的宝贵经验。

前　言

塔里木盆地是世界上最大的内陆含油气盆地之一，总面积 $56×10^4 km^2$。截至2019年底，发现并探明油气田30余个，形成了库车、英买力—牙哈、轮南—塔河、塔中及塔西南等5个油气田群，主要分布在库车坳陷、塔北隆起、中央隆起和西南坳陷。塔里木盆地的多期生排烃、多期油气运移、多期成藏造成油气藏类型复杂多样。稠油、普通黑油、挥发油、凝析气、湿气和干气等多种油气藏流体类型在塔里木盆地均有发现并已投入开发。

流体相态特征及其随压力和温度的变化规律是油气田开发的理论基础之一，对油气藏类型判断、开发技术政策制定、油气藏生产管理等都有重要的影响。流体组分、相对体积、偏差系数、体积系数、流体密度和饱和压力等参数也是油气藏评价和储量计算的重要依据。本书基于塔里木盆地已发现油气藏流体相态实验，对取样条件、实验结果和相态规律等方面进行了系统总结与分析。这既是对塔里木盆地油气藏流体相态数据的总结与留存，也涵盖了相态研究最新成果。希望通过本书，能够为国内类似油气田开发提供一套相对完整的资料参考，同时也有助于增加油气藏勘探与开发技术人员对流体相态研究的兴趣与热情。

本书共分为六章。绪论概括介绍了塔里木油气藏的勘探开发概况和油气流体的相态研究进展；第一章重点阐述了塔里木油气藏流体相态实验研究方法和流程；第二章系统总结了深层油气藏流体析蜡与非平衡相态实验；第三章至第六章分别介绍了塔里木盆地不同区域油气藏流体相态特征及分布规律。本书由孙龙德全书策划，江同文对油气藏流体相态规律进行总结与整理并负责全书审核，谢伟、肖香姣负责各章节统稿。参与编写的人员有赵冀、张利明、汪如军、阳建平、孙雷、朱卫红、王小强、郭平、王振彪、伍轶鸣、汪斌、王洪峰、夏静、金玉、张曙振、王胜军、焦玉卫、王勇、聂延波、朱松柏、黄扬明、王亚娟、陈文龙、刘文超、罗彩明、王慧、颜雪、林娜、曹国娟、魏聪、陈东、仝可佳、刘志良、孟祥娟、乔霞、黄召庭、王益民、邵剑波、吴蜜蜜、付小涛、唐永亮、张银涛、李旭、王敏、董晨、王涛、姚琨、刘骐崎、张旭、张超、旷曦域、刘宵、胥珍珍、刘艳、宋静波、杨敏、张建业、王海应、刘敏、王艳丽。

　　本书参考了大量的塔里木盆地相态实验研究成果，这些珍贵数据离不开中国石油塔里木油田公司勘探开发研究院、实验检测研究院、油气生产管理部门以及各大石油院校专家学者们的辛勤付出。中国石油塔里木油田公司档案中心相关人员在本书资料整理和图文编辑过程中给予了大量的帮助。我国著名的天然气开发专家——西南石油大学李士伦教授对全书内容进行了仔细审阅并提出修改建议。他们的辛勤工作为本书的编写奠定了坚实的基础，在此一并致以诚挚的谢意！

　　由于笔者水平和学识所限，书中难免出现不妥之处，恳请广大读者批评指正。

目 录

绪论 ……………………………………………………………………………………… 1
 第一节 勘探开发简介 …………………………………………………………… 1
 第二节 塔里木盆地油气相态研究概况 ………………………………………… 4

第一章 流体取样方式与相态实验 ………………………………………………… 10
 第一节 高压流体取样方式 …………………………………………………… 10
 第二节 高压流体相态实验 …………………………………………………… 19

第二章 深层油气藏流体析蜡与非平衡相态实验 ………………………………… 24
 第一节 凝析气藏流体析蜡实验 ……………………………………………… 24
 第二节 循环注气开发凝析气藏非平衡相态实验 ………………………… 40

第三章 库车坳陷油气藏流体性质和分布规律 ………………………………… 55
 第一节 克拉苏构造带油气藏 ………………………………………………… 55
 第二节 秋里塔格构造带油气藏 …………………………………………… 103
 第三节 北部构造带油气藏 ………………………………………………… 117
 第四节 库车坳陷油气藏流体相态规律 ……………………………………… 127

第四章 塔北隆起油气藏流体性质和分布规律 ………………………………… 133
 第一节 轮台凸起油气藏 …………………………………………………… 133
 第二节 英买力低凸起油气藏 ……………………………………………… 155
 第三节 轮南低凸起油气藏 ………………………………………………… 194
 第四节 塔北隆起油气藏流体相态规律 ……………………………………… 258

第五章 中央隆起油气藏流体性质和分布规律 ………………………………… 272
 第一节 塔中凸起油气藏 …………………………………………………… 272
 第二节 中央隆起油气藏流体相态规律 ……………………………………… 360

第六章 西南坳陷油气藏流体性质和分布规律 368
第一节 西天山冲断带油气藏 368
第二节 麦盖提斜坡油气藏 372
第三节 西南坳陷油气藏流体相态规律 376
参考文献 380

绪　　论

塔里木盆地油气资源丰富，既富油，更富气，已发现的油气藏主要集中在库车坳陷、塔北隆起、中央隆起和西南坳陷，大多为深层、超深层油气藏，流体组分复杂、相态特征多样。

第一节　勘探开发简介

塔里木盆地位于新疆维吾尔自治区南部，介于天山、昆仑山两大山系之间。东北部与吐鲁番盆地相邻，西部与塔吉克斯坦、费尔干纳盆地接壤，南部隔昆仑山与青藏高原相连，北部隔天山与准噶尔盆地毗邻。东西长约1300km，南北最宽处500km，总面积$56×10^4km^2$，是我国最大的内陆盆地（图1）。塔里木盆地是大型叠合复合盆地，周围被许多深大断裂所限制的稳定地块。地块基底为古老结晶岩，基底上有厚约千米的古生代和元古代沉积覆盖层，上有较厚

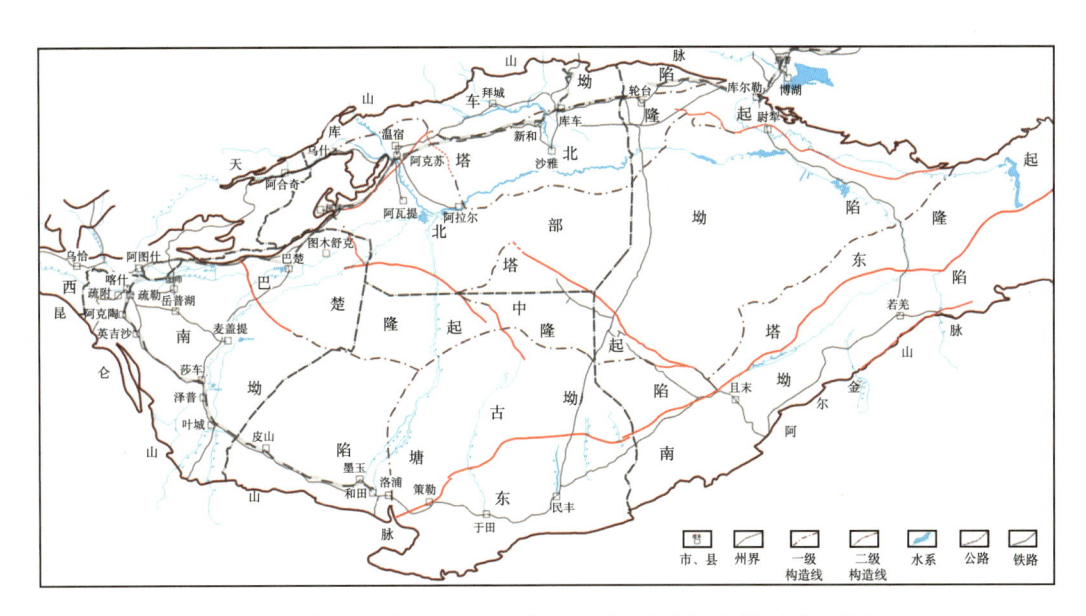

图1　塔里木盆地州界、水系、交通及构造单元位置图

的中生代和新生代沉积层，第四纪沉积物的面积很大。盆地地势西高东低，微向北倾。中部是被称为"死亡之海"的塔克拉玛干大沙漠，周边的戈壁上分布着多个绿洲。

塔里木盆地油气勘探工作有较长历史。从19世纪20年代到20世纪40年代末，中国、苏联和瑞典等各国探险家、地质家就对塔里木盆地周缘的库车、阿克苏、拜城、温宿、乌恰、喀什及莎车进行过地层、岩性、生油岩、储层和构造等方面地质调查。新中国成立为开展大规模的石油勘探创造了优越条件。大规模的地质勘探从1952年开始，石油部门和地质矿产部门两支队伍在塔里木盆地并肩作战，开展石油天然气勘探。

1950年中苏石油股份公司成立后，主要针对塔里木盆地周缘地区进行地质调查，采用重磁力、电法和地震勘探，重点开展区域概查、普查及局部详查、细查工作，同时针对库车坳陷和塔西南坳陷重点区带进行石油地质评价及圈闭优选钻探。1952年12月，塔里木盆地第一口油气探井在喀什背斜开钻，开启了塔里木盆地石油钻探的历史。1958年，重磁队9次横穿塔克拉玛干大沙漠，完成了重磁力路线普查任务，这是人类历史上首次成功穿越塔克拉玛干大沙漠。1966年，塔里木勘探会战指挥部1439钻井队进入沙漠腹地，在351构造上钻探和田河浅1井，这是塔里木盆地首次进入沙漠腹地钻探。20世纪50年代至70年代，由于交通运输、技术条件限制及政治因素干扰等原因，仅在塔里木盆地库车坳陷依奇克里克和西南坳陷的柯克亚地区发现并开发建设两个油气田——依奇克里克油田和柯克亚气田。20世纪80年代初期，积极引进国外先进的工艺技术和管理经验。1983—1984年，中美联合地震队完成横贯塔里木盆地东西、南北向二维地震19条测线，明确了沙漠区的地下地质情况，在塔北和塔中地区发现了一批具有重大意义的大型和巨型构造，为后来的石油钻探布井提供了依据。1986年，南疆石油勘探公司成立，在塔北、中央隆起部署的轮南1井、轮南2井、英买1井和塔中1井等先后获得高产工业油气流。为此，经国务院批准，于1989年4月成立塔里木石油勘探开发指挥部，正式拉开了塔里木油气勘探大会战的序幕，之后在库车、塔北、塔中及塔西南地区投入了大量的地球物理勘探及钻井工作量，取得重大突破及发现，形成了塔里木石油勘探开发的三大阵地。塔里木盆地油气勘探工作通过几代人的辛勤努力，对塔里木盆地的地质认识逐渐深化。

塔里木盆地是一个由古生代克拉通盆地与中新生代前陆盆地组成的大型复

合、叠合盆地，主体为克拉通区，北部和西南部分别发育了库车前陆盆地和塔西南前陆盆地。按构造单元可以划分为"三隆四坳"7个一级构造单元，分别是塔北隆起、中央隆起、东南隆起、库车坳陷、北部坳陷、西南坳陷和东南坳陷。塔里木盆地发育砂岩和碳酸盐岩两类储层，膏盐岩和泥岩两类盖层；发育中下寒武统膏盐层/白云岩、奥陶系泥岩/石灰岩、石炭系泥岩/东河砂岩、古近系膏盐岩/白垩系砂岩4套区域性储盖组合。塔里木盆地发育4套主力烃源层及海、陆相两类油气，多套烃源岩叠置、多期成藏，具备形成大油气田的物质基础。迄今，塔里木盆地已发现12个含油气层系、100多个含油气构造，探明30余个大中小型油气田。

塔里木盆地目前已形成了库车前陆冲断带、英买力—牙哈、轮南—塔河、塔中及塔西南5个油气田群。已开发油气田具有油气藏类型多、储层厚度大、储量丰度高、单井产能高等特点，主要地质特征为：（1）以相对较完整的背斜构造为主，多呈条带状分布，台盆区油气藏构造较平缓，山前区油气藏多为高陡构造。（2）含油气层系多，分布相对集中，油气藏埋藏深度大，以深层、超深层油气藏为主，油藏一般属于正常压力、温度系统，气藏多属于异常高压、高温系统。（3）台盆区储层以中孔、中高渗透砂岩储层为主，山前区以中低孔隙度、中低渗透砂岩储层为主，全区储层都具有厚度大，分布稳定，层内非均质性较严重的特点。（4）油气藏类型多，台盆区以块状底水油气藏为主，天然水体能量相对充足；山前区以气藏、凝析气藏为主，驱动能量以弹性驱为主。（5）原油性质较好，地层水矿化度高，气藏流体性质复杂，组分变化范围宽，凝析油具有高含蜡特征。

塔里木油田开发历程大致可分3个阶段：1989—1999年为砂岩油田开发阶段；2000—2009年为砂岩油田稳产，凝析气田和天然气田开发阶段；2009年前后塔北和塔中碳酸盐岩油气藏投入开发，储量类型多样化，进入常规油藏、凝析气藏、天然气藏和碳酸盐岩油气藏共同开发阶段。

1989年6月，轮南油田轮南2井投入试采，揭开了塔里木油田开发的序幕，30多年来，开发对象由深层到超深层，由砂岩储层到碳酸盐岩储层，相继开发了以轮南、东河塘、塔中4、哈得逊、克拉2、迪那2、牙哈、英买力、克深和大北等为主的碎屑岩油气田；以哈拉哈塘、轮古、塔中I号、英买力潜山以及和田河为主的碳酸盐岩油气田。由图2可以看出，塔里木油田公司的原油和天然气产量呈台阶式上升，已进入油气并举、全面发展的新阶段。

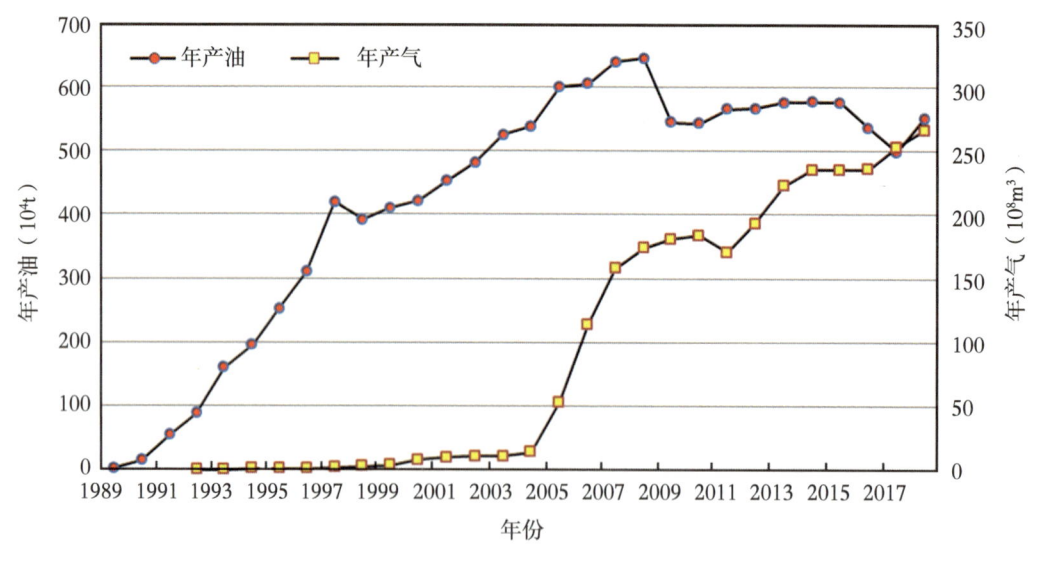

图 2　塔里木油田历年油气产量曲线

第二节　塔里木盆地油气相态研究概况

1992 年，塔里木油田成立油气藏流体相态实验室，对塔里木盆地已发现油气藏开展流体性质与相态特征实验研究，同时根据"两新两高"工作方针，建立了开放的研究系统，与大港油田、中国石油勘探开发研究院、中国石油大学（北京）、中国石油大学（华东）以及西南石油大学等科研院所开展合作研究。油气藏相态研究可以分为三个阶段：1989—1995 年，随着轮南、东河塘等第一批油藏被发现，中国石油塔里木油田公司在地层流体取样及相态实验方面开展了一系列的研究，油藏的相态特征研究比较充分。1995—2015 年，随着吉拉克凝析气田和牙哈凝析气田等的发现和规模开发[1]，凝析气藏的取样及其相态特征[2]成为研究重点，在高含蜡凝析气相态特征[3-5]及其在注气过程中的变化规律[6]方面开展了较为深入的研究。2015 年以来，随着克深等一批超深层超高压气藏和凝析气藏的开发，发现了一些特殊的组分，研究重点转为超深超高压气藏流体取样及其相态特征。超深层超高压气藏流体相态研究目前仍处在进行过程中，塔里木油田开发技术人员针对油藏和凝析气藏已建立了完善的相态实验技术并形成了系统的流体相态数据资料库。其中，凝析气藏是一类最为特殊和复杂的气藏。这一类气藏由于能同时采出天然气和凝析油而具有较高的经济价值。深入细致的流体相态研究是该类气藏开发科学决策的关键依据。塔里木盆地凝析气藏流体相态特征具有很强的特殊性并且立项研究时间长，相态研究成果尤其丰富。

一、凝析气藏相态 PVT 实验

在塔里木盆地已发现的凝析气田当中，相当一部分属于高含油凝析气藏，不仅流体性质特殊，且气藏本身也具有许多特殊性[7]。例如，牙哈凝析气田具有凝析油含量高、地露压差小、含蜡量高等流体特点。该类凝析气藏在开发过程中，地层流体会出现复杂的相态变化和流动特征。与常规凝析气藏流体相比，该类气藏地层流体通常含有大量的重质烃类组分，其相态特征十分复杂。在开采过程中可能出现固相沉积，表现出复杂的气—液—固相态变化特征。这类流体的相态特征与常规的凝析气相态特征差别程度以及富凝析气藏注气开发技术政策，这些关键问题的解决都需要大量而准确的实验结果支撑。科研人员在准确取得牙哈凝析气藏流体样品基础上，在注气条件下的富凝析气藏相态基础研究方面取得了关键性成果，指导了该类型气田的高效开发[8]。

（1）在准确获得牙哈凝析气藏合格地层流体样品的基础上开展相态实验。实验结果显示牙哈凝析气藏流体为近饱和流体，流体的露点压力随温度降低而升高。

（2）牙哈凝析气藏流体 PVT 相态实验发现，在实验压力和温度条件下，等液量线相互平行而没有会聚趋势，没有泡点线，富凝析气藏流体没有临界点。

（3）牙哈凝析气藏流体在较高温度和压力下会出现固相沉积。在高压下，固相沉积压力随温度下降而升高，即气—固相变特征线斜率为负数。在高压条件下，由于逸度系数随压力上升而急剧减小，从而导致固相组分在气相中的摩尔分数急剧增大，即溶解度急剧上升。凝析气析蜡实际上就是蜡组分含量在气相处于饱和状态而结晶析出。当流体加压后，固相分子因溶解度增大而处于未饱和状态，在此压力下要使固相分子析出，必须通过降低温度使其达到饱和状态。由此可知，随着温度降低，析蜡线必然表现出斜率为负数的现象[9]。

（4）根据恒质量膨胀实验和固相沉积实验数据，高含蜡凝析气藏流体的相态特征分为单相气、气—固、气—液—固、气—液 4 个区域[10,11]。

二、凝析气在多孔介质条件下的相态实验

一批深层凝析气田在塔里木盆地被发现后,与之相对应的凝析气藏流体相态实验研究就显得更加重要。通常,凝析气藏开发理论与实验中,多孔介质对凝析油气体系相平衡的影响忽略不计。实际上,多孔介质对凝析气藏地层流体的相态特征和渗流的影响是存在的,需要研究地层条件下多孔介质吸附、毛细管力凝聚效应和毛细管压力等综合因素对凝析气流体相态特征和反凝析的变化特征的影响。

(1) 根据实验需要,科研人员设计了高温高压气体吸附测试仪。该仪器可用于测试纯气体或者混合气体在固体多孔介质中的吸附与脱附等温线。仪器的测试温度范围在室温至150℃之间,压力范围为0~60MPa。同时建立了吸附与脱附测试方法和数据处理方法等配套技术,为凝析油气体系吸附研究提供了重要的实验依据。

(2) 利用高温高压气体吸附测试仪,测定了氮气、甲烷、乙烷、丙烷和正丁烷在不同岩心中吸附与脱附等温线,为理论研究提供了实验依据。同时,测定了烃类混合气体在不同岩心中的吸附与脱附等温线,为凝析油气体系吸附理论模型的建立提供了实验数据。吸附量实验数据证实,重烃组分的吸附对低渗透气藏的储量计算有明显影响,不考虑吸附时的储量计算结果至少比考虑吸附时少5%。

(3) 在多孔介质条件下的凝析油气相态实验中,超声波声速和衰减对凝析油气相态转变点和饱和度变化表现出较高的灵敏度。当多孔介质中凝析气由气相向液相(或由液相向气相)转变时,超声波声速陡然下降,波幅出现明显突变,据此可以明确地判断出凝析油气相态转变的起始点,即露点或者泡点。由此解决了不可视多孔介质PVT装置中流体相态特征的测试难题。

(4) 凝析气临界流动饱和度测试(表1) 发现,临界流动饱和度的大小与油层岩石孔隙介质物性、流体性质、束缚水等因素影响有密切关系。

表1 多孔介质条件下凝析油气临界流动饱和度实验结果表

项目	1号样品	2号样品	3号样品	4号样品
流体性质	轻质油	凝析气	凝析气	凝析气
凝析油含量(g/m^3)	—	239.352	364.353	160.052
实验温度(℃)	48	48	48	50

续表

项目	1号样品	2号样品	3号样品	4号样品
有介质条件下饱和压力（psi）	3060	4774	5187	4500
无介质条件下饱和压力（psi）	2858	4551	4833	4600
临界流动饱和度（%）	—	13	18	20.79
岩石类型	人造	人造	人造	天然
孔隙度（%）	38.6	37.1	38.6	18.09
渗透率（D）	1.73	1.44	1.73	0.02189
束缚水饱和度（%）	—	—	—	17.38
转样方式	N_2置换	N_2置换	抽空，转样后置换	水、天然气，置换

（5）在深入研究多孔介质对凝析油气体系相平衡影响机理的基础上，运用界面物理化学理论方法将多孔介质表面吸附、毛细管凝聚和毛细管压力效应用于油气层岩石中凝析油气体系相态特征模拟预测的相平衡热力学模型。将多孔介质条件下的油气相态理论与渗流理论相结合，建立了同时考虑吸附、毛细管凝聚和毛细管压力影响的多孔介质凝析油气体系渗流数学模型。多孔介质凝析油气体系渗流模型应用于牙哈凝析气藏气井开发动态预测结果表明，多孔介质界面现象对凝析油气产状、渗流特征有明显的影响，可显著降低气井的产能和气相相对渗透率，并使地层反凝析油饱和度和压力损失增加。

三、深层高温高压凝析气藏相态实验

塔里木盆地相继发现了迪那2、乌参等一批深层高温高压凝析气田，其共同特点是埋藏深、地层压力高、温度高。针对此类凝析气藏也随即开展了流体相态实验与理论研究，重点解决地层条件下的流体偏差系数计算等难题。

（1）高温高压凝析气藏露点压力以上的偏差系数实验结果显示，同一温度下偏差系数Z值随压力的增大而增大，呈直线上升趋势，曲线的斜率近似为45°。当实验温度较高，同一压力之下的气体偏差系数较为接近。而实验温度较低，同一压力之下的偏差系数压力差值较大。不同温度下偏差系数测试曲线（图3）说明，温度对气体偏差系数的影响不明显，主要受压力所控制。

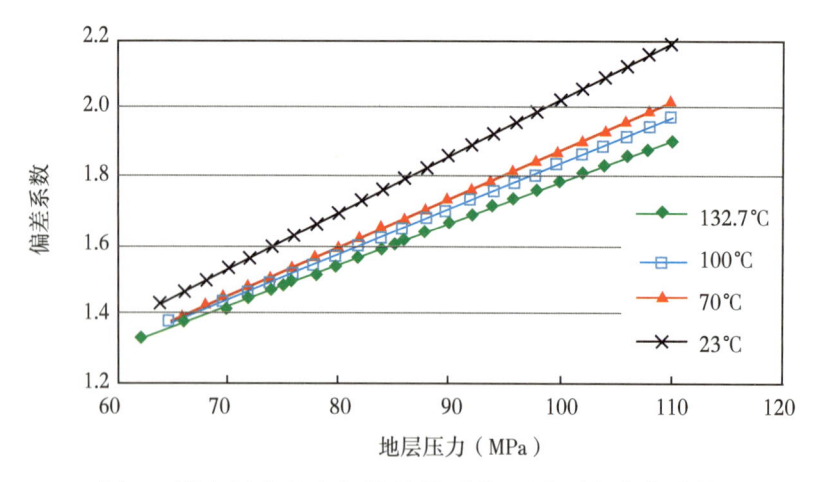

图 3　露点压力以上气体偏差系数 Z 随压力变化曲线

（2）高温高压凝析气藏露点压力以下压力区间内偏差系数实验结果显示，同一温度下气体偏差系数随压力的变化幅度明显。图 4 显示，气体偏差系数 Z 值随压力的降低而急剧下降。实验压力从露点压力降至 48MPa 的压力区间内，偏差系数随温度升高而降低。而实验压力低于 48MPa 后，偏差系数 Z 值随温度降低而减小。

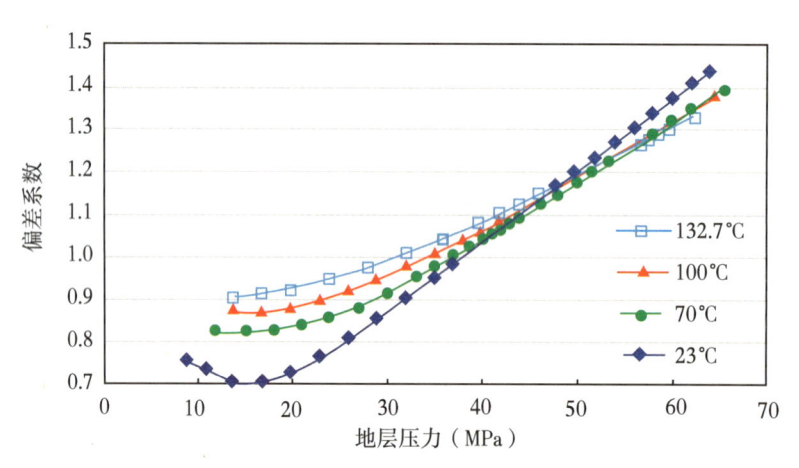

图 4　露点压力以下气体偏差系数 Z 随压力变化曲线

（3）在超高压凝析气藏相态实验基础上，将实验参数进行无量纲化并采用最小二乘法回归拟合，建立适用于超高压凝析气藏的流体偏差因子、露点压力及流体黏度计算式和经验关系式。通过多个样品的实验测试数据与公式计算数据对比，误差均在 2% 以内，计算结果可以满足现场工作需要。

四、凝析气藏循环注气提高采收率实验

基于牙哈凝析气藏性质,开展了不同注气条件下流体相态特征实验研究。研究表明:

(1) 在注气过程中,流体的露点压力随注入干气体积的增加而上升,地层流体会因为露点升高而提前出现反凝析,在注气过程中,流体的最大反凝析量逐渐下降。

(2) 在连续注气驱替实验中,产出油中 C_5—C_{11} 组分的摩尔含量在注气倍数小于 0.8 时,所有组分的含量基本保持稳定。当注气量大于 0.8 后,C_5—C_8 的含量下降,而 C_9—C_{11+} 含量呈上升趋势。实验证实随着注气量的增加,中间组分受注入干气影响而在产出油中的含量略有减少。但由于重组分在注气过程中存在蒸发,引起重组分在产出油中的含量略有上升。

(3) 保持压力注气,累计注气量约在大于 0.7 倍的孔隙体积时突破,注入干气在突破之前以活塞式驱替为主。注入干气与原始凝析气流体进行组分交换,有可能使流体露点升高,导致部分凝析气发生反凝析。注气到 2 倍孔隙体积时,凝析油的总采收率为 86.22%,采出油中以中质和重质组分居多。衰竭后注气,衰竭生产到 35MPa 时,凝析油的采收率为 12.07%,天然气采收率为 21.53%,注气约在大于 0.8 倍孔隙体积时突破,气突破之前以活塞式驱替为主,产出油以中质和轻质组分为主,重质组分增加不明显。注气量为 2 倍孔隙体积时,保持压力注气与衰竭后注气相比,凝析油采收率高 24.73%。

除上述凝析气藏的相态实验研究成果外,塔里木油田联合国内外顶尖科研机构在凝析气藏注气过程中不同性质流体混相分析、高温高压气藏流体偏差系数变化规律、高温高压气藏流体蜡沉积实验及理论模型研究等方面开展了多项实验和理论分析并在部分关键领域取得突破性认识,有力支撑了塔里木盆地的天然气高效开发。而以上一系列成果的数据基础来自多类型油气藏开发 30 年来所积累的大量宝贵的气藏流体 PVT 相态数据和规律性认识,这也是本书内容的重点。

第一章　流体取样方式与相态实验

在油气藏开发过程中，对流体相态的研究非常重要，它贯穿于勘探开发的全过程。从探井发现油气藏开始，就要开展相关的流体相态研究工作。首先要取得有代表性的流体样品，并尽快送到实验室做PVT实验，进行相态评价，以便确定油气藏类型，指导勘探和开发。流体相态研究成果为油气藏工程、采油气工程、地面集输和加工处理配套工程设计以及经济评价提供必需的流体物性参数。

第一节　高压流体取样方式

一、地面流体取样技术

1. 取样井的选择与取样工作制度

为了获取有代表性的油气藏流体样品，选择合适的取样井和取样点至关重要。在大多数情况下，取油样或取气样的井段应尽量远离气—油、气—水或油—水过渡带。如果无法避让则需要采取适当的预防措施，优先考虑钻遇油层较厚且距离油水界面较远的井或钻遇油层较厚且钻入含油区域低部位的井。探井、评价井应在生产测试后进行取样，生产井应在地层压力降至露点/泡点压力以前进行取样。具体要求如下[12]：

(1) 优先考虑自喷井；
(2) 井底压力调整到高于预计的原始饱和压力下进行生产的油井或气井；
(3) 不产水或产水率不超过5%的油井或气井；
(4) 气油比及地面原油相对密度在周围井中具有代表性的油井或气井；
(5) 采油指数或采气指数在周围井中相对较高的井；
(6) 油流或气流稳定、没有间歇现象的油井或气井；
(7) 取样井口量油、测气设备齐全可靠，流程符合取样要求的油井或气井；

（8）水泥封固井段层间无窜槽的油井或气井；

（9）近期无措施的井或者措施后对该井流体影响较低满足取样要求的井。

油气井的取样工作制度通过逐级降产来完成调整。每次减少产量 30%～50%，直到生产气油比稳定为止。一般气油比的变化趋势是随产量下降而下降，当气油比已不随产量下降时，认为调整完成。

塔里木油田的流体取样一般采用如下步骤：

（1）取样前先用大油嘴放喷，逐级减小产量，每次降产约一半，生产到气油比稳定（当气油比波动小于 5% 时认为达到稳定）为止；

（2）观察气油比是否稳定，当气油比不再随产量下降而下降时，则调整完成，可以取样；

（3）再换一个更大一点的油嘴求产，取得一个较大压差后，关井测恢复压力。

一般争取在二开求产时，将地面 PVT 取样完成。对分布在边缘地区的气井，若 PVT 取样人员不能及时赶到，则在两次关井测恢复压力后再第三次开井，选择适当的工作制度进行取样。

对凝析气井，不能认为产量控制越小越好。产量太小，反而会使凝析液在井筒中沉降，造成气油比上升。取样时应保持足够高的产量，以防发生"间歇生产"和井筒上部的凝析物沉降。

2. 地面 PVT 取样的技术要求

油气井处在稳定流动条件下，井口和井底的流体成分是基本相同的。只要能精确地测出气油比，取得分离器中稳定的油样和气样，在室内按气油比配制，便可以得到代表油层流体的样品。

生产井调整好且流量稳定后应尽快取样。当使用多级分离器时，样品应取自于高压分离器。油样和气样应尽可能在同一时间取得，其相隔时间不允许超过 1h，油气样均应取双样。一般气样瓶容量为 20L，油样瓶容量为 1L。

1）取气样

取样点应选择在分离器中气体较为稳定的地方，取得的气相不能带有雾状液体。取气样可以在下列部位进行：（1）分离器顶部出气端；（2）分离器压力表接头处；（3）出气管线取样阀处；（4）测量玻璃管顶端。根据特定的地点、气候等条件，选择其中一种方法。取气方法有：抽空取气法、气样冲洗取气法、排液取气法。

（1）抽空取气法：在任何分离器温度和大气温度下均可应用。使用此法时现场应有抽空设备或在实验室事先把取样瓶抽空。按下列步骤进行取样：①选择分离器取气样点，检查阀门是否灵活，清除阀上污物；②用干净耐压软管连接取气阀和气样瓶上阀；③清洗软管，在软管和气样瓶上阀连接处未上紧时，先打开取气阀，用气冲洗软管（冲洗量约为软管容积的5倍），然后上紧；④慢慢打开气样瓶上阀，给气样瓶灌气，待阀前后达到平衡后，依次关闭气样瓶上阀，取样口阀门，拆掉气样瓶连接软管，换下一个气样瓶取样；⑤取完样的气瓶，用密封堵头堵严上下阀口。

（2）气样冲洗取气法：单阀气样瓶或双阀气样瓶均可用此法。当分离器气样温度高于大气温度时，气样瓶必须有保温装置。否则，充气后容易使气瓶内壁凝析液体而改变气样组分。此法必须用气样反复冲洗气样瓶。每次充气后应把气样出口阀朝下，这样以便于发现和及时排掉凝析液。当冲洗气体已相当于气样瓶容积若干倍时，就可着手取样。充气倍数取决于充气压力。取样时先关闭气样瓶出口阀，当压力达到分离器压力时，依次关闭气样瓶进口阀、取样口阀门，然后把气样瓶从取样管线拆下，再接下一个气样瓶取样。取样后对气样瓶各阀门安装密封堵头并检查取好样的气样瓶是否有渗漏。

（3）排液取气法：此法需用双阀气样瓶。取样瓶应先充满某种替置液（盐水、甘油或水），然后用气样置换替置液。取样时，把气瓶垂直放置，上阀用软管与分离器气源连接。上紧前先用气冲洗软管。开大进气阀，慢慢打开出口阀，放出液体。待全部液体排出容器后关闭出口阀，再关进口阀，最后卸管线试漏。取样期间必须让气样瓶内温度始终稍高于分离器温度。如果所取气样含有二氧化碳和硫化氢，则必须用水银作替置液。对于硫化氢，还要采取强制干燥管，而且还应把水银完全清除掉。因为在有水银存在时，水银会和硫化氢发生化学反应。取好样的气样瓶，都必须贴上标签，填好取样记录，然后送实验室分析。

2）取油样

取样点应选在分离器中液体较为稳定且不带游离气泡的地方，如分离器底部含液端、分离器至流量计间（但管线必须有较高的压力）或测量玻璃管底部。如用水柱量油时，则应在水放净后才能取样。取油样方法有：排液取液法、排气取液法。

（1）排液取液法：此法同排液取气法类似。取样瓶先充满不溶于油的液体（如水银、盐水、甘油和水等）。用耐压软管接到玻璃管下阀和取样瓶上阀上；为了更好地控制回压，在阀之间接一压力表；出口处放一个量筒或杯子，以便计量排出替置液体积。取样前，先用分离器油冲洗软管，冲洗时打开阀，松开样瓶阀的接头，让油流到大气中。保持压力，至少冲洗3倍软管体积，然后上紧接头。取样时，先打开样瓶上阀，再打开样瓶下阀。此时压力表的压力升到分离器压力。然后慢慢打开阀，在最小的压降下放替置液于量筒中。当收集到所要求的样品量后，先关闭阀门。最后，让少量液体从底阀突放，以便形成气帽。预留10%体积的替置液，取完样后再把全部替置液放掉，亦可形成气帽。

（2）排气取液法：先用分离器条件下的气体灌满样瓶。然后把样瓶接到取液样处，在保持分离器压力下，用油样置换出全部气体。取样步骤如下：①将样瓶灌满分离器气，然后全部排掉，再灌满气；②样瓶直立到方便位置，连接干净耐压软管到取液阀和样瓶进口阀；③清洗软管，上紧连接部件，并打开取液阀；④打开样瓶进口阀，因为样瓶中已灌满分离器气体。两边压力平衡，没有液体进入样瓶；⑤压力表应显示出分离器压力值；⑥轻轻打开排气阀，缓慢地把样瓶中全部气体排到大气中；⑦当排气阀出现液体时，需要再放掉部分液体。当确信样瓶已灌满时，应倒置样瓶继续排液，如有水则排至无水为止；⑧关闭全部阀，拆掉软管，为安全起见，从样瓶下阀突放气约1s，以便形成气帽；⑨样瓶阀口上紧丝堵，检查渗漏。写好卡片并挂在阀上。另填取样记录，送交实验室。

二、井下取样技术

随着取样技术水平的提高，井下取样的技术水平及准确性有着极大的进步，井下直接取样避免了实验室按照气油比配样步骤。国内外应用较多的为MDT（Modular Formation Dynamics Tester）取样技术，即在中途测试阶段进行的一种井下PVT油气取样方法。在塔里木盆地的复杂流体油气藏开发中取得了较好的应用效果。

1. PVT取样仪器串设计

PVT取样仪器串设计主要是优化：（1）MRMS多样筒模块；（2）井下流体分析模块，用于实时监测流体相变；（3）探针和双封隔器；（4）泵出单元。

1) MRMS 多样筒模块的特殊要求

需采用 MRMS 多样筒模块，并把 MRMS 模块设置为"低振动"（Low-Shock）模式。每个 MRMS 携带 6 个 MPSR 450cm³ 或 SPMC 250cm³ PVT 样筒。

对于地饱压差小的地层流体，建议使用 SPMC PVT 单相取样筒，该 PVT 样筒具有自动高压补偿机制，可以确保所取得的样品在从地下到地面、从井场到实验室的所有温度变化和转运过程中，样品始终保持高压单相状态。

对存在微量活性成分（汞、H_2S 和 CO_2）的地层流体，如果 PVT 取样的首要目的是对这些成分进行精确分析，则需要对每个 MPSR 或 SPMC 取样筒预先涂惰性保护涂层。

2) 井下流体分析模块选择

PVT 取样必需保障流体在取样作业前保持单相状态，因此要对流体流动状态和相态进行实时监测。目前，最灵敏的相态变化监测手段是荧光技术，根据荧光的变化判断是否发生相变。要首选具有荧光探测能力的井下流体分析模块包括：井下流体实验室（IFA）和组分分析仪（CFA）。其中井下流体实验室的荧光探测器是经过标定的，组分分析仪的荧光是没有经过标定的。

在水基钻井液（WBM）条件下，如果只有一个流体分析仪，必须把该模块放在泵出模块的上方。这样可以充分利用泵出模块按流体密度差的分异作用，可以准确计算油水或气水比例，对油气段塞进行准确的不受水影响的组分和气油比等定量测量，除了荧光监测，还可以直接观察油气段塞行为，即时发现严重的相变。这样做也有一个缺点，因为泵后的压力一般高于流动压力，降低了相变探测的敏感性。理想条件下，可以在泵前和泵后各放一个具有荧光探测能力的流体分析仪。

3) 探针和双封隔器选择

探针和双封隔器模块选择的一般准则：

（1）在井筒和地层条件允许的情况下，优先选用泵抽效率高的模块，提高单位时间、单位压降条件下的排液量，最好能够满足 20L/h 以上的排液量；

（2）垂向非均质性强（如砾岩、碳酸盐岩）或薄互层，优先选用椭圆形探针或双封隔器；

（3）在疏松砂岩、稠油、低地饱压差 PVT 取样，优先选用双封隔器；

（4）流度大于 $10mD/(mPa·s)$，建议使用超大探针或椭圆形探针，优先考虑椭圆形探针；

（5）流度为 2.5~10mD/(mPa·s)，建议使用椭圆形探针；

（6）流度为 0.1~2.5mD/(mPa·s)，建议使用双封隔器；

（7）在过平衡压力小（<500psi）、钻井液滤失量小、井筒条件好、可以接受较长的泵抽时间时，可以将探针的使用下限略微放宽；

（8）在任何条件下，当流度小于 1.0mD/(mPa·s) 时，必须选用双封隔器。

在裂缝性地层：

（1）必须依据成像测井（最好成像+声波测井判断裂缝的可能开启性），选择双封隔器坐封位置；

（2）当裂缝高度的轴向投影小于 1.5m 时，可以使用标准的双封隔器模块；

（3）当裂缝高度的轴向投影为 1.5~3m 时，必须使用双封隔器模块+加长杆的配置。

4）泵出单元选择

根据地层、井筒条件以及可供使用的探针或双封隔器，优化泵出单元，根据实际情况选用高压泵或超高压泵。

2. 取样作业流程

1）超大探针作业流程

（1）超大探针坐封。

（2）做一个 10mL 或 2×5mL 的压力预测试，检测坐封情况，不要求压力恢复彻底稳定。

（3）开始进行主泵出作业，先用最小泵速（300r/min）泵 5L 左右。

（4）然后，每隔 5L 左右，逐渐增加泵速，直到允许的最大泵速。要保证流动压差不超过临界出砂压差，并保证仪器在安全的工况范围（如电流强度小于 5A）。

（5）地层流体（油、气）突破后，从流体分析仪仔细观测流体的相态。

（6）如果流体分析仪发现相变，要逐步降低泵速，直到地层流体（油、气）保持单相状态。

（7）如果已知大概的饱和压力或者沥青质析出压力，在地层流体突破之后，要始终保持流动压力在饱和压力或者沥青质析出压力之上。

（8）在含水率小于 20% 时，可以进行 PVT 取样；在样筒充满后，对样品进行加压，直到泵达到其最高输出压力。

（9）在进行完 PVT 取样作业后，用较高的允许泵速泵出一段时间，在流动压力较稳定之后，进行压力恢复。

2）双封隔器作业流程

（1）根据井径、成像或（和）其他资料优选测试层位。

（2）用较慢的泵速膨胀双封隔器膨胀单元，坐封双封隔器；在井眼条件好的情况下，保持坐封压力小于 300psi；在井眼条件略差的情况下，保持坐封压力小于 500psi。

（3）在主泵出之前，做一个双封隔器预测试（泵出 5~10L），检查双封隔器的坐封情况，并估计平均有效流度。此预测试的压力恢复不需要完全稳定。

（4）开始进行主泵出作业，先用最小泵速（300r/min）泵 5L 左右。然后，每隔 5L 左右，逐渐增加泵速，直到允许的最大泵速。要保证压差（地层压力—流动压力）不超过临界出砂压差，并保证仪器在安全的工况范围（如电流强度小于 5A，双封隔器的工作压差限制等）。

（5）地层流体（油、气）突破后，从流体分析仪仔细观测流体的相态。

（6）如果由流体分析仪发现相变，要逐步降低泵速，直到地层流体（油、气）保持单相状态。

（7）如果已知大概的饱和压力或者沥青质析出压力，在地层流体突破之后，要始终把持流动压力在饱和压力或者沥青质析出压力之上。

（8）在含水率小于 20%时，可以进行 PVT 取样；在样筒充满后，对样品进行加压，直到泵达到其最高输出压力。

（9）在打开样筒前，可以适当降低泵速，以给工程师更多的作业反应时间。

（10）样筒打开后，准确计算关闭出口的时机，确保捕获油段塞或气段塞而不是水段塞。一般来说，关闭出口的时机在下冲程。

（11）有经验的工程师，在含水率小于 30%甚至略高的条件下，只要能保证捕获油段塞或气段塞，可以提前进行取样作业，缩短泵抽时间。

（12）在取完一个 PVT 样之后，用恒定的泵速泵抽一段时间，在流动压力和含水率较稳定之后，再采集第二个 PVT 样。一般一个 PVT 取样点，建议采集 2~3 个 PVT 样筒，理想情况是采集 3 个。

（13）在进行完 PVT 取样作业后，用较高的允许泵速泵出一段时间，在流动压力较稳定之后，进行稳定的压力恢复，形成完整的 mini-DST 地层测试作业。

三、油气藏流体取样时机与方法

在油气藏开发过程中，选择在油气藏压力高于饱和压力时进行取样。当油气藏压力降到原始饱和压力以下时，烃类就形成了气、液两相。这时流入井中的两相的物质的量之比，一般不再等于油气藏中形成的两相的物质的量之比，此时不能取到原始油气藏流体样品。因此，应根据油气藏类型，选择最佳取样时机及时进行油气藏流体取样[7,8]。

1. 凝析气藏取样

对于凝析气藏，地层压力降至流体饱和压力以下时，会从气相中反凝析出液相，一方面会造成产量大幅度下降，另一方面也会造成井流物组成与原始流体组分出现较大差别，无法取得原始储层流体样品。所以应在凝析气藏的原始地层压力或井底流压大于或等于露点压力条件下取样。结合生产状况，选择地面取样或地下取样。

如果井底附近地层压力降至露点压力以下，取样时需满足以下两个条件：第一，井底附近储层中凝析液饱和度需达到大于流动临界饱和度，使凝析液在气液两相流条件下流入井内。这就要求测试延伸足够长的时间，一般要求地面气油比连续稳定（变化小于5%）至少在24h以上。表明同一时间内流入井内的凝析液量与储层中凝析液量相平衡，井流物组成不变。第二，测试点生产压差不能过大，防止储层中严重反凝析现象出现，难以达到稳定。但测点流量又必须确保井内凝祈液（包括地层流入的和井内新产生的凝析液）全部被气流带出地面。因而必须控制井的流量稍大于携带凝析液的极限流量。

2. 高含蜡凝析气藏取样

流动过程中温度与压力的降低，轻组分容易挥发，蜡在井流物中溶解度降低，促使石蜡沉淀。由于蜡在井筒及地面管线中的聚集，使得井口和分离器取样中蜡组分减少，PVT样品与实际地层流体中的蜡组分存在较大的差异，导致室内实验所得蜡组成与含量等实验分析结果出现偏差。

因此，对于高含蜡凝析气藏而言，应尽量采用井下取样，且取样点深度在蜡析出深度之下。在只能地面取样的情况下，要采用井筒与分离器保温措施。另外，运输和存储过程中的取样器应当进行保温，以确保蜡不析出。在条件具备的情况下，井筒保温措施可采用井筒电加热，保温要求高于气藏在井筒和分离器条件下的析蜡温度。常用井筒电加热主要包括地面供电部分和井下电加热两部分，井筒电加热技术以油管为导体，油套管连通构成回路，利用井下管柱的阻抗形成热源，使整个生产管柱温度升高，加热油管内被举升的液体。通过交流电磁加热装置实现油管加热，达到清蜡降黏的目的。把析蜡温度定为井筒流体流动最低温度时，根据式（1-1）可简单计算生产井所需加热深度：

$$L=(T-a)/d \tag{1-1}$$

式中 L——所需加热深度，m；

T——析蜡温度，℃；

a——地区年平均地表温度，℃；

d——该地区的地温梯度，℃/100m。

3. 高含硫气藏取样

如果要测试气中元素硫的含量，就应采用井下取样，因为只要有压力下降，就会造成元素硫的析出，从而导致测试的结果偏低。对天然气中的 H_2S 含量测试，建议在井口进行直接测试，不要取回实验室再测，以避免 H_2S 与钢壁反应而失去代表性。

富含硫化氢凝析气藏地层流体取样目前普遍采用稳定生产状态下的分离器两相取样方法。所依据的基本原理是油气层流体在稳定流动下的连续性。当油气井处在稳定流动条件下，认为井口和井底的流体成分是相同的，只要精确地测出气油比，取得分离器中稳定的油样和气样，按气油比配制，就可以得到代表油气层流体的样品。

按照这一取样机制，取样部位通常选择在井口分离器或进站一级分离器出口部位，同时要求井口到分离器之间的管汇流程是密闭的，不应再有其他物质的交换。

4. 易挥发性油藏取样

当易挥发流体压力略低于原始饱和压力时，第二烃类相态迅速形成。至于第二烃类相态究竟是气态（源自挥发油）还是液态（从凝析油中析出），取决于流体组分和储层温度，第二相态的形成会导致油井产物组分发生极大的变化，几乎不可能再取得代表原始储层流体的样品，一般通过地面分离器取样获得样品。

5. 干气藏和湿气藏取样

干气藏和湿气藏在衰竭生产过程中，储层流体始终处于单相状态，所以烃类流体组分不会发生变化。因此，在气藏开发的任何阶段取得的样品都具有代表性。在现场常规分离器条件下，干气不会产出任何液态流体，所以在井口或便于取样的其他任何位置均可收集到单相样品。但湿气则相反，在分离器条件下，湿气会出现部分凝析现象，该类型气藏应在分离器进行取样。

6. 特低饱和油藏取样

特低饱和油藏原油重烃组分含量高、轻烃组分含量特别低，因此表现为气油比很低，饱和压力特低，相态变化小。在分离器取样过程中，原油在井下流动过程中未脱气（井底流压高于饱和压力），原油流入井口和分离器时井口压力还是高于饱和压力，流体仍呈单相，因此采用井口 PVT 取样即可，若井口压力稍低于饱和压力，可能有少量脱气，但无法准确计量气油比，只能采用井下取样。

在流体相态相对复杂时，特别是多相流动时，推荐采用分离器地面取样；而流体相态相对简单时，特别是单相流动时，推荐采用井口地面取样。

7. 稠油油藏取样

此类油藏取样应当在气温较高的季节进行，无论在分离器温度及运输时均应当考虑保温措施，在样品分析未完成前不能降温。如果有条件，还应在分离器取样点前加静态混合器，使单井来液充分混合，可提高取样数据分析的准确性。

8. 常规油藏取样

对泡点压力等于或接近地层压力的饱和油藏，要在油藏发现后尽早取样。地层压力高于饱和压力的油藏，取样工作可适当推迟一段时间，但也应在油藏压力高于泡点压力时进行取样。

第二节 高压流体相态实验

一、实验装置

1. 实验仪器及流程

油藏和干气相态实验设备为高温高压地层流体分析仪（图1-1）。该装置带有一个 240mL 高温高压 PVT 釜，温度范围为 0~180℃，测试精度为 0.1℃；压力范围为 0.1~150MPa，测试精度为 0.01MPa。高温高压地层流体分析仪的

PVT 釜前端装有高清摄像头，可通过电脑放大镜头标注气液分界面高度计算液体体积，该装置盛装体积大、压力高，可满足高温高压油气藏相态研究要求。凝析气藏相态实验设备为全观测无汞高温高压地层流体分析仪（图 1-2）。该装置带有一个 100mL 整体可视高温高压 PVT 室，温度范围为 0~200℃，测试精度为 0.1℃；压力范围为 0.1~103MPa，测试精度为 0.01MPa。该地层流体分析仪的 PVT 室中安装有一个底部紧配合的锥体柱塞，使可视的 PVT 筒内壁与活塞之间形成一个很小的环形容积空间，能通过外部测高仪准确测试样品中析出的很少量的反凝析液量，从而能适应各种性质的凝析油气体系的相态研究要求。并可通过录像方式全程观测流体相态变化的直观图像。

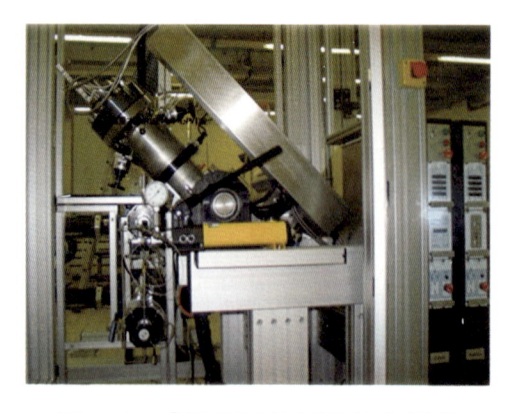

图 1-1　高温高压地层流体分析仪 　　图 1-2　全观测无汞高温高压地层流体分析仪

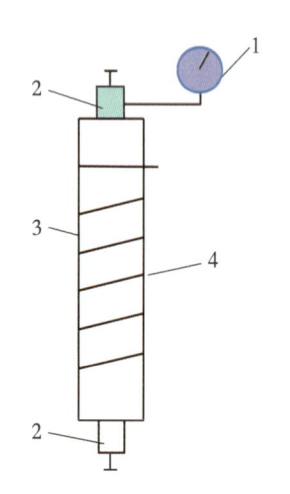

图 1-3　样品检查示意图
1—压力表；2—阀门；
3—取样器；4—加热带

2. 实验准备

1）样品的准备

将实验样品进行合格性检查，具体检查流程为：首先根据送样单检查样品数量，从气瓶外表检查是否有漏油或漏气现象，检查样品瓶的标签是否与送样单一致，打开压力与分离器压力是否一致，样品检查示意图 1-3 所示，打开压力与分离器压力相差小于 5% 为合格。检查准确无误后，进行流体样品的配制。

2）仪器的准备

（1）仪器的清洗。每次实验前须用无铅汽油或石油醚对 PVT 仪的注入泵、管线、PVT 筒、分离瓶、黏度仪和密度仪等进行清洗，清洗干净后用高压空气或氮气吹干待用。

（2）仪器试温试压。按国家技术监督局计量认证的 GB/T 26981—2011《油气藏流体物性分析方法》，对所用设备进行试温试压，试温试压的最大温度和压力为实验所需最大温度和压力的 120%。

（3）仪器的校正。用标准黏度油和密度油对黏度仪和密度仪进行校正，按 GB/T 26981—2011《油气藏流体物性分析方法》对泵、压力表、PVT 筒体积和温度计进行校正。

二、实验方法

1. 原油 PVT 实验

1）单次脱气实验

单次脱气实验的原理是保持油气分离过程中体系的总组成恒定不变，将处于地层条件下的单相地层流体瞬间闪蒸到大气条件，测量其体积和气液量变化。对地层原油来讲，实验的目的是为了测定油气组分组成、单次脱气气油比、体积系数和地层油密度等参数；对凝析气藏而言，实验的目的是测定凝析油气组分组成、凝析气藏流体的偏差系数等参数。

实验步骤如下：

（1）将配制好的地层流体样品在 PVT 仪中保持地层条件 4h 以上，记录压力值和样品体积；

（2）缓慢打开 PVT 仪顶部阀门，恒压下排出一定量的地层流体；

（3）用计量泵保持压力，将一定体积的地层流体样品缓慢均匀地放出，计量脱出气体积，称剩余油质量，记录样品体积、大气压力和室温；

（4）取油气样分析组分组成。

2）恒质膨胀实验

恒质膨胀实验又简称 p—V 关系测试，是指在地层温度下测定恒定质量的地层流体样品的体积与压力的关系。对于地层原油流体，得到地层流体的泡点压力、压缩系数、不同压力下流体的相对体积等参数；对于凝析气藏流体，得到凝析气藏流体的露点压力、气体偏差系数和不同压力下流体的相对体积等参数。

实验步骤如下：

（1）地层温度下将 PVT 容器中的样品加压至地层压力，充分搅拌稳定。

（2）对于原油流体，泡点压力以上按逐级降压法测试（固定压力读体积），每级降 1~2MPa。泡点压力以下按逐级膨胀体积法测试（固定体积读压力），每级膨胀 0.5~20cm^3。每级降压膨胀后搅拌稳定，读取压力和样品体积。一直膨胀至原始样品体积的 3 倍以上为止。

（3）对于凝析气藏流体，首先测定其露点压力。测试方法采用逐级降压逼近法，当液滴出现与消失之间的压力差小于 0.1MPa 时为止，取这两个压力值的平均值为第一露点压力。露点压力确定后，采用逐级降压的方式进行压力与体积关系测定。露点压力以上，每级压力 0.5~2MPa，平衡 0.5h 后记录压力和样品体积；露点压力以下，每级压力下要搅拌 0.5h 并静置 0.5h 后才能记录压力、样品体积和凝析液量，一直膨胀至原始样品体积的 3 倍以上为止。

3）多级脱气实验

多级脱气实验能模拟油藏泡点压力以下气体的逸出和油藏油的收缩过程。在地层温度下，将地层原油分级降压脱气、排气，测量油气性质和组成随压力的变化关系。该项实验可以测定各级压力下的溶解气油比、饱和油的体积系数和密度、脱出气的偏差系数、相对密度、体积系数和油气双相体积系数等参数。根据泡点压力的大小，确定分级压力的间隔，脱气级数一般分为 3~12 级。

实验步骤如下：

（1）在地层温度下将 PVT 容器中的样品加压至地层压力，充分搅拌稳定（4h）后读取样品体积；

（2）降压至第一级脱气压力，搅拌稳定后静止，读取样品体积；

（3）打开顶阀，保持压力缓慢排气，排完气后迅速关闭顶阀，不允许排出油。记录排出气量、室温和大气压力，取气样分析其组分组成；

（4）重复步骤（2）、（3），逐级降压脱气，一直进行到大气压力级；

（5）将残余油排出称质量，测定残余油组成、平均相对摩尔质量和 20℃下的密度。

2. 凝析气 PVT 实验

1）单次脱气实验

对凝析气藏而言，实验的目的是为了测定凝析油气组分组成、凝析气藏流体的偏差系数等参数。实验步骤参照原油 PVT 实验中单次脱气实验执行。

2）恒质膨胀实验

对于凝析气藏流体，是为了得到凝析气藏流体的露点压力、气体偏差系数和不同压力下流体的相对体积等参数。实验步骤参照原油 PVT 实验中恒质膨胀实验执行。

3) 定容衰竭实验

定容衰竭实验可以模拟凝析气藏衰竭式开采的过程，了解开采动态，研究凝析气藏在衰竭式开采过程中气藏流体体积和井流物组成变化以及不同衰竭压力时的采收率。具体做法是：将露点压力下的样品体积确定为气藏流体的孔隙定容体积，自露点压力与零压（表压）之间均分为 6~8 个衰竭压力级，每级降压膨胀，然后恒压排放到定容体积。在这一实验过程中，流体的压力和组成在不断变化，而其所占体积保持不变，故称为等容衰竭。

实验步骤如下：

（1）将约为 PVT 容器容积 2/5 的凝析气藏流体样品转入 PVT 筒中，在地层压力下将样品搅拌均匀并在地层温度下恒温平衡 4h；

（2）将压力降至露点压力，平衡 2h 后，记下 PVT 容器内凝析气样品体积，此时容器中气体所占体积为等容体积 V_c；

（3）退泵分级降压，一般分为 6~8 级，每级降压约 3MPa，降压后搅拌 2h 并静置 0.5h，记下压力和容器内样品体积；

（4）慢慢打开容器顶阀排气，同时保持压力进泵，一直排到定容读数时为止。排气过程中取气样分析组成，排气结束后记录气量、油量及取油样分析组成，同时记录室温和大气压力；

（5）调整测高计的位置，读取该级压力下的液柱高度；

（6）重复降压—排气过程，一直进行到压力为 4~5MPa 的最后一级压力为止；

（7）最后一级压力到零压的测试过程是：打开顶阀，直接放气降压至零（表压），然后再进泵排出容器中的残留气和油，并取气样分析残余气组成。对残余油称量，测相对密度并进行组成分析。

3. 干气与湿气 PVT 实验

干气与湿气 PVT 实验主要包括单次脱气实验和恒质膨胀实验，其中单次脱气实验将气藏压力和温度条件下的井流物一次性闪蒸到大气条件下，测量一定的气藏体积气体在地面标准状态时的气体体积，从而求得气藏体积系数等参数。恒质膨胀实验主要求得气藏条件下气体偏差系数、压力与体积关系和气体黏度等。实验步骤参照原油 PVT 实验中单次脱气实验和恒质膨胀实验执行。

第二章 深层油气藏流体析蜡与非平衡相态实验

塔里木盆地的博孜和神木等高含蜡凝析气藏在开发过程中，多口气井在生产过程中出现井筒结蜡，造成单井压力、产能大幅下降。另外，循环注气开发的牙哈凝析气田动态监测资料发现气藏纵向上呈现出不同的气油比变化和烃组分重力分异现象，形成了注气过程中较为复杂的流体动态相态特征。这些生产现象都不是常规相态实验所涉及的范围。研究人员对上述现场生产现象有针对性地开展了流体相态与物性特征实验分析，为该类气藏开发提供了流体相态实验分析数据与理论支撑。

第一节 凝析气藏流体析蜡实验

一、高含蜡凝析气藏蜡沉积实验

1. 可视化石蜡沉积实验

该实验装置由烧杯、试管、温度计、铁架、胶圈（稳定试管）和量筒组成。试管放入原油中测量原油温度，试管外有量筒，目的是隔绝水与试管接触。将量筒放入装满水的烧杯中，放入冰块，水浴降温，观察原油相态变化。

1）实验步骤

（1）准备试管、温度计2支、量筒、大容量烧杯、垫圈和胶塞。在试管内装入5mL左右单脱油，并用带有温度计的软木塞塞紧试管，温度计和试管在同一轴线上，温度计的水银球刚好接触到试管的底部。

（2）大容量烧杯盛至少2/3容量冷水，通过不断加冰降低水浴温度，并插入温度计，其轴线与烧杯轴线平行。

（3）将量筒放入冷浴烧杯至少10min，给试管套上垫圈离底部约25mm位置，放入到量筒中，绝不允许将试管放入冷浴烧杯里。

（4）冷浴保持在0℃±1.5℃范围内，每当观察试管温度计读数下降1℃时，在不搅动试样的情况下，迅速将试管取出，观察试管底部有无蜡结晶，然后再放入量筒中。

（5）当连续冷却的试管底部出现蜡结晶的时候，记录温度计读数为浊点。

（6）通过油色谱分析仪测试单脱油组分。

（7）再加入冰块不断降温，直至试管内石蜡全部析出，迅速抽出试管，放入离心机内搅拌大约5min，使固相石蜡沉积在试管底部。

（8）重复步骤（7）过程，直至没有蜡质析出。最后，在油色谱分析仪中，分别测试不含蜡原油组分和蜡质组分。

2）地面流体沉积现象及组分分析实验结果

在地面条件下，不断降低实验温度，观察石蜡沉积现象。如图2-1所示，红色为温度计底端，目的是随时测试单脱油温度点。通过人工直接观察，判断析蜡点范围为10~14℃。图2-1（a）是恒定温度15℃时，凝析油状态，无凝固现象，由图2-1（b）~（f）可以看出，随着温度的降低，石蜡逐渐析出。通过目视析蜡观测可以得到流体样品的凝固温度为10~14℃。随着温度降低，凝析油凝固现象越明显，固相含量明显增多。

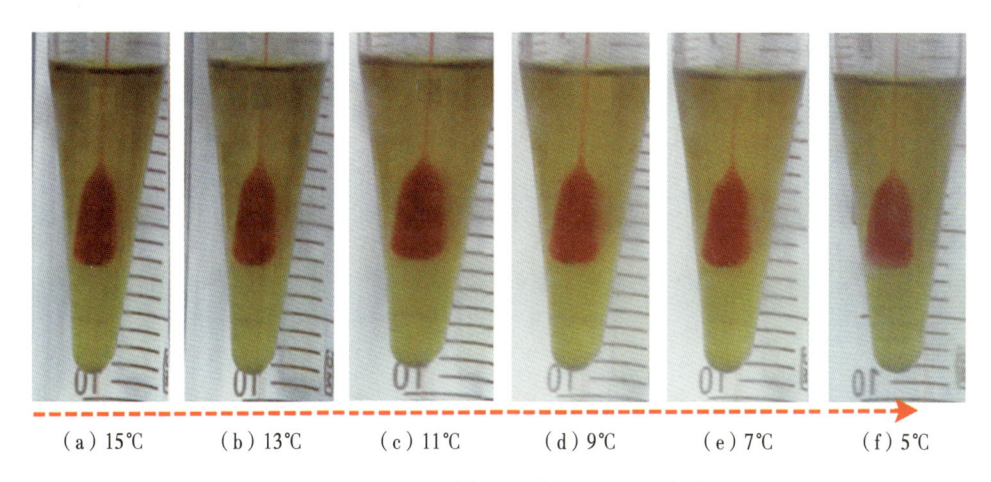

（a）15℃　（b）13℃　（c）11℃　（d）9℃　（e）7℃　（f）5℃

图2-1　可视化测试蜡沉积现象变化

利用离心机在低温状态下将石蜡从含蜡凝析油中分离出来，然后，分别将单脱油、脱蜡油和石蜡注入油相色谱分析仪中，得到其组分。

（1）SM2井。

利用该测试方法对SM2井凝析油流体进行实验测试。SM2井清蜡后单脱油、脱蜡油和石蜡的烃摩尔组成分布图,如图2-2所示。脱蜡油中C_2—C_{12}含量较高,其中C_2—C_5含量高于3%,含轻质组分较多。石蜡中C_2—C_6组分缺失,C_7—C_{12}组分含量明显较高,根据相似相溶原理,中间烃能溶解石蜡,且明显中间烃含有石蜡;单脱油组分含量摩尔分数在脱蜡油和石蜡组分之间。

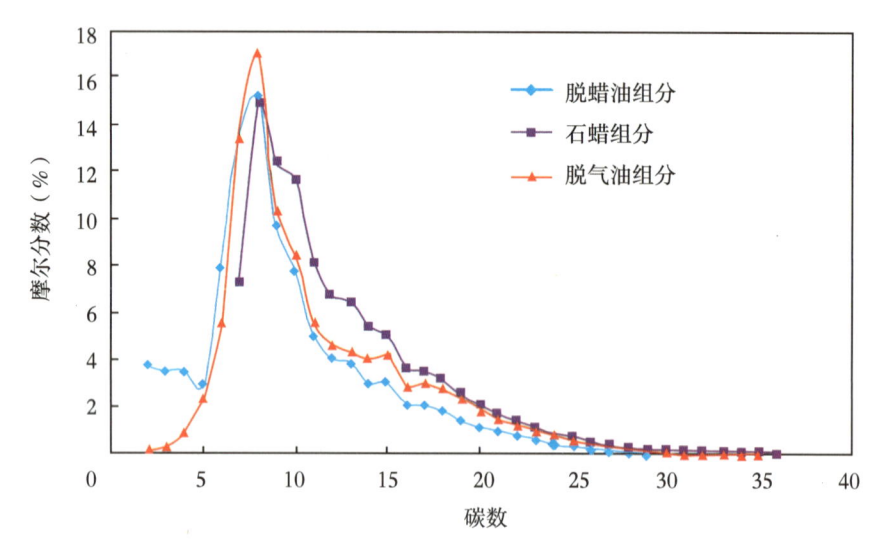

图2-2 SM2井清蜡后单脱油、脱蜡油、石蜡的烃摩尔组成分布图

如图2-3所示,对比SM2井清蜡前和清蜡后凝析油组分,可知清蜡前凝析油组成明显比清蜡后凝析油组成轻,其C_2—C_{10}含量偏高,重质组分C_{11+}含量低于清蜡后。

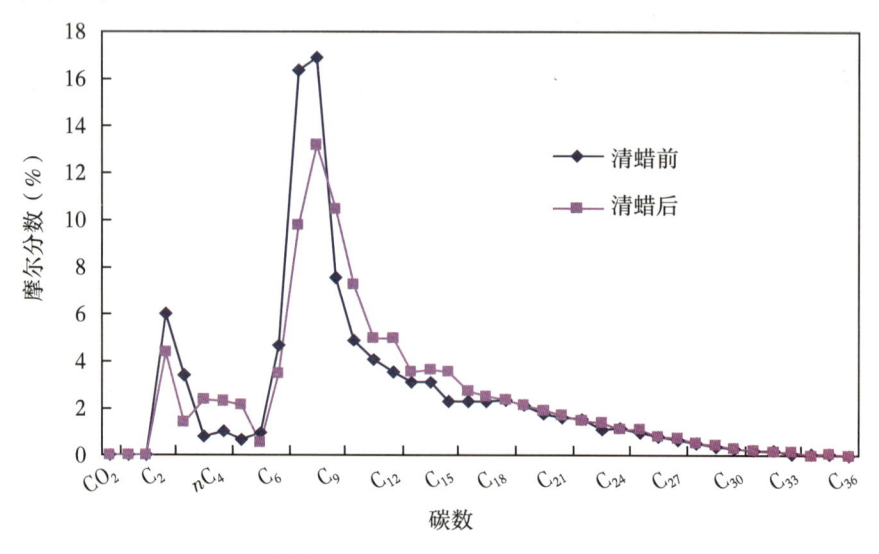

图2-3 清蜡前后SM2井凝析油摩尔组分对比图

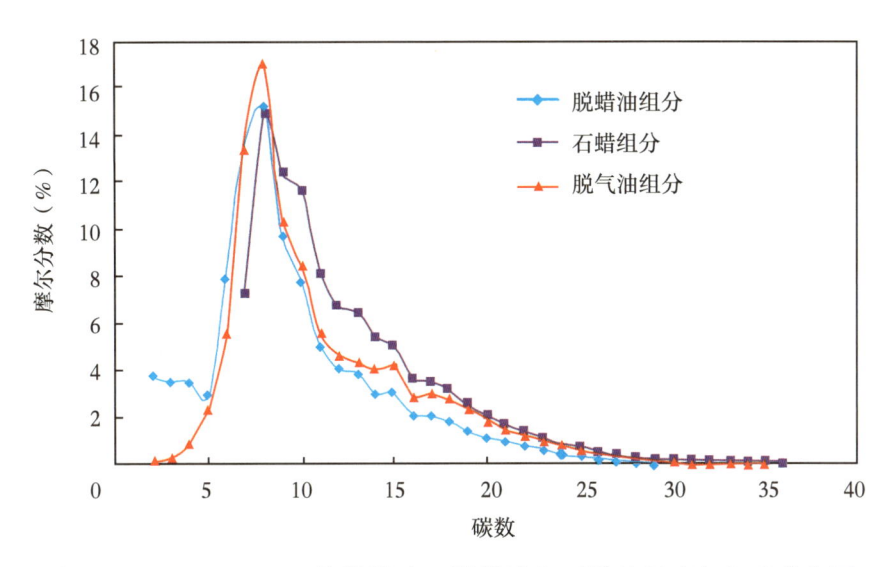

（2）YH23-1-20H 井。

YH23-1-20H 井单脱油、脱蜡油和石蜡的烃摩尔组成分布图如图 2-4 所示。脱蜡油中 C_2—C_{12} 含量较高，其中 C_2—C_5 含量高于 3%，含轻质组分较多；石蜡中 C_2—C_6 组分缺失，C_7—C_{12} 含量明显较高，根据相似相溶原理，中间烃能溶解石蜡，且明显中间烃含有石蜡；单脱油组分含量摩尔分数在脱蜡油和石蜡组分之间。

图 2-4 YH23-1-20H 井单脱油、脱蜡油和石蜡的烃摩尔组成分布图

（3）DB104 井。

如图 2-5 所示，DB104 井石蜡组分包括 C_7—C_{36}，脱蜡油中 C_2—C_{12} 含量较

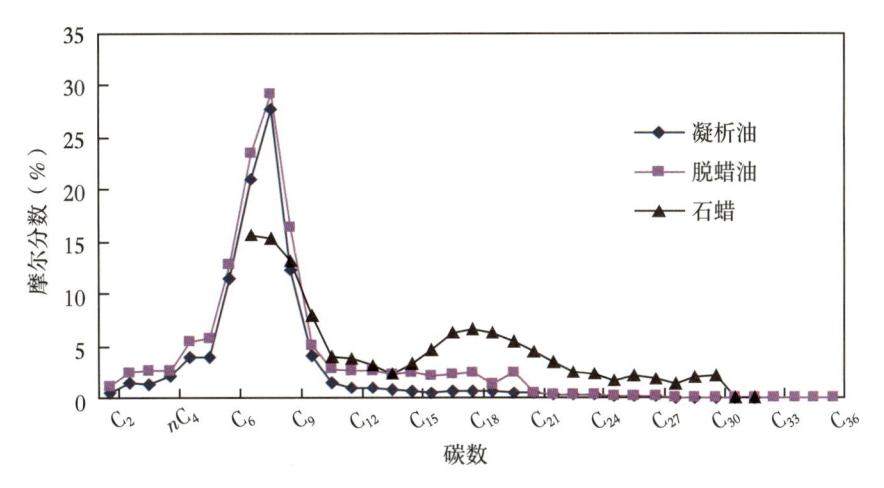

图 2-5 DB104 井单脱油、脱蜡油、石蜡的烃摩尔组成分布图

高，其中 C_2—C_5 含量高于 3%，含轻质组分较多。石蜡中 C_2—C_6 组分缺失，C_{15}—C_{30} 含量明显较高，根据相似相溶原理，中间烃能溶解石蜡，且明显中间烃含有石蜡。单脱油组分含量摩尔分数在脱蜡油和石蜡组分之间。

2. 激光实验

1) 激光测试装置

激光测试装置用于测流体的透光强度，以此来鉴别流体中是否有沉积物出现，该实验采用的激光测定装置是 JG-I 流体激光相态测试仪，如图 2-6 所示，它主要由三部分组成：激光光源、光纤以及激光信号检测装置。

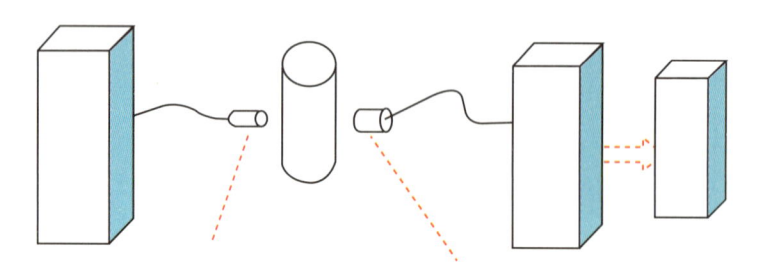

图 2-6 激光法测试析蜡点和溶蜡点原理图

（1）红外激光发射装置。

红外线激光灯属于半导体激光器，是利用半导体材料，在空穴和电子复合的过程中电子能级的降低而释放出光子来产生光能，然后光子在谐振腔间产生谐振规范光子的传播方向而形成激光。

红外线激光灯应用：

①半导体激光器输出的是光，所以可以用作照明光源。又因为激光具有良好的方向性，表现为光束的角度小、能量集中，传播到较远的距离仍有足够的光照强度，所以非常适合远距离照明。可对远距离目标进行照明正是红外激光照明器的最大特点。但半导体激光器的能量在光束的垂直截面上能量分布是不均匀的，呈高斯分布，中间强，到边缘逐渐变弱，或者呈明暗条纹状分布。直接使用半导体激光器作为照明光源效果是不可取的，一般是作为摄像机夜视补光光源。

②激光红外灯+普通 CCD 摄像机组成的夜视监控系统。产品采用 810nm 波长的红外半导体激光器作为光源，配合感红外摄像机、黑白 CCD 摄像机或微光夜视设备，组成红外夜视监控系统，属于主动夜视监控系统。激光红外灯即是配备的主动光源。

（2）激光信号检测装置。

激光信号检测装置由光电转换盒和检流计两部分组成。光电转换器是一个密闭的暗盒，与接收光纤的一端固定在其中，与此端相对的是一片硅光电池，硅光电池的两极由导线连接至检流计，能将由光纤传递过来的光线依照强度的不同转换为相应的电信号。实验采用数显检流计，其读数比旋针式检流计更为简便并且结果更精确。

2）激光测试实验步骤

该实验测试设备包括压力驱替泵、PVT 试验测试仪器、色谱仪、密度测试装置、激光检测装置等，其石蜡沉积测试流程如图 2-7 所示，先将复配的流体转入 PVT 试验测试仪器中，然后进行地层流体闪蒸实验、井流物组成实验、等组成膨胀实验和定容衰竭实验测试，进行实验结果分析，根据相同的流体，再进行广温度域（−20~160℃）下流体黏度、反凝析液量、密度和偏差因子等实验测试，最后进行激光实验测试，通过接收激光信号的强弱判断石蜡是否析出。

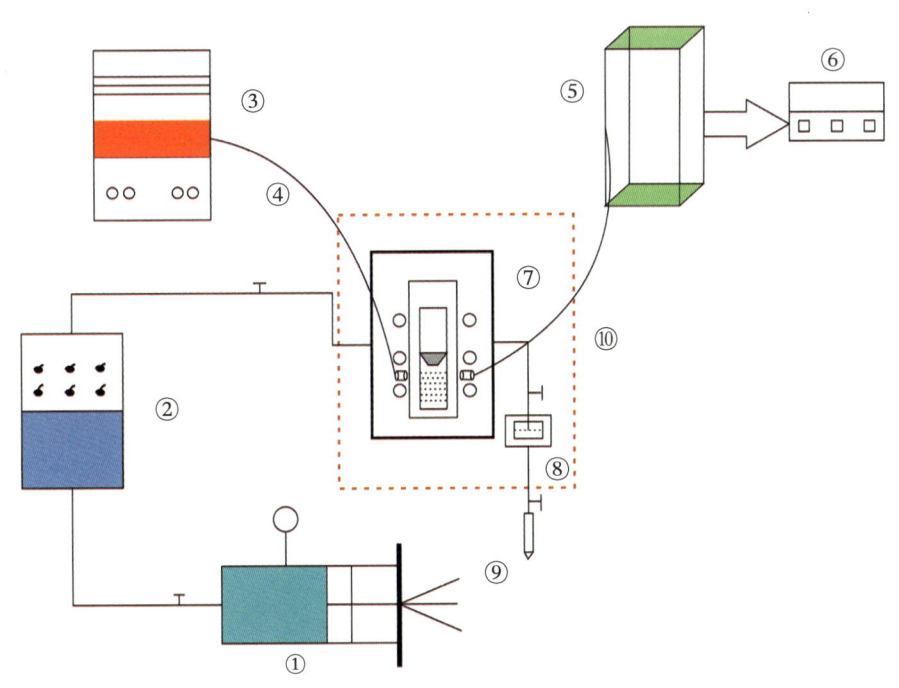

图 2-7 石蜡沉积测试流程

①高压驱替泵；②中间容器；③激光光源装置（激光发射器）；④光纤；⑤光电转换器；
⑥检流仪；⑦高温高压 PVT 测试单元；⑧在线过滤器；⑨试管；⑩恒温系统

（1）清洗可视PVT筒，抽空PVT筒并记录活塞的高度。

（2）通过计算机控制并保持PVT筒周围的空气浴温度为储层温度。

（3）在地层温度、压力下将一定量（约30mL）的流体样品装入PVT筒中并搅拌8~12h，记录转样后PVT筒中活塞的高度。

（4）保持地层温度、压力条件下，将一定量的凝析气流体样品排放到闪蒸分离器内，利用气量计、电子天平以及密度仪分别测量标准状况（0.1MPa、20℃）下气体的体积、凝析油的质量和密度，并记录排气后PVT筒中活塞的移动高度。测定单次闪蒸气油比，测定分析闪蒸的油、气样品组分，计算井流物组成。

（5）在近临界区温度范围内通过改变PVT筒内的压力来观测流体样品近临界相态变化特征并进行录像。

（6）进行3个不同温度点（地层温度以上10℃、地层温度、地层温度以下10℃）的等组成膨胀实验，逐级降低体系压力观察并记录流体饱和压力的变化（饱和压力测试重复2~3次，以提高实验测试精度），并测定不同温度条件下恒定组成体系的流体样品的体积与压力的关系，并计量PVT筒中液面的高度，计算得到反凝析液量与压力的关系。

（7）在地层温度、压力条件下进行定容衰竭实验，将地层温度下测试的露点压力下的样品体积确定为气藏孔隙体积，将露点压力与目标压力均分为6~8个衰竭压力级，逐级降压膨胀，并保持露点压力下体积不变恒压排气。整个实验过程中，保持排气后剩余流体所占体积不变，测定各级压力下油气采出量、PVT筒中反凝析液量及流体组成。

（8）分别将地层流体在地层压力和低压条件下装入激光测试仪器中，通过计算机控制PVT筒周围温度，以一定温降速度逐渐降温，测试流体石蜡沉积现象。

3）测试结果

蜡沉积研究表明，冷却与加热速率对析蜡点测定值影响较大。冷却速度越大，结晶度过冷温度差就越大，实验所测得到的析蜡点越低。石蜡沉积实验过程中，平均制冷速率控制在0.34℃/min，平均升温速率控制在0.39℃/min。在实验全过程中都开启搅拌器，以此来模拟油样流动过程中的扰动，同时保证样品始终处于平衡状态。降温与升温过程中每隔0.5℃记录一次检流计上的电压，在电压突降的时候改为每隔0.1℃记录一次检流计上的电压。

（1）SM2 井。

SM2 井（清蜡前）分离器取的流体样品，按地层温度、压力条件转入配样器中，将油样和气样进行复配 4h 后，开始分级降压 40MPa、30MPa、20MPa、5MPa 和 0.101MPa，并将不同压力级别下的反凝析液转入激光测试承载装置中，进行石蜡沉积测试。由图 2-8 可以看出，在压力为 0.101MPa、5MPa、20MPa、30MPa 和 40MPa 下凝析油恒压测试得到的析蜡点（浊点）分别为 21.7℃、24.2℃、22.4℃、23.61℃ 和 22.5℃。

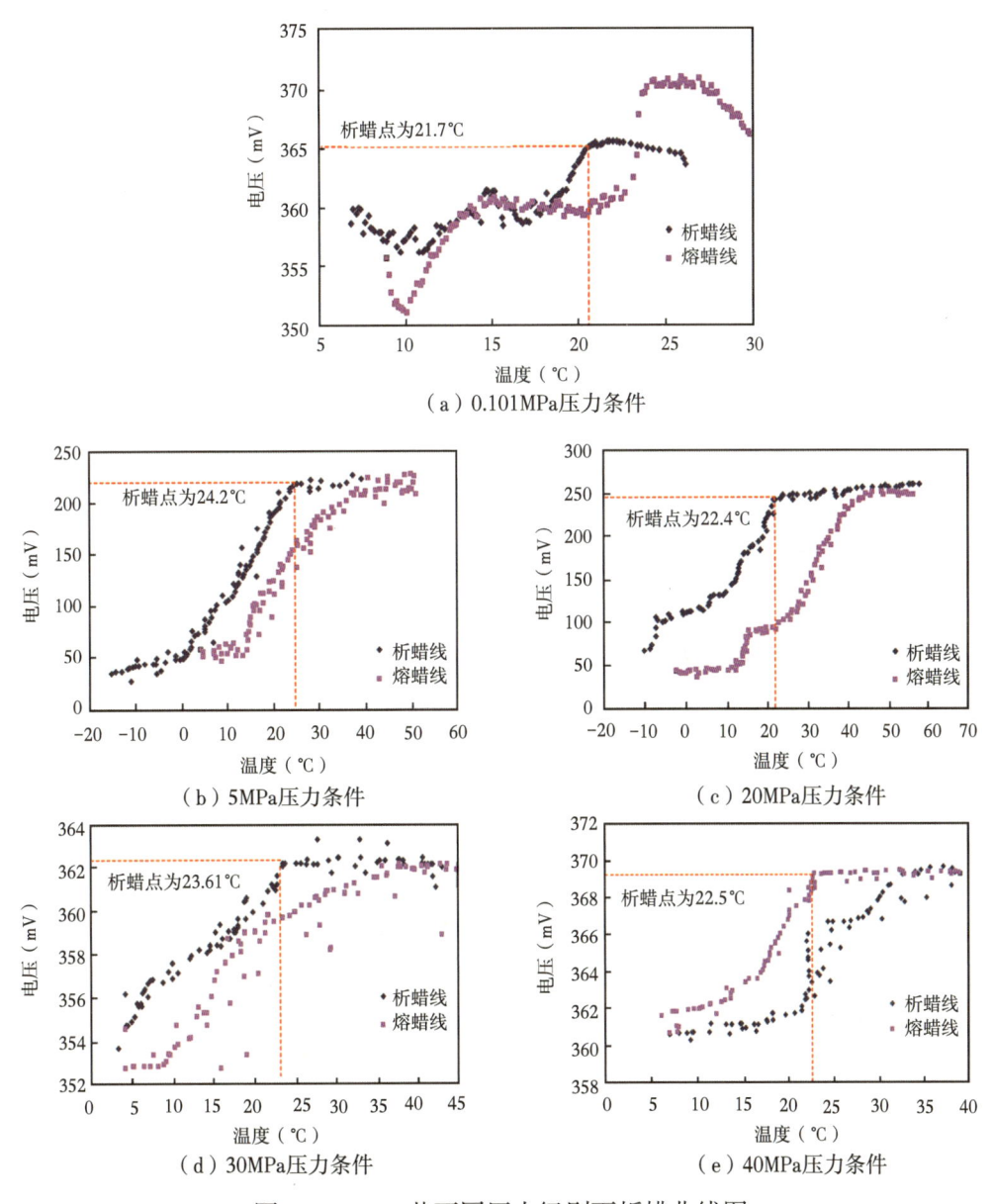

(a) 0.101MPa压力条件

(b) 5MPa压力条件

(c) 20MPa压力条件

(d) 30MPa压力条件

(e) 40MPa压力条件

图 2-8　SM2 井不同压力级别下析蜡曲线图

（2）YH23-1-20H 井。

YH23-1-20H 井流体取样方式为 MDT 井下取样。该井 MDT 取样流体放入配样器中 4h 后，开始降压到 35MPa、30MPa、25MPa、5MPa 和 0.101MPa，并将不同压力级别下的反凝析油转入激光测试承载装置中，进行固相沉积激光测试。由图 2-9 可以看出，在 0.101MPa、5MPa、25MPa、30MPa 和 35MPa 下凝析油析蜡点（浊点）分别为 34.3℃、36.03℃、40.1℃、39.43℃ 和 41.61℃。

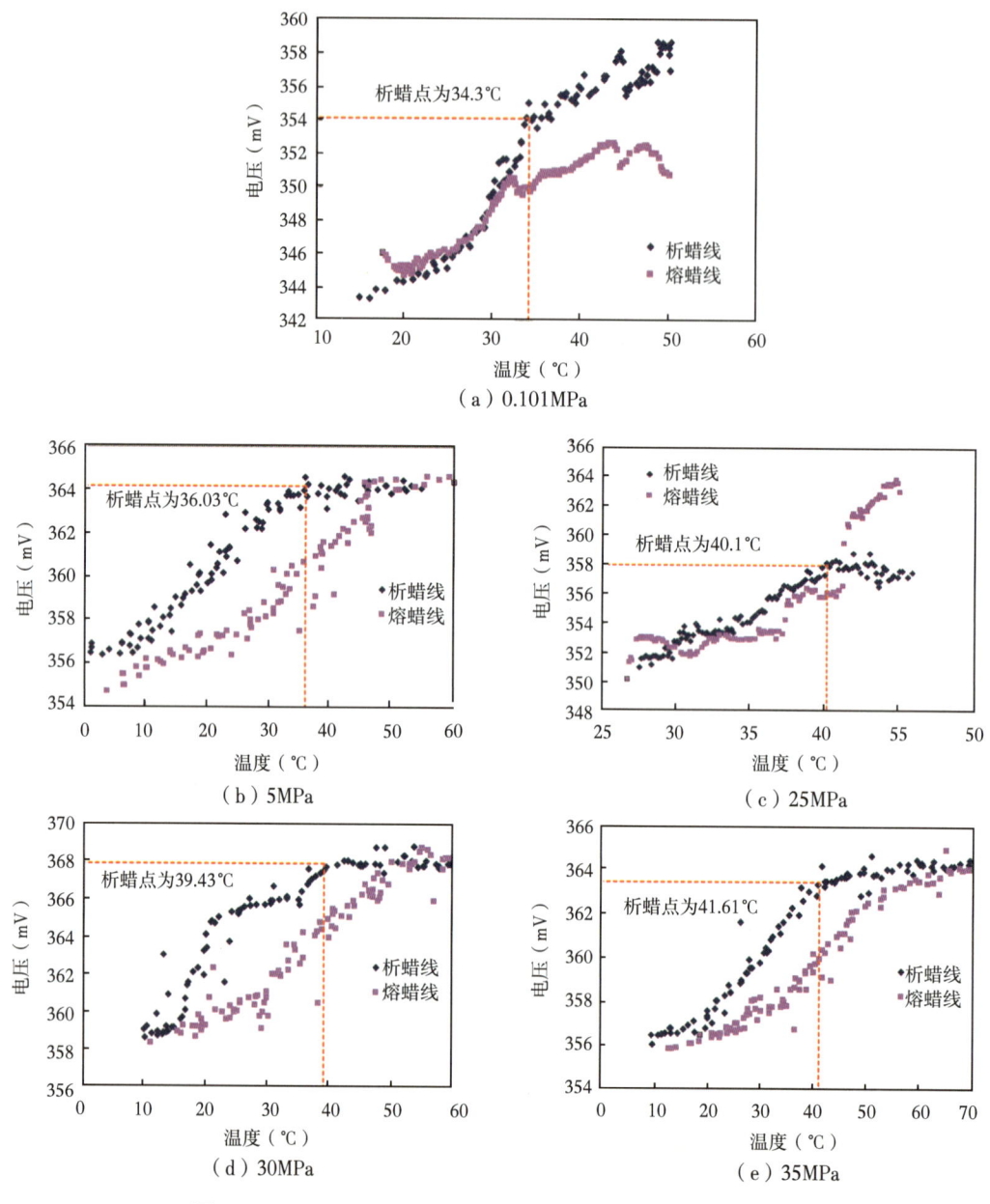

图 2-9　YH23-1-20H 井不同压力级别下析蜡曲线图

（3）DB104 井。

DB104 井在分离器取样，按地层温度、地层压力下的气油比转入配样器中，将油样和气样放入配样器中复配 4h 后，开始降压到 35MPa、30MPa、20MPa、5MPa 和 0.101MPa，并将不同压力级别下的反凝析油转入激光测试装置中，进行石蜡沉积析蜡点测试。图 2-10 可以看出，在压力为 0.101MPa，5MPa，20MPa，30MPa 和 35MPa 下凝析油恒压测试得到的析蜡点（浊点）分别为 24.8℃、22.5℃、25.7℃、29.2℃ 和 31.3℃。

（a）0.101MPa

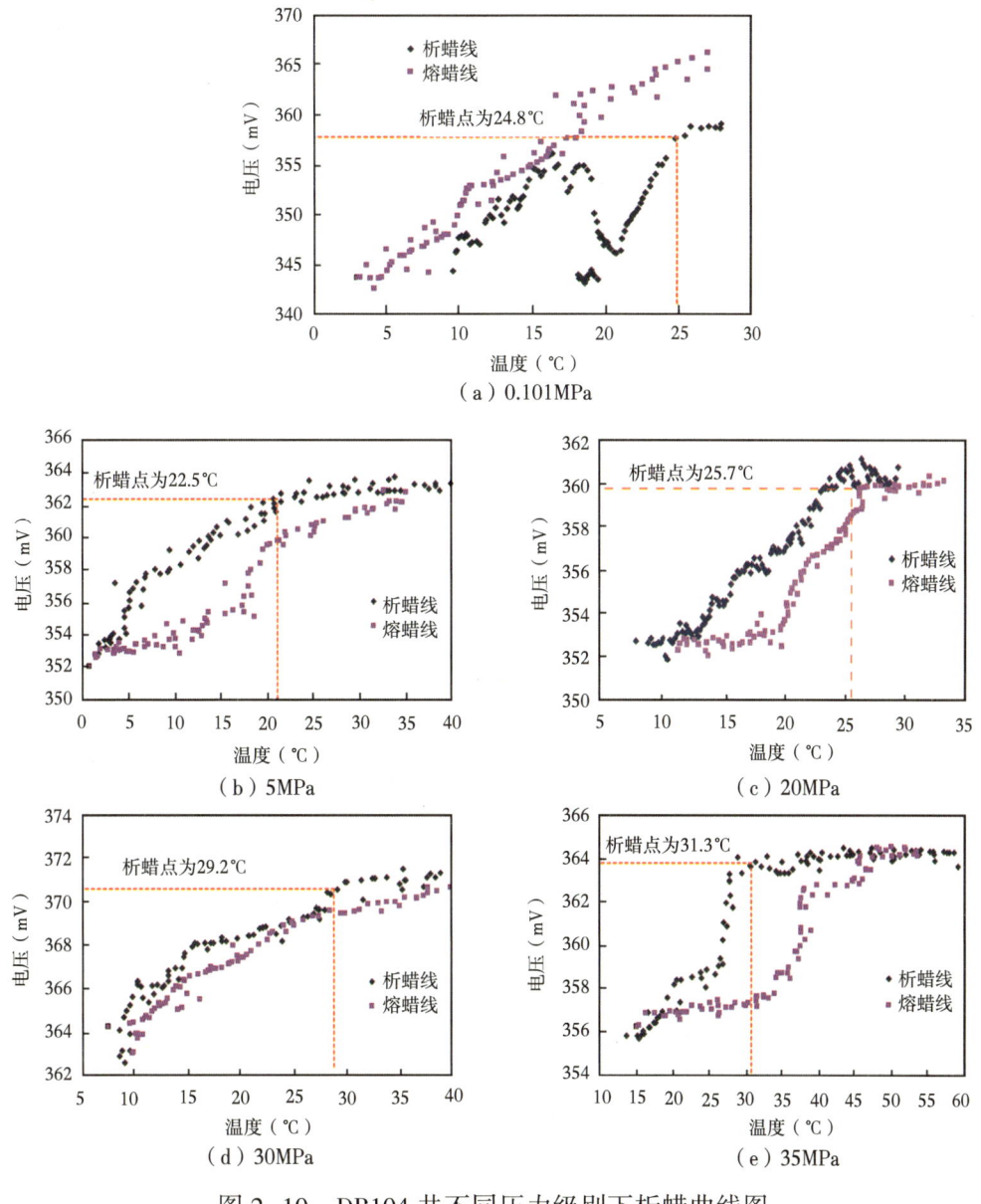

（b）5MPa

（c）20MPa

（d）30MPa

（e）35MPa

图 2-10 DB104 井不同压力级别下析蜡曲线图

(4) BZ104 井。

BZ104 井在分离器取样，按地层温度、地层压力下的气油比转入到配样器中。将油样和气样进行复配 4h 后，开始降压到 40MPa、30MPa、20MPa、5MPa 和 0.101MPa，将不同压力级别下的反凝析油转入激光测试承载装置中，进行石蜡沉积测试。图 2-11 可以看出，在压力为 0.101MPa、5MPa、20MPa、30MPa 和 40MPa 下凝析油恒压测试得到的析蜡点（浊点）分别为 35.4℃、34.7℃、37.5℃、39.8℃和 42.05℃。

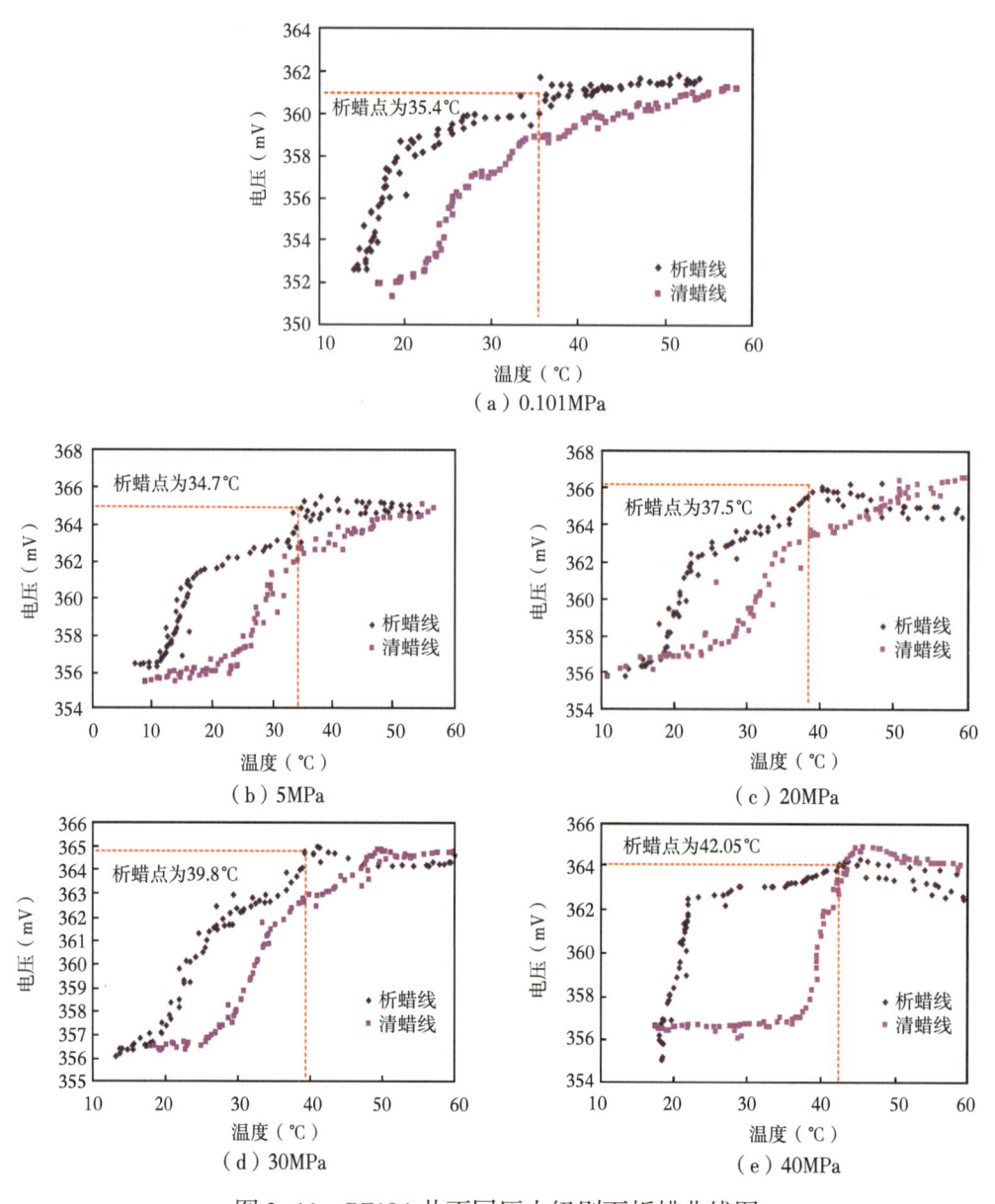

图 2-11 BZ104 井不同压力级别下析蜡曲线图

二、蜡沉积相态模拟及石蜡沉积预测

利用改进PR状态方程对SM2井、YH23-1-20H井、DB104井和BZ104井凝析气进行了石蜡沉积预测。析蜡压力计算结果对比见表2-1至表2-4，实验测试值与理论预测值的相对误差在5%范围内。

表2-1　SM2井析蜡温度实验测试与理论模拟误差对比表

压力级别 （MPa）	实验测试值 （℃）	理论模拟值 （℃）	相对误差 （%）
0.101	21.7	20.8	4.15
5	24.2	23.4	3.31
20	27.4	26.9	1.82
30	22.4	22.0	4.62
40	22.5	20.9	7.52

表2-2　YH23-1-20H井析蜡温度实验测试与理论模拟误差对比表

压力级别 （MPa）	实验测试值 （℃）	理论模拟值 （℃）	相对误差 （%）
0.101	34.3	34.5	0.58
5	36.03	39.3	9.08
25	40.1	40.72	1.55
30	39.43	40.21	1.98
35	41.61	40.5	2.67

表2-3　DB104井析蜡温度实验测试与理论模拟误差对比表

压力级别 （MPa）	实验测试值 （℃）	理论模拟值 （℃）	相对误差 （%）
0.101	24.8	25.2	1.61
5	22.5	23.8	5.78
20	25.7	24.4	5.06
30	29.2	31.5	7.88
35	31.3	34.6	10.54

表 2-4　BZ104 井析蜡温度实验测试与理论模拟误差对比表

压力级别 （MPa）	实验测试值 （℃）	理论模拟值 （℃）	相对误差 （%）
0.101	35.4	36.5	3.11
5	34.7	35.8	3.17
20	37.5	38.9	3.73
30	39.8	39.9	0.25
40	42.05	42.6	1.31

含有高碳数的石蜡凝析气体系中存在 WDE（又叫石蜡沉积壳层），这个 WDE 类似于原油中的 WDE，可以被看为一标准的热力图。4 口井流体样品在不同温度、压力条件下的流体状态可以由 WDE 曲线图（图 2-12 至图 2-15）判断。

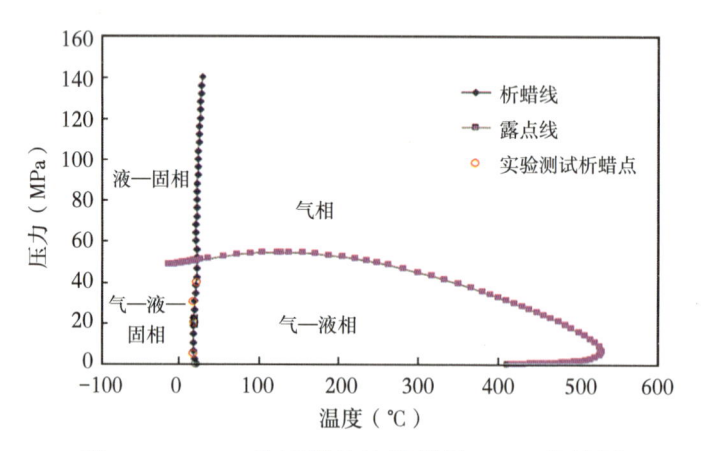

图 2-12　SM2 井清蜡前流体样品 WDE 曲线图

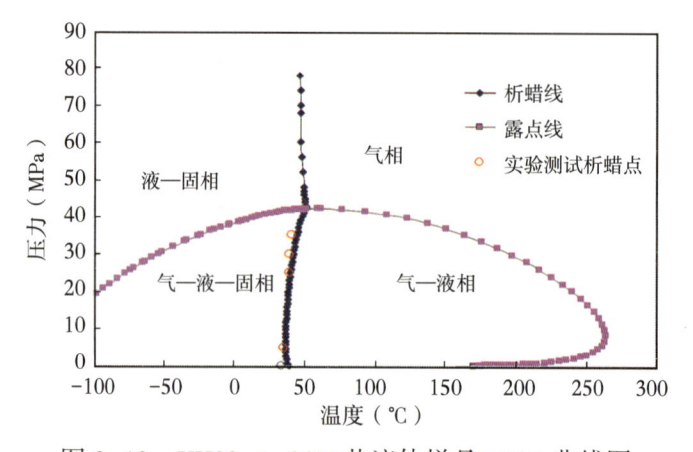

图 2-13　YH23-1-20H 井流体样品 WDE 曲线图

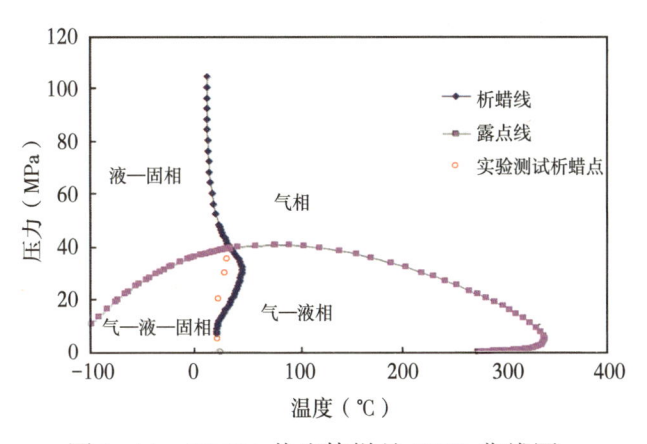

图 2-14　DB104 井流体样品 WDE 曲线图

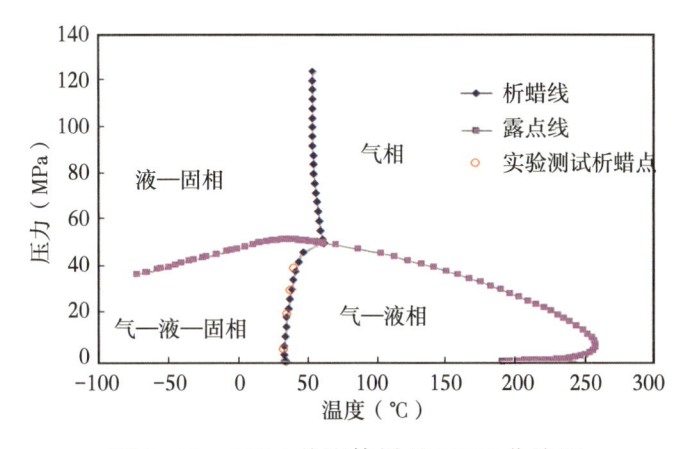

图 2-15　BZ04 井流体样品 WDE 曲线图

图 2-16 至图 2-19 为 4 口井在不同温度和压力下析蜡量图，表示在不同压力和温度下单位质量流体能析出的石蜡质量分数。

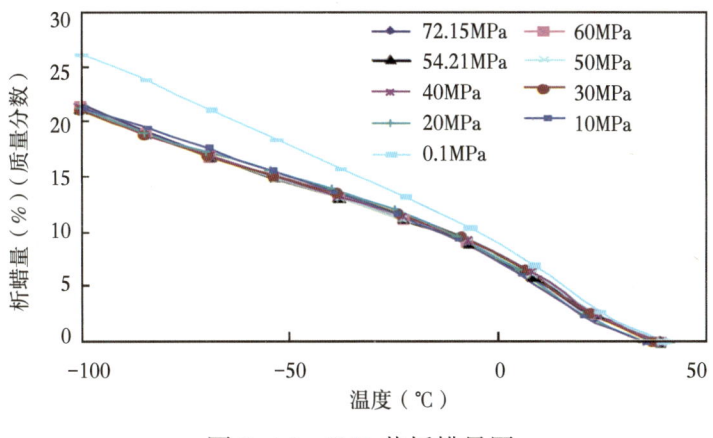

图 2-16　SM2 井析蜡量图

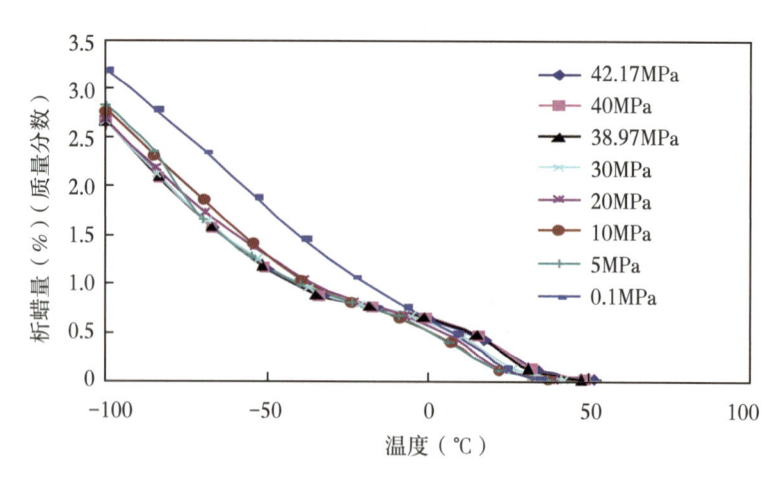

图 2-17 YH23-1-20H 井析蜡量图

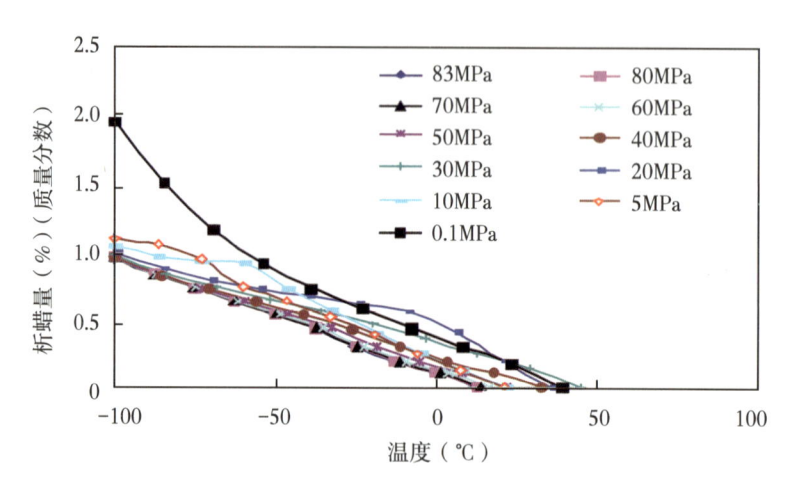

图 2-18 DB104 井析蜡量图

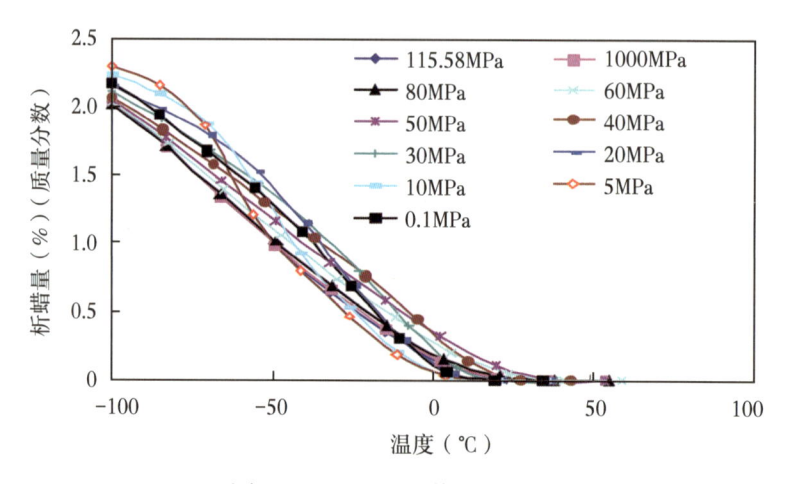

图 2-19 BZ104 井析蜡量图

图 2-20 至图 2-23 为在不同温度下，SM2 井清蜡前、YH23-1-20H 井、DB104 井和 BZ104 井原始井流物中气、液、固三相相摩尔分数与压力的关系。YH 23-1-20H 井、DB104 井和 BZ104 井流体样品在实验温度范围内未发生流体反转现象。SM2 井流体在 65℃时发生流体反转，凝析气藏变油藏。同时固相摩尔分数相对气液两相摩尔分数偏小，在地层温度 124.9℃时，未出现沉积，随着压力的增加，气相先减少再增多，液相先增多再减少，二者在最大反凝析压力处出现反转。

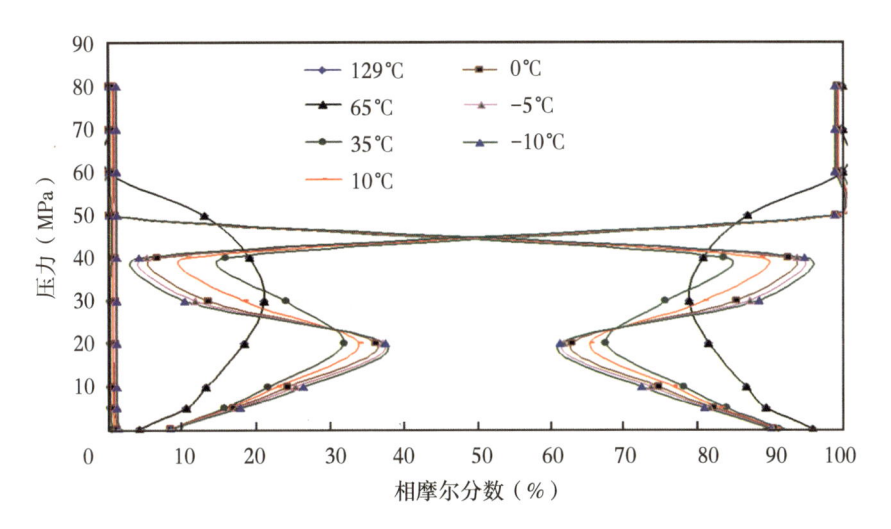

图 2-20 SM2 清蜡前井气、液、固三相摩尔分数与压力的关系曲线

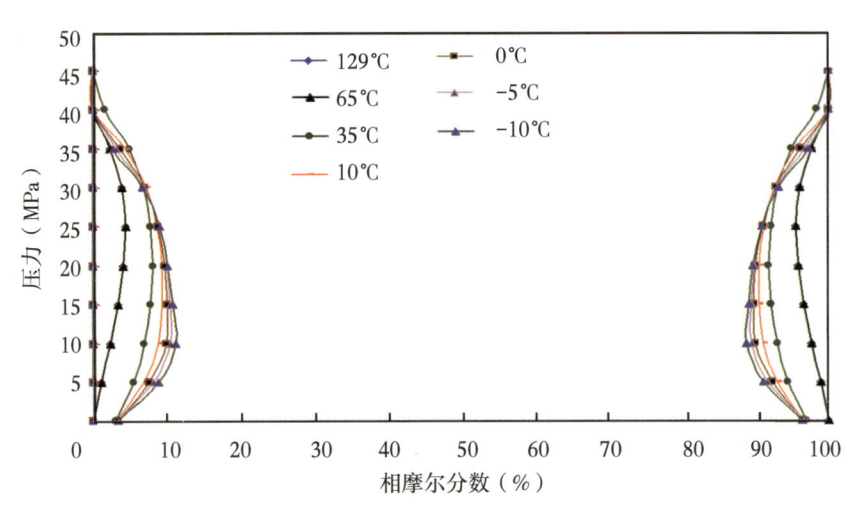

图 2-21 YH23-1-20H 井气、液、固三相摩尔分数与压力的关系曲线

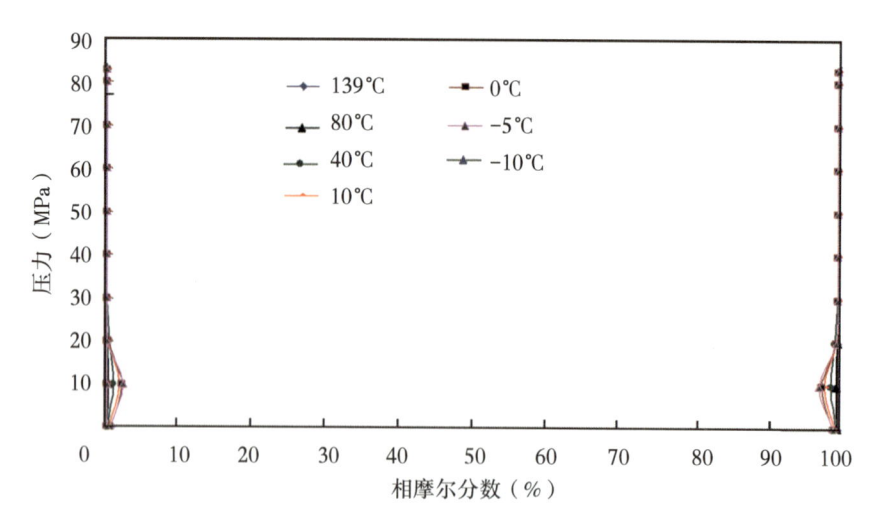

图 2-22　DB104 井气、液、固三相摩尔分数与压力的关系曲线

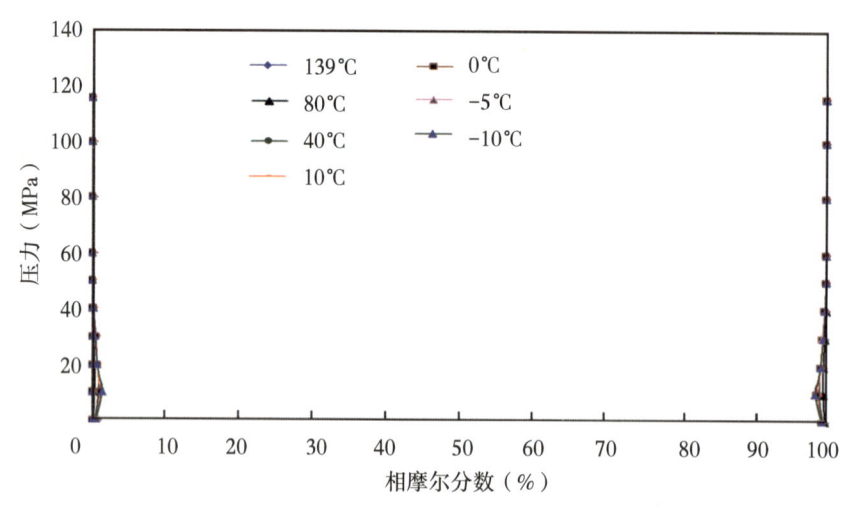

图 2-23　BZ104 井气、液、固三相摩尔分数与压力的关系曲线

第二节　循环注气开发凝析气藏非平衡相态实验

塔里木盆地凝析气藏开发实践促使科技人员开始进一步关注流体非平衡相态研究。牙哈凝析气田的 YH3-1H 井开展 MDT 测压及取样作业。3 个取样点分布于古近系底砂岩顶部、中部和底部，分别对应正韵律储层低渗透、中渗透和高渗透层段，具体取样位置如图 2-24 所示。实验结果发现从上至下 3 个测

点气油比值大幅降低，第一个测点的储层渗透率为 34mD，气油比为 12684m³/m³，表现为偏干气特征；第二个测点气油比为 6739m³/m³，说明中部存在干气与凝析气混合过渡带；第三个测点的储层渗透率 930mD，气油比值为 2343m³/m³，表现为高凝析油含量的凝析气藏特征。由表 2-5 可以看出，牙哈凝析气藏经历一段时期的注气开发后，注入干气主要分布于储层的上部，富含凝析油的凝析气层集中在储层的中下部，注入干气与凝析气重力超覆现象明显。

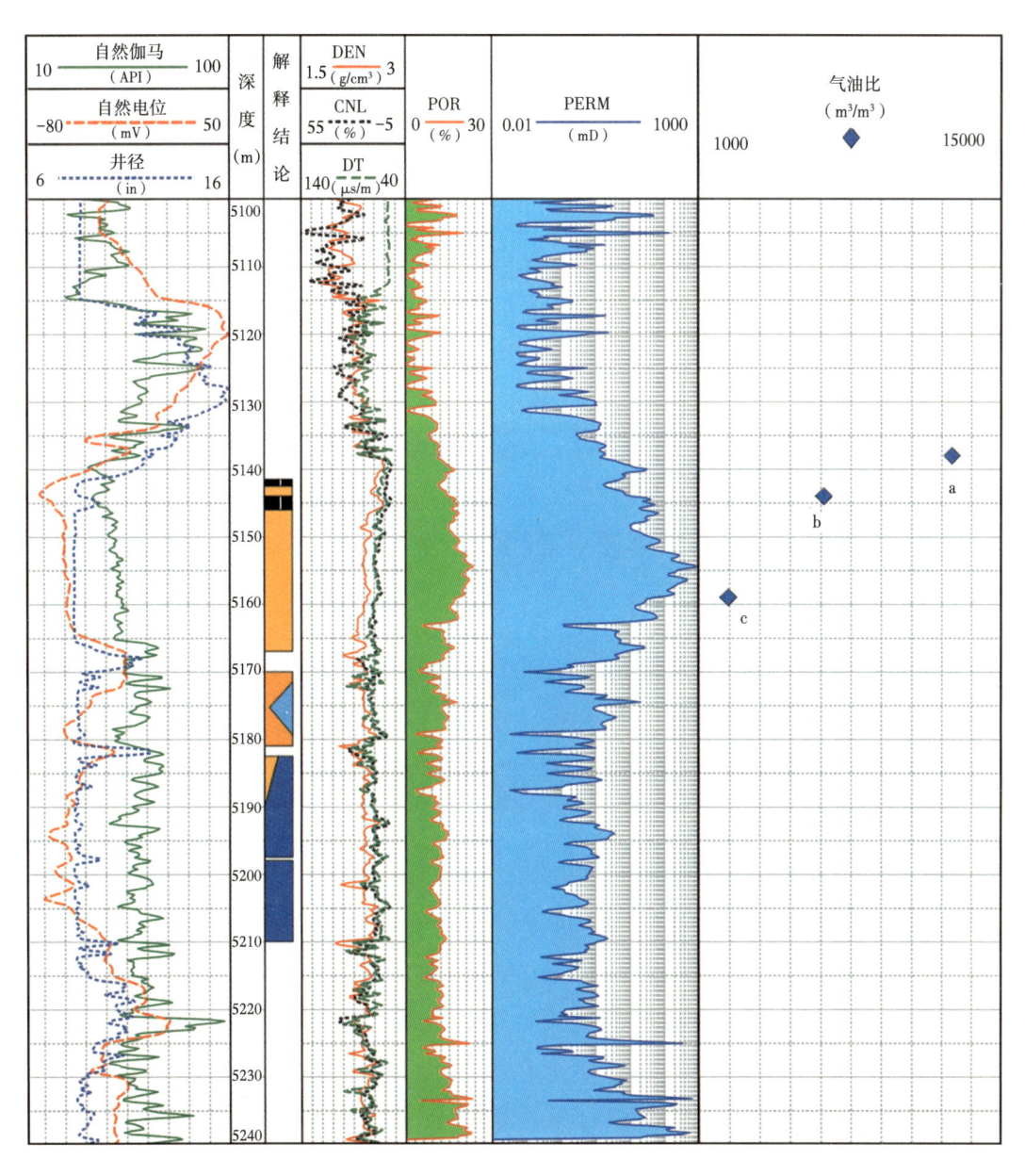

图 2-24　YH3-1H 井 MDT 测井综合评价成果图

表 2-5 YH3-1H 井 MDT 测试 PVT 取样设计参数及实验成果表

取样点	深度（m）	孔隙度（%）	渗透率（mD）	地层压力（MPa）	凝析油含量（g/m^3）	甲烷含量（摩尔分数）（%）	气油比（m^3/m^3）
1	5137	14.8	34	45.71	80.47	81.74	12684
2	5144	15.5	186	45.73	140.56	81.27	6739
3	5159	20.19	930	45.76	362.99	77.48	2343

在原始温压条件下，凝析气藏流体已经历漫长时间的传质扩散。因此，处于未开发阶段的凝析气藏流体相态处于平衡状态[13]。而当凝析气藏开发后，衰竭开发过程中变化的气藏压力和注气开发过程中的注入气等因素打破了早期流体平衡状态。尤其是凝析气藏注气开发过程中，由于干气不断地注入导致干气与凝析气之间存在物质交换，体系内部的分子扩散以及由于干气和凝析气密度差异导致的密度流属于热力学中的不可逆过程，其热力学基础是非平衡态热力学。因此，流体非平衡相态是凝析气藏注气开发过程中存在不同性质流体"重力分异"现象的影响因素之一。

一、干气—凝析气非平衡扩散实验

1. 实验装置

循环注气扩散实验研究是在 JEFRI 全观测无汞高温高压多功能地层流体分析仪中完成的。该装置带有一个 150mL 整体可视高温高压 PVT 室，可以直观地观测到"扩散实验现象"。实验流程如图 2-25 所示。

2. 实验方案设计

为了观测注入干气与凝析气之间是否会产生三相和两相的非平衡相态特征，设计了以下实验方案。

1) 恒温恒压注干气非平衡相行为观测实验

往 PVT 筒中转入一定量的凝析气，第一组维持在地层温度（133℃）和露点压力附近（49MPa），第二组维持在地层温度（133℃）和高于露点压力 3MPa 左右（52MPa），使用白炽灯从视野背面和侧面照射 PVT 筒。如果 PVT 筒内的物质密度在空间上有剧变，则物质密度的不均和颜色的不同可导致物质的分层现象，这种物理性质的剧变可能是相变导致的密度涨落产生，也可是不

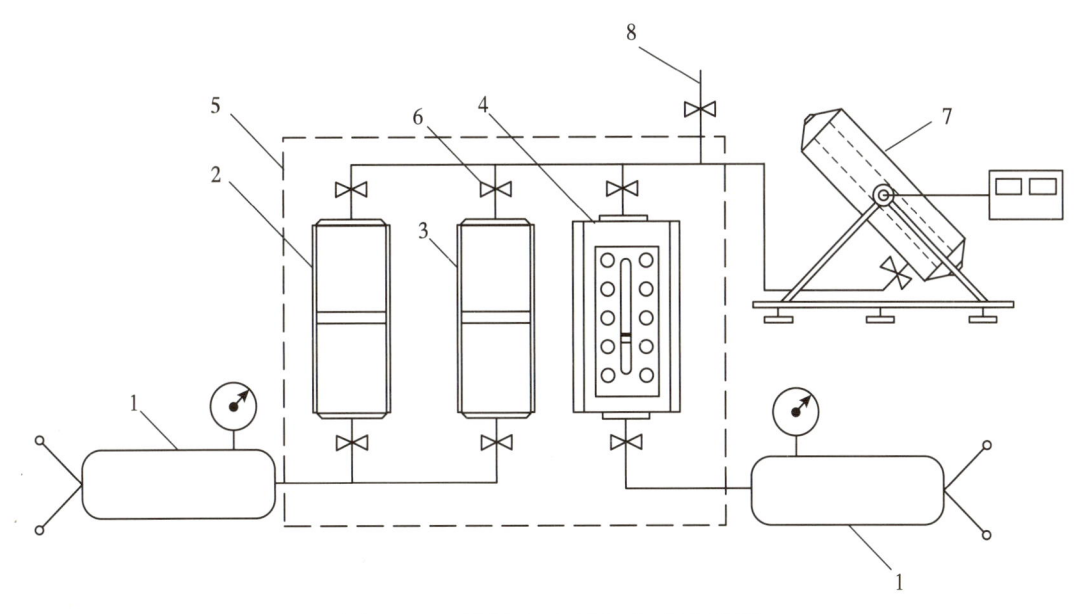

图 2-25 扩散实验研究实验流程图

1—高压计量泵；2—储样器、井下取样器或配样容器（地层流体）；
3—储样器（注入气）；4—PVT 容器；5—恒温浴；6—阀门；
7—高温高压黏度计（可采用电磁式黏度计、毛细管黏度计或落球黏度计）；8—取样口

同物质的局部混合导致的密度涨落产生。因此，在白炽灯照射的 PVT 筒的空间位置上就会产生不同的层次，由此可以区分 PVT 筒不同空间位置上的物质各自的相态行为。令 PVT 筒恒温恒压，从 PVT 筒上部注入干气，为了保持 PVT 筒压力，在上部注气的同时下部退泵；干气和凝析气的体积大致为 1∶1 时，注气结束。观测在白炽灯照射下整个注气过程中凝析气—干气体系的相态行为。通过这一实验过程，观测凝析气藏与所注入的干气之间是否会产生拟二元和三元混合体系的非平衡相态变化特征。

2）恒温恒压凝析气—干气对流扩散实验

静置上述实验中体积比为 1∶1 的非均匀混合凝析气—干气体系，保持 PVT 筒的温度压力（温度为地层温度 133℃，压力为各自的注入压力），观测 PVT 筒上部干气和下部凝析气自发的对流和扩散的相态特征变化过程，记录 PVT 筒内干气与凝析气之间自发混合至 8h 结束。

3）凝析气—干气的平衡态组分组成测试

将静止 8h 后注了干气后的实验样品，按 PVT 筒中气和油的量，按等量体积测恒压排出，并测试气体的组分组成。

3. 凝析气加注干气非平衡过程相态特征

1) PVT 筒中注干气条件下的流体相态行为特征

图 2-26 和图 2-27 给出了本次研究所观测到的恒温恒压凝析气注干气非平衡态相态行为特征。实验过程中，第一组维持在地层温度（133℃）和露点压力附近（49MPa），第二组维持在地层温度（133℃）和高于露点压力 3MPa 左右（52MPa），在恒温恒压下从 PVT 筒上部持续向 PVT 筒内加注干气。这种方式符合气藏顶部注干气驱替凝析气的过程，本次实验采取录像的方式记录 PVT 筒可视窗内凝析气—干气体系的现象。下面分析各时间节点照片所对应的状态特征。

（1）露点压力附近（49MPa）的注气非平衡相态特征。

图 2-26（a）为 PVT 筒中只有纯凝析气时的图像，背景光源相对较弱，呈暗红色，是加注干气前的基础图像。此时凝析气处于露点附近，呈现为均一流体相，整体透光率一致，没有出现分层现象。

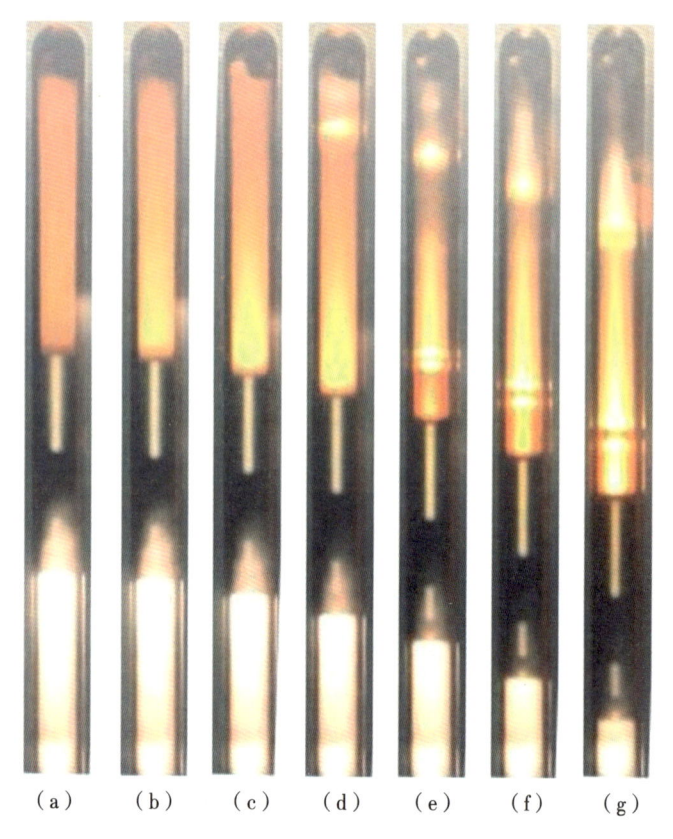

图 2-26 恒温恒压（133℃、49MPa）凝析气注干气非平衡态相行为过程

图 2-26（b）、（c）显示的是刚开始从 PVT 上部注入干气的图像。此时在 PVT 筒最顶部，即在凝析气的上部，开始呈现出较好的亮色，表明注入的干气相具有透光性。也说明在 133℃、49MPa 下的干气与相同条件的凝析气相态特征和物理性质存在明显的差异，尤其是密度的差异。

图 2-26（d）显示的是随着干气的持续注入，PVT 筒上部的干气相与下部的凝析气相开始产生对流扩散与传质，并在二者之间形成一个边缘较为清晰的干气—凝析气分界面，干气呈透明色，凝析气呈黄色，界面呈透亮色。PVT 筒从上至下分别为干气带、界面、凝析气带。

图 2-26（e）显示的是随着干气的继续注入，上部干气相的体积增大，同时，由于系统压力处于凝析气露点附近，而且加上干气持续的注入，凝析气状态不太稳定，出现凝析液。PVT 筒中呈现干气、凝析气和凝析液三种物质共存的现象，而且界面较为明显。

图 2-26（f）、（g）给出的状态是：随着干气持续的注入，上部干气相的体积继续增大，并且从图 2-26（f）开始，干气—凝析气界面开始变厚，界面不再呈明显的分界，干气和凝析气开始互溶，其上部是透明均匀的干气相，其中部是透明的凝析气相，下部为凝析液相。图 2-26（g）所对应的时间点，是注入干气体积与 PVT 筒中最初注入的凝析气的体积比达到 1:1 的状态，此时干气注入停止。

（2）高于露点压力 3MPa 左右（在 52MPa 下）注气非平衡相态特征。

图 2-27（a）为 PVT 筒中只有纯凝析气时的图像，背景光源相对较弱，呈暗红色，是加注干气前的基础图像。此时凝析气处于露点以上 3MPa 左右，呈现为均一流体相，整体透光率一致，没有出现分层现象。

图 2-27（b）、（c）显示的是刚开始从 PVT 上部注入干气的图像。此时在 PVT 筒最顶部，即在凝析气的上部，开始呈现出较好的亮色，表明注入的干气相具有透光性。也说明在 133℃、52MPa 下的干气与相同条件的凝析气相态特征和物理性质存在明显的差异，尤其是密度的差异。

图 2-27（d）、（e）显示的是随着干气的持续注入，PVT 筒上部的干气相与下部的凝析气相开始产生对流扩散与传质，并在二者之间形成一个边缘较为清晰的干气—凝析气分界面，干气呈透明色，凝析气呈黄色，界面呈透亮色。PVT 筒从上至下分别为干气带、界面、凝析气带。

图 2-27（f）、（g）显示的是随着干气的继续注入，上部干气相的体积增

大，同时，由于系统压力处于凝析气露点以上 3MPa，凝析气状态较为稳定，未出现反凝析现象。PVT 筒中呈现干气、凝析气两种物质共存的现象，而且界面较为明显。其上部是透明均匀的干气相，下部为凝析气相。图 2-27（g）所对应的时间点，是注入干气体积与 PVT 筒中最初注入的凝析气的体积比达到 1:1 的状态，此时干气注入停止。

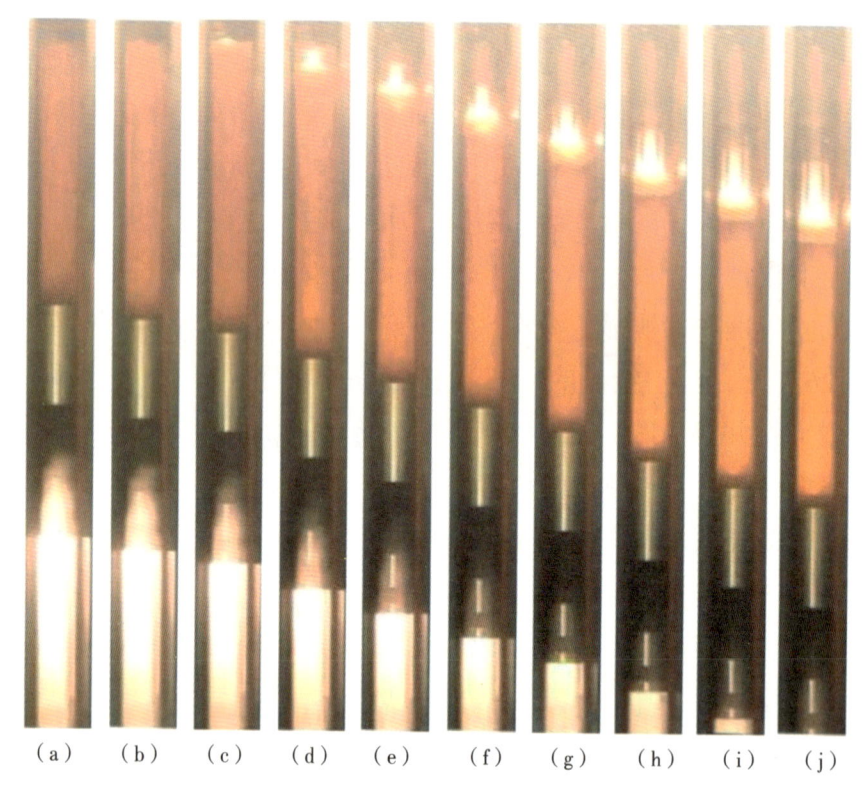

图 2-27 恒温恒压（133℃，52MPa）凝析气注干气非平衡态相行为过程

综上所述，在盛有凝析气的 PVT 筒中加注干气，所产生的非平衡相态行为总体上可呈现出由上部的轻质干气相、中间的凝析气相和下部的高密度凝析液相三相流体共存或者呈现上部的轻质干气相、中部凝析气相两相共存的相态特征，并且受重力差和密度流的影响在时间上会保持一定的非平衡稳定性。这说明，如果气藏实施循环注气也参照这种方式进行，即在气藏的顶部注入干气，凝析气藏会从上到下由于重力和密度等原因在不同产层剖面上呈现出不同的气油比变化和产出烃组分的重力分异现象。

2）干气扩散作用对凝析气相态特征的影响

图 2-28 所示为恒温 133℃、恒压 49MPa，PVT 筒中凝析气—干气垂向扩

散扩散相行为观测实验，图 2-28（a）即为图 2-26（g）。图 2-28（b）是图 2-28（a）稳定 30min 后 PVT 筒可视窗的图像，图 2-28（b）—（q）每两张照片的时间间隔为 30min。图像显示出凝析气注干气非平衡相态中，干气—凝析气"相界面"具有一定的时间稳定性，凝析气—凝析液相界面稳定性则更强，图 2-28 中的 17 张图片显示干气—凝析气相界面在慢慢变厚，变模糊，最后几乎混成一相，而凝析气—凝析液相界面清晰地分开了上部黄色透明的凝析气和下部红色透明的凝析液，说明在相界面存在的时间内，PVT 筒内干气—凝析气扩散比较强，而凝析气相和凝析液相两者的扩散比较弱，相界面的消失需要较长的时间。图 2-28（q）是实验延长至 8h 后所观测到的图像。由图看出，透明气体干气与黄色透明凝析气之间的"相界面"已经几乎消失，呈现为连续的过渡相态特征，且混合气体颜色综合了干气和凝析气的颜色，呈淡黄色，但下部的凝析液仍然呈液体态，界面虽然变模糊，但是还是明显地存在。

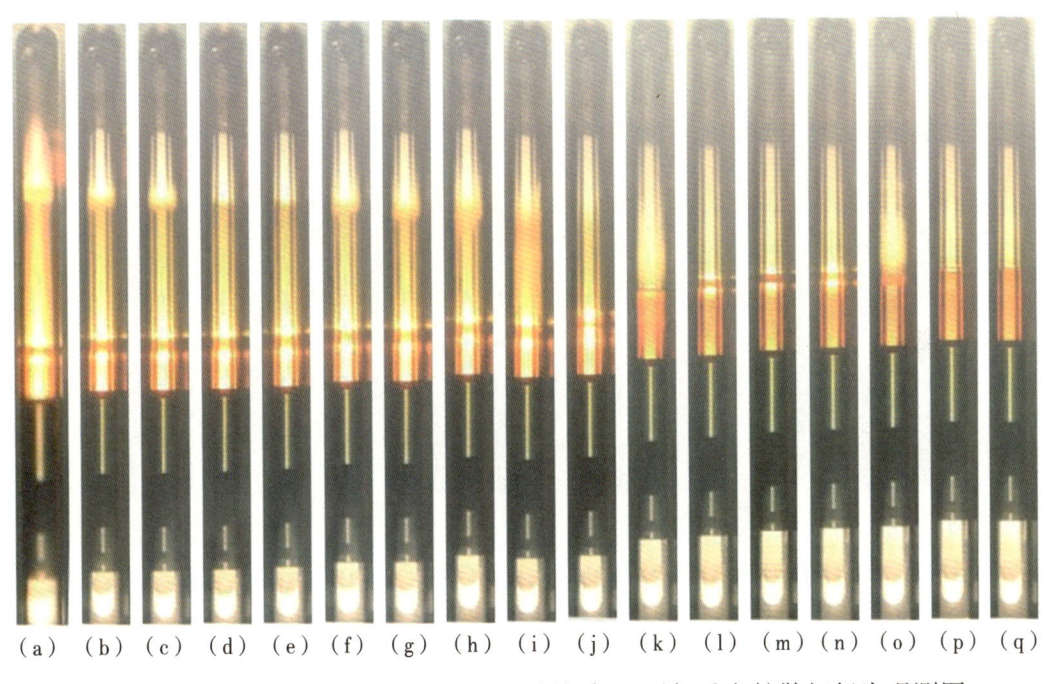

图 2-28　恒温 133℃，恒压 49MPa，凝析气—干气垂向扩散相行为观测图

图 2-29 所示为恒温 133℃、恒压 52MPa 条件下，PVT 筒中凝析气—干气垂向扩散相行为观测实验，图 2-29（a）即为图 2-27（j）。图 2-29（b）是图 2-29（a）稳定 1h 后 PVT 筒可视窗的图像，图 2-29（b）—（h）每两张照片的时间间隔为 1h。图像显示出凝析气注干气非平衡相态中，干气—凝析气

"相界面"具有一定的时间稳定性,随着时间的延长,界面越来越模糊,干气颜色越来越深,主要是部分凝析气扩散至干气中,使干气组分变重,凝析气体积则越来越少,说明干气对凝析气的抽提性明显。干气和凝析气相两者的扩散比较弱,相界面的消失需要较长的时间。同时在实验室内证明了凝析气藏注干气开发重力分异现象的存在。

图 2-29 恒温 133℃,恒压 52MPa,凝析气—干气垂向扩散相行为观测图

3)凝析气—干气的非平衡态组分组成测试

图 2-30 是恒温 133℃、恒压 52MPa 条件下 PVT 筒排气过程观测图,图 2-30(a)—(h)所示活塞每上升 0.75cm 拍摄一次。由图 2-31 和表 2-6 可知,从 PVT 顶部到底部,甲烷含量由 94.95% 降至 86.61%。随着气体距离顶部越来越远,除甲烷含量越来越低以外,C_2 至 C_6 含量都是逐渐升高,并且随着高度的增加,其变化幅度减小。

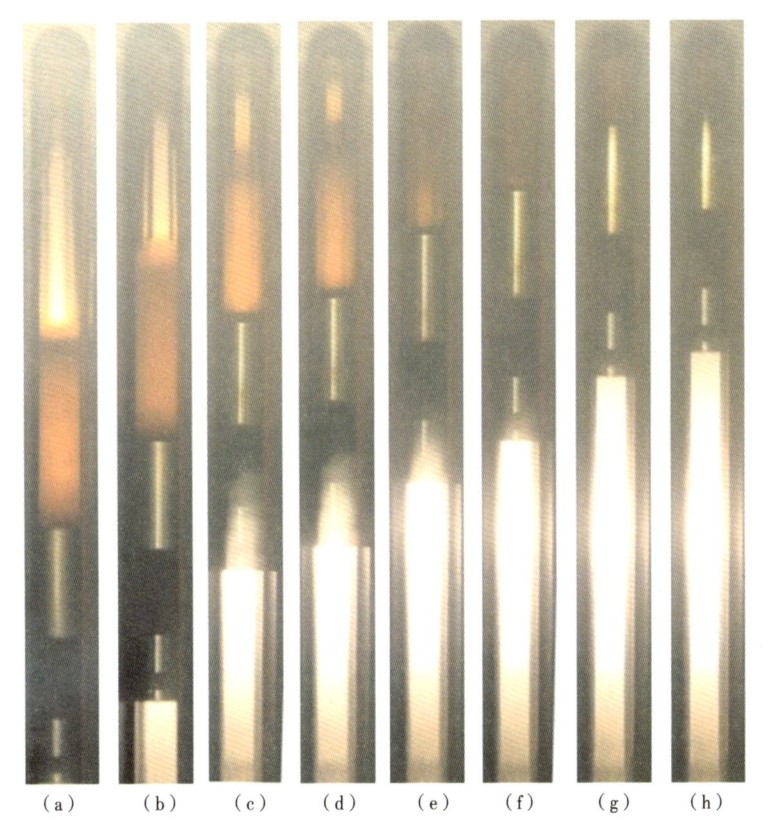

图 2-30　恒温 133℃、恒压 52MPa 条件下 PVT 筒排气过程观测图

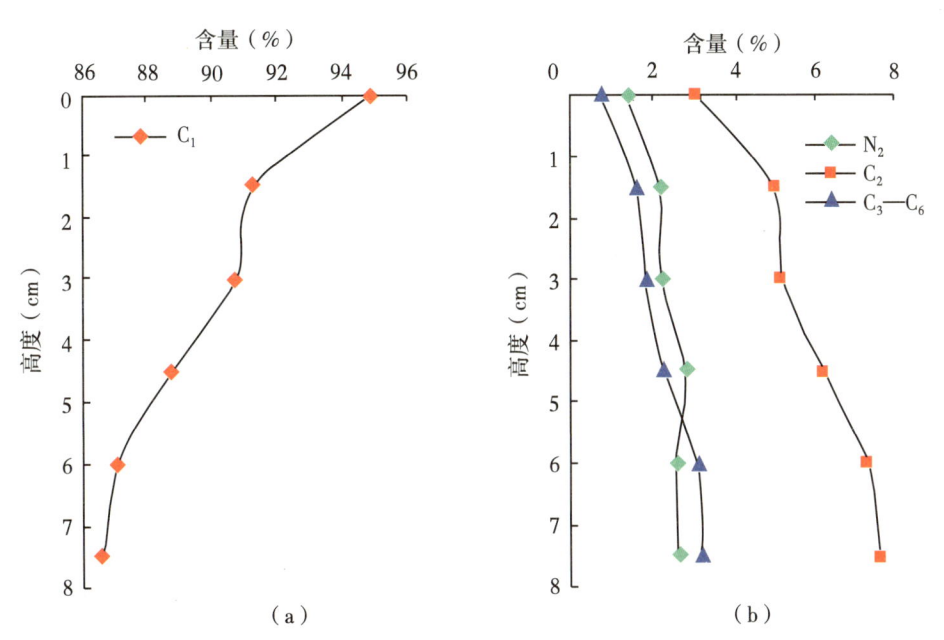

图 2-31　恒温 133℃、恒压 52MPa 条件下距离顶部不同高度剖面组分组成

表 2-6 距离顶部不同高度剖面组分组成

高度 (cm)	组分含量（%）（摩尔分数）									
	CO_2	N_2	C_1	C_2	C_3	iC_4	nC_4	iC_5	nC_5	C_6
0	0	1.358	94.949	3.061	0.492	0.067	0.114	0.026	0.04	0.007
1.5	0	2.161	91.266	4.99	0.882	0.167	0.191	0.12	0.091	0.132
3.0	0	2.191	90.752	5.184	1.005	0.191	0.225	0.142	0.097	0.212
4.5	0	2.801	88.732	6.188	1.259	0.243	0.294	0.19	0.125	0.169
6.0	0	2.537	87.102	7.312	1.584	0.317	0.398	0.287	0.199	0.265
7.5	0	2.607	86.614	7.576	1.662	0.334	0.424	0.298	0.198	0.286

凝析气—干气的非平衡态主要存在于注干气开发的凝析气藏中。其中在高于露点压力注气时为二元体系，接近或者低于露点压力时为三元体系。在凝析气藏顶部，主要是干气和凝析气的混合物，而且越往上，气体越干，往下则气体逐渐加重，呈现出气油比越来越小、密度越来越大、组分越来越重等现象，测试结果与牙哈凝析气藏在不同深度地层流体样品结果相符。

二、干气—凝析气非平衡相态稳定性的理论分析

在一个开放的系统（如开发中的气藏）中，是否仍然像孤立系统和近平衡的情况那样，总是单向地趋于平衡状态，即凝析气藏注干气开采过程中，干气是否会在较短的时间内与凝析气混合成为一相。

平衡态的经典热力学熵增原理虽然是在孤立系统中和偏离平衡态不远的条件下总结出来的规律，但它表明体系熵变是判断物质所处状态改变方向最简洁的判据。非平衡热力学继承了这一观点，并结合非平衡态的实际情况，将平衡态熵增原理发展改进并推广应用于预测非平衡态的相态移动方向。基于这一观点，通过引入非平衡态热力学理论分析上述所观测到的非平衡实验现象，进一步解释凝析气藏注气开发条件下的干气—凝析气非平衡相态的稳定性[14]。

1. 物质运输过程的"熵产生"

经典热力学认为，孤立体系中单一的不可逆过程都使熵值增加，即$(dS)_{iso}>0$，而这个增加的熵值定义为"熵产生"；而非孤立体系的熵变是可正可负的，经典热力学无法得到体系熵变和不可逆过程的定量关系式。现代热力学继承并改进了这一观点，认为熵产生与非平衡体系的不可逆过程直接相关

联，即在任何体系任何实际发生的单一不可逆过程中熵产生都是正的，即$(dS)_{iso}>0$。在处于非平衡态和正在发生不可逆过程的热力学体系中，总熵的产生随时间的变化可写成

$$\frac{dS}{dt} = \frac{d}{dt}\int_V SdV = \int_V \frac{\partial S}{\partial t}dV = \int_V dV(-\nabla J_s + \sigma) \quad (2-1)$$

$$dS = d_eS + d_iS \quad (2-2)$$

$$\frac{\partial s}{\partial t} = -\nabla J_s + \sigma \quad (2-3)$$

式中　S——体系中单位体积的熵值（熵密度），$J/(mol \cdot K)$；

　　　V——体积；

　　　J_s——单位时间从单位面积流出的熵，简称熵通量；

　　　∇J_s——熵通量的散度，表示单位时间从单位体积流出的熵增量，简称熵流速率；

　　　σ——单位时间从单位体积产生的熵，称为熵源强度或熵产生速率；

　　　d_eS——环境对体系中某个小体积单元流入熵的速率；

　　　d_iS——体系内部某个小体积单元由于不可逆过程的熵产生速率。

由于在气藏中干气驱替凝析气的过程中，认为地层温度不变，因此对于物质输送过程的第一阶段即干气"混相驱替"凝析气的阶段，可简化为不存在热传导的物质运输阶段，而干气—凝析气体系是不发生化学反应的二元体系。则对一个微小的体积单元，它的浓度变化符合连续性方程：

$$\frac{\partial n}{\partial t} + \nabla J_n = 0 \quad (2-4)$$

式中　J_n——物质流密度矢量，即单位时间通过单位面积流入体积单元的物质的量；

　　　n——物质密度。

能量守恒的数学表达式为

$$\frac{\partial u}{\partial t} + \nabla J_u = 0 \quad (2-5)$$

式中　u——一个体积单元中物质的内能密度；

　　　J_u——能量流密度矢量，即单位时间通过单位面积进入单位体积单元的能量。

式（2-5）是单位体积单元能量密度的连续性方程，即单位时间从单位体积能量的增加等于从外部流入的能量。

热力学的基本微分式：

$$dU = TdS - pdV + \sum_i u_i dn_i \tag{2-6}$$

式中　U——系统内能，J；
　　　T——温度，℃；
　　　S——熵，J/(mol·K)；
　　　p——压强，MPa；
　　　V——体积，m³。

对一个和外界没有做功交换的单元组分体积单元，体积单元的物质密度增加 dn 将导致内能密度增加 μdn：

$$Tds = du - \mu dn \tag{2-7}$$

式中　s——熵密度；
　　　μ——1mol 物质的化学势。

因此对于物质流，能量流密度就等于：

$$\boldsymbol{J}_u = \mu J_n \tag{2-8}$$

也就是说，能量流密度等于物质流密度引起的能量流密度。把式（2-8）代入式（2-5），得

$$\frac{\partial u}{\partial t} = -\nabla(\mu J_n) \tag{2-9}$$

因此，单位体积单元的熵密度增加量为

$$\frac{\partial S}{\partial t} = \frac{1}{T}\frac{\partial u}{\partial t} = \frac{\mu}{T}\frac{\partial n}{\partial t} \tag{2-10}$$

将式（2-4）和式（2-9）代入式（2-10），由于 $\frac{\mu}{T}\nabla J_n - \frac{1}{T}\nabla(\mu J_n) = -\frac{1}{T}J_n\nabla\mu$，可得

$$\frac{\partial S}{\partial T} = -\frac{1}{T}\nabla(\mu J_n) + \frac{\mu}{T}\nabla J_n = -\frac{1}{T}J_n\nabla\mu \tag{2-11}$$

如果令 $X_n \equiv -\dfrac{1}{T}\nabla\mu$ 为物质流的热力学力（矢量），有

$$\sigma = \frac{\partial_i S}{\partial t} = J_n X_n \tag{2-12}$$

熵产生速率 σ 与熵一样是状态函数，具有加和性，因此，对于体系内有多种不可逆过程时，有

$$\sigma = \sum_k J_{n_k} \cdot X_{n_k} \tag{2-13}$$

2. 地层中恒温恒压注干气非平衡态过程"熵产生"分析

对于地层中恒温恒压注干气同时开采凝析气的过程，如果将对流扩散视为宏观现象，并将其等效处理为干气向凝析气中的溶解扩散，则在单位体积内，物质所处状态可视为离平衡态很近的非平衡定态，有

$$\sigma = J_{DC} X_{DC} + J_d X_d \tag{2-14}$$

式中 $J_{DC} X_{DC}$——恒温恒压注入干气同时开采凝析气过程的物质流导致的熵产生速率，其中 J_{DC} 为气体运移过程物质流密度，X_{DC} 为气体运移过程的物质流传导力；

$J_d X_d$——干气向凝析气中扩散导致的物质流密度，其中 J_d 为扩散过程的熵通量，X_d 为扩散过程的驱动力，简称扩散力。

假设地层单位体积内的物质均参与物质流和扩散，物质的浓度与扩散成线性关系，这两种不可逆过程相互耦合，根据昂萨格倒易关系，有

$$J_{DC} = L_{DC-DC} X_{DC} + L_{DC-d} X_d \tag{2-15}$$

$$J_d = L_{d-DC} X_d + L_{d-d} X_d \tag{2-16}$$

$$L_{DC-d} = L_{d-DC} \tag{2-17}$$

将式（2-15）、式（2-16）和式（2-17）代入式（2-14），得

$$\sigma = L_{DC-DC} X_{DC}^2 + 2L_{d-DC} + L_{d-d} X_d^2 \tag{2-18}$$

式中 L——非平衡体系中各种不可逆过程热力学相互耦合的线性唯象经验关系，恒大于零；

下标 DC——恒温恒压注入干气同时开采凝析气的不可逆物质流；

下标 d——干气向凝析气中扩散的不可逆过程。

由于整个干气驱替凝析气的过程恒温恒压，因此物质流传导力 X_{DC} 恒定，而扩散力 X_d 自由发展，有

$$\frac{\partial \sigma}{\partial X_d} = 2(L_{d-DC}X_{DC} + L_{d-d}X_d) = 2J_d \qquad (2-19)$$

扩散达稳定时，$J_d = 0$，则，$\dfrac{\partial \sigma}{\partial X_d} = 0$，$\dfrac{\partial^2 \sigma}{\partial X_d^2} = 2L_{d-d} > 0$。

由此可知，对于注入干气并开采凝析气的非平衡过程，体系总是向熵产生最小的方向进行，即地层流体系统选择干气与凝析气保持不互溶成为两相的非平衡态，从而使其达到稳定共存而使整个系统的能量达到最小，而不是干气与凝析气均匀混合的平衡态，其原理就是线性耗散力学领域著名熵产生最小化原理。注入干气的非平衡相态实验具有热力学一致性，这表明注干气过程中，干气与凝析气不会迅速混合成为一相。

第三章 库车坳陷油气藏流体性质和分布规律

库车前陆盆地为北凹南翘的单斜结构，发育古近系和新近系两套稳定发育的膏盐岩盖层，为油气在膏盐岩之下侧向运移提供了保障。由于巨厚区域性膏盐岩盖层的存在，北部冲断带膏盐岩之下普遍形成有效的油气聚集。三叠系—侏罗系烃源岩发育晚期快速深埋大量生气，导致高成熟度干气晚期快速强充注，前陆冲断带中心区为天然气聚集，原油主要聚集于西部的乌什凹陷、北部构造带。库车坳陷包括6个二级构造单元：北部构造带、克拉苏构造带、乌什凹陷、拜城凹陷、阳霞凹陷和秋里塔格构造带，库车油气田群主要分布在库车坳陷的克拉苏构造带、秋里塔格构造带、乌什凹陷和北部构造带，整体来看，克拉苏构造带以干气气藏为主，秋里塔格构造带和乌什凹陷以凝析气藏为主，北部构造带干气气藏和凝析气藏均有分布，油气类型多样相态比较复杂。

第一节 克拉苏构造带油气藏

克拉苏构造带内已开发油气田主要包括克拉2、克深、博孜和大北等气田。构造西部以凝析气藏为主，中部为湿气气藏、东部为干气气藏，整体具有西部富油、东部富气的特征。

一、克拉2气田

克拉2气田位于新疆维吾尔自治区阿克苏地区拜城县境内，西距拜城县约60km，东距库车县约45km。克拉2气田于1998年1月发现，发现井为KL2井。构造位于库车坳陷克拉苏构造带中西段，为一近东西向展布、南北基本对称的长轴背斜，整体呈向南凸出的弧形构造。含气层系主要为白垩系巴什基奇克组，其次为古近系库姆格列木群白云岩段、砂砾岩段以及白垩系巴西改组，有效厚度247.6m。总体上属于中孔隙度、中渗透率和低孔隙度、中低渗透率储层。各气层具有统一的温压系统和气水界面,气藏中部温度100℃,压力74.35MPa,压力系数达2.0以上,甲烷含量95.198%~99.687%,非烃气体含量低,气体相对密度0.557~0.582,地层水水型为$CaCl_2$型,密度1.082~1.111g/cm^3,属低温、异常高压的底水干气气藏。2004年12月,克拉2气田投产。

1. 流体取样与质量评价

按照气藏取样规范和标准,勘探阶段克拉2气田共录取了KL2井、KL201井和KL203井8个井段的流体样品,每个井段分别取两支(40000mL)或者三支(60000mL)气样。单井流体样品送回实验室后,在环境温度(室温19.0℃)条件下检查所有气样合格性。然后,每个井段取一个样品开展PVT实验分析。流体样品的取样条件及气井特征见表3-1。

表3-1 克拉2气藏流体样品取样条件及气井特征统计表

	井号	KL2井				KL201井			KL203井
取样条件	取样时间	1998年8月4日	1998年8月24日	1998年8月31日	1998年10月9日	1999年3月30日	1999年5月7日	1999年6月4日	2000年3月15日
	生产油嘴(mm)	5.56	7.94	7.94	7.94	6.35	4	8	4
	油压(MPa)	41.90	45.70	52.10	45.50	61.00	33.00	31.44	28.54
	一级分离器压力(MPa)	2.93	7.00	1.80	7.00	4.80	1.98	4.30	1.10
	一级分离器温度(℃)	0.00	6.00	0.00	6.00	22.80	37.00	22.20	30.00
	取样方式	地面分离器	地面分离器	地面分离器	地面分离器	地面分离器	地面分离器	地面分离器	地面分离器
气井特征	取样井段(m)	3888.00~3895.00	3803.00~3809.00	3740.00~3750.00	3567.00~3572.00	3770.00~3795.00	3630.00~3640.00	3600.00~3607.00	3963.50~3975.00
	层位	K_1bs	K_1bs	K_1bs	E_1k	K_1bs	K_1bs	E_1k	K_1bs
	原始地层压力(MPa)	74.66	74.60	74.29	74.04	73.80	73.77	73.67	74.40
	原始地层温度(℃)	103.10	101.10	99.80	95.50	98.40	94.96	97.50	102.90
	取样时地层压力(MPa)	74.66	74.60	74.29	74.04	73.80	73.77	73.67	74.40
	取样时地层温度(℃)	103.10	101.10	99.80	95.50	98.40	94.96	97.50	102.90
	产气量(m^3/d)	237755	682065	717145	579662	443700	81100	374854	52783
	一级分离器气相对密度	0.565	0.568	0.574	0.578	0.567	0.566	0.566	0.566

2. 原始流体相态实验

干气藏相态实验主要包括流体组分分析、全组分相图包络线计算和恒质量膨胀实验。

（1）流体组分。

克拉 2 气藏井流物组成见表 3-2。井流物组成摩尔分数：C_1+N_2 为 98.8%、C_2—C_6+CO_2 为 1.19%、C_{7+} 为 0.01%，在三角相图上属于干气藏范围（图 3-1）。

表 3-2 克拉 2 气藏井流物组成表

井段（m）	井流物		
	组分	摩尔分数（%）	含量（g/m³）
3963.50~3975.00	二氧化碳	0.65	
	氮气	0.61	
	甲烷	98.19	
	乙烷	0.51	6.376
	丙烷	0.02	0.367
	异丁烷		
	正丁烷	0.01	0.242
	异戊烷		
	正戊烷		
	己烷		
	庚烷	0.01	0.399
	辛烷		
	壬烷		
	癸烷		
	十一烷以上		

注：气体分子量 16.4，相对密度 0.566。

（2）流体相态。

克拉 2 气藏的流体相态特征如图 3-2 所示。流体临界参数见表 3-3，临界压力为 4.82MPa，临界温度为-80.4℃。地层温度远离相包络线右侧，表现出典型的干气藏相态特征。

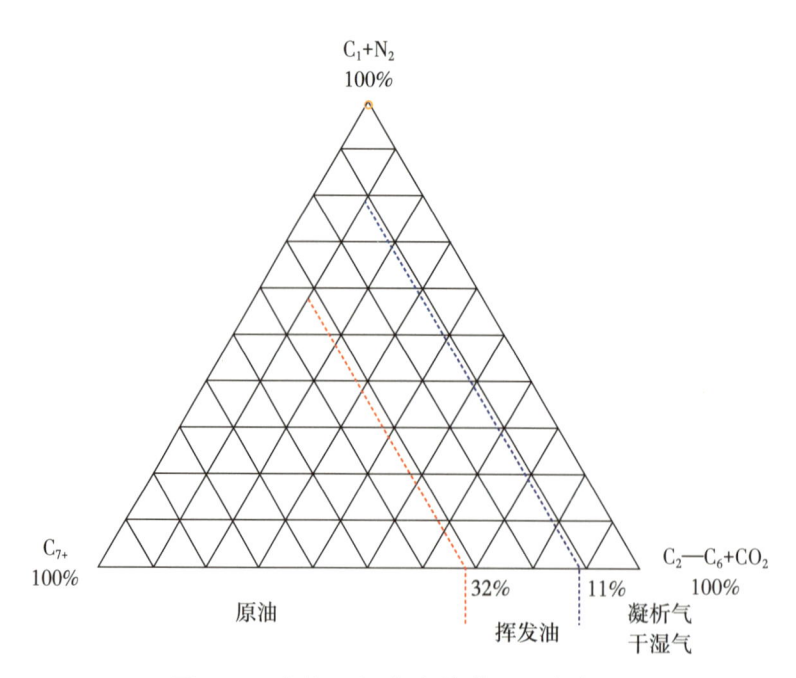

图 3-1 克拉 2 气藏流体类型三角相图

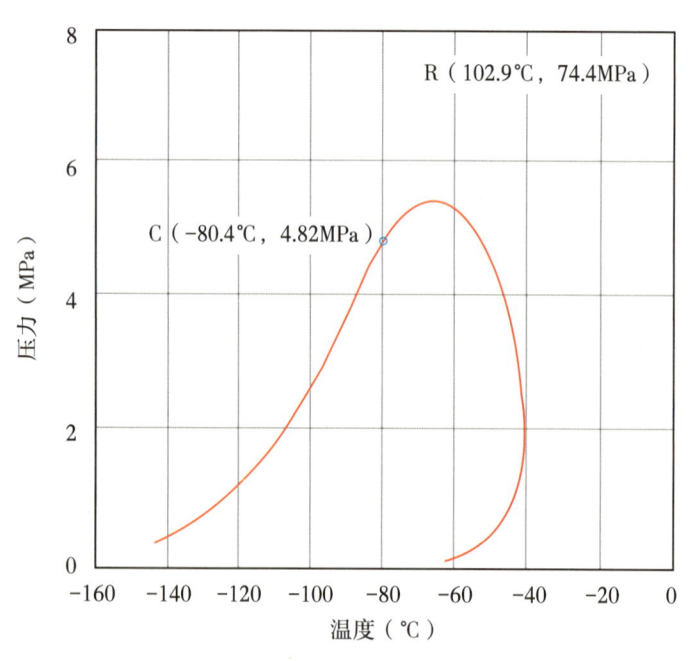

图 3-2 克拉 2 气藏地层流体相态图
C—临界点

表 3-3 克拉 2 气藏相态数据表

井段（m）	层位	地层压力（MPa）	地层温度（℃）	临界压力（MPa）	临界温度（℃）	气藏类型
3963.50~3975.00	K_1bs	74.4	102.9	4.82	-80.4	干气

（3）恒质膨胀实验。

克拉 2 气藏 3963.50~3975.00m 层段流体样品在地层温度 102.9℃、地层压力 74.4MPa 下，气体偏差系数为 1.4885、体积系数为 $2.5963×10^{-3}m^3/m^3$，气体黏度为 $3.387×10^{-2}mPa·s$。流体恒质膨胀实验结果见表 3-4。

表 3-4 克拉 2 气藏流体样品恒质膨胀实验结果

压力（MPa）	相对体积① V_i/V_r	偏差系数 Z	体积系数（$10^{-3}m^3/m^3$）	压缩系数（MPa^{-1}）
74.40	1.0000	1.4885	2.5963	0.00579
70.00	1.0258	1.4367	2.6632	0.0067
66.00	1.0536	1.3915	2.7355	0.00737
62.00	1.0852	1.3464	2.8174	0.00805
60.00	1.1028	1.3242	2.8631	0.0092
58.00	1.1232	1.3039	2.9162	0.00939
54.00	1.1662	1.2606	3.0278	0.01124
50.00	1.2198	1.2211	3.1670	0.01267
46.00	1.2833	1.1820	3.3318	0.01377
42.00	1.3560	1.1406	3.5204	0.01653
38.00	1.4487	1.1028	3.7611	0.01991
34.00	1.5688	1.0689	4.0731	0.02471
30.00	1.7319	1.0416	4.4966	0.0295
26.00	1.9491	1.0164	5.0604	0.03644
22.00	2.2555	0.9960	5.8558	0.04500
18.00	2.7017	0.9770	7.0143	

①V_i—分级压力（i 级压力）下体积；V_r—地层压力下体积。

二、克深气田

克深气田位于新疆维吾尔自治区阿克苏地区拜城县，构造位于库车坳陷克拉苏构造带克深区带克深段。克深区带是库车前陆盆地冲断带的第二排冲断构造，盐下构造主要是由北向南逆冲的一系列逆冲断层组成，不同构造位置断层发育规模、断块层位和条数不同，平面上断层整体呈北东东—北东—近东西向展布，在构造带中部发生分叉、合并现象。南边界拜城断裂、北边界克拉苏断裂以及克深断裂共同控制克深区带的展布，以克深断裂为界，克深区带可以划分为克深北区带和克深南区带，两区带呈斜列式接触，两个构造带内部由多个断片组成，各断片呈雁列式分布。克深气田含气层系为白垩系巴什基奇克组，厚度为280~320m，为裂缝—孔隙型砂岩储层，基质物性整体呈低孔隙度、特低渗透率。

克深气田气藏中深普遍大于-5500m，地层压力为99.5~136.3MPa，压力系数为1.75~1.86，地层温度为146.9~182.3℃，地温梯度为2.21℃/100m左右。测井孔隙度主要分布为3%~9%，平均5.4%，渗透率主要分布在0.01~0.5mD，平均0.049mD；天然气中甲烷含量为89.4%~98.4%，平均96.34%；乙烷含量为0.345%~3.05%，平均1.249%；丙烷及以上烃组分含量为0.024%~1.07%，平均0.335%；氮气平均含量为1.99%，CO_2平均含量为0.8%，不含H_2S，相对密度为0.563~0.61，平均0.583。地层水平均pH值为4.16~6.55，平均5.53，密度为1.095~1.1554g/cm³，平均1.1174g/cm³，氯离子含量平均为98818mg/L，水型为$CaCl_2$型，为封闭较好的气田水。气藏类型多属于带边底水断背斜型干气气藏。2011年10月，克深2区块开始试采，随后克深8、克深9和克深13等多个区块相继投入开发。

1. 原始流体取样与质量评价

勘探评价阶段，克深2区块共录取了KS2井等5口井6个井段的合格流体样品，每个井段分别取两支（40000mL）气样。单井流体样品送回实验室后，在取样方式对应的温度条件下检查所有气样，每个井段取一个样品开展PVT实验分析。流体样品的取样条件及气井特征见表3-5。

表 3-5 克深 2 区块部分流体样品取样条件及气井特征统计表

	井号	KS2 井	KS201 井	KS202 井	KS203 井	KS206 井	
取样条件	取样时间	2008 年 9 月 2 日	2011 年 4 月 23 日	2012 年 5 月 5 日	2011 年 9 月 7 日	2012 年 9 月 13 日	2012 年 10 月 27 日
	生产油嘴（mm）	6	6	5	4	7	8
	油压（MPa）	70.92	75.23	91.61	84.70	85.79	79.68
	一级分离器压力（MPa）	3.50	11.47	1.18	0.50	1.56	1.94
	一级分离器温度（℃）	22.10	48.85	31.60	7.00	28.1	32.8
	取样方式	地面分离器	地面分离器	地面分离器	地面分离器	地面分离器	地面分离器
气井特征	取样井段（m）	6573.00~6697.00	6735.00~6755.00	6505.00~6700.00	6705.00~6969.00	6600.00~6685.00	6525.00~6800.00
	层位	K_1bs	K_1bs	K_1bs	K_1bs	K_1bs	K_1bs
	原始地层压力（MPa）	112.48	116.14	116.15	120.6	115.665	115.73
	原始地层温度（℃）	165.80	168.60	164.52	171.6	166.10	166.00
	取样时地层压力（MPa）	112.48	116.14	116.15	120.6	115.665	115.73
	取样时地层温度（℃）	165.80	168.60	164.52	171.6	166.1	166.00
	产气量（m³/d）	343524	403659	303974	201564		630000
	一级分离器气相对密度	0.608	0.594	0.558			0.608

勘探评价阶段，克深 8 区块共录取了 KS8 井、KS801 井、KS8003 井、KS802 井和 KS806 井的 5 个井段合格流体样品，每个井段分别取两支（40000mL）气样。单井流体样品送回实验室后，在取样方式对应的温度条件下检查所有气样合格性，每个井段取一个样品开展 PVT 实验分析。流体样品的取样条件及气井特征见表 3-6。

表 3-6 克深 8 区块流体样品取样条件及气井特征统计表

	井号	KS8 井	KS801 井	KS8003 井	KS802 井	KS806 井
取样条件	取样时间	2013 年 9 月 26 日	2014 年 2 月 18 日	2013 年 11 月 26 日	2013 年 11 月 25 日	2014 年 2 月 27 日
	生产油嘴（mm）		4	5	5	9
	油压（MPa）		72.01	99.36	80.83	93.1
	一级分离器压力（MPa）	2.00	1.25	0.92	2.74	3.14
	一级分离器温度（℃）	30.00	17.50	35.70	4.50	30
	取样方式	地面分离器	地面分离器	地面分离器	地面分离器	地面分离器

续表

	井号	KS8 井	KS801 井	KS8003 井	KS802 井	KS806 井
气井特征	取样井段（m）	6717.00~6795.00, 6860.00~6903.00	7051.00~7170.00	6746.00~6897.00	7222.00~7304.00	6878.00~6996.00
	层位	K_1bs	K_1bs	K_1bs	K_1bs	K_1bs
	原始地层压力（MPa）	122.43	122.43	121.49	122.847	121.969
	原始地层温度（℃）	172.70	166.14	165.80	169.21	171.01
	取样时地层压力（MPa）	122.43	122.43	121.49	122.847	121.969
	取样时地层温度（℃）	172.70	166.14	165.80	169.21	171.01
	产气量（m³/d）		760674		301966	900702

勘探评价阶段克深 9 区块共录取了 KS9 井和 KS902 井的 2 个井段合格流体样品，每个井段分别取两支（40000mL）气样。单井流体样品送回实验室后，在取样方式对应的温度条件下检查所有气样，每个井段取一个样品开展 PVT 实验分析。流体样品的取样条件及气井特征见表 3-7。

表 3-7 克深 9 区块流体样品取样条件及气井特征统计表

	井号	KS9 井	KS902 井
取样条件	取样时间	2013 年 12 月 21 日	2015 年 7 月 9 日
	生产油嘴（mm）	9	5
	油压（MPa）	98.21	78.00
	一级分离器压力（MPa）	2.43	2.58
	一级分离器温度（℃）	36.10	27.00
	取样方式	地面分离器	地面分离器
气井特征	取样井段（m）	7445.00~7552.00	7813.00~7870.00
	层位	K_1bs	K_1bs
	原始地层压力（MPa）	127.62	126.28
	原始地层温度（℃）	177.00	184.30
	取样时地层压力（MPa）	127.62	126.28
	取样时地层温度（℃）	177.00	184.30
	产气量（m³/d）	942092	304982
	一级分离器气相对密度		0.571

勘探评价阶段，克深 13 区块共录取了 KS13 井、KS131 井、KS133 井和 KS134 井的 4 个井段合格流体样品，每个井段分别取两支（40000mL）气样。单井流体样品送回实验室后，在取样方式对应的温度条件下检查所有气样合格性，每个井段取一个样品开展 PVT 实验分析。流体样品的取样条件及气井特征见表 3-8。

表 3-8 克深 13 区块流体样品取样条件及气井特征统计表

	井号	KS13 井	KS131 井	KS133 井	KS134 井
取样条件	取样时间	2015 年 6 月 30 日	2017 年 3 月 28 日	2018 年 2 月 11 日	2017 年 12 月 18 日
	生产油嘴（mm）	5	4	5	6
	油压（MPa）	33.82	79.21	98.17	91.11
	一级分离器压力（MPa）	1.80	5.50	1.05	1.76
	一级分离器温度（℃）	23.00	32.00	10.3	13.26
	取样方式	地面分离器	地面分离器	地面分离器	地面分离器
气井特征	取样井段（m）	7311.00~7430.00	7493.00~7566.00	7455.00~7560.82	7586.00~7651.00
	层位	K_1bs	K_1bs	K_1bs	K_1bs
	原始地层压力（MPa）	139.80	136.28	136.323	135.393
	原始地层温度（℃）	180.60	175.50	182.1	180.3
	取样时地层压力（MPa）	139.80	136.28	136.323	135.393
	取样时地层温度（℃）	180.60	175.50	182.1	180.3
	产气量（m³/d）	68431.00	180600	260652	339908
	一级分离器气相对密度	0.594			

2. 流体相态实验

1）克深 2 气藏

（1）流体组分。

克深 2 气藏井流物组成见表 3-9。井流物组成摩尔分数：C_1+N_2 为 98.484%、C_2—C_6+CO_2 为 1.467%、C_{7+} 为 0.049%，在三角相图上属于干气藏范围（图 3-3）。

表 3-9 克深 2 气藏井流物组成表

井段（m）	井流物 组分	摩尔分数（%）	含量（g/m³）
6573.00~6697.00	二氧化碳	0.866	
	氮气	0.878	
	甲烷	97.606	
	乙烷	0.539	6.738
	丙烷	0.038	0.697
	异丁烷	0.005	0.121
	正丁烷	0.01	0.242
	异戊烷	0.004	0.12
	正戊烷	0.003	0.09
	己烷	0.002	0.07
	庚烷	0.049	1.955
	辛烷		
	壬烷		
	癸烷		
	十一烷		

注：气体分子量 16.53，相对密度 0.571。

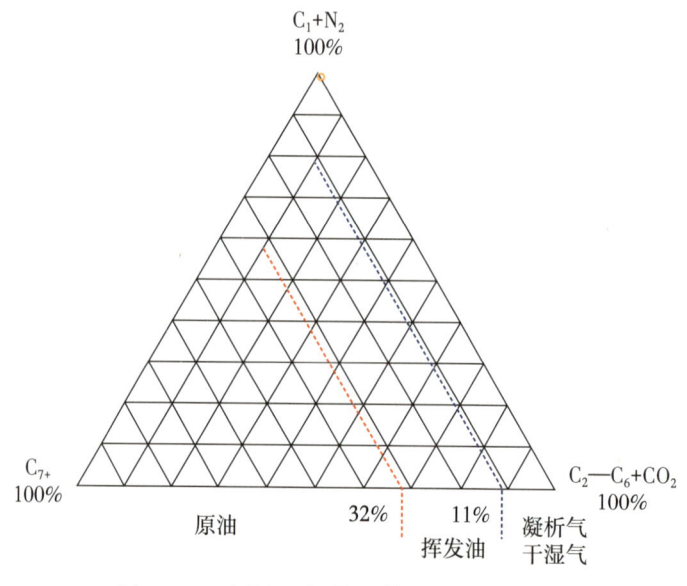

图 3-3 克深 2 气藏流体类型三角相图

（2）流体相态。

克深 2 气藏的流体相态特征如图 3-4 所示。流体临界参数见表 3-10，临界压力为 4.96MPa，临界温度为 -79.3℃。地层温度远离相包络线右侧，表现出典型的干气藏相态特征。

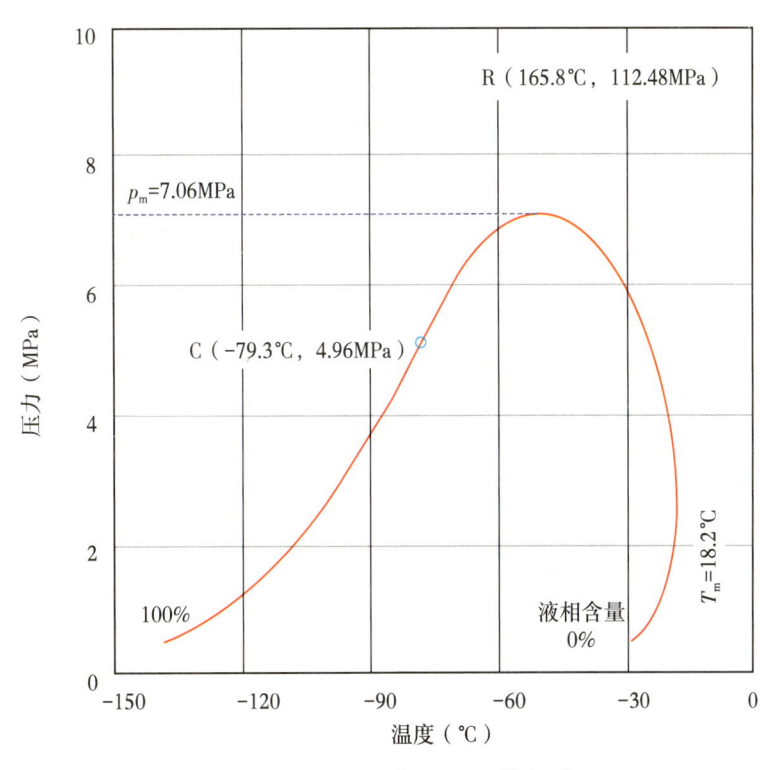

图 3-4　克深 2 气藏地层流体相态图

C—临界点；R—地层温度与压力点；p_m，T_m—临界凝析压力和温度

表 3-10　克深 2 气藏相态数据表

井段（m）	层位	地层压力（MPa）	地层温度（℃）	临界压力（MPa）	临界温度（℃）	气藏类型
6573.00~6697.00	K_1bs	112.48	165.80	4.96	-79.3	干气

（3）恒质膨胀实验。

克深 2 气藏 6573.00~6697.00m 层段流体样品在地层温度 165.80℃、地层压力 112.48MPa 下，气体偏差系数为 1.7177、体积系数为 2.3143×10^{-3}m³/m³，气体黏度为 3.959×10^{-2}mPa·s。流体恒质膨胀实验结果见表 3-11。

表 3-11 克深 2 气藏 6573.00~6697.00m 流体样品恒质膨胀实验结果（165.80℃）

压力 （MPa）	相对体积 V_i/V_r	偏差系数 Z	体积系数 （$10^{-3}m^3/m^3$）	压缩系数 （MPa^{-1}）
112.48	1.0000	1.7177	2.3143	0.00432
105.00	1.0329	1.6563	2.3903	0.00457
100.00	1.0567	1.6139	2.4455	0.00494
90.00	1.1102	1.5262	2.5694	0.00586
80.00	1.1773	1.4388	2.7245	0.00697
70.00	1.2623	1.3501	2.9214	0.00867
60.00	1.3768	1.2625	3.1863	0.0114
50.00	1.5432	1.1796	3.5714	0.01559
40.00	1.8042	1.1039	4.1754	0.02268
30.00	2.2658	1.0406	5.2436	0.03586
20.00	3.2557	0.9985	7.5346	0.06448
10.00	6.3540	0.9793	14.7049	

2）克深 8 气藏

（1）流体组分。

克深 8 气藏井流物组成见表 3-12。井流物组成摩尔分数：C_1+N_2 为 98.759%、$C_2—C_6+CO_2$ 为 1.234%、C_{7+} 为 0.005%，在三角相图上属于干气藏范围（图 3-5）。

表 3-12 克深 8 气藏井流物组成表

井段 （m）	井流物		
	组分	摩尔分数（%）	含量（g/m³）
6717.00~6795.00, 6860.00~6903.00	二氧化碳	0.462	
	氮气	0.611	
	甲烷	98.148	
	乙烷	0.67	8.375
	丙烷	0.056	1.027
	异丁烷	0.015	0.362
	正丁烷	0.001	0.024
	异戊烷	0.001	0.03

续表

井段 （m）	井流物		
	组分	摩尔分数（%）	含量（g/m³）
6717.00~6795.00, 6860.00~6903.00	正戊烷	0.002	0.06
	己烷	0.027	0.943
	庚烷	0.003	0.12
	辛烷	0.001	0.044
	壬烷	0.001	0.05
	癸烷		
	十一烷		

注：气体分子量16.39，相对密度0.566。

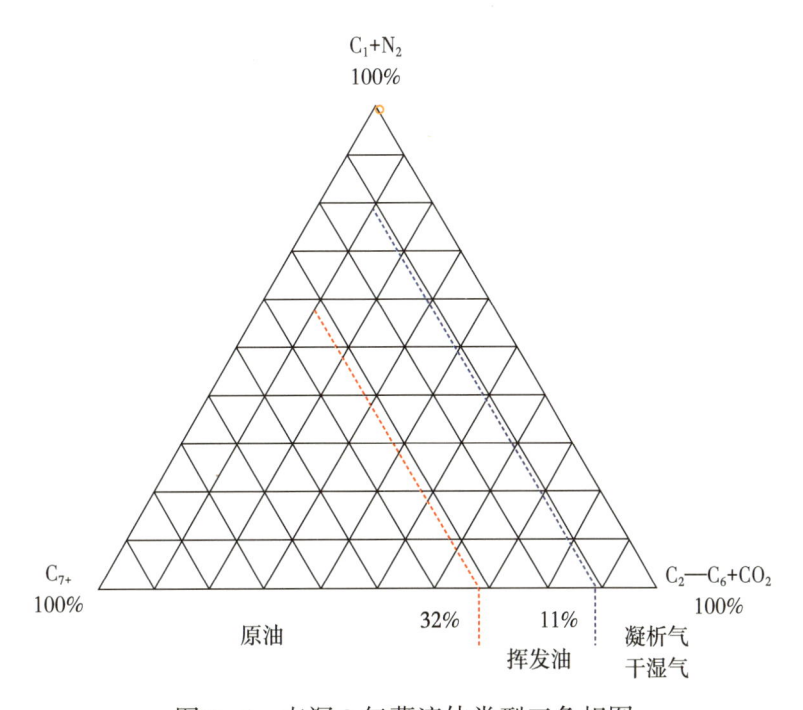

图3-5 克深8气藏流体类型三角相图

（2）流体相态。

克深8气藏的流体相态特征如图3-6所示。流体临界参数见表3-13，临界压力为4.90MPa，临界温度为-79.7℃。地层温度远离相包络线右侧，表现出典型的干气藏相态特征。

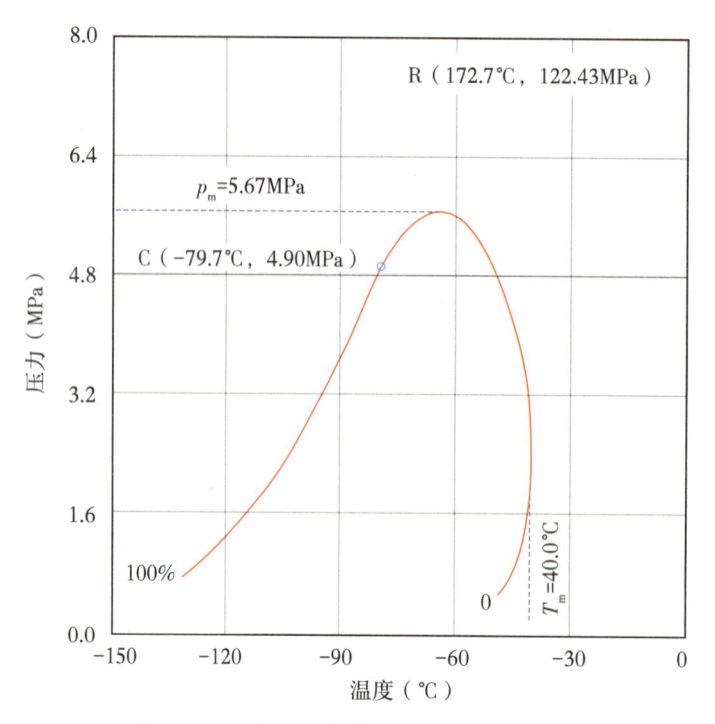

图 3-6 克深 8 气藏地层流体相态图

表 3-13 克深 8 气藏相态数据表

井段 （m）	层位	地层压力 （MPa）	地层温度 （℃）	临界压力 （MPa）	临界温度 （℃）	气藏 类型
6717.00~6795.00， 6860.00~6903.00	K_1bs	122.43	172.70	4.9	-79.7	干气

（3）恒质膨胀实验。

克深 8 气藏 6717.00~6795.00m 和 6860.00~6903.00m 层段流体样品在地层温度 172.70℃、地层压力 122.43MPa 下，气体偏差系数为 1.7137、体积系数为 $2.1571×10^{-3}m^3/m^3$，气体黏度为 $4.32×10^{-2}mPa·s$。流体恒质膨胀实验结果见表 3-14。

表 3-14 克深 8 气藏流体样品恒质膨胀实验结果

压力 （MPa）	相对体积 V_t/V_r	偏差系数 Z	体积系数 （$10^{-3}m^3/m^3$）	压缩系数 （MPa^{-1}）
125.36	0.9885	1.7346	2.1324	0.00387
122.43	1.0000	1.7137	2.1571	0.00399
115.36	1.0297	1.6628	2.2212	0.00430

续表

压力 （MPa）	相对体积 V_i/V_r	偏差系数 Z	体积系数 （$10^{-3}m^3/m^3$）	压缩系数 （MPa^{-1}）
110.10	1.0540	1.6244	2.2736	0.00457
104.31	1.0833	1.5817	2.3367	0.00490
98.35	1.1167	1.5372	2.4088	0.00529
92.24	1.1549	1.4912	2.4912	0.00575
86.30	1.1970	1.4458	2.5820	0.00628
80.27	1.2455	1.3994	2.6866	0.00692
77.89	1.2666	1.3809	2.7321	0.00720
74.20	1.3018	1.3521	2.8081	0.00768
68.19	1.3672	1.3050	2.9492	0.00859
60.00	1.4786	1.2418	3.1894	0.01019
52.15	1.6237	1.1853	3.5025	0.01230
44.14	1.8303	1.1308	3.9480	0.01535
36.09	2.1434	1.0828	4.6236	0.01997
28.05	2.6622	1.0453	5.7427	0.02753
24.04	3.0659	1.0317	6.6134	0.03332

3）克深 9 气藏

（1）流体组分。

克深 9 气藏井流物组成见表 3-15。井流物组成摩尔分数：C_1+N_2 为 99.042%、C_2—C_6+CO_2 为 0.897%、C_{7+} 为 0.061%，在三角相图上属于干气藏范围（图 3-7）。

表 3-15 克深 9 气藏井流物组成表

井段 （m）	井流物		
	组分	摩尔分数（%）	含量（g/m³）
7445.00~7552.00	二氧化碳	0.122	
	氮气	0.127	
	甲烷	98.915	
	乙烷	0.686	8.575
	丙烷	0.038	0.697

续表

井段 (m)	井流物		
	组分	摩尔分数（%）	含量（g/m³）
7445.00~7552.00	异丁烷	0.006	0.145
	正丁烷	0.011	0.266
	异戊烷	0.007	0.21
	正戊烷	0.006	0.18
	己烷	0.021	0.752
	庚烷	0.02	0.833
	辛烷	0.041	1.947
	壬烷		
	癸烷		
	十一烷		

注：气体分子量16.28，相对密度0.562。

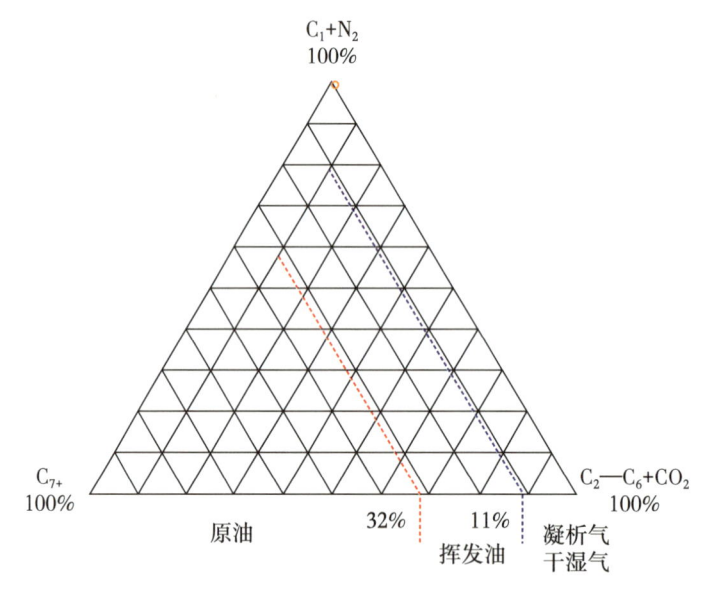

图 3-7 克深 9 气藏流体类型三角相图

（2）流体相态。

克深 9 气藏的流体相态特征如图 3-8 所示。流体临界参数见表 3-16，临界压力为 4.98MPa，临界温度为 -78.9℃。地层温度远离相包络线右侧，表现出典型的干气藏相态特征。

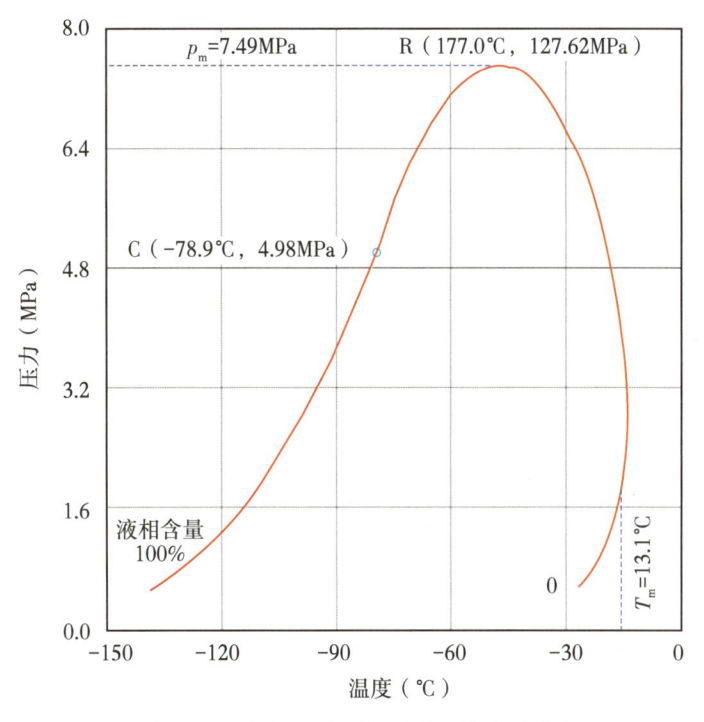

图 3-8 克深 9 气藏地层流体相态图

表 3-16 克深 9 气藏相态数据表

井段（m）	层位	地层压力（MPa）	地层温度（℃）	临界压力（MPa）	临界温度（℃）	气藏类型
7445.00~7552.00	K_1bs	127.62	177.00	4.98	-78.9	干气

（3）恒质膨胀实验。

克深 9 气藏 7445.00~7552.00m 层段流体样品在地层温度 177.00℃、地层压力 127.62MPa 下，气体偏差系数为 1.8232、体积系数为 $2.2223×10^{-3}m^3/m^3$，气体黏度为 $4.192×10^{-2}mPa·s$。流体恒质膨胀实验结果见表 3-17。

表 3-17 克深 9 气藏 7445.00~7552.00m 流体样品恒质膨胀实验结果（177.00℃）

压力（MPa）	相对体积 V_i/V_r	偏差系数 Z	体积系数（$10^{-3}m^3/m^3$）	压缩系数（MPa^{-1}）
127.62	1.0000	1.8232	2.2223	0.00312
120.00	1.0241	1.7556	2.2758	0.00346
110.00	1.0602	1.6660	2.3560	0.00403
100.00	1.1037	1.5768	2.4529	0.00468
90.00	1.1566	1.4871	2.5703	0.00560

续表

压力 (MPa)	相对体积 V_i/V_r	偏差系数 Z	体积系数 (10^{-3}m³/m³)	压缩系数 (MPa^{-1})
80.00	1.2233	1.3981	2.7185	0.00715
70.00	1.3140	1.3140	2.9201	0.00833
60.00	1.4282	1.2242	3.1739	0.01106
50.00	1.5955	1.1397	3.5456	0.01582
40.00	1.8696	1.0684	4.1549	0.02288
30.00	2.3527	1.0083	5.2283	0.03636
20.00	3.3982	0.9710	7.5519	0.05747
14.00	4.8142	0.9629	10.6986	

4）克深13气藏

（1）流体组分。

克深13气藏井流物组成见表3-18。井流物组成摩尔分数：C_1+N_2为95.477%、C_2—C_6+CO_2为4.498%、C_{7+}为0.025%，在三角相图上属于干气藏范围（图3-9）。

表3-18 克深13气藏井流物组成表

井段 (m)	井流物		
	组分	摩尔分数（%）	含量（g/m³）
7311.00~7430.00	二氧化碳	2.318	
	氮气	0.807	
	甲烷	94.67	
	乙烷	1.78	22.251
	丙烷	0.228	4.18
	异丁烷	0.048	1.16
	正丁烷	0.05	1.208
	异戊烷	0.023	0.69
	正戊烷	0.016	0.48
	己烷	0.035	1.254
	庚烷	0.025	1.041
	辛烷		
	壬烷		
	癸烷		
	十一烷		

注：气体分子量17.21，相对密度0.594。

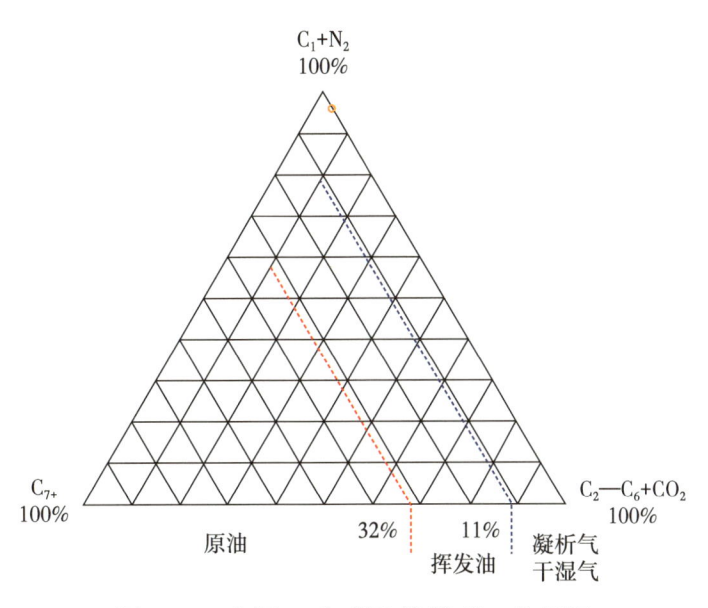

图 3-9 克深 13 气藏流体类型三角相图

(2) 流体相态。

克深 13 气藏的流体相态特征如图 3-10 所示。流体临界参数见表 3-19，临界压力 5.36MPa，临界温度-73.7℃。地层温度远离相包络线右侧，表现出典型的干气藏相态特征。

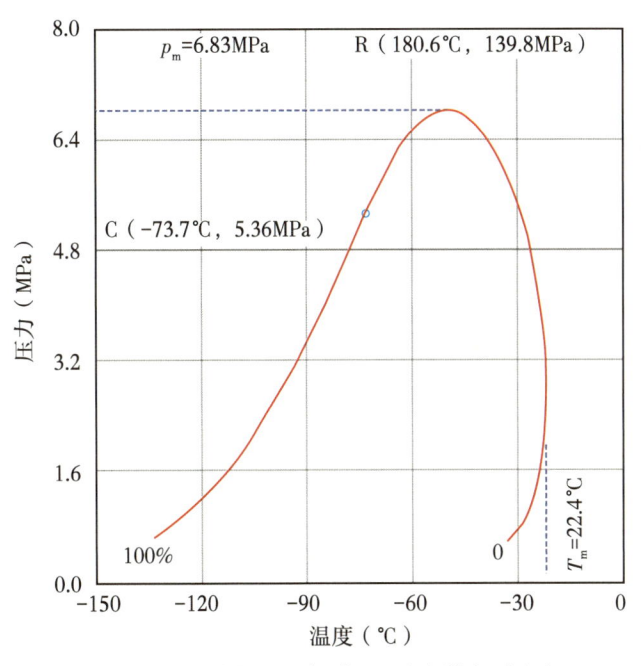

图 3-10 克深 13 气藏地层流体相态图

表 3-19　克深 13 气藏相态数据表

井段（m）	层位	地层压力（MPa）	地层温度（℃）	临界压力（MPa）	临界温度（℃）	气藏类型
7311.00~7430.00	K₁bs	139.80	180.60	5.36	−73.7	干气

（3）恒质膨胀实验。

克深 13 气藏 7311.00~7430.00m 层段流体样品在地层温度 180.60℃、地层压力 139.80MPa 下，气体偏差系数为 1.9188、体积系数为 $2.1521\times10^{-3}\mathrm{m}^3/\mathrm{m}^3$，气体黏度为 $4.664\times10^{-2}\mathrm{mPa\cdot s}$。流体恒质膨胀实验结果见表 3-20。

表 3-20　克深 13 气藏 7311.00~7430.00m 流体样品恒质膨胀实验结果（180.60℃）

压力（MPa）	相对体积 V_i/V_r	偏差系数 Z	体积系数（$10^{-3}\mathrm{m}^3/\mathrm{m}^3$）	压缩系数（MPa⁻¹）
139.80	1.0000	1.9188	2.1521	0.0026
130.00	1.0255	1.8298	2.207	0.0030
120.00	1.0570	1.7409	2.2748	0.0034
110.00	1.0937	1.6513	2.3538	0.0040
100.00	1.1381	1.5621	2.4493	0.0046
90.00	1.1919	1.4723	2.5651	0.0055
80.00	1.2597	1.3832	2.7111	0.0071
70.00	1.3521	1.2990	2.9098	0.0082
60.00	1.4683	1.2092	3.1599	0.0110
50.00	1.6385	1.1244	3.5262	0.0157
40.00	1.9175	1.0527	4.1267	0.0227
30.00	2.4091	0.9920	5.1846	0.0362
20.00	3.4731	0.9534	7.4745	

三、大北气田

大北气田地处新疆维吾尔自治区阿克苏地区拜城县，构造位于库车坳陷克拉苏构造带克深区带大北段，包括大北 1、大北 101、大北 102、大北 201 和大北 3 等多个断块。主要含气层系为白垩系巴什基奇克组，钻遇厚度 45.5~283m，为裂缝—孔隙型储层，岩性以粉—细砂岩为主，沉积相为辫状河三角洲前缘和扇三角洲前缘，砂体发育；测井孔隙度主要分布为 5%~9%，平均 7.4%，渗透率主要分布为 0.01~0.5mD，平均 0.1mD。气藏埋深 5300~7000m，地层温度 119~145℃，地温梯度 2.05~2.29℃/100m，地层压力 89~119MPa，压力系数 1.53~1.72。天然气相对密度 0.57~0.63，凝析油密度 0.786~0.829g/cm³（20℃），地层水密度平均 1.13g/cm³，氯离子含量 116900~125200mg/L，水型

为 $CaCl_2$ 型。大北气田气藏类型复杂，总体上属超深、高压、低孔隙度裂缝性砂岩气藏。其中大北 3 气藏类型为层状边水湿气气藏、大北 302 气藏为块状底水干气气藏，大北 1 断块、大北 102 断块和大北 201 断块为层状边水湿气气藏，大北 101 断块为块状底水湿气气藏。2010 年 10 月，大北气田 DB102 井、DB103 井、DB201 井、DB202 井、DB2 井、DB101-1 井、DB301 井和 DB302 井先后投入试采。

1. 原始流体取样与质量评价

勘探评价阶段，大北气田的大北 3 断块共录取了 3 口井的 3 个井段流体样品，每个井段分别取两支（40000mL）或三支（60000mL）气样。单井流体样品送回实验室后，在环境温度（室温 19.0℃）条件下检查所有气样合格性。每个井段取一个样品开展 PVT 实验分析。流体样品的取样条件及气井特征见表 3-21。

表 3-21 大北 3 断块流体样品取样条件及气井特征统计表

	井号	DB301 井	DB302 井	DB304 井
取样条件	取样时间	2010 年 8 月 14 日	2012 年 10 月 9 日	2014 年 4 月 14 日
	生产油嘴（mm）	8	8	5
	油压（MPa）	71.30	87.22	66.20
	一级分离器压力（MPa）	2.40	2.27	1.98
	一级分离器温度（℃）	14.20	18.60	4.40
	取样方式	地面分离器	地面分离器	地面分离器
气井特征	取样井段（m）	6930.00~7012.00	7209.00~7244.00	6873.00~6991.00
	取样层位	K_1bs	K_1bs	K_1bs
	原始地层压力（MPa）	118.83	121.41	115.98
	原始地层温度（℃）	145.40	146.90	148.40
	取样时地层压力（MPa）	118.83	121.41	115.98
	取样时地层温度（℃）	145.40	146.90	148.40
	产气量（m³/d）	380463	786582	224569
	一级分离器气相对密度	0.614	0.609	0.598

大北气田大北 1 断块、大北 102 断块、大北 201 断块和大北 101 断块湿气气藏共录取了 DB2 井、DB102 井、DB103 井、DB201 和 DB202 井 5 口井的 10 个井段合格流体样品，每个井段分别取两支（40000mL）或者三支（60000mL）气样。单井流体样品送回实验室后，在环境温度（室温 17.0~30.2℃）条件下检查所有气样，每个井段取一个样品开展 PVT 实验分析。流体样品的取样条件及气井特征见表 3-22。

表3-22 大北区块流体样品取样条件及气井特征统计表

	断块		大北102						大北201	
	井号	DB2			DB102		DB103	DB201		DB202
取样条件	取样时间	2001年6月23日	2001年9月14日	2001年9月20日	2001年11月5日	2008年1月4日	2011年6月10日	2008年3月18日	2008年9月1日	2011年5月6日	2009年9月10日
	生产油嘴(mm)	7	3.175	4.76	5	7	4.5	5	6	5	8
	油压(MPa)					30.5	69.1	42.67	74.72	74.31	72.94
	一级分离器压力(MPa)	2	2.62	2.54	2.8	3.2	1.88	3.15	3.2	2.3	3.03
	一级分离器温度(℃)	21.8	37.8	22.9	33.4	41	16	30.2	21.4	20	20.87
	取样方式	地面分离器	地面分离器	地面分离器	地面分离器	地面分离器	地面分离器	地面分离器	地面分离器	地面分离器	地面分离器
	取样井段(m)	5658.00~5669.50	5567.00~5570.00	5561.00~5564.00	5541.00~5551.00	5451.00~5479.00	5315.00~5479.00	5677.00~5687.00	5932.45~6112.50	5932.00~6145.00	5711.00~5845.00
	层位	K	K	E	E	K	K	K_1bs	K	K	K
气井特征	原始地层压力(MPa)	88.88	89.05	88.82	89.1	90.88	89.9	89.89	96.6	96.6	99.86
	原始地层温度(℃)	128.2	126.2	125	123.3	137.1	134.5	126.1	129.3	129.3	124.2
	取样时地层压力(MPa)	88.88	89.05	88.82	89.1	90.88	89.9	89.89	96.6	95.04	99.86
	取样时地层温度(℃)	128.2	126.2	125	123.3	137.1	134.5	126.1	129.3	125.97	124.2
	产气量(m³/d)	301022	102106	156878	156346	236042	265751	154950	348980	371359	588563
	一级分离器气相对密度	0.59	0.6	0.588	0.6	0.604	0.578	0.603	0.6	0.6	0.605

2. 流体相态实验

1) 大北 3 气藏

（1）流体组分。

大北 3 气藏井流物组成见表 3-23。井流物组成摩尔分数：C_1+N_2 为 97.27%、C_2—C_6+CO_2 为 2.60%、C_{7+} 为 0.13%，在三角相图上属于干气藏范围（图 3-11）。

表 3-23 大北 3 气藏井流物组成表

井段（m）	井流物		
	组分	摩尔分数（%）	含量（g/m³）
6930.00~7012.00	二氧化碳	0.7122	
	氮气	0.6293	
	甲烷	96.6381	
	乙烷	1.7031	2.129
	丙烷	0.0898	0.165
	异丁烷	0.0238	0.057
	正丁烷	0.0255	0.062
	异戊烷	0.0133	0.04
	正戊烷	0.0105	0.031
	己烷	0.0229	0.08
	庚烷	0.0278	0.111
	辛烷	0.0457	0.203
	壬烷	0.0155	0.078
	癸烷	0.0104	0.058
	十一烷	0.0075	0.046
	十二烷	0.0067	0.045
	十三烷	0.0041	0.03
	十四烷	0.0046	0.036
	十五烷	0.0025	0.021
	十六烷	0.0017	0.016
	十七烷	0.0013	0.013
	十八烷	0.0009	0.01
	十九烷	0.0009	0.009

续表

井段（m）	井流物		
	组分	摩尔分数（%）	含量（g/m³）
6930.00~7012.00	二十烷	0.0005	0.006
	二十一烷	0.0004	0.005
	二十二烷	0.0003	0.004
	二十三烷	0.0002	0.003
	二十四烷	0.0002	0.002
	二十五烷	0.0001	0.002
	二十六烷	0.0001	0.001
	二十七烷	0.0001	0.001
	二十八烷	0.0001	0.001
	二十九烷	0	0.001
	三十烷以上	0.0001	0.001

注：气体分子量254，相对密度0.853。

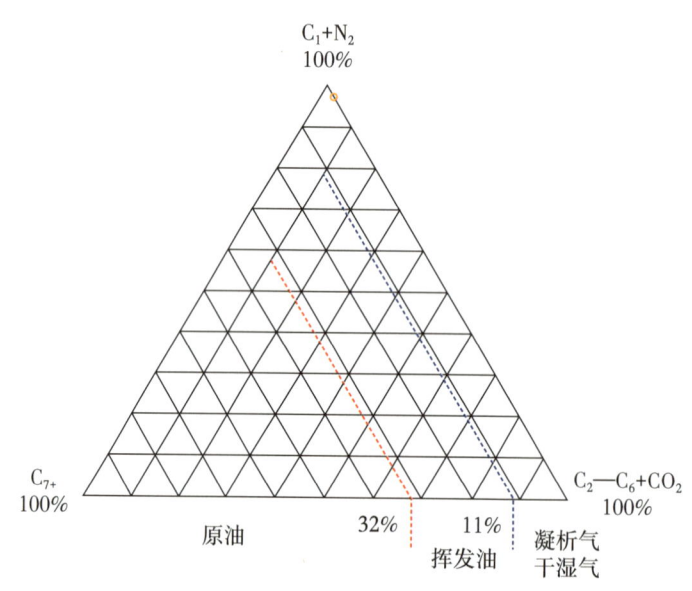

图 3-11 大北 3 气藏流体类型三角相图

（2）流体相态。

大北 3 气藏的流体相态特征如图 3-12 所示。流体临界参数见表 3-24，临界压力 4.32MPa，临界温度 -82.2℃。地层温度远离相包络线右侧，地面分离条件点处于两相区内，有微量凝析油析出，气藏表现为湿气气藏的相态特征。

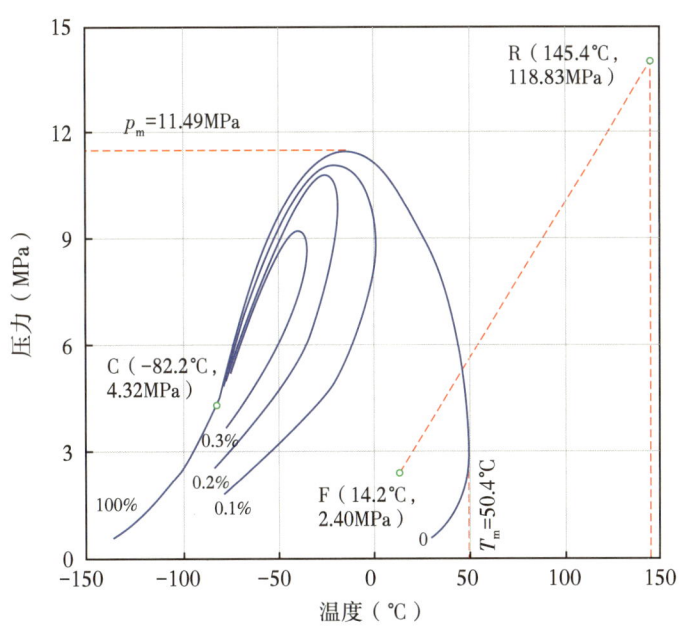

图 3-12 大北 3 气藏地层流体相态图

F—分离器温度、压力点

表 3-24 大北 3 气藏相态数据表

井段（m）	层位	地层压力（MPa）	地层温度（℃）	临界压力（MPa）	临界温度（℃）	气藏类型
6930.00~7012.00	K₁bs	118.83	145.4	4.32	-82.2	湿气

（3）恒质膨胀实验。

大北 3 气藏 6930.00~7012.00m 层段流体样品在地层温度 145.4℃、地层压力 118.83MPa 下，气体偏差系数为 1.8706、体积系数为 2.2748×10⁻³m³/m³，气体黏度为 3.972×10⁻²mPa·s。流体恒质膨胀实验结果见表 3-25。

表 3-25 大北 3 气藏 6930.00~7012.00m 流体样品恒质膨胀实验结果（145.4℃）

压力（MPa）	相对体积 V_i/V_r	偏差系数 Z	体积系数（10⁻³m³/m³）	压缩系数（MPa⁻¹）
118.83	1.0000	1.8706	2.2748	0.00420
110.00	1.0378	1.7971	2.3608	0.00414
100.00	1.0816	1.7030	2.4605	0.00452
90.00	1.1316	1.6036	2.5742	0.00537
80.00	1.1940	1.5043	2.7162	0.00656

续表

压力 (MPa)	相对体积 V_i/V_r	偏差系数 Z	体积系数 ($10^{-3}m^3/m^3$)	压缩系数 (MPa^{-1})
70.00	1.2749	1.4057	2.9003	0.00827
60.00	1.3849	1.3092	3.1505	0.01042
50.00	1.5372	1.2113	3.4968	0.01507
40.00	1.7877	1.1276	4.0668	0.02239
30.00	2.2383	1.0597	5.0919	0.03544
20.00	3.2024	1.0125	7.2851	0.06368
11.00	5.7750	1.0084	13.1373	

2) 大北 302 气藏

(1) 流体组分。

大北 302 气藏井流物组成见表 3-26。井流物组成摩尔分数：C_1+N_2 为 97.706%，C_2—C_6+CO_2 为 2.271%、C_{7+} 为 0.024%，在三角相图上属于干气藏范围（图 3-13）。

表 3-26 大北 302 气藏井流物组成表

井段 (m)	井流物		
	组分	摩尔分数（%）	含量（g/m³）
7209.00~7244.00	二氧化碳	0.782	
	氮气	0.55	
	甲烷	97.156	
	乙烷	1.228	15.351
	丙烷	0.16	2.933
	异丁烷	0.033	0.797
	正丁烷	0.033	0.773
	异戊烷	0.014	0.42
	正戊烷	0.007	0.21
	己烷	0.014	0.489
	庚烷	0.006	0.239
	辛烷	0.018	0.801
	壬烷		
	癸烷		
	十一烷以上		

注：气体分子量 16.61，相对密度 0.574。

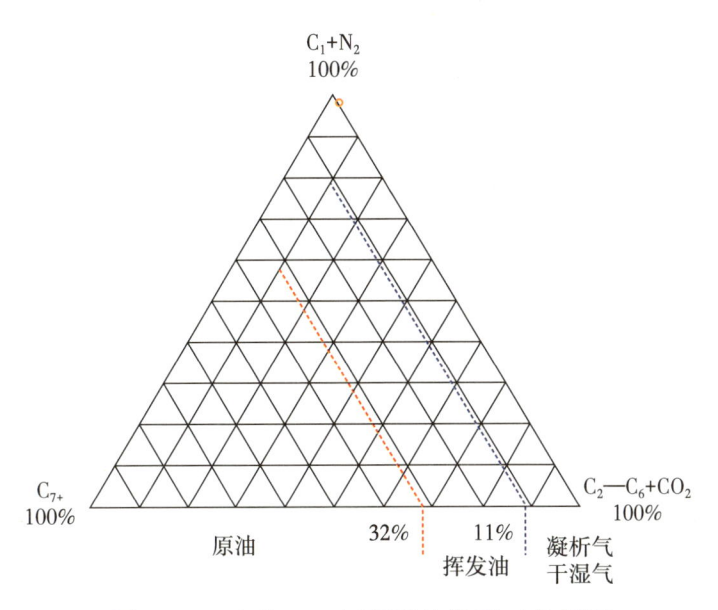

图 3-13 大北 302 气藏流体类型三角相图

（2）流体相态。

大北 302 气藏的流体相态特征如图 3-14 所示。流体临界参数见表 3-27，临界压力 5.1MPa，临界温度-77.0℃。地层温度远离相包络线右侧，表现出典型的干气藏相态特征。

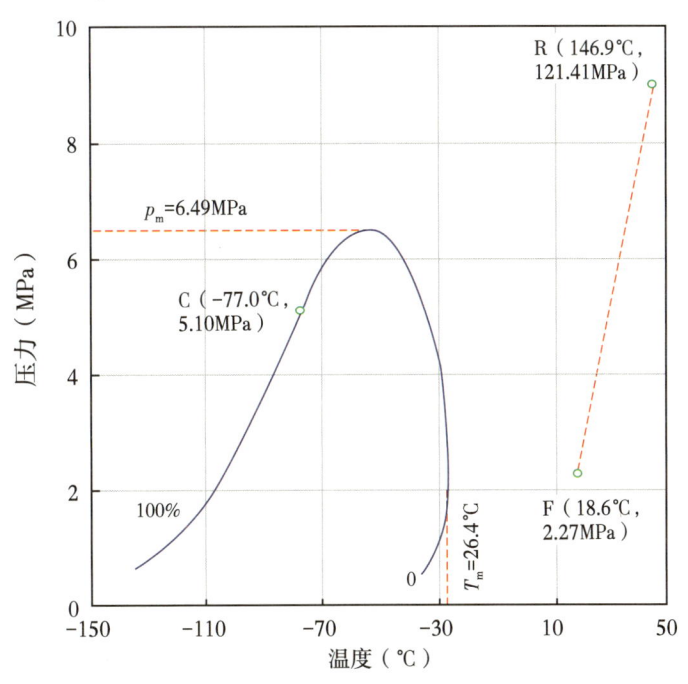

图 3-14 大北 302 气藏地层流体相态图

表3-27 大北302气藏相态数据表

井段 (m)	层位	地层压力 (MPa)	地层温度 (℃)	临界压力 (MPa)	临界温度 (℃)	气藏类型
7209.00~7244.00	K_1bs	121.41	146.9	5.1	−77.0	干气

（3）恒质膨胀实验。

大北302气藏7209.00~7244.00m层段流体样品在地层温度146.9℃、地层压力121.41MPa下，气体偏差系数为1.8874、体积系数为$2.2492×10^{-3}m^3/m^3$、气体黏度为$4.024×10^{-2}mPa·s$。流体恒质膨胀实验结果见表3-28。

表3-28 大北302气藏流体样品恒质膨胀实验结果

压力 (MPa)	相对体积 V_i/V_r	偏差系数 Z	体积系数 ($10^{-3}m^3/m^3$)	压缩系数 (MPa^{-1})
121.41	1.0000	1.8874	2.2492	0.00354
120.00	1.005	1.8748	2.2605	0.00364
110.00	1.0423	1.7824	2.3443	0.00400
100.00	1.0848	1.6867	2.4399	0.00456
90.00	1.1354	1.589	2.5537	0.00548
80.00	1.1993	1.4922	2.6976	0.00668
70.00	1.2822	1.3961	2.8839	0.00839
60.00	1.3945	1.3018	3.1365	0.01079
50.00	1.5535	1.209	3.4942	0.01570
40.00	1.8182	1.1325	4.0895	0.02276
30.00	2.2852	1.0685	5.14	0.03502
20.00	3.2555	1.0165	7.3223	0.06506
10.00	6.3945	1.0033	14.3827	

3）大北102气藏

（1）流体组分。

大北102气藏井流物组成见表3-29。井流物组成摩尔分数：C_1+N_2为95.57%、C_2—C_6+CO_2为4.00%、C_{7+}为0.42%，在三角相图上属于干气、湿气藏范围（图3-15）。

表 3-29 大北 102 气藏井流物组成表

井段（m）	组分	油罐油 摩尔分数（%）	分离器气 摩尔分数（%）	分离器气 含量（g/m³）	井流物 摩尔分数（%）	井流物 含量（g/m³）
5677.00~5687.00	二氧化碳		0.535		0.66	
	氮气		0.664		0.53	
	甲烷		95.324		95.04	
	乙烷	0.07	2.464	30.801	2.46	30.71
	丙烷	0.20	0.438	8.029	0.44	8.02
	异丁烷	0.20	0.105	2.537	0.11	2.54
	正丁烷	0.42	0.120	2.900	0.12	2.92
	异戊烷	0.63	0.061	1.830	0.06	1.88
	正戊烷	0.65	0.047	1.410	0.05	1.46
	己烷	2.77	0.096	3.352	0.10	3.63
	庚烷	11.12	0.072	2.873	0.10	4.17
	辛烷	16.12	0.074	3.292	0.12	5.39
	壬烷	12.99	0.020	1.006	0.06	2.92
	癸烷	10.79			0.03	1.77
	十一烷	7.83			0.02	1.41
	十二烷	6.92			0.02	1.36
	十三烷	6.04			0.02	1.29
	十四烷	4.94			0.01	1.15
	十五烷	3.57			0.01	0.90
	十六烷	2.10			0.01	0.57
	十七烷	2.61			0.01	0.76
	十八烷	2.06			0.01	0.63
	十九烷	1.63				0.52
	二十烷	1.28				0.43
	二十一烷	1.04				0.37
	二十二烷	0.88				0.33
	二十三烷	0.79				0.31
	二十四烷	0.59				0.24
	二十五烷	0.53				0.22
	二十六烷	0.36				0.16
	二十七烷	0.30				0.14
	二十八烷	0.21				0.10
	二十九烷	0.16				0.08
	三十烷以上	0.18				0.10
	合计	100	100	58.03	100	76.47

注：十一烷以上流体特性：密度 0.829g/cm³，分子量 205.40；气体分子量 17.11，气体相对密度 0.712；油罐油密度（20.0℃）0.7911g/cm³。

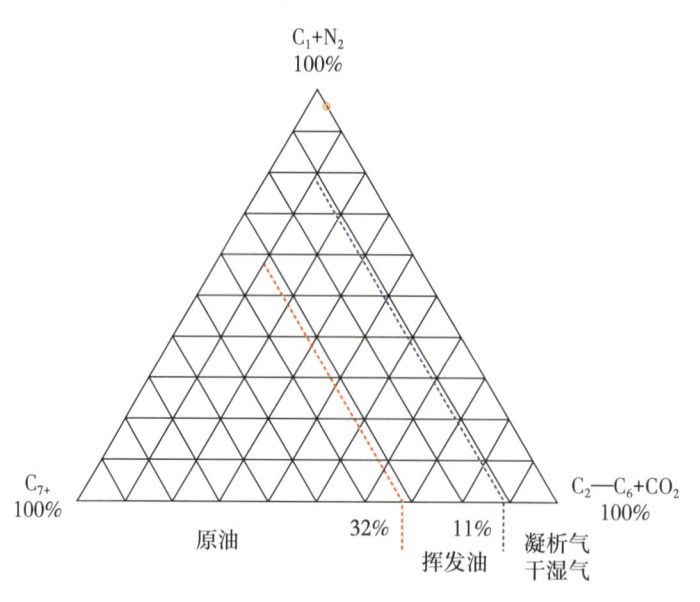

图 3-15 大北 102 气藏流体类型三角相图

（2）流体相态。

大北 102 气藏的流体相态特征如图 3-16 所示。流体临界参数见表 3-30，临界压力 5.03MPa，临界温度 -76.7℃。地层温度远离相包络线右侧，地面分离条件点与露点线相交，表现出典型的湿气藏相态特征。

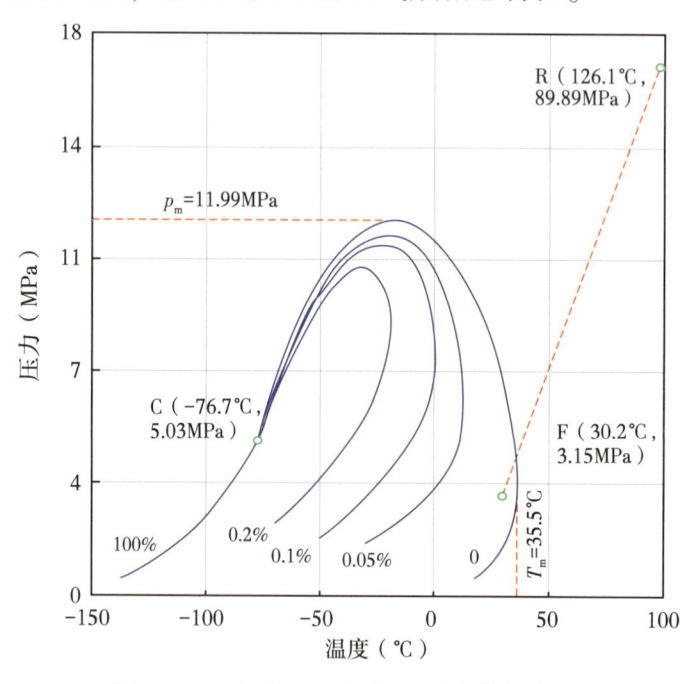

图 3-16 大北 102 气藏地层流体相态图

表3-30 大北102气藏流体相态数据表

井段 (m)	层位	地层压力 (MPa)	地层温度 (℃)	临界压力 (MPa)	临界温度 (℃)	气藏类型
5677.00~5687.00	K_1bs	89.89	126.1	5.03	−76.7	湿气

（3）恒质膨胀实验。

大北102气藏5677.00~5687.00m层段流体样品在地层温度126.1℃、地层压力89.89MPa下，气体偏差系数为1.6321、体积系数为2.4715×10^{-3}m³/m³，气体黏度为3.618×10^{-2}mPa·s。流体恒质膨胀实验结果见表3-31。

表3-31 大北102气藏流体样品恒质膨胀实验结果

压力 (MPa)	相对体积 V_t/V_r	偏差系数 Z	体积系数 (10^{-3}m³/m³)	压缩系数 (MPa^{-1})
89.89	1.0000	1.6321	2.4715	0.00379
85.00	1.0187	1.5636	2.5177	0.00369
80.00	1.0377	1.4992	2.5646	0.00505
75.00	1.0642	1.4416	2.6302	0.00618
70.00	1.0976	1.3878	2.7127	0.00666
65.00	1.1348	1.3325	2.8046	0.00757
60.00	1.1786	1.2775	2.9128	0.00877
55.00	1.2314	1.2238	3.0434	0.01009
50.00	1.2951	1.1703	3.2009	0.01223
45.00	1.3768	1.1200	3.4028	0.01448
40.00	1.4803	1.0706	3.6585	0.01754
35.00	1.6161	1.0231	3.9941	0.02331
30.00	1.8161	0.9860	4.4885	0.02989
25.00	2.1095	0.9550	5.2136	0.04032
20.00	2.5824	0.9363	6.3825	0.05693
15.00	3.4396	0.9368	8.5008	0.08169
10.00	5.2049	0.9483	12.8637	

4）大北201气藏

（1）流体组分。

大北201气藏井流物组成见表3-32。井流物组成摩尔分数：C_1+N_2为97.081%、C_2—C_6+CO_2为2.676%、C_{7+}为0.243%，在三角相图上属于干气、湿气藏范围（图3-17）。

表 3-32 大北 201 气藏井流物组成表

井段 (m)	组分	油罐油 摩尔分数 (%)	分离器气 摩尔分数 (%)	分离器气 含量 (g/m³)	井流物 摩尔分数 (%)	井流物 含量 (g/m³)
5711.00~5845.00	二氧化碳		0.689		0.687	
	氮气		0.537		0.536	
	甲烷		96.760		96.545	
	乙烷	0.150	1.624	20.300	1.621	20.26
	丙烷	0.150	0.200	3.666	0.200	3.66
	异丁烷	0.140	0.045	1.087	0.045	1.09
	正丁烷	0.300	0.051	1.232	0.052	1.25
	异戊烷	0.430	0.024	0.720	0.025	0.75
	正戊烷	0.490	0.017	0.510	0.018	0.54
	己烷	2.240	0.023	0.803	0.028	0.98
	庚烷	10.940	0.014	0.559	0.038	1.53
	辛烷	13.390	0.016	0.712	0.046	2.03
	壬烷	11.530			0.026	1.29
	癸烷	9.780			0.022	1.21
	十一烷	7.460			0.017	1.01
	十二烷	7.540			0.017	1.12
	十三烷	5.820			0.013	0.94
	十四烷	5.750			0.013	1.01
	十五烷	4.360			0.010	0.83
	十六烷	3.270			0.007	0.67
	十七烷	3.010			0.007	0.66
	十八烷	2.070			0.005	0.48
	十九烷	2.090			0.005	0.51
	二十烷	1.830			0.004	0.46
	二十一烷	1.360			0.003	0.37
	二十二烷	1.190			0.003	0.34
	二十三烷	1.01			0.002	0.30
	二十四烷	0.84			0.002	0.26
	二十五烷	0.67			0.001	0.21
	二十六烷	0.49			0.001	0.16
	二十七烷	0.44			0.001	0.15
	二十八烷	0.34			0.001	0.12
	二十九烷	0.33			0.001	0.12
	三十烷以上	0.59			0.001	0.25
	合计	100	100	29.589	100	44.54

注：十一烷以上流体特性：密度 0.833g/cm³，分子量 208；气体分子量 16.66，气体相对密度 0.575；油罐油密度（20.0℃）0.8004g/cm³。

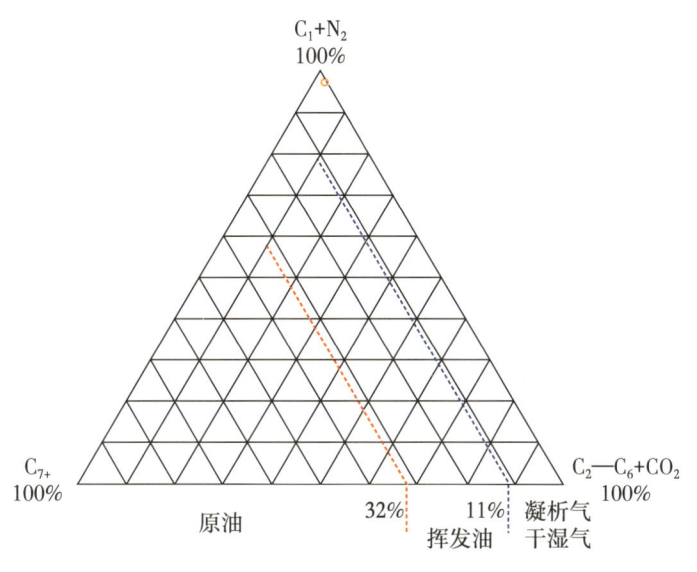

图 3-17 大北 201 气藏流体类型三角相图

（2）流体相态。

大北 201 气藏的流体相态特征如图 3-18 所示。流体临界参数见表 3-33，临界压力 5.60MPa，临界温度 −72.1℃。地层温度远离相包络线右侧，地面分离条件点处于两相区内，表现出典型的湿气藏相态特征。

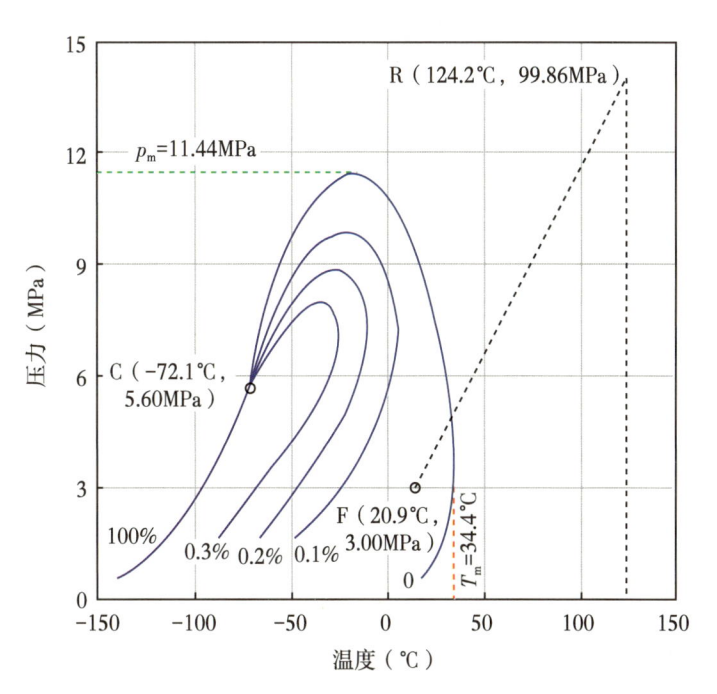

图 3-18 大北 201 气藏地层流体相态图

表 3-33 大北 201 气藏相态数据表

井段 （m）	层位	地层压力 （MPa）	地层温度 （℃）	临界压力 （MPa）	临界温度 （℃）	气藏类型
5711.00~5845.00	K	99.86	124.2	5.60	-72.1	湿气

（3）恒质膨胀实验。

大北 201 气藏 5711.00~5845.00m 层段流体样品在地层温度 124.2℃、地层压力 99.86MPa 下，气体偏差系数为 1.6790、体积系数为 2.3063×10^{-3}m^3/m^3，气体黏度为 3.862×10^{-2}mPa·s。流体恒质膨胀实验结果见表 3-34。

表 3-34 大北 201 气藏流体样品恒质膨胀实验结果

压力 （MPa）	相对体积 V_i/V_r	偏差系数 Z	体积系数 （10^{-3}m^3/m^3）	压缩系数 （MPa^{-1}）
99.86	1.0000	1.6790	2.3063	0.00509
90.00	1.0515	1.5913	2.4251	0.00534
80.00	1.1092	1.4924	2.5582	0.00612
70.00	1.1793	1.3886	2.7198	0.00783
60.00	1.2754	1.2875	2.9414	0.01033
50.00	1.4143	1.1902	3.2618	0.01432
40.00	1.6325	1.0996	3.7650	0.02166
30.00	2.0290	1.0258	4.6794	0.03549
20.00	2.9044	0.9806	6.6984	0.06593
10.00	5.7610	0.9775	13.2865	0.00509

四、博孜气田

博孜气田博孜 1 区块地处新疆维吾尔自治区阿克苏地区拜城县和温宿县，其构造位于库车坳陷克拉苏构造带克深区带博孜段博孜 1 号构造，南北分别受博孜 1 断裂和博孜 3 断裂控制，构造内部被多条断裂分割成一系列雁列式展布的断块，由东北向西南依次为博孜 104 断块、博孜 102 断块、博孜 101 断块和博孜 1 断块。博孜 1 区块目的层为白垩系巴什基奇克组，钻遇厚度 74.5~189m，为裂缝—孔隙型储层。岩性以中—细粒长石岩屑砂岩为主。孔隙度主要分布在 5%~9%，平均 6.4%，渗透率主要分布在 0.05~0.1mD，平均 0.09mD。气藏中部埋深 6950~7070m，地层温度 123~132℃，地温梯度 1.8℃/100m，地层压力 116~125.7MPa，压力系数 1.7~1.81。天然气相对密度

0.624，凝析油密度 0.772~0.785g/cm³。博孜 1 区块 4 个断块的气藏类型较为一致，属边水层状超深、常温、高压、低孔隙度裂缝性砂岩气藏。2013 年 6 月，博孜 1 区块投入试采。

1. 原始流体取样与质量评价

按照凝析气藏流体取样合格性评价原则，筛选出代表性比较好的凝析气样品 4 个，博孜 1 井 K 层 7014.00~7084.00m 井段的样品，博孜 101 井 K 层 6921.00~7091.00m 井段的样品，博孜 104 井 K 层 6821.77m 井段的样品和博孜 104 井 K 层 6783.45m 井段的样品。取样条件及气井特征见表 3-35。

表 3-35　博孜 1 区块流体样品取样条件与气井特征统计表

	井号	BZ1 井	BZ101 井	BZ104 井	
取样条件	取样时间	2012 年 6 月 13 日	2014 年 7 月 14 日	2016 年 9 月 27 日	2016 年 9 月 28 日
	生产油嘴（mm）	5.00	5.00		
	油压（MPa）	62.26	47.46		
	一级分离器压力（MPa）	0.84	0.88		
	一级分离器温度（℃）	10.50	13.00		
	取样方式	地面分离器	地面分离器	MDT	MDT
气井特征	取样井段（m）	7014.00~7084.00	6921.00~7091.00	6821.77	6783.45
	层位	K	K	K	K
	原始地层压力（MPa）	125.51	126.14	115.67	115.58
	原始地层温度（℃）	130.59	134.85	123.66	122.97
	取样时地层压力（MPa）	125.51	126.14	115.67	115.58
	取样时地层温度（℃）	130.59	134.85	123.66	122.97
	产气量（m³/d）	256087.00	143513.6		
	产油量（m³/d）	30.96	24.27		
	生产气油比（m³/m³）	8619.6	5913		
	油罐油相对密度	0.7927	0.7768		

2. 流体相态实验

1) 博孜 1 气藏

（1）流体组分。

博孜 1 气藏井流物组成见表 3-36。井流物组成摩尔分数：C_1+N_2 为 89.36%、$C_2—C_6+CO_2$ 为 9.35%、C_{7+} 为 1.29%，在三角相图上属于凝析气藏范围（图 3-19）。

表 3-36 博孜 1 气藏井流物组成表

井段 （m）	组分	分离器液 摩尔分数 （%）	分离器气 摩尔分数 （%）	分离器气 含量 （g/m³）	井流物 摩尔分数 （%）	井流物 含量 （g/m³）
7014.00~7084.00	氮气	0.04	0.898		0.884	
	二氧化碳	0.02	0.195		0.192	
	甲烷	3.97	89.91		88.477	
	乙烷	2.43	6.751	84.391	6.679	83.490
	丙烷	2.23	1.437	26.343	1.45	26.586
	异丁烷	1.27	0.275	6.645	0.292	7.047
	正丁烷	2.30	0.288	6.959	0.322	7.769
	异戊烷	2.59	0.099	2.969	0.14	4.214
	正戊烷	2.39	0.053	1.59	0.092	2.756
	己烷	7.41	0.058	2.025	0.181	6.305
	庚烷	17.91	0.018	0.718	0.316	12.623
	辛烷	19.50	0.018	0.801	0.343	15.249
	壬烷	10.38			0.173	8.707
	癸烷	6.34			0.106	5.889
	十一烷	4.26			0.071	4.341
	十二烷	3.52			0.059	3.930
	十三烷	2.73			0.045	3.309
	十四烷	2.46			0.041	3.244
	十五烷	2.02			0.034	2.879
	十六烷	1.31			0.159	14.674
	十七烷	1.01			0.017	1.664
	十八烷	0.78			0.013	1.349
	十九烷	0.62			0.01	1.131
	二十烷	0.55			0.009	1.043
	二十一烷	0.43			0.007	0.865
	二十二烷	0.36			0.006	0.752
	二十三烷	0.31			0.005	0.684
	二十四烷	0.23			0.004	0.523
	二十五烷	0.19			0.003	0.458
	二十六烷	0.14			0.002	0.341
	二十七烷	0.11			0.002	0.284
	二十八烷	0.07			0.001	0.196
	二十九烷	0.06			0.001	0.153
	三十烷以上	0.07			0.001	0.228
	合计	100.00	100.00		100.14	

注：十一烷以上流体特性：密度 0.811g/cm³，分子量 174；分离器气体相对密度 0.616；分离器气/分离器液 8750.6m³/m³；油罐气/油罐油 13m³/m³；分离器液/油罐油 1.0694m³/m³。

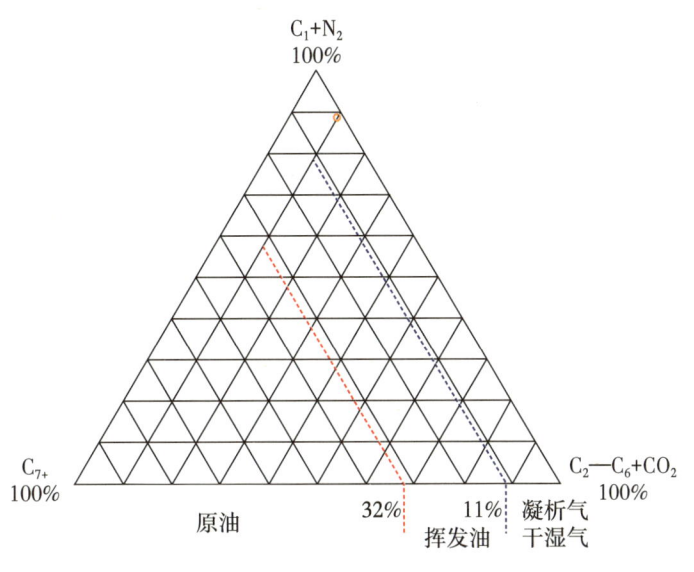

图 3-19 博孜 1 气藏流体类型三角相图

（2）流体相态。

博孜 1 气藏的流体相态特征如图 3-20 所示，流体临界参数见表 3-37。地层温度位于相图包络线右侧，距临界点较远，表现出凝析气藏相态特征。

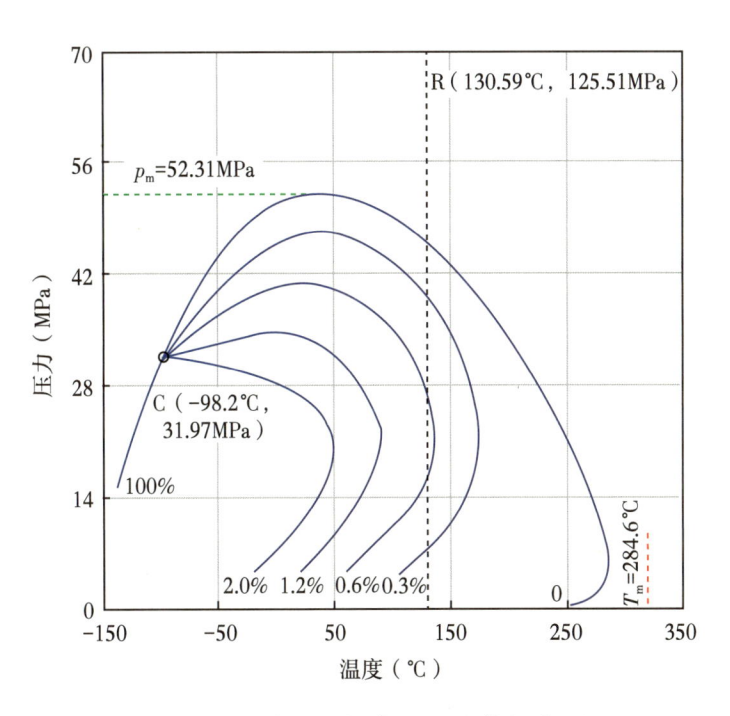

图 3-20 博孜 1 气藏地层流体相态图

表 3-37　博孜 1 气藏相态数据表

井段（m）	层位	地层压力（MPa）	地层温度（℃）	临界压力（MPa）	临界温度（℃）	临界凝析压力（MPa）	临界凝析温度（℃）	油气藏类型
7014.00~7084.00	K	125.51	130.59	31.97	-98.20	52.31	284.60	凝析气

（3）恒质膨胀实验。

博孜 1 气藏 7014.00~7084.00m 层段流体样品露点压力为 45.92MPa，地露压差为 79.59MPa。在地层温度 130.59℃、地层压力 125.51MPa 下，气体偏差系数为 2.078、体积系数为 2.3105×10^{-3} m³/m³。流体恒质膨胀实验结果见表 3-38。

表 3-38　博孜 1 气藏流体样品恒质膨胀实验结果

130.6℃		130.6℃		110.6℃		90.6℃	
压力（MPa）	相对体积（V_i/V_d）	压力（MPa）	含液量（%）	压力（MPa）	含液量（%）	压力（MPa）	含液量（%）
125.50①	0.6594	45.92②	0.00	48.32②	0.00	50.73②	0.00
120.00	0.6688	43.00	0.02	44.00	0.03	45.00	0.05
110.00	0.6878	40.00	0.06	40.00	0.09	40.00	0.14
100.00	0.7104	35.00	0.17	35.00	0.22	35.00	0.29
90.00	0.7375	30.00	0.34	30.00	0.43	30.00	0.57
80.00	0.7711	25.00	0.58	25.00	0.71	25.00	0.93
70.00	0.8141	20.00	0.69	20.00	0.85	20.00	1.07
60.00	0.8719	15.00	0.61	15.00	0.77	15.00	0.99
50.00	0.9548						
45.92②	1.0000						
43.00	1.0379						
40.00	1.0845						
35.00	1.1854						
30.00	1.3288						
25.00	1.5418						
20.00	1.8784						
15.00	2.4659						

①地层压力。

②露点压力。

注：V_d—露点压力下的体积。

（4）定容衰竭实验。

博孜 1 气藏 7014.00~7084.00m 层段流体样品的定容衰竭实验结果见表 3-39。随着压力的降低，烃类组分中甲烷和十一烷以上组分的摩尔分数有一定程度变化，非烃类组分二氧化碳、氮气的摩尔分数变化较小。甲烷摩尔分数从 88.49% 上升至 89.54%。十一烷以上组分摩尔分数从 0.35% 降至 0.12%。实验压力降至 14MPa 时，反凝析液量达到最高，其值为 1.17%（表 3-40）。

表 3-39　博孜 1 气藏流体样品定容衰竭实验井流物组成表

压力（MPa）		45.92[①]	38.00	30.00	22.00	14.00	6.00
衰竭各级井流物摩尔分数	氮气	0.88	0.89	0.87	0.87	0.89	0.88
	二氧化碳	0.19	0.19	0.19	0.19	0.20	0.19
	甲烷	88.49	88.92	89.17	89.43	89.54	89.44
	乙烷	6.68	6.66	6.64	6.62	6.64	6.66
	丙烷	1.45	1.44	1.43	1.42	1.43	1.44
	异丁烷	0.29	0.28	0.27	0.26	0.27	0.28
	正丁烷	0.32	0.31	0.30	0.29	0.30	0.31
	异戊烷	0.14	0.14	0.14	0.13	0.12	0.13
	正戊烷	0.09	0.08	0.08	0.07	0.08	0.08
	己烷	0.18	0.17	0.15	0.13	0.10	0.11
	庚烷	0.32	0.21	0.18	0.15	0.14	0.15
	辛烷	0.34	0.16	0.13	0.11	0.10	0.11
	壬烷	0.17	0.12	0.10	0.06	0.05	0.06
	癸烷	0.11	0.09	0.08	0.06	0.02	0.03
	十一烷以上	0.35	0.34	0.28	0.21	0.12	0.13
	合计	100.00	100.00	100.00	100.00	100.00	100.00
十一烷以上的特性	分子量	174	169	163	156	150	147
	密度（g/cm³）	0.8110	0.8070	0.8030	0.7970	0.7920	0.7900
气相偏差系数 Z		1.153	1.064	1.005	0.961	0.936	0.943
气液两相偏差系数			1.058	0.990	0.941	0.919	0.911
累计采出（%）		0.000	9.898	24.033	41.356	61.778	83.476

①露点压力。

表 3-40　博孜 1 气藏流体样品定容衰竭实验反凝析液量数据表

压力（MPa）	45.92[①]	43.00	38.00	30.00	22.00	14.00	6.00	0.00
含液量（%）	0.00	0.02	0.12	0.41	0.93	1.17	1.13	0.99

①露点压力。

2）博孜 101 气藏

（1）流体组分。

博孜 101 气藏井流物组成见表 3-41。井流物组成摩尔分数：C_1+N_2 为 87.59%、C_2—C_6+CO_2 为 10.904%、C_{7+} 为 1.51%，在三角相图上属于凝析气藏范围（图 3-21）。

表 3-41　博孜 101 气藏井流物组成表

井段（m）	组分	分离器液 摩尔分数（%）	分离器气 摩尔分数（%）	分离器气 含量（g/m³）	井流物 摩尔分数（%）	井流物 含量（g/m³）
6921.00~7091.00	二氧化碳		0.225		0.22	
	氮气		1.519		1.48	
	甲烷		88.344		86.106	
	乙烷	6.905	86.316		6.78	84.755
	丙烷	1.682	30.834		1.812	33.209
	异丁烷	0.328	7.925		0.413	9.967
	正丁烷	0.401	9.689		0.579	13.987
	异戊烷	0.142	4.259		0.304	9.127
	正戊烷	0.12	3.599		0.278	8.336
	己烷	0.199	6.949		0.518	18.089
	庚烷	0.101	4.031		0.652	26.019
	辛烷	0.034	1.512		0.433	19.241
	壬烷				0.149	7.506
	癸烷				0.08	4.450
	十一烷				0.046	2.830
	十二烷				0.033	2.216
	十三烷				0.022	1.606
	十四烷				0.021	1.668
	十五烷				0.017	1.438
	十六烷				0.011	1.041

续表

井段（m）	组分	分离器液 摩尔分数（%）	分离器气 摩尔分数（%）	分离器气 含量（g/m³）	井流物 摩尔分数（%）	井流物 含量（g/m³）
6921.00~7091.00	十七烷				0.009	0.922
	十八烷				0.009	0.951
	十九烷				0.007	0.734
	二十烷				0.006	0.686
	二十一烷				0.004	0.493
	二十二烷				0.003	0.365
	二十三烷				0.002	0.285
	二十四烷				0.002	0.264
	二十五烷				0.002	0.241
	二十六烷				0.001	0.143
	二十七烷				0.001	0.112
	二十八烷				0	0.077
	二十九烷				0	0.040
	三十烷以上				0	0.045
	合计		100.00		100.00	

注：十一烷以上流体特性：密度 0.815g/cm³，分子量 180；分离器气体相对密度 0.636；分离器气/分离器液 5880m³/m³；油罐气/油罐油 13m³/m³；分离器液/油罐油 1.0534m³/m³。

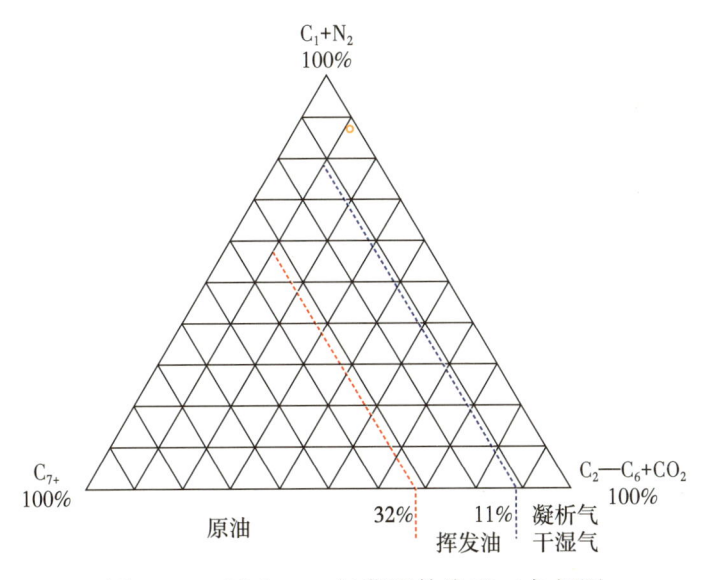

图 3-21 博孜 101 气藏流体类型三角相图

（2）流体相态。

博孜 101 气藏的流体相态特征如图 3-22 所示，流体临界参数见表 3-42。地层温度位于相图包络线右侧，距临界点较远，表现出凝析气藏相态特征。

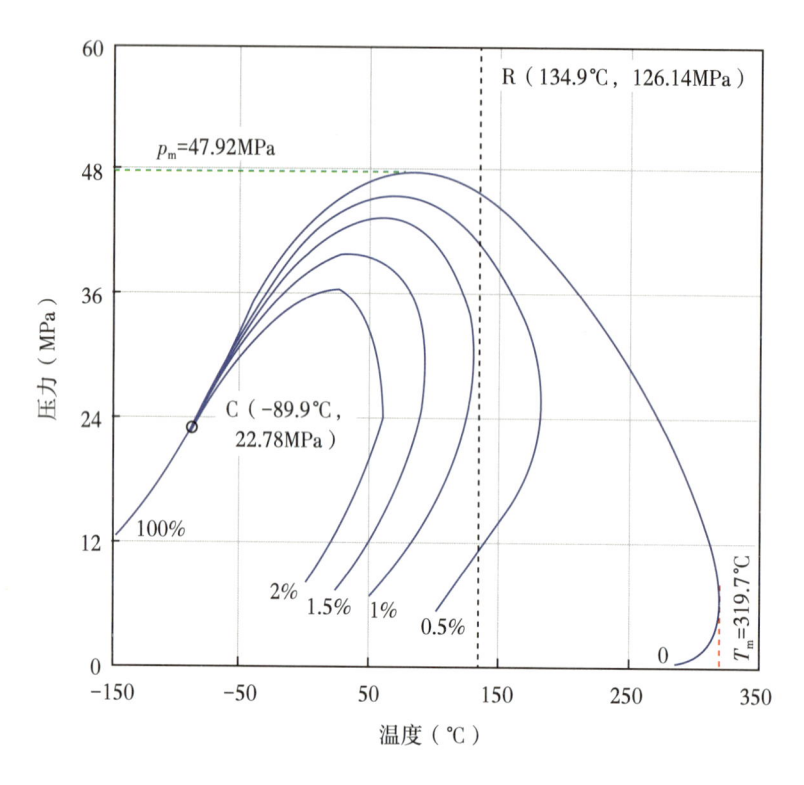

图 3-22 博孜 101 气藏地层流体相态图

表 3-42 博孜 101 气藏相态数据表

井段（m）	层位	地层压力（MPa）	地层温度（℃）	临界压力（MPa）	临界温度（℃）	临界凝析压力（MPa）	临界凝析温度（℃）	油气藏类型
6921.00~7091.00	K	126.14	134.85	22.78	-89.80	47.92	319.70	凝析气

（3）恒质膨胀实验。

博孜 101 气藏 6921.00~7091.00m 层段流体样品露点压力为 45.64MPa，地露压差为 80.5MPa。在地层温度 134.85℃、地层压力 126.14MPa 下，气体偏差系数为 2.091、体积系数为 $2.3404 \times 10^{-3} m^3/m^3$。流体恒质膨胀实验结果见表 3-43。

表 3-43 博孜 101 气藏流体样品恒质膨胀实验结果

134.9℃		134.9℃		114.9℃		94.9℃	
压力（MPa）	相对体积 V_i/V_d	压力（MPa）	含液量（%）	压力（MPa）	含液量（%）	压力（MPa）	含液量（%）
126.14①	0.6596	45.64②	0.00	47.44②	0.00	48.91②	0.00
120.00	0.6697	40.00	0.04	45.00	0.02	45.00	0.06
110.00	0.6882	35.00	0.13	40.00	0.10	40.00	0.16
100.00	0.7103	30.00	0.31	35.00	0.25	35.00	0.34
90.00	0.7378	25.00	0.61	30.00	0.54	30.00	0.67
80.00	0.7712	20.00	0.76	25.00	0.87	25.00	1.1
70.00	0.8137	15.00	0.69	20.00	1.11	20.00	1.34
60.00	0.8721			15.00	1.02	15.00	1.26
50.00	0.9548						
45.64②	1.0000						
40.00	1.0825						
35.00	1.1825						
30.00	1.3231						
25.00	1.5355						
20.00	1.8767						
15.00	2.4824						

①地层压力。

②露点压力。

（4）定容衰竭实验。

博孜 101 气藏 6921.00~7091.00m 层段流体样品的定容衰竭实验结果见表 3-44。随着压力的降低，烃类组分中甲烷和十一烷以上组分的摩尔分数有一定程度变化，甲烷摩尔分数从 86.11% 上升至 88.58%，十一烷以上组分摩尔分数从 0.2% 降至 0.1%，非烃类组分二氧化碳和氮气的摩尔分数变化较小。实验压力降至 14MPa 时，反凝析液量达到最高，其值为 1.42%（表 3-45）。

表 3-44　博孜 101 气藏流体样品定容衰竭实验井流物组成计算表

压力（MPa）		45.64①	38.00	30.00	22.00	14.00	6.00
衰竭各级井流物摩尔分数（%）	氮气	0.22	0.22	0.22	0.22	0.24	0.22
	二氧化碳	1.48	0.99	0.97	0.95	0.91	0.96
	甲烷	86.11	87.20	87.88	88.37	88.58	88.35
	乙烷	6.78	6.74	6.70	6.66	6.71	6.76
	丙烷	1.81	1.76	1.70	1.69	1.68	1.69
	异丁烷	0.41	0.38	0.36	0.35	0.35	0.37
	正丁烷	0.58	0.49	0.45	0.42	0.41	0.43
	异戊烷	0.30	0.28	0.24	0.20	0.18	0.21
	正戊烷	0..28	0.23	0.18	0.14	0.12	0.14
	己烷	0.52	0.41	0.36	0.26	0.24	0.25
	庚烷	0.65	0.53	0.36	0.25	0.20	0.21
	辛烷	0.43	0.38	0.25	0.21	0.17	0.17
	壬烷	0.15	0.12	0.09	0.07	0.06	0.07
	癸烷	0.08	0.08	0.07	0.06	0.05	0.06
	十一烷以上	0.20	0.19	0.17	0.15	0.10	0.11
	合计	99.72	100.00	100.00	100.00	100.00	100.00
十一烷以上的特性	分子量	180	174	169	166	163	162
	密度（g/cm³）	0.8150	0.8100	0.8070	0.8050	0.8030	0.8020
气相偏差系数 Z		1.149	1.091	1.030	0.970	0.943	0.956
气液两相偏差系数		1.149	1.054	0.983	0.932	0.918	0.905
累计采出（%）		0.000	9.246	23.175	40.569	61.604	83.309

①露点压力。

表 3-45　博孜 101 气藏流体样品定容衰竭实验反凝析液量数据表

压力（MPa）	45.64①	38.00	30.00	22.00	14.00	6.00	0.00
含液量（%）	0.00	0.13	0.45	1.07	1.42	1.39	1.22

①露点压力。

3）博孜 104 气藏

（1）流体组分。

博孜 104 气藏井流物组成见表 3-46。井流物平均组成摩尔分数：C_1+N_2 为 91.93%、$C_2—C_6+CO_2$ 为 7.58%、C_{7+} 为 0.49%，在三角相图上属于凝析气藏范围（图 3-23）。

表 3-46 博孜 104 气藏井流物组成表

井段 (m)	组分	分离器液 摩尔分数（%）	分离器气 摩尔分数（%）	分离器气 含量（g/m³）	井流物 摩尔分数（%）	井流物 含量（g/m³）
6821.77	二氧化碳		0.187		0.186	
	氮气		0.966		0.961	
	甲烷		91.427		90.968	
	乙烷	0.25	5.131	117.002	5.107	63.834
	丙烷	0.19	1.027	87.196	1.023	18.750
	异丁烷	0.10	0.192	2.696	0.192	4.628
	正丁烷	0.23	0.227	1.777	0.227	5.485
	异戊烷	0.27	0.683	3.944	0.681	20.424
	正戊烷	0.63	0.11	1.334	0.113	3.378
	己烷	1.43	0.047	0.601	0.054	1.884
	庚烷	6.74	0.001	0.013	0.035	1.389
	辛烷	12.68	0.002	0.023	0.066	2.918
	壬烷	12.19			0.061	3.076
	癸烷	11.13			0.056	3.111
	十一烷	9.04			0.045	2.772
	十二烷	8.30			0.042	2.787
	十三烷	6.47			0.032	2.361
	十四烷	6.60			0.033	2.615
	十五烷	5.04			0.025	2.165
	十六烷	3.72			0.019	1.722
	十七烷	2.75			0.014	1.359
	十八烷	2.82			0.014	1.476
	十九烷	1.90			0.01	1.042
	二十烷	1.58			0.008	0.906
	二十一烷	1.14			0.006	0.692
	二十二烷	1.24			0.006	0.789
	二十三烷	0.81			0.004	0.537
	二十四烷	0.60			0.003	0.414
	二十五烷	0.55			0.003	0.396
	二十六烷	0.34			0.002	0.255
	二十七烷	0.32			0.002	0.250
	二十八烷	0.24			0.001	0.194
	二十九烷	0.21			0.001	0.176
	三十烷以上	0.49			0.002	0.460
	合计	100.00	100.00		100.00	

注：十一烷以上流体特性：密度 0.815g/cm³，分子量 235；分离器气/分离器液 21095m³/m³。

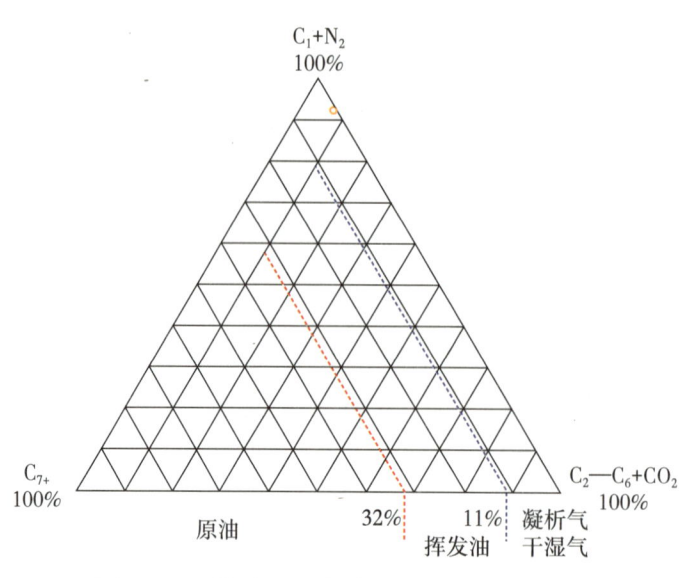

图 3-23　博孜 104 气藏流体类型三角相图

（2）流体相态。

博孜 104 气藏取得高压气体得出的流体相态特征如图 3-24 所示，流体临界参数见表 3-47。地层温度位于相图包络线右侧，距临界点较远，表现出凝析气藏相态特征。

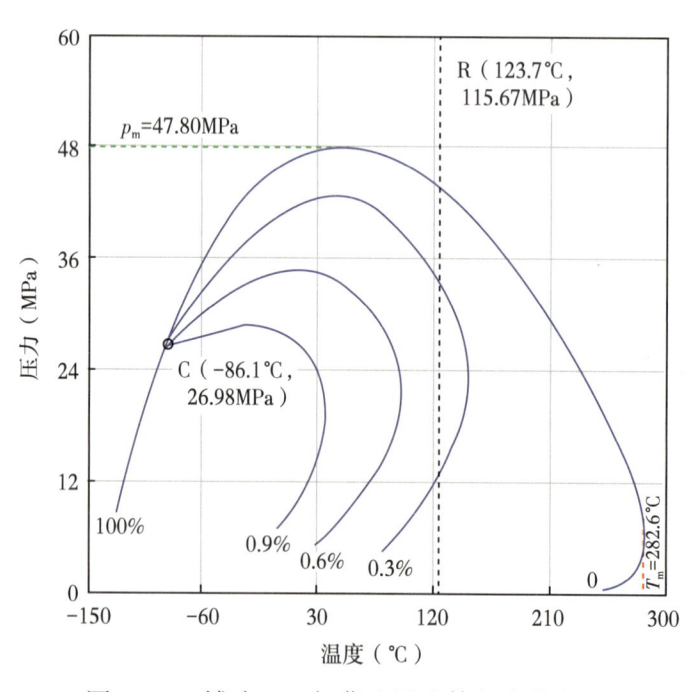

图 3-24　博孜 104 气藏地层流体相态特征图

表 3-47 博孜 104 气藏相态数据表

井段 (m)	层位	地层压力 (MPa)	地层温度 (℃)	临界压力 (MPa)	临界温度 (℃)	临界凝析压力 (MPa)	临界凝析温度 (℃)	油气藏 类型
6821.77	K	115.67	123.7	26.98	−86.1	47.80	282.6	凝析气

（3）恒质膨胀实验。

博孜 104 气藏 6821.77m 层段流体样品露点压力为 43.46MPa，地露压差为 72.21MPa。在地层温度 123.7℃、地层压力 115.67MPa 下，气体偏差系数为 1.980、体积系数为 $2.3499\times10^{-3}\mathrm{m}^3/\mathrm{m}^3$。流体恒质膨胀实验结果见表 3-48。

表 3-48 博孜 104 气藏流体样品恒质膨胀实验结果

143.7℃		143.7℃		123.7℃		103.7℃	
压力 (MPa)	相对体积 V_i/V_d	压力 (MPa)	含液量 (%)	压力 (MPa)	含液量 (%)	压力 (MPa)	含液量 (%)
115.67[①]	0.6531	40.83[②]	0.00	43.46[②]	0.00	45.76[②]	0.00
110.00	0.6670	36.00	0.05	40.00	0.04	40.00	0.09
100.00	0.6887	32.00	0.15	36.00	0.13	36.00	0.2
90.00	0.7163	28.00	0.23	32.00	0.24	32.00	0.32
80.00	0.7475	24.00	0.29	28.00	0.33	28.00	0.42
70.00	0.7922	20.00	0.33	24.00	0.39	24.00	0.49
60.00	0.8479	16.00	0.30	20.00	0.42	20.00	0.53
50.00	0.9302			16.00	0.39	16.00	0.5
43.46[②]	1.0000						
40.00	1.0575						
36.00	1.1400						
32.00	1.2445						
28.00	1.3837						
24.00	1.5704						
20.00	1.8461						

①地层压力。
②露点压力。

（4）定容衰竭实验。

博孜 104 气藏 6821.77m 层段流体样品的定容衰竭实验结果见表 3-49。随着压力的降低，烃类组分中甲烷和十一烷以上组分的摩尔分数有一定程度变化，非烃类组分二氧化碳和氮气的摩尔分数变化较小。甲烷摩尔分数从 90.97% 上升至 91.41%。十一烷以上组分摩尔分数从 0.27% 降至 0.11%。实验压力降至 14MPa 时，反凝析液量达到最高，其值为 0.81%（表 3-50）。

表 3-49 博孜 104 气藏流体样品定容衰竭实验井流物组成表

	压力（MPa）	43.46[①]	36.00	29.00	22.00	14.00	7.00
衰竭各级井流物摩尔分数（%）	二氧化碳	0.19	0.20	0.20	0.21	0.20	0.20
	氮气	0.96	0.99	0.98	0.97	0.98	0.97
	甲烷	90.97	90.98	91.12	91.24	91.41	91.29
	乙烷	5.11	5.10	5.08	5.06	5.04	5.06
	丙烷	1.02	1.01	1.00	0.99	0.98	0.99
	异丁烷	0.19	0.19	0.19	0.19	0.18	0.19
	正丁烷	0.23	0.23	0.22	0.23	0.22	0.23
	异戊烷	0.68	0.68	0.67	0.67	0.66	0.67
	正戊烷	0.11	0.11	0.11	0.10	0.09	0.10
	己烷	0.05	0.04	0.03	0.02	0.01	0.02
	庚烷	0.03	0.03	0.03	0.02	0.01	0.02
	辛烷	0.07	0.07	0.06	0.06	0.05	0.06
	壬烷	0.06	0.06	0.05	0.04	0.03	0.04
	癸烷	0.06	0.06	0.05	0.04	0.03	0.04
	十一烷以上	0.27	0.25	0.21	0.16	0.11	0.12
	合计	100.00	100.00	100.00	100.00	100.00	100.00
十一烷以上的特性	分子量	235	223	213	205	195	190
	密度（g/cm³）	0.8450	0.8390	0.8340	0.8300	0.8240	0.8220
气相偏差系数 Z		1.140	1.068	1.009	0.967	0.935	0.941
气液两相偏差系数			1.062	1.000	0.951	0.925	0.844
累计采出（%）		0.000	11.100	23.910	39.375	60.306	78.245

①露点压力。

表 3-50 博孜 101 气藏流体样品定容衰竭实验反凝析液量数据表

压力（MPa）	43.46[①]	36.00	29.00	22.00	14.00	7.00	0.00
含液量（%）	0.00	0.16	0.38	0.60	0.81	0.80	0.69

①露点压力。

第二节 秋里塔格构造带油气藏

秋里塔格构造带内已开发油气田主要包括迪那 2 气田和中秋气田等，以凝析气藏为主。

一、迪那 2 气田

迪那 2 气田位于新疆维吾尔自治区库车县境内，自西向东分布迪那 2 井区和迪那 1 井区。构造位于库车前陆盆地秋里塔格构造带东部，呈东西向延伸。迪那 2 号构造为受南北两条倾向相同的逆冲断层所夹持的一个东西向展布的长轴背斜，目的层为古近系苏维依组，气层厚度为 71.4m。储集空间类型以原生粒间孔为主，次为粒间及颗粒溶孔，储层以裂缝—孔隙型为主。储层岩性以粉砂岩和细砂岩为主，其次为含砾砂岩和砂砾岩。储层平均孔隙度 3.15%~8.97%、渗透率 0.09~1.11mD，总体上属于低孔隙度、低渗透和特低渗透储层。迪那 2 气田古近系苏维依组气藏中深 5046.16m、地层压力为 106.2MPa，压力梯度为 0.39MPa/100m，压力系数为 2.06~2.29，地层温度为 136.1℃，地温梯度 2.259℃/100m，属超高压、常温度系统。凝析油密度 0.792~0.812g/cm³，平均 0.800g/cm³。动力黏度 0.744~1.100mPa·s，平均 0.757mPa·s。凝固点 -6.0~6.0℃，平均含硫 0.022%，平均含蜡 5.109%。总体上具有密度低、黏度低、凝固点低、含硫低的"四低"特点。天然气相对密度 0.63~0.64，甲烷含量较高，为 86.7%~88.85%，平均 87.7%。乙烷及以上烃组分含量为 9.19%~12.77%，平均 9.81%。氮气含量低，为 0.8%~2.0%，平均 0.97%。酸性气体含量很低，CO_2 含量为 0.3%~0.4%，不含 H_2S。地层水水型为 $CaCl_2$。迪那 2 气藏为一个完整的受背斜控制的异常高压底水凝析气藏。2009 年 7 月，迪那 2 气田建成投产。

1. 原始流体取样与质量评价

按照凝析气藏流体取样合格性评价原则，迪那 1 井区共筛选出代表性比较好的凝析气样品 1 个，即迪那 11 井 E 层 5518.00~5549.00m 井段的样品。合格流体样品的取样条件及气井特征见表 3-51。

表 3-51　迪那 1 井区流体样品取样条件与气井特征统计表

井号		DN11 井
取样条件	取样时间	2001 年 10 月 27 日
	生产油嘴（mm）	
	油压（MPa）	56.50
	一级分离器压力（MPa）	2.77
	一级分离器温度（℃）	29.50
	取样方式	地面分离器
气井特征	取样井段（m）	5518.00~5549.00
	层位	E
	原始地层压力（MPa）	110.94
	原始地层温度（℃）	138.60
	取样时地层压力（MPa）	110.94
	取样时地层温度（℃）	138.60
	产气量（m^3/d）	1180010.00
	产油量（m^3/d）	87.84
	生产气油比（m^3/m^3）	13434
	油罐油相对密度	0.8020

按照凝析气藏流体取样合格性评价原则，迪那 2 井区筛选出代表性比较好的凝析气样品 4 个：迪那 22 井 E 层 4748.00~4774.00m 井段的样品、迪那 201 井 E 层 4980.00~4990.00m 井段的样品、迪那 201 井 E 层 4781.00~4806.00m 井段的样品和迪那 202 井 E 层 5022.00~5046.00m 井段的样品。合格流体样品的取样条件及气井特征见表 3-52。

表 3-52　迪那 2 区块流体样品取样条件与气井特征统计表

井号		DN22 井	DN201 井		DN202 井
取样条件	取样时间	2002 年 7 月 18 日	2002 年 9 月 14 日	2001 年 10 月 29 日	2002 年 8 月 10 日
	生产油嘴（mm）		7.94	8.00	12.70
	油压（MPa）	83.93			
	一级分离器压力（MPa）	2.46	2.05	3.20	4.11
	一级分离器温度（℃）	25.80	18.30	16.20	51.60
	取样方式	地面分离器	地面分离器	地面分离器	地面分离器

续表

	井号	DN22 井		DN201 井	DN202 井
气井特征	取样井段（m）	4748.00~4774.00	4980.00~4990.00	4781.00~4806.00	5022.00~5046.00
	层位	E	E	E	E
	原始地层压力（MPa）	105.41	105.95	105.15	106.24
	原始地层温度（℃）	131.00	130.00	125.20	136.50
	取样时地层压力（MPa）	105.41	105.95	105.15	106.24
	取样时地层温度（℃）	131.00	130.00	125.20	136.50
	产气量（m³/d）	262487.00	341170.00	493227.00	1051898.00
	产油量（m³/d）	26.88	34.00	36.24	89.76
	生产气油比（m³/m³）	9765	9949	13160	11719
	油罐油相对密度	0.7790	0.7846	0.7828	0.8013

2. 流体相态实验

1）迪那1气藏

（1）流体组分。

迪那1气藏井流物组成见表3-53。井流物组成 C_1+N_2 摩尔分数：为 90.26%、C_2—C_6+CO_2 为 8.71%、C_{7+} 为 1.03%，在三角相图上属于凝析气藏范围（图3-25）。

表3-53 迪那1气藏井流物组成表

井段（m）	组分	分离器液摩尔分数（%）	分离器气摩尔分数（%）	分离器气含量（g/m³）	井流物摩尔分数（%）	井流物含量（g/m³）
5518.00~5549.00	二氧化碳	0.06	0.34		0.34	
	氮气	0.02	0.64		0.63	
	甲烷	6.93	90.65		89.63	
	乙烷	3.62	6.98	87.308	6.94	86.808
	丙烷	2.13	0.79	14.492	0.81	14.859
	异丁烷	1.18	0.17	4.110	0.18	4.352
	正丁烷	1.79	0.17	4.110	0.19	4.594
	异戊烷	1.80	0.06	1.801	0.08	2.401
	正戊烷	1.50	0.04	1.200	0.06	1.801

续表

井段 （m）	组分	分离器液 摩尔分数 （%）	分离器气 摩尔分数 （%）	分离器气 含量 （g/m³）	井流物 摩尔分数 （%）	井流物 含量 （g/m³）
5518.00~5549.00	己烷	4.80	0.05	1.747	0.11	3.844
	庚烷	18.93	0.09	3.594	0.32	12.779
	辛烷	21.91	0.02	0.890	0.28	12.463
	壬烷	10.97			0.13	6.543
	癸烷	5.52			0.07	3.902
	十一烷以上	18.84			0.23	20.283
	合计	100.00	100.00		100.00	

注：十一烷以上流体特性：密度 0.8240g/cm³，分子量 194；分离器气体相对密度 0.614；分离器气/分离器液 12968m³/m³；油罐气/油罐油 20m³/m³；分离器液/油罐油 1.0616m³/m³；油罐油密度（20℃）0.7990g/cm³。

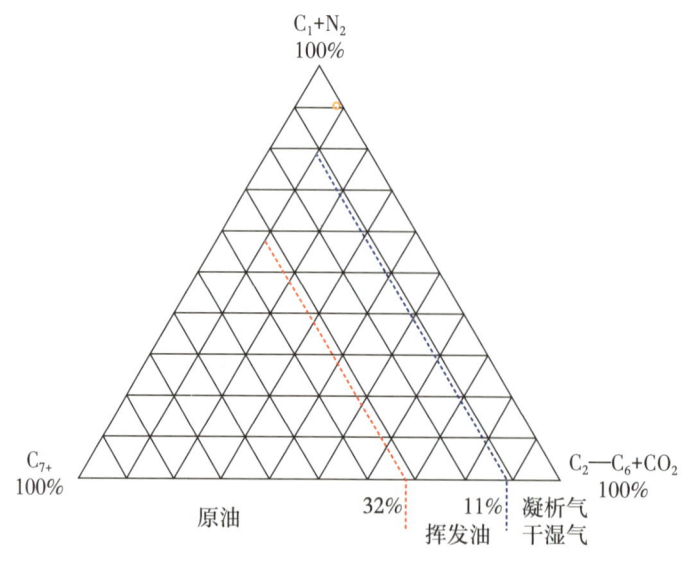

图 3-25 迪那 1 气藏流体类型三角相图

（2）流体相态。

迪那 1 气藏的流体相态特征如图 3-26 所示，流体临界参数见表 3-54。地层温度位于相图包络线右侧，距临界点较远，表现出凝析气藏相态特征。

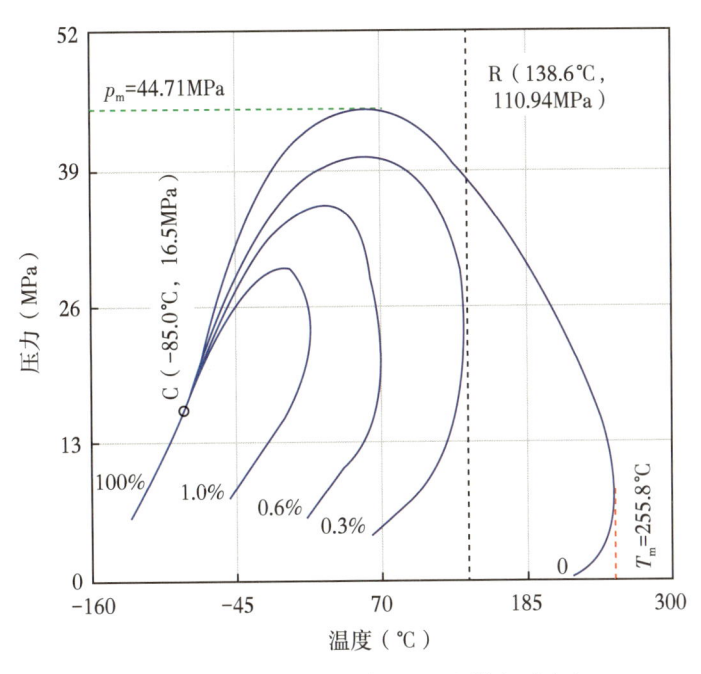

图 3-26　迪那 1 气藏地层流体相态图

表 3-54　迪那 1 气藏相态数据表

井段（m）	层位	地层压力（MPa）	地层温度（℃）	临界压力（MPa）	临界温度（℃）	临界凝析压力（MPa）	临界凝析温度（℃）	油气藏类型
5518.00~5549.00	E	110.94	138.6	16.50	−85.0	44.71	255.8	凝析气

（3）恒质膨胀实验。

迪那 1 气藏 5518.00~5549.00m 层段流体样品露点压力为 38.27MPa，地露压差为 72.67MPa。在地层温度 138.6℃、地层压力 110.94MPa 下，气体偏差系数为 2.002、体积系数为 $2.5691\times 10^{-3}\,\mathrm{m^3/m^3}$。流体恒质膨胀实验结果见表 3-55。

表 3-55　迪那 1 气藏流体样品恒质膨胀实验结果

138.6℃		138.6℃		118.6℃		98.6℃	
压力（MPa）	相对体积 V_i/V_d	压力（MPa）	含液量（%）	压力（MPa）	含液量（%）	压力（MPa）	含液量（%）
110.94[①]	0.5945	38.27[②]	0.00	39.69[②]	0.00	41.58[②]	0.00
95.00	0.6069	34.00	0.05	35.00	0.05	39.00	0.05
75.00	0.7059	30.00	0.09	31.00	0.11	35.00	0.11

续表

138.6℃		138.6℃		118.6℃		98.6℃	
压力 (MPa)	相对体积 V_i/V_d	压力 (MPa)	含液量 (%)	压力 (MPa)	含液量 (%)	压力 (MPa)	含液量 (%)
50.00	0.8403	26.00	0.14	27.00	0.23	31.00	0.2
45.00	0.8948	22.00	0.20	23.00	0.29	27.00	0.31
40.00	0.9537	18.00	0.26	19.00	0.34	23.00	0.43
38.27[2]	1.0000	16.00	0.24	15.00	0.32	19.00	0.47
34.00	1.0757					15.00	0.46
30.00	1.1752						
26.00	1.3175						
22.00	1.5283						
18.00	1.8574						
16.00	2.0959						

①地层压力。

②露点压力。

（4）定容衰竭实验。

迪那1气藏5518.00~5549.00m层段流体样品的定容衰竭实验结果见表3-56。随着压力的降低，烃类组分中甲烷和十一烷以上组分的摩尔分数有一定程度变化，非烃类组分二氧化碳、氮气的摩尔分数变化较小。甲烷摩尔分数从89.63%上升至91.07%。十一烷以上组分摩尔分数从0.23%降至0.03%。实验压力降至15MPa时，反凝析液量达到最高，其值为0.56%（表3-57）。

表3-56　迪那1气藏流体样品定容衰竭实验井流物组成计算表

压力（MPa)		38.27[1]	32.00	26.00	20.00	15.00	10.00	5.00
衰竭各级井流物摩尔分数（%）	二氧化碳	0.34	0.36	0.37	0.37	0.37	0.37	0.37
	氮气	0.63	0.75	0.75	0.75	0.75	0.75	0.75
	甲烷	89.63	89.68	89.88	90.22	90.89	91.07	90.41
	乙烷	6.94	6.93	6.92	6.91	6.51	6.49	6.66
	丙烷	0.81	0.80	0.79	0.78	0.73	0.78	0.80
	异丁烷	0.18	0.17	0.16	0.15	0.14	0.11	0.15
	正丁烷	0.19	0.18	0.16	0.15	0.13	0.10	0.14
	异戊烷	0.08	0.07	0.06	0.05	0.04	0.02	0.06
	正戊烷	0.06	0.05	0.04	0.03	0.02	0.03	0.04

续表

压力（MPa）		38.27①	32.00	26.00	20.00	15.00	10.00	5.00
衰竭各级井流物摩尔分数（%）	己烷	0.11	0.10	0.09	0.08	0.07	0.05	0.09
	庚烷	0.32	0.31	0.29	0.22	0.16	0.11	0.14
	辛烷	0.28	0.27	0.23	0.14	0.08	0.05	0.08
	壬烷	0.13	0.09	0.07	0.05	0.04	0.02	0.06
	癸烷	0.07	0.06	0.05	0.04	0.03	0.02	0.06
	十一烷以上	0.23	0.18	0.14	0.06	0.04	0.03	0.19
	合计	100.00	100.00	100.00	100.00	100.00	100.00	100.00
十一烷以上的特性	分子量	194	176	163	155	150	148	147
	密度（g/cm³）	0.8240	0.8164	0.8112	0.8072	0.8048	0.8035	0.8034
气相偏差系数 Z		1.162	1.117	1.069	1.024	0.994	0.977	0.975
气液两相偏差系数			1.106	1.056	1.029	1.014	0.987	0.949
累计采出（%）		0.000	11.759	24.887	40.733	54.873	69.109	83.933

①露点压力。

表 3-57　迪那 1 气藏流体样品定容衰竭实验反凝析液量数据表

压力（MPa）	38.27①	32.00	26.00	20.00	15.00	10.00	5.00	1.31
含液量（%）	0.00	0.05	0.15	0.39	0.56	0.52	0.48	0.45

①露点压力。

2）迪那 2 气藏

（1）流体组分。

迪那 2 气藏井流物组成见表 3-58。井流物组成摩尔分数：C_1+N_2 为 85.67%、C_2—C_6+CO_2 为 13.04%、C_{7+} 为 1.29%，在三角相图上属于凝析气藏范围（图 3-27）。

表 3-58　迪那 2 气藏井流物组成表

井段（m）	组分	分离器液摩尔分数（%）	分离器气摩尔分数（%）	分离器气含量（g/m³）	井流物摩尔分数（%）	井流物含量（g/m³）
4748.00~4774.00	二氧化碳	0.04	0.35		0.35	
	氮气	0.10	0.95		0.94	
	甲烷	5.34	85.98		84.73	

续表

井段（m）	组分	分离器液 摩尔分数（%）	分离器气 摩尔分数（%）	分离器气 含量（g/m³）	井流物 摩尔分数（%）	井流物 含量（g/m³）
4748.00~4774.00	乙烷	3.55	7.36	92.06	7.3	91.310
	丙烷	3.08	3.54	64.94	3.53	64.760
	异丁烷	1.46	0.75	18.13	0.76	18.370
	正丁烷	2.28	0.67	16.2	0.69	16.680
	异戊烷	2.14	0.12	3.6	0.15	4.500
	正戊烷	1.89	0.07	2.1	0.1	3.000
	己烷	5.35	0.08	2.8	0.16	5.590
	庚烷	16.76	0.11	4.39	0.37	14.780
	辛烷	18.58	0.02	0.89	0.31	13.800
	壬烷	9.34			0.15	7.550
	癸烷	5.56			0.09	5.020
	十一烷以上	23.75			0.37	37.920
	合计	99.22	100.00		100.00	

注：十一烷以上流体特性：密度 0.8687g/cm³，分子量 246.35；分离器气体相对密度 0.661；分离器气/分离器液 9186m³/m³；油罐气/油罐油 20m³/m³；分离器液/油罐油 1.0612m³/m³；油罐油密度（20℃）0.7911g/cm³。

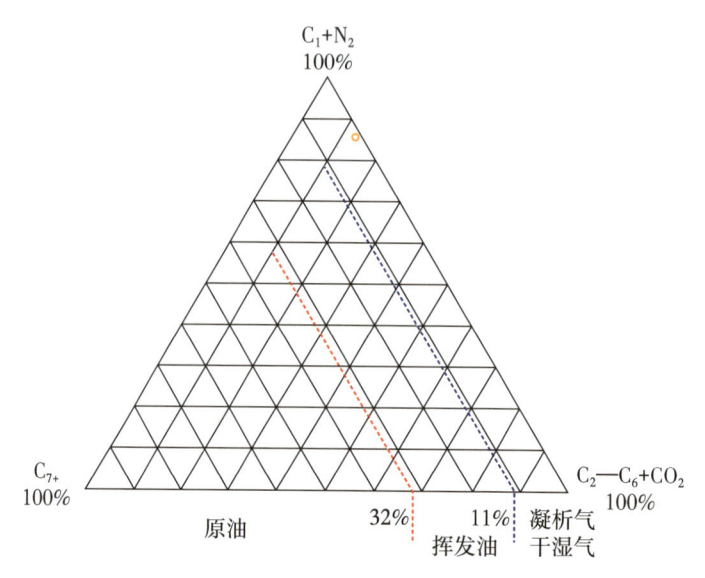

图 3-27 迪那 2 气藏流体类型三角相图

(2) 流体相态。

迪那 2 气藏的流体相态特征如图 3-28 所示，流体临界参数见表 3-59。地层温度位于相图包络线右侧，距临界点较远，表现出凝析气藏相态特征。

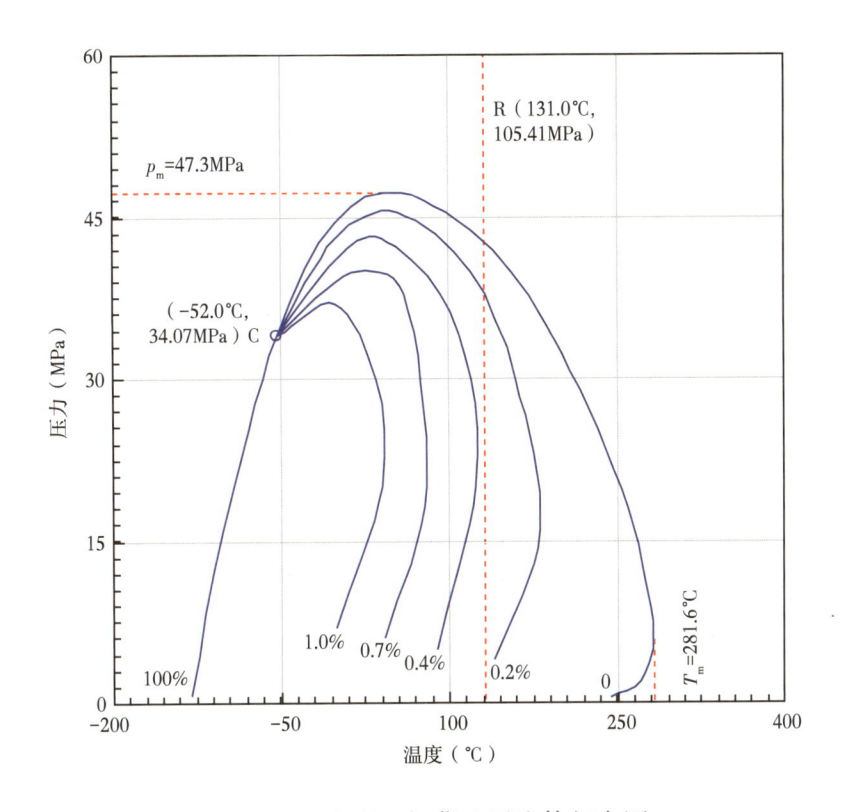

图 3-28 迪那 2 气藏地层流体相态图

表 3-59 迪那 2 气藏相态数据表

井段（m）	层位	地层压力（MPa）	地层温度（℃）	临界压力（MPa）	临界温度（℃）	临界凝析压力（MPa）	临界凝析温度（℃）	油气藏类型
4748.00~4774.00	E	105.41	131.0	34.07	-52.0	47.30	281.6	凝析气

(3) 恒质膨胀实验。

迪那 2 气藏 4748.00~4774.00m 层段流体样品露点压力为 42.92MPa，地露压差为 62.49MPa。在地层温度 131.0℃、地层压力 105.41MPa 下，气体偏差系数为 1.935、体积系数为 $2.6051\times10^{-3}\,m^3/m^3$。流体恒质膨胀实验结果见表 3-60。

表 3-60　迪那 2 气藏流体样品恒质膨胀实验结果

131.0℃		131.0℃		111.0℃		91.0℃	
压力（MPa）	相对体积 V_t/V_d	压力（MPa）	含液量（%）	压力（MPa）	含液量（%）	压力（MPa）	含液量（%）
105.41①	0.7162	42.92②	0.00	44.09②	0.00	45.49②	0.00
80.00	0.7448	38.00	0.01	40.00	0.01	40.00	0.01
60.00	0.8377	34.00	0.05	36.00	0.05	36.00	0.07
50.00	0.9135	30.00	0.12	32.00	0.13	32.00	0.2
42.92②	1.0000	26.00	0.20	28.00	0.20	28.00	0.36
38.00	1.0770	22.00	0.30	24.00	0.32	24.00	0.5
34.00	1.1577	18.00	0.36	20.00	0.43	20.00	0.6
30.00	1.2618	14.00	0.32	16.00	0.46	16.00	0.66
26.00	1.4002			13.00	0.43	12.00	0.6
22.00	1.5915						
18.00	1.8712						
14.00	2.3152						

①地层压力。
②露点压力。

（4）定容衰竭实验。

迪那 2 气藏 4748.00~4774.00m 层段流体样品的定容衰竭实验结果见表 3-61。随着压力的降低，烃类组分中甲烷和十一烷以上组分的摩尔分数有一定程度变化，非烃类组分二氧化碳和氮气的摩尔分数变化较小。甲烷摩尔分数从 89.63% 上升至 91.07%。十一烷以上组分摩尔分数从 0.23% 降至 0.03%。实验压力降至 15MPa 时，反凝析液量达到最高，其值为 0.56%（表 3-62）。

表 3-61　迪那 2 气藏流体样品定容衰竭实验井流物组成计算表

压力（MPa）		42.92①	36.00	29.00	22.00	15.00	7.00
衰竭各级井流物摩尔分数（%）	二氧化碳	0.35	0.35	0.36	0.36	0.36	0.36
	氮气	0.94	0.99	1.08	1.12	1.15	1.01
	甲烷	84.73	85.36	85.58	85.64	85.45	84.99
	乙烷	7.30	7.28	7.28	7.29	7.31	7.33
	丙烷	3.53	3.48	3.45	3.46	3.51	3.56
	异丁烷	0.76	0.74	0.72	0.73	0.75	0.77

续表

压力（MPa）		42.92[①]	36.00	29.00	22.00	15.00	7.00
衰竭各级井流物摩尔分数（%）	正丁烷	0.69	0.67	0.65	0.65	0.68	0.71
	异戊烷	0.15	0.13	0.12	0.11	0.13	0.15
	正戊烷	0.10	0.09	0.07	0.06	0.07	0.08
	己烷	0.16	0.13	0.12	0.11	0.12	0.15
	庚烷	0.37	0.24	0.21	0.17	0.16	0.28
	辛烷	0.31	0.21	0.15	0.11	0.13	0.21
	壬烷	0.15	0.08	0.07	0.06	0.05	0.10
	癸烷	0.09	0.05	0.04	0.05	0.06	0.09
	十一烷以上	0.37	0.20	0.10	0.08	0.07	0.21
	合计	100.00	100.00	100.00	100.00	100.00	100.00
十一烷以上的特性	分子量	206	195	188	183	177	175
	密度（g/cm³）	0.8200	0.8108	0.8068	0.8042	0.8020	0.8010
气相偏差系数 Z		1.100	1.008	0.956	0.892	0.846	0.865
气液两相偏差系数			1.032	0.963	0.906	0.866	0.702
累计采出（%）		0.000	10.640	22.850	37.780	55.640	74.440

①露点压力。

表 3-62 迪那 2 气藏流体样品定容衰竭实验反凝析液量数据表

压力（MPa）	42.92[①]	36.00	29.00	22.00	15.00	7.00	1.70
含液量（%）	0.00	0.04	0.22	0.53	0.62	0.59	0.54

①露点压力。

二、中秋气田

中秋气田位于新疆拜城县境内，构造位于库车坳陷秋里塔格构造带中秋—东秋段，为受南北两侧低角度逆冲断裂夹持的背斜构造。气藏于 2018 年 12 月发现，预测储层厚度 390m，主力含气层段为白垩系巴什基奇克组。储层以岩屑长石砂岩为主，孔隙类型以原生粒间孔为主，其次为粒间溶孔、粒内溶孔、微孔隙及微裂缝，物性为低孔低渗透，平均孔隙度 12.30%，渗透率 1.170mD。气藏中深 6235.74m（海拔-4913.46m），原始地层压力 120.78MPa，温度 146.5℃。天然气相对密度平均 0.6065，甲烷平均含量 91.78%，乙烷平均含量

4.27%，丙烷平均含量 0.87%，N_2 平均含量 1.80%，CO_2 平均含量 0.45%，不含 H_2S。凝析油密度 $0.806g/cm^3$，黏度 $0.9200mPa \cdot s$，平均凝固点 $-8℃$，平均含蜡 6.0%，胶质 0.16%，沥青质 0.06%。地层水氯根 $(8.9~9.3) \times 10^4 mg/L$，总矿化度 $(14.8~15.4) \times 10^4 mg/L$，水型为 $CaCl_2$ 型。气藏类型为块状底水高压凝析气藏，2019 年 1 月进入试采阶段。

1. 原始流体取样与质量评价

按照凝析气藏流体取样合格性评价原则，中秋 1 气藏筛选出代表性比较好的凝析气样品一个，中秋 1 井 K_1bs 层 6073.00~6182.00m 井段的样品。取样条件及气井特征见表 3-63。

表 3-63 中秋 1 气藏流体样品取样条件与气井特征统计表

井 号		中秋 1 井
取样条件	取样时间	2020 年 6 月 18 日
	生产油嘴（mm）	6mm+27%
	油压（MPa）	62.25
	一级分离器压力（MPa）	10.53
	一级分离器温度（℃）	31.2
	取样方式	地面分离器
气井特征	取样井段（m）	6073.00~6182.00
	层位	K_1bs
	原始地层压力（MPa）	120.78
	原始地层温度（℃）	146.50
	取样时地层压力（MPa）	119.74
	取样时地层温度（℃）	146.50
	产气量（m^3/d）	296600
	产油量（m^3/d）	11.06
	生产气油比（m^3/m^3）	26817
	油罐油相对密度	0.7775

2. 流体相态实验

（1）流体组分。

中秋 1 气藏井流物组成见表 3-64。井流物组成 C_1+N_2 为 92.88%，C_2—C_6+CO_2 为 6.69%，C_{7+} 为 0.42%，在三角相图上属于凝析气藏范围（图 3-29）。

表 3-64 中秋 1 气藏井流物组成表

井段 （m）	组分	分离器液 摩尔分数 （%）	分离器气 摩尔分数 （%）	分离器气 含量 （g/m³）	井流物 摩尔分数 （%）	井流物 含量 （g/m³）
6073.00~6182.00	二氧化碳		0.638		0.6350	
	氮气		0.839		0.8350	
	甲烷		92.504		92.0460	
	乙烷		4.439	55.490	4.4170	55.215
	丙烷	2.74	0.961	17.617	0.9700	17.778
	异丁烷	2.01	0.191	4.615	0.2000	4.833
	正丁烷	3.95	0.205	4.953	0.2240	5.401
	异戊烷	3.51	0.072	2.160	0.0890	2.670
	正戊烷	3.6	0.045	1.350	0.0630	1.878
	己烷	8.06	0.058	2.025	0.0980	3.409
	庚烷	26.53	0.024	0.958	0.1550	6.194
	辛烷	22.33	0.024	1.068	0.1340	5.979
	壬烷	9.42			0.0470	2.346
	癸烷	5.06			0.0250	1.395
	十一烷	3.36			0.0170	1.016
	十二烷	2.46			0.0120	0.815
	十三烷	1.64			0.0080	0.591
	十四烷	1.79			0.0090	0.700
	十五烷	1.05			0.0050	0.445
	十六烷	0.61			0.0030	0.279
	十七烷	0.44			0.0022	0.215
	十八烷	0.34			0.0017	0.176
	十九烷	0.29			0.0014	0.157
	二十烷	0.19			0.0009	0.108
	二十一烷	0.15			0.0007	0.090
	二十二烷	0.14			0.0007	0.088
	二十三烷	0.08			0.0004	0.052
	二十四烷	0.08			0.0004	0.054
	二十五烷	0.05			0.0002	0.035
	二十六烷	0.04			0.0002	0.030
	二十七烷	0.03			0.0001	0.023
	二十八烷	0.02			0.0001	0.016
	二十九烷	0.01			0.0000	0.008
	三十烷以上	0.02			0.0001	0.019
	合计	100.00	100.00	90.235	100.00	112.013

注：十一烷以上流体特性：密度 0.816g/cm³，分子量 187；分离器气体相对密度 0.605；油罐油密度（20℃）0.7756g/cm³。

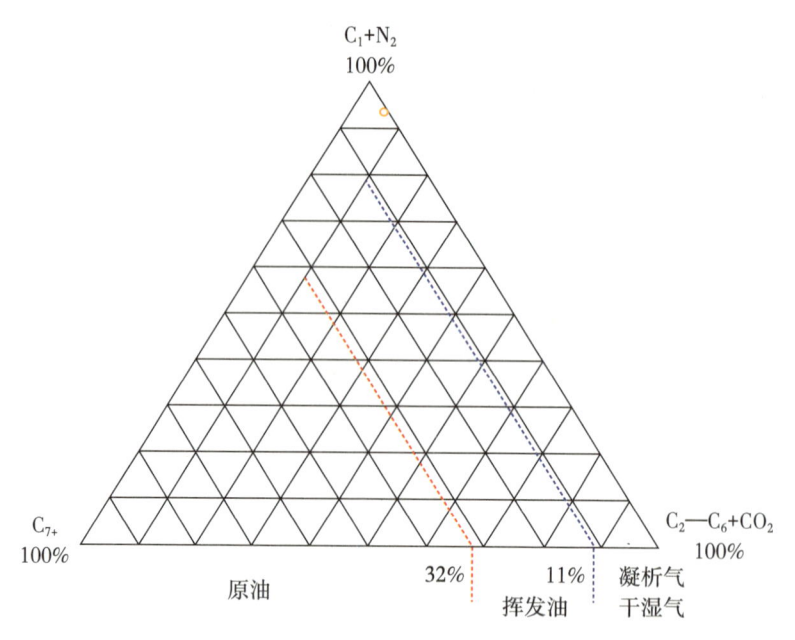

图 3-29 中秋 1 气藏流体类型三角图

（2）流体相态。

中秋 1 气藏的流体相态特征如图 3-30 所示，流体临界参数见表 3-65。地层温度位于相图包络线右侧，距临界点较远，表现出凝析气藏相态特征。

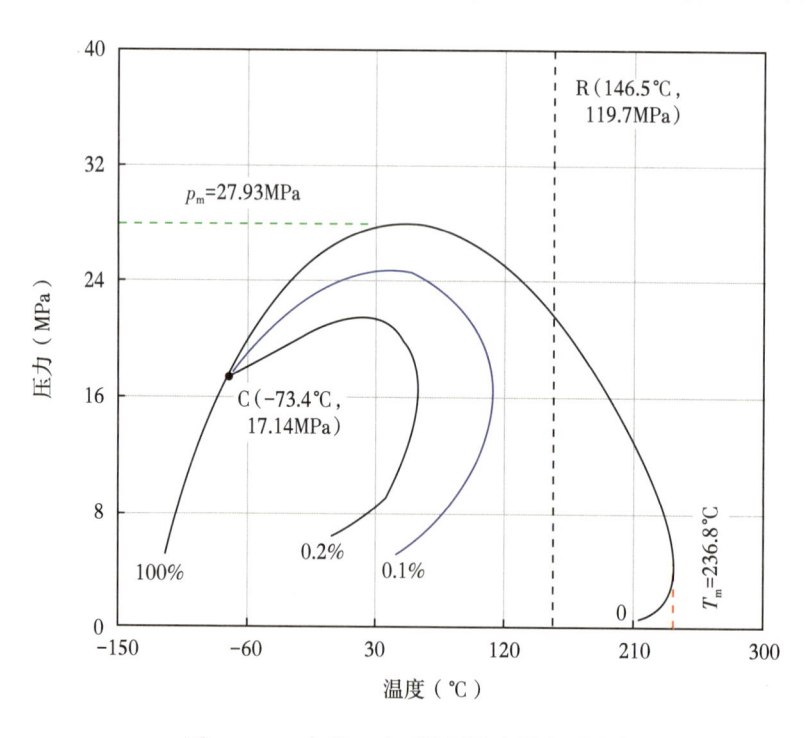

图 3-30 中秋 1 气藏地层流体相态图

表 3-65　中秋 1 气藏相态数据表

井段（m）	层位	地层压力（MPa）	地层温度（℃）	临界压力（MPa）	临界温度（℃）	临界凝析压力（MPa）	临界凝析温度（℃）	油气藏类型
6073.00~6182.00	K₁bs	119.74	146.50	17.14	-73.40	27.93	236.8	凝析气

（3）恒质膨胀实验。

中秋 1 气藏 6073.00~6182.00m 层段流体样品露点压力为 21.81MPa，地露压差为 97.93MPa。在地层温度 146.50℃、地层压力 119.74MPa 下，气体偏差系数为 2.9551、体积系数为 3.6229×10⁻³m³/sm³。流体恒质膨胀实验结果见表 3-66。

表 3-66　中秋 1 气藏流体样品恒质膨胀实验结果

压力（MPa）	相对体积 V_i/V_d	偏差系数
119.74①	0.3859	2.955
110.00	0.3951	2.780
100.00	0.4043	2.586
90.00	0.4134	2.381
80.00	0.4256	2.179
70.00	0.4518	2.024
60.00	0.4875	1.872
50.00	0.5376	1.721
40.00	0.6180	1.584
35.00	0.6786	1.522
30.00	0.7639	1.469
25.00	0.8881	1.425
21.81②	1.0000	1.400
20.00	1.0839	
15.00	1.4232	

①地层压力；②露点压力。

第三节　北部构造带油气藏

北部构造带内已开发油气田主要包括迪北和吐孜洛克等气田，既有干气气藏，也有凝析气藏。

一、吐孜洛克气田

吐孜洛克气田位于新疆维吾尔自治区轮台县境内。目的层为新近系吉迪克组,有效厚度51.8m。储层以中孔中渗透、中孔低渗透为主。气田地层温度56~66℃,地层压力23MPa,压力系数1.18~1.43,为正常温度、正常—高压压力系统。甲烷含量89.8%~95.88%,平均94.0%,氮气含量低,气体相对密度0.58~0.62,地层水水型为$CaCl_2$型,密度1.1571~1.1600g/cm^3。气藏类型为层状边水干气气藏。2013年12月,吐孜洛克气田投产。

1. 原始流体取样与质量评价

按照气藏取样规范和标准,勘探评价阶段吐孜洛克气田录取了TZ2井和TZ3井的8个井段合格流体样品,每个井段分别取两支(40000mL)或者三支(60000mL)气样。单井流体样品送回实验室后,在环境温度下(室温11~18℃)条件下检查所有气样,每个井段取一个样品开展PVT实验分析。流体样品的取样条件及气井特征见表3-67。

2. 流体相态实验

(1) 流体组分。

吐孜洛克气藏井流物组成见表3-68。井流物组成摩尔分数:C_1+N_2为96.31%、C_2—C_6+CO_2为3.59%、C_{7+}为0.1%,在三角相图上属于干气、湿气藏范围(图3-31)。

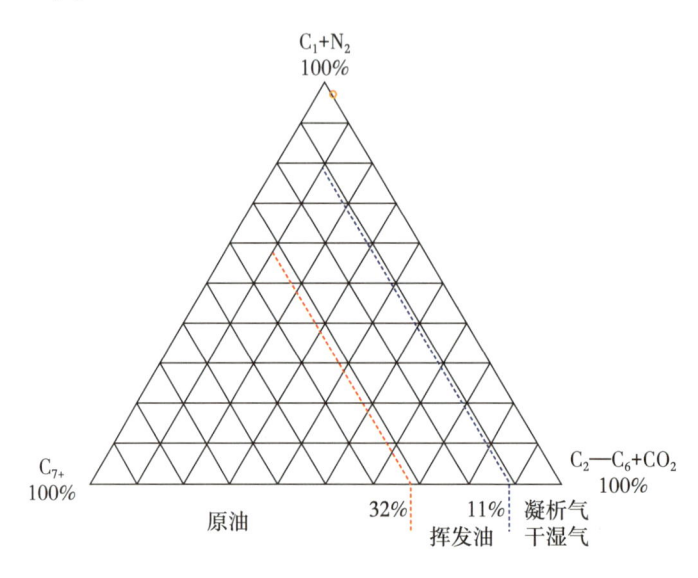

图3-31 吐孜洛克气藏流体类型三角相图

表 3-67　吐孜洛克气藏流体样品取样条件及气井特征统计表

井号		TZ2 井					TZ3 井		
取样条件	取样时间	2000年10月23日	2000年11月11日	2000年11月15日	2000年12月11日	2000年10月28日	2000年11月19日	2000年11月23日	2000年12月9日
	生产油嘴（mm）	5.0	6.0	6.0	6.0	8.0	8.0	8.0	6.0
	油压（MPa）	16.02	7.39	0.6	—	2.28	13.93	6.70	—
	一级分离器压力（MPa）	0.97	1.03	0.41	0.79	0.70	1.72	1.31	2.07
	一级分离器温度（℃）	23.0	22.9	9.3	41.8	7.6	18.0	25.7	29.0
	取样方式	地面分离器	地面分离器	地面分离器	地面分离器	地面分离器	地面分离器	地面分离器	地面分离器
	取样井段（m）	1974.50~1983.00	1886.00~1896.00	1804.00~1813.00	1704.00~1771.00	1814.00~1818.50	1670.00~1697.50	1628.50~1645.00	1628.50~1697.50
气井特征	层位	N₁j	N₁j	N₁j	N₁j	N₁j	N₁j	N₁j	N₁j
	原始地层压力（MPa）	22.94	22.89	22.91	22.73	23.85	22.76	22.67	22.70
	原始地层温度（℃）	66.7	62.1	61.5	59.4	60.3	55.5	52.0	56.7
	取样时地层压力（MPa）	22.94	22.89	22.91	22.73	23.85	22.76	22.67	22.70
	取样时地层温度（℃）	66.7	62.1	61.5	59.4	60.3	55.5	52.0	56.7
	产气量（m³/d）	50500	34500	3100	74971	19547	136885	67000	99000
	一级分离器气相对密度	0.636	0.598	0.604	0.592	0.592	0.592	0.592	0.592

表 3-68 吐孜洛克气藏井流物组成表

井段 (m)	组分	油罐油 摩尔分数 (%)	分离器气 摩尔分数 (%)	分离器气 含量 (g/m³)	井流物 摩尔分数 (%)	井流物 含量 (g/m³)
1704.00~1771.00	二氧化碳		0.01		0.01	
	氮气		0.89		0.89	
	甲烷		95.46		95.42	
	乙烷		3.02	37.775	3.02	37.775
	丙烷	0.22	0.36	6.604	0.36	6.604
	异丁烷	0.15	0.06	1.451	0.06	1.451
	正丁烷	0.27	0.07	1.692	0.07	1.692
	异戊烷	0.33	0.03	0.900	0.03	0.9
	正戊烷	0.28	0.02	0.600	0.02	0.6
	己烷	1.24	0.02	0.699	0.02	0.699
	庚烷	8.30	0.04	1.597	0.04	1.597
	辛烷	19.79	0.02	0.890	0.03	1.335
	壬烷	21.77			0.01	0.503
	癸烷	15.64			0.01	0.557
	十一烷以上	32.01			0.01	0.791
	合计	100.00	100.00	52.208	100.00	54.504

注：十一烷以上流体密度 0.850g/cm³，十一烷以上分子量 190.1；气体分子量 16.82，气体相对密度 0.581。

（2）流体相态。

吐孜洛克气藏的流体相态特征如图 3-32 所示。流体临界参数见表 3-69，临界压力 5.44MPa，临界温度-73.80℃。地层温度位于相包络线右侧，地面分离器内有少量液态烃析出，表现出典型的干气气藏相态特征。

表 3-69 吐孜洛克气藏相态数据表

井段 (m)	层位	地层压力 (MPa)	地层温度 (℃)	临界压力 (MPa)	临界温度 (℃)	气藏类型
1704.00~1771.00	N_1j	22.73	59.4	5.44	-73.8	干气

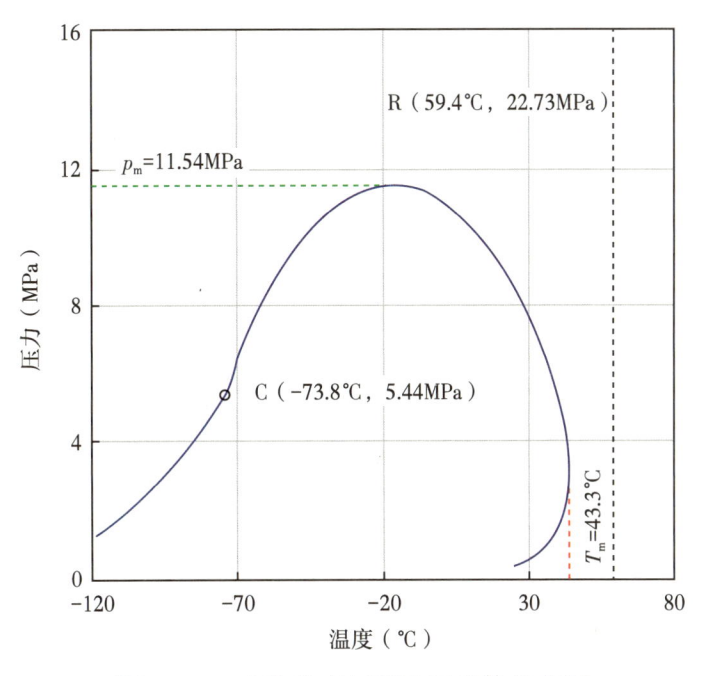

图 3-32 吐孜洛克气藏地层流体相态图

（3）恒质膨胀实验。

吐孜洛克气藏 1704.00~1771.00m 层段流体样品在地层温度 59.4℃、地层压力 22.73MPa 下，气体偏差系数为 0.9228、体积系数为 $4.631\times10^{-3}\text{m}^3/\text{m}^3$，气体黏度 $1.960\times10^{-2}\text{mPa}\cdot\text{s}$。流体恒质膨胀实验结果见表 3-70。

表 3-70　吐孜洛克气藏流体样品恒质膨胀实验结果

压力 （MPa）	相对体积 V_i/V_r	偏差系数 Z	体积系数 （$10^{-3}\text{m}^3/\text{m}^3$）	压缩系数 （MPa^{-1}）
22.73	1.0000	0.9228	4.631	0.04089
20.00	1.1182	0.9085	5.178	0.04890
18.00	1.2332	0.9022	5.711	0.05708
16.00	1.3825	0.8997	6.402	0.06716
14.00	1.5816	0.9014	7.324	0.07980
12.00	1.8559	0.9077	8.595	0.09631
10.00	2.2515	0.9192	10.427	0.11910
8.00	2.8603	0.9366	13.246	0.15349
6.00	3.8976	0.9611	18.050	

二、迪北气田

迪北气田依南 2 气藏位于新疆维吾尔自治区阿克苏地区库车市境内。目的层为上侏罗系阿合组，有效厚度 99.20m。储层为特低孔特低渗透储层。气藏地层温度 143℃，压力 82.72MPa，压力系数 1.73~1.81，为正常温度、高压—超高压压力系统。甲烷含量 78%~93%，平均 87.7%，氮气含量低，气体相对密度 0.61~0.74，地层水水型为 $NaHCO_3$ 型，密度 1.0273~1.0318g/cm³。气藏类型为致密砂岩凝析气藏。2018 年 5 月，依南 2 气藏投入试采。

1. 原始流体取样与质量评价

按照凝析气藏流体取样合格性评价原则，勘探评价阶段迪北气田依南 2 气藏录取了 DIB104 井、DIX1 井的 4 个井段合格流体样品，每个井段分别取两支（40000mL）气样和两支（2000mL）油样。单井流体样品送回实验室后，在分离器（压力 0.74MPa、温度 5.62℃）条件下检查所有油样和气样，每个井段取一个样品开展 PVT 实验分析。流体样品的取样条件及气井特征见表 3-71。

表 3-71 迪北气田流体样品取样条件及气井特征统计表

	井 号	DIB104 井		DIX1 井	
取样条件	取样时间	2013 年 12 月 30 日	2002 年 9 月 14 日	2012 年 7 月 1 日	2012 年 7 月 2 日
	生产油嘴（mm）	5	4.5	6	8
	油压（MPa）	61.98	58.25	37.68	26.29
	一级分离器压力（MPa）	1.05	6.30	0.74	0.76
	一级分离器温度（℃）	37.20	35.00	5.62	2.53
	取样方式	地面分离器	地面分离器	地面分离器	地面分离器
气井特征	取样井段（m）	4768.00~4794.81	4768.00~4794.82	4880.10~5000.00	4880.10~5000.01
	层位	J_1a	J_1a	J_1a	J_1a
	原始地层压力（MPa）	82.75	79.34	82.79	82.79
	原始地层温度（℃）	141.00	134.00	145.00	145.00
	取样时地层压力（MPa）	82.75	79.34	82.79	82.79
	取样时地层温度（℃）	141.00	134.00	145.00	145.00
	产气量（m³/d）	210096	175033	213841	242571
	产油量（m³/d）	16.86	14.86	24.48	32.64
	生产气油比（m³/m³）	12543.00	11778.80	8735.00	7432
	油罐油相对密度	0.8163	0.8057	0.7643	0.7669

2. PVT 实验

（1）流体组分。

依南 2 气藏井流物组成见表 3-72。井流物组成 C_1+N_2 为 89.76%，C_2—C_6+CO_2 为 9.34%，C_{7+} 为 0.90%，在三角相图上属于凝析气藏范围（图 3-33）。

表 3-72 依南 2 气藏井流物组成表

井段（m）	组分	油罐油摩尔分数（%）	分离器气 摩尔分数（%）	分离器气 含量（g/m³）	井流物 摩尔分数（%）	井流物 含量（g/m³）
4768.00~4794.81	二氧化碳		3.026		3.000	
	氮气		0.596		0.591	
	甲烷		89.940		89.166	
	乙烷	0.10	4.552	10.497	4.514	56.424
	丙烷	0.12	1.114	1.227	1.105	20.265
	异丁烷	0.08	0.236	0.161	0.235	5.670
	正丁烷	0.18	0.230	0.409	0.230	5.547
	异戊烷	0.24	0.087	0.115	0.088	2.649
	正戊烷	0.27	0.053	0.097	0.055	1.646
	己烷	1.55	0.110	0.226	0.122	4.274
	庚烷	3.71	0.048	0.089	0.079	3.172
	辛烷	10.54	0.008	0.012	0.099	4.385
	壬烷	11.44			0.098	4.949
	癸烷	9.33			0.080	4.470
	十一烷以上	62.44			0.538	49.123
	合计	100	100.00	12.833	100.00	162.573

注：十一烷以上流体特性：密度 0.8420g/cm³，分子量 228；分离器气体相对密度 0.635；分离器气/分离器液 12377m³/m³；油罐油密度（20℃）0.8057g/cm³。

（2）流体相态。

依南 2 气藏的流体相态特征如图 5-34 所示，流体临界参数见表 3-73。地层温度位于相图包络线右侧，距临界点较远，表现出凝析气藏相态特征。

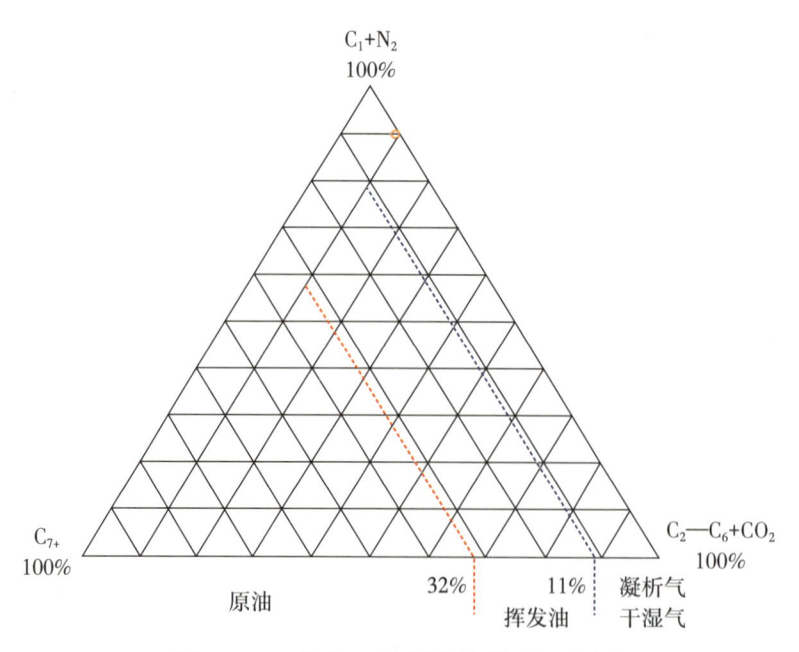

图 3-33　依南 2 气藏流体类型三角图

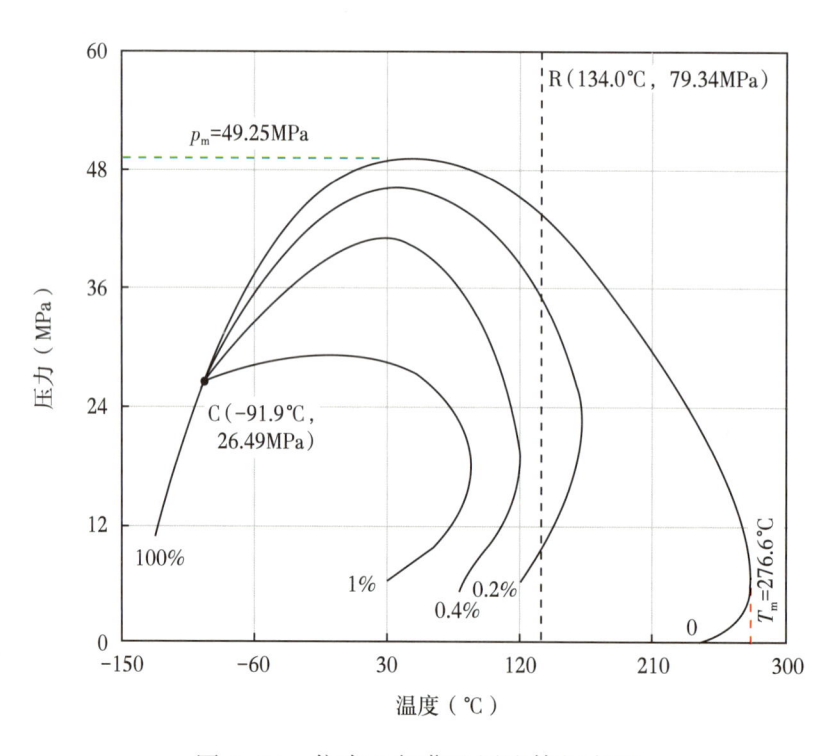

图 5-34　依南 2 气藏地层流体相态图

表 3-73 依南 2 气藏相态数据表

井段（m）	层位	地层压力（MPa）	地层温度（℃）	临界压力（MPa）	临界温度（℃）	临界凝析压力（MPa）	临界凝析温度（℃）	油气藏类型
4768.00~4794.81	J	79.34	134.0	26.49	−91.9	49.25	276.6	凝析气

（3）等质量膨胀实验。

依南 2 气藏 4768.00~4794.81m 层段流体样品露点压力为 43.06MPa，地露压差为 36.28MPa。在地层温度 134.0℃、地层压力 79.34MPa 下，气体偏差系数为 1.537、体积系数为 2.7287×10^{-3} m³/m³。流体等质量膨胀实验结果见表 3-74。

表 3-74 依南 2 气藏流体样品恒质膨胀实验结果

134.0℃		134.0℃		114.0℃		94.0℃	
压力（MPa）	相对体积 V_i/V_d	压力（MPa）	含液量（%）	压力（MPa）	含液量（%）	压力（MPa）	含液量（%）
79.34[①]	0.7444	*43.06	0.00	*44.52	0.00	*47.29	0.00
70.00	0.7920	40.00	0.05	40.00	0.15	45.00	0.08
60.00	0.8424	36.00	0.22	36.00	0.35	40.00	0.26
50.00	0.9164	32.00	0.38	32.00	0.52	36.00	0.49
43.06[②]	1.0000	28.00	0.48	28.00	0.67	32.00	0.72
40.00	1.0547	24.00	0.52	24.00	0.72	28.00	0.87
36.00	1.1416	20.00	0.50	20.00	0.70	24.00	0.89
32.00	1.2491					20.00	0.86
28.00	1.3939						
24.00	1.5867						
20.00	1.8561						

①地层压力。

②露点压力。

（4）定容衰竭实验。

依南 2 气藏 4768.00~4794.81m 层段流体样品的定容衰竭实验结果见表 3-75。随着压力的降低，烃类组分中甲烷和十一烷以上组分的摩尔含量有一定程度变化，非烃类组分二氧化碳、氮气的摩尔含量变化较小。甲烷含量从 89.17% 上升至 89.82%。十一烷以上组分含量从 0.54% 降至 0.17%。实验压力降至 14MPa 时，反凝析液量达到最高，其值为 0.95%（表 3-76）。

表 3-75　定容衰竭实验井流物组成计算表（134.0℃）

	压力（MPa）	*43.06	36.00	29.00	22.00	14.00	6.00
衰竭各级井流物摩尔分数（%）	二氧化碳	3.00	2.99	2.94	2.93	3.03	2.95
	氮气	0.59	0.54	0.53	0.58	0.54	0.56
	甲烷	89.17	89.48	89.66	89.79	89.85	89.82
	乙烷	4.51	4.50	4.49	4.48	4.47	4.48
	丙烷	1.11	1.11	1.12	1.12	1.12	1.12
	异丁烷	0.23	0.23	0.23	0.23	0.24	0.25
	正丁烷	0.23	0.23	0.23	0.23	0.24	0.24
	异戊烷	0.09	0.09	0.09	0.09	0.09	0.09
	正戊烷	0.05	0.04	0.04	0.04	0.04	0.05
	己烷	0.12	0.11	0.10	0.09	0.07	0.08
	庚烷	0.08	0.07	0.06	0.05	0.04	0.05
	辛烷	0.10	0.08	0.07	0.05	0.04	0.05
	壬烷	0.10	0.09	0.08	0.05	0.03	0.04
	癸烷	0.08	0.07	0.06	0.05	0.04	0.05
	十一烷以上	0.54	0.37	0.30	0.22	0.16	0.17
	Σ	100.00	100.00	100.00	100.00	100.00	100.00
十一烷以上的特性	分子量	228	222	215	209	202	198
	密度	0.842	0.839	0.835	0.832	0.828	0.827
气相偏差系数 Z		1.100	1.122	1.078	1.017	0.958	0.914
气液两相偏差系数		—	1.068	1.016	0.984	0.973	0.953
累计采出（%）		0	12.207	25.667	41.734	62.527	83.605

表 3-76　定容衰竭实验反凝析液量数据表（134.0℃）

压力（MPa）	*43.06	36.00	29.00	22.00	14.00	6.00	0
含液量（%）	0.00	0.28	0.53	0.83	0.95	0.90	0.85

第四节 库车坳陷油气藏流体相态规律

库车坳陷内的已开发油气藏类型以干气气藏居多，因此本节重点总结干气气藏流体相态规律。

一、气藏流体性质

依据 GB/T 26979—2011《天然气藏分类》，干气气藏流体组分中甲烷含量大于 95%，相对密度小于 0.65。由图 3-35 可以看出，塔里木盆地库车坳陷内干气气藏流体各组分变化趋势基本一致，甲烷组分均大于 95%，并且气体相对密度为 0.562~0.694，地层温度远离相包络线右侧，气藏流体性质表现出明显的干气藏流体特征。在地层温度条件下气体黏度为 3.458×10^{-2} ~ 4.664×10^{-2} mPa·s，并且随着地层压力的增加而增加（图 3-36）。原始地层压力下体积系数为 $(2.1521$ ~ $2.5265) \times 10^{-3} m^3/m^3$，原始偏差系数为 1.4528~1.9188，气体压缩系数平均为 0.0026~0.00671 MPa^{-1}，具有低黏度、易膨胀、难压缩的性质。同时，气藏两相区均位于零度以下，地层温度点远离相包络线区域（图 3-37），干气特征明显。

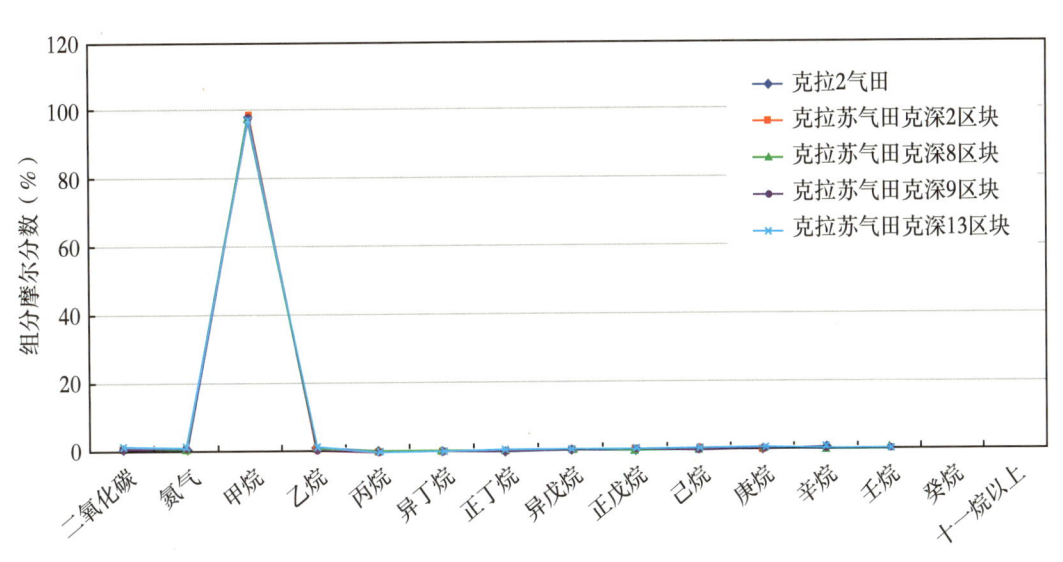

图 3-35 库车坳陷干气气藏组分含量图

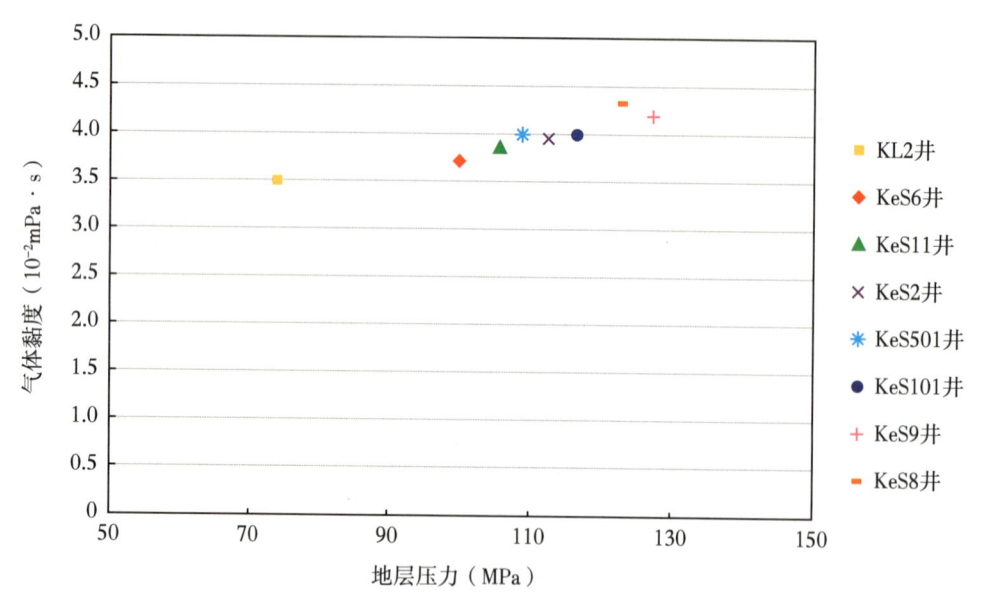

图 3-36　库车坳陷干气气藏地层条件下流体黏度变化趋势图

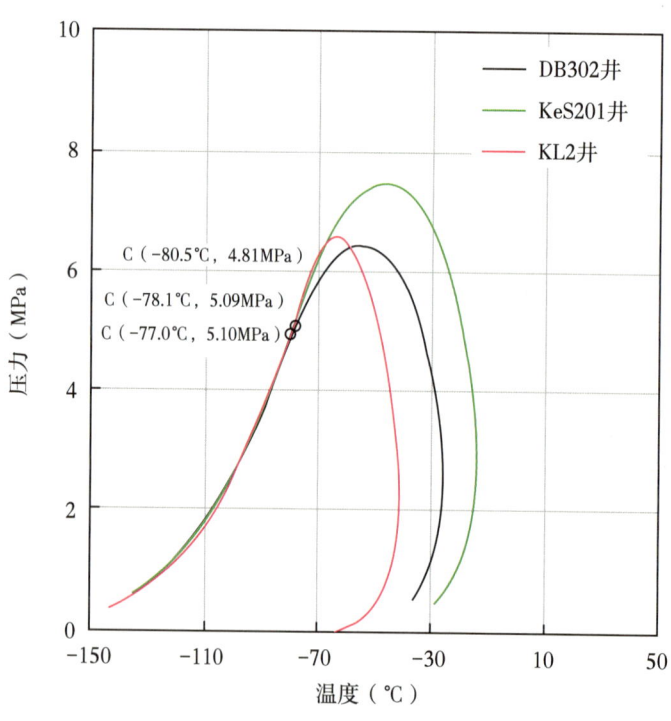

图 3-37　库车坳陷干气气藏相态图

二、气藏流体高压物性

1. 地层流体弹性膨胀特征

如图 3-38 所示,恒质膨胀实验所测定的气体相对体积与压力呈幂函数关系。随着压力下降,地层流体膨胀性越强,当实验压力降低至 20MPa 左右,接近气藏废弃压力时,地层流体弹性膨胀后的体积与其地层压力下的体积相比可膨胀 5~6 倍。实验数据显示干气藏气体膨胀性大,弹性膨胀能力强。

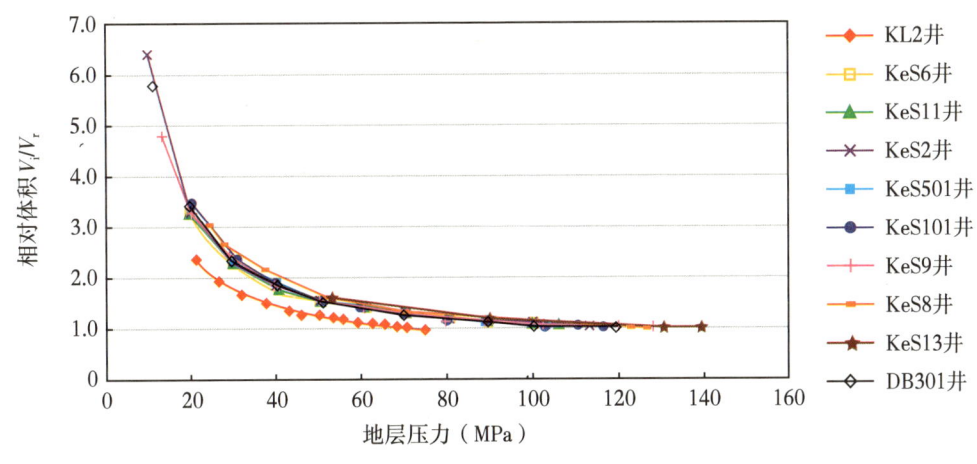

图 3-38 恒质膨胀实验所测定的 p-V 关系

2. 地层流体偏差系数特征

在低压情况下,天然气可视为理想气体。理想气体状态方程表征了理想气体的压力、体积和温度之间的关系。理想气体定律的假设条件为:(1)分子之间没有相互吸引力;(2)忽略分子本身的体积;(3)气体分子唯一具有的能量就是运动能,与绝对温度成一定的比例关系。

$$pV = nRT \qquad (3-1)$$

式中　p——压力;

　　　V——体积;

　　　n——气体的物质的量;

　　　R——气体常数;

　　　T——温度。

但在气藏条件下，上述理想气体假设条件不成立，真实气体和理想气体存在明显差异。在高温、高压条件下时，理想气体的状态方程需要修正。通常情况下采用两种方法修正理想气体状态方程。一种是修正范德华方程，第二种是在理想气体状态方程中增加一个系数 Z，即得到天然气的状态方程。1941 年 Standing 和 Katz 公开发表了基于当时实验条件下的气体偏差系数图版，其适用条件为 $p_r \leq 15.0$，$1.0 \leq T_r \leq 3.0$。已开发的高压干气气藏的压力和温度条件均超过该图版的适用范围。1993 年，塔里木油田引进首台加拿大 DBR 相态实验仪，开展 PVT 实验。2000 年后，相继引进了 Schlumberger 相态分析实验仪和法国 ST 相态实验仪器，实验仪器参数进一步适应了油气藏条件。大量的高压相态实验数据有力支撑了油气田开发研究工作。

从实验得出的偏差系数数据图 3-39 可以看出，库车坳陷已开发干气气藏的偏差系数与压力呈较好的正相关性，可以看出当压力达到 90MPa 时，气体偏差系数大约为 1.6，气体相对气体理想状态下具有很大体积压缩性。

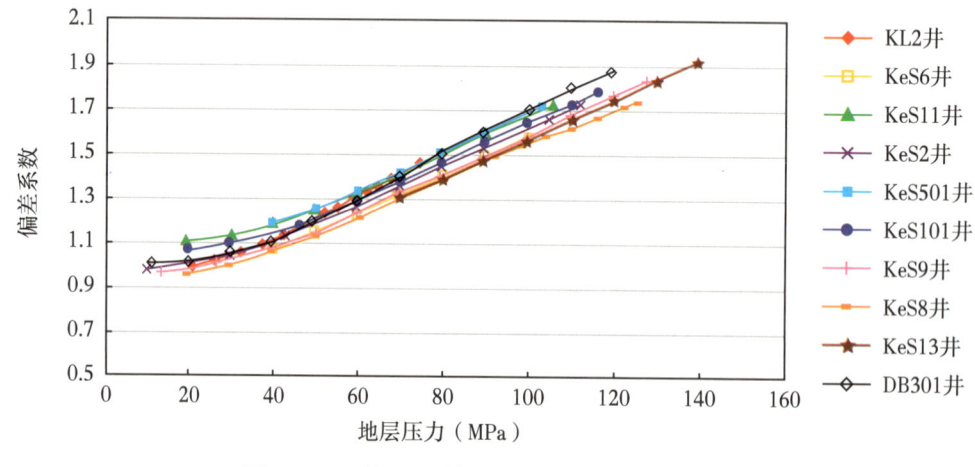

图 3-39 偏差系数随压力变化关系曲线图

3. 地层流体体积系数

体积系数定义为地面标准状态下（20℃，0.101MPa），天然气体积 V_{sc} 为基准作为标准量，以它在地下温度、压力条件下的体积 V 为比较量定义天然气体积系数。

$$B_g = \frac{V}{V_{sc}} \qquad (3-2)$$

式中 B_g——天然气体积系数；

V_{sc}——天然气在标准状态下的体积；

V——天然气在地下的体积。

天然气体积系数 B_g 表示了天然气在气藏条件下所占的体积与同等数量的气体在标准状况下所占的体积之比，准确描述了当其气体质量不变时，从地层到地面压力和温度的改变所引起的体积膨胀大小。由图 3-40 看出，体积系数与压力呈幂函数变化，其值随着压力的降低而增大。

库车坳陷已开发的干气气藏原始地层、温度条件下的体积系数介于 $(2.1324 \sim 3.6482) \times 10^{-3} m^3/m^3$。若定义地层原始体积系数的倒数为膨胀系数，即 $S = 1/B_{gi}$，可得地层流体的膨胀系数为 $274.12 \sim 468.96 m^3/m^3$。这表明干气气藏在开发早期具有较高的体积膨胀能力，气体弹性膨胀能是气藏开发过程中的主要能量。

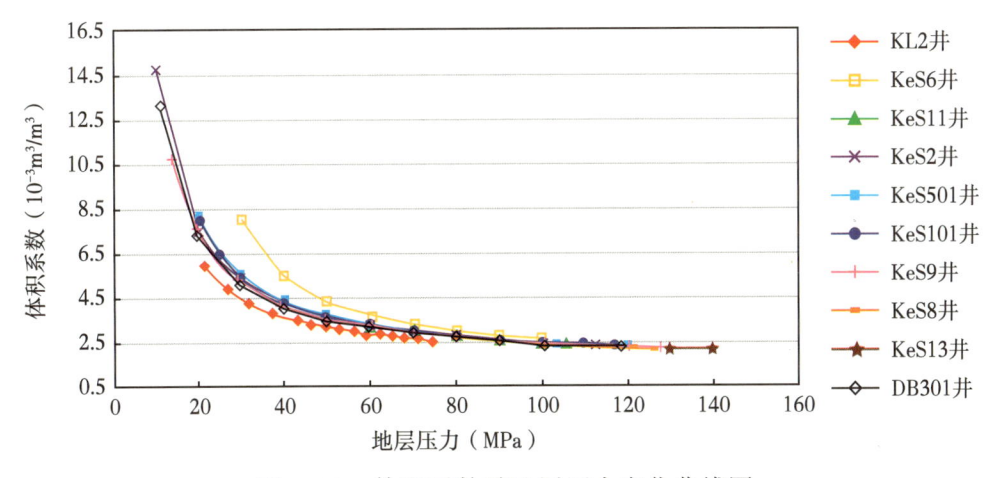

图 3-40 体积系数随地层压力变化曲线图

4. 地层流体压缩系数

在等温条件下，天然气随压力变化的体积变化率定义为天然气等温压缩系数。该参数主要是评估随着压力的改变气体体积变化的大小。

$$C_g = -\frac{1}{V}\left(\frac{\partial V}{\partial p}\right)_T \tag{3-3}$$

式中 C_g——天然气压缩系数；

V——天然气体积；

p——气体压力。

库车坳陷已开发干气气藏流体压缩系数为 0.00257~0.06448MPa^{-1}。如图 3-41 所示，在同一地层温度下，干气气藏流体压缩系数与压力呈幂函数关系，随着实验压力的降低而增加。

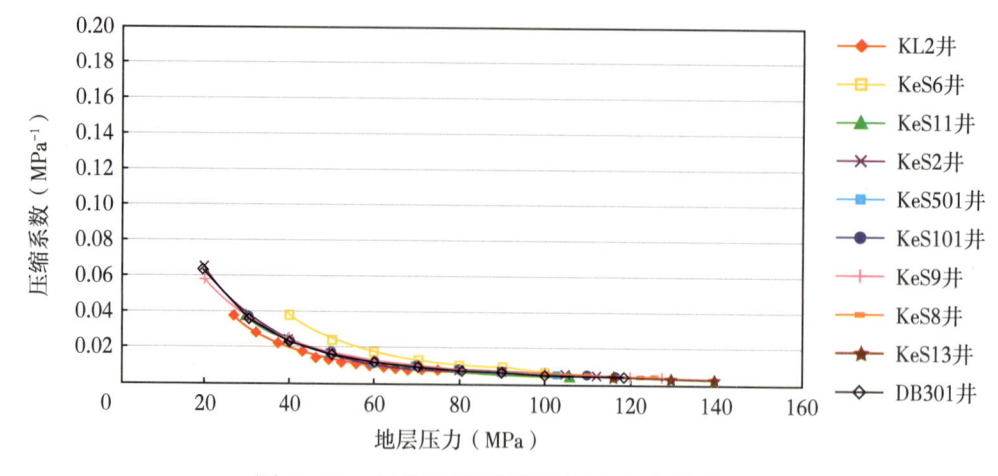

图 3-41 压缩系数随地层压力变化曲线图

第四章 塔北隆起油气藏流体性质和分布规律

塔北隆起发育于加里东晚期，海西早期与晚期运动是隆起的主要发育期，白垩纪开始，隆起全面沉降，由于库车前陆坳陷不断发育并向南迁移，塔北隆起逐渐化为向北倾斜的斜坡。塔北地区寒武系—奥陶系、石炭系是较好的生油岩。寒武系—奥陶系发育碳酸盐岩储层、志留系发育海相碎屑岩及辫状河三角洲沉积储层、白垩系—古近系—新近系发育三角洲沉积储层均为好的储集单元。在古生界中—下寒武统膏盐岩、中—上奥陶统泥质岩、志留系泥质岩、石炭系膏泥质岩和古近系膏泥岩等广泛分布的区域盖层下，油气沿着断裂和不整合面向古隆起及其斜坡长期运移，形成油气聚集富集单元。塔北隆起主要包括温宿凸起、英买力低凸起、轮台凸起、轮南低凸起和库尔勒凸起5个二级构造单元。油气田主要分布在塔北隆起的英买力低凸起、轮台凸起和轮南低凸起。塔北隆起奥陶系油气藏表现出北稠南稀、西油东气的特征，南缘斜坡为中质—轻质油分布区，局部见挥发油—凝析油。轮古东地区则为气藏。志留系和石炭系以油藏为主；白垩系、古近系和新近系以凝析气藏为主，油藏次之。整体来看，塔北隆起含油气层系多、油气储层岩性多，油气藏类型多样且相态较复杂。

第一节 轮台凸起油气藏

轮台凸起内已开发油气田主要包括牙哈气田、提尔根气田和红旗油田等，油藏主要分布在古近系，凝析气藏主要分布在新近系、古近系和白垩系。

一、牙哈气田

牙哈气田牙哈2区块位于新疆维吾尔自治区库车县境内，构造位于塔北隆起轮台凸起。产层为新近系吉迪克组底砂岩（N_{III}）、古近系底砂岩（E_{III}）和白垩系顶砂岩（K_1）。气藏储层厚度：N_{III}^1 为 6.5~12m、N_{III}^2 为 14~21m、E_{III} 为 26~56m。K_1 气层主要分布在上部 90m 厚度范围内，储层以中—粉砂质细砂岩为主，储集类型为孔隙型。N_{III}^1 为中低孔隙度、中渗透率、N_{III}^2 为中低孔隙度、中渗透率储层、E_{III} 为中孔隙度、高渗透率储层、K_1 为低孔隙度、中渗透率储层。原始地层温度约 138℃，梯度 2.4℃/100m，原始地层压力为 55~56MPa，压力系数 1.08~1.16，为正常温压系统。牙哈 2 区块 $E_{III}+K_1$ 气藏为块状底水高含凝析油的凝析气藏，N_{III} 为层状边水凝析气藏。凝析油平均密度 0.7996g/cm³；平均黏度 1.603mPa·s；含硫量小于 0.12%，含蜡量 5.74%~13.77%，具有低密度、低黏度、低含硫、高含蜡和高凝固点等特点。天然气 C_1 含量为 85% 左右，C_2 含量为 10% 左右；CO_2 含量小于 1%，N_2 平均含量为 3.46%。气相对密度为 0.63~0.67，地层水平均密度 1.12g/cm³；pH 值为 5~7，总矿化度 147000~208000mg/L，Cl^- 含量为 56000~81000mg/L。水型为 $CaCl_2$ 型，属封闭地层水型。2000 年 10 月牙哈 2 区块投产。

1. 原始流体取样与质量评价

合格的流体样品是凝析气藏流体相态分析的关键。对于取样方式的选择，凝析气井普遍采取地面一级分离器取得油样和气样。在实验室内，根据现场气油比数据进行流体配样。该方法经过现场实践证实效果较好。在取样过程中，为使凝析气藏所取样品具有准确性和代表性，取样工作需要满足一定的条件。

1）凝析气井在较低产量工作制度下稳定生产

取样时，采用尽可能小的油嘴和生产压差控制反凝析，但要保证产气量满足临界携液量要求。同时，产量和气油比达到稳定，依据 SY/T 5154—2014《油气藏流体取样方法》规定，每改变一次生产制度，使井稳定生产至少 12h。凝析气井连续生产 12h 内测试气油比变化范围不超过 2% 时，即达到完全稳定。

2）优化分离器参数

凝析气井取样要求控制好分离器的压力和温度。合理控制好分离器温度和压力保证分离器中不产生固相沉积，以确保分离器油样的代表性。

在实际取样过程中，存在代表性样品难以取得的问题。也可以用如下的修正方法获得地层流体的 PVT 样。

方法一：采用实验室地层流体恢复实验方法或流体相态恢复理论计算方法，选用目前地层条件下取得的地面分离器油、气样品，按照目前地层压力和气油比进行样品复配。然后以目前井流物组成为基础将流体露点压力恢复到地层压力，使之成为饱和凝析气藏。

方法二：直接按照露点压力等于地层压力进行原始地层流体样品复配，分别得到饱和平衡凝析气和凝析油的样品，分别进行油气藏样品的 PVT 相态分析。

勘探评价阶段，牙哈气田总共取得 11 个流体样品，取样条件见表 4-1。通过对凝析气流体样品取样条件进行分析，进而确定代表性的牙哈 2 区块流体样品。

牙哈 2 区块储层埋深 4900~5500m，油藏温度 130~143℃，原始压力 55~59MPa。属于深层、高温、高压的凝析气田。因此合格流体样品应满足以下几个条件：

（1）取样时井底流压应尽量保持高于饱和压力。

取样时生产压差过大的气井有 4 个井层。其中，YH2 井 N_1j 层 4958~4963m 井段，生产压差 13.44MPa。YH2 井 K 层 5162~5165.5m 井段，生产压差 24.16MPa。YH3 井 K 层 5172~5175m 井段，生产压差 18.91MPa。YH301 井 K 层 5153~5162m 井段，生产压差 17.94MP。对于牙哈气田凝析气井来说，饱和压力与地层压力相差较小，一般为 3~5MPa。若生产压差过大，则在地层中必然出现反凝析现象，其井流物无法代表气藏原始流体的组成。

（2）取样时分离器温度应高于析蜡温度。

取样时分离器温度低于 15℃ 的有 6 个样品，其中有 YH2 井 N_1j 层，4985~4963m 井段，取样时分离器温度 -3℃。YH2 井 K 层 5162~5165.5m 井段，分离器温度 8℃。YH301 井 E 层 5109~5117m 井段（1994 年取的样品），分离器温度 6℃。YH302 井 E 层 5171~5175m 井段，分离器温度 5℃。

取样时分离器温度不能太低的原因：一是实验室难以创造低温配样条件；二是牙哈气田地面油罐油取样分析含蜡量很高（6%~15%），凝析油的析蜡点在 9~24℃ 范围内。统计 48 个油样分析结果，平均析蜡温度在 15℃ 左右。若分离器温度低于此温度，则会造成取出的油样不准。

（3）取样时应具有一定的稳定时间。

有 3 个样品取样时同一工作制度下生产不足 10h。

表 4-1 牙哈 2 区块流体样品统计表

构造	层位	井号	取样日期	井段(m)	油嘴(mm)	生产时间(h)	日产油(m³)	日产气(m³)	气油比(m³/m³)	地层温度(℃)	地层压力(MPa)	地层流压(MPa)	饱和压力(MPa)	生产压差(MPa)	分离器温度(℃)	分离器压力(MPa)	取样数(个)
牙哈23	N_III	YH2	1994年10月18日	4958~4963	6	20	101.4	108364	1069	133.9	55.45	42.01	50.85	13.44	-3	1.2	1
		YH301	1994年11月4日	4980~4984	7	18	125.5	179150	1427	135	55.75	51.69	53.22	4.06	23.6	3.24	1
		YH301	1995年6月21日	4952~4954	7.94	18	155.81	193768	1244	132.8	55.79	48.68	51.06	7.11	34	2.3	2
	E_III	YH3	1993年11月29日	5160~5166	4.76	8	73.1	114384	1565	137.2	56.34	53.34	53.73	3	26.7	1.3	1
		YH301	1994年11月27日	5109~5117	6.36	10	146.85	211170	1434	133.5	56.5	54.01	52.73	2.49	6	1.6	1
		YH301	1995年6月19日	5109~5117	6.36	17	122.4	163971	1340	132.8	56.51	50.57	52.57	5.94	40	2.2	2
		YH302	1994年10月18日	5171~5175	7	12.5	160.51	148387	924.5	136	56.71	53.83	49.95	2.88	5	2.1	1
	K_I	YH2	1994年10月6日	5162~5165.5	6	7	79.5	79622	1002	138.9	56.3	32.14	47.67	24.16	8	1.6	1
		YH3	1994年7月22日	5172~5175	5	6	43.32	36768	848	137	57.16	38.25	44.13	18.91	18	1.48	1
		YH301	1995年6月16日	5153~5162	5.95	10	63	84342	1339	137.8	56.94	39	50.6	17.94	36.67	2.21	2
牙哈7	E_III	YH7	1994年12月8日	5217~5219	7	9	153.33	176634	1152	135.2	56.38	54.26	54.43	2.12	26.7	2.07	1

（4）取样时生产气油比需达到稳定。

YH302井E层，5171~5175m井段，取样时虽然在φ7.00mm油嘴下生产了12.5h，但是取样前生产气油比波动仍非常大。

通过以上综合分析，筛选出代表性比较好的凝析气样品3个：YH301井N_1j层4952~4954m井段的样品、YH301井E层5109~5117m井段（1995年6月）的样品。取样条件及气井特征见表4-2。

表4-2 牙哈2区块合格样品取样条件及气井特征统计表

	井号	YH301井	
取样条件	取样时间	1995年6月19日	1995年6月21日
	生产油嘴（mm）	6.36	7.94
	油压（MPa）	30.5	30
	一级分离器压力（MPa）	2.2	2.3
	一级分离器温度（℃）	40	34
	取样方式	地面分离器	地面分离器
气井特征	取样井段（m）	5109.00~5117.00	4952.00~4954.00
	层位	E_{III}	N_{III}
	原始地层压力（MPa）	56.51	55.79
	原始地层温度（℃）	132.82	132.8
	取样时地层压力（MPa）	56.51	55.79
	取样时目前地层温度（℃）	132.82	132.8
	产气量（m³/d）	163971	193768
	产油量（m³/d）	122.4	155.81
	生产气油比（m³/m³）	1340	1244
	油罐油相对密度	0.795	0.795

2. 流体相态实验

（1）流体组分。

牙哈2气藏井流物组成见表4-3和表4-4。井流物组成摩尔分数：C_1+N_2为78.9%~80.3%、C_2—C_6+CO_2为14.22%~14.88%、C_{7+}为5.48%~6.26%，在三角相图上属于凝析气藏范围（图4-1）。

表 4-3　牙哈 2 气藏井流物组成表（一）

井段 （m）	组分	分离器液 摩尔分数 （%）	分离器气 摩尔分数 （%）	分离器气 含量 （g/m³）	井流物 摩尔分数 （%）	井流物 含量 （g/m³）
E_III 5109.00~5117.00	二氧化碳	0.13	0.67		0.63	
	氮气	0.17	3.48		3.21	
	甲烷	6.12	83.41		77.09	
	乙烷	4.44	9.22	115.327	8.83	110.448
	丙烷	3.55	2.18	39.991	2.29	42.009
	异丁烷	2.78	0.34	8.220	0.54	13.055
	正丁烷	4.61	0.41	9.912	0.75	18.132
	异戊烷	3.38	0.09	2.701	0.36	10.804
	正戊烷	3.99	0.07	2.101	0.39	11.705
	己烷	4.56	0.06	2.097	0.43	15.025
	庚烷	4.89	0.05	1.997	0.45	17.970
	辛烷	8.97	0.02	0.890	0.75	33.382
	壬烷	3.50			0.29	14.579
	癸烷	3.81			0.31	17.280
	十一烷以上	45.08			3.68	347.488
	合计	99.98	100.00		100.00	

注：十一烷以上流体特性：相对密度 0.827，分子量 227；分离器气体相对密度 0.813；分离器气/分离器液 1395.4m³/m³；油罐气/油罐油 26m³/m³；分离器液/油罐油 1.0627m³/m³；油罐油密度（20℃）0.795g/cm³。

表 4-4　牙哈 2 气藏井流物组成表（二）

井段 （m）	组分	分离器液 摩尔分数 （%）	分离器气 摩尔分数 （%）	分离器气 含量 （g/m³）	井流物 摩尔分数 （%）	井流物 含量 （g/m³）
N_III 4952.00~4954.00	二氧化碳	0.20	0.61		0.57	
	氮气	0.10	3.47		3.14	
	甲烷	8.67	83.08		75.72	
	乙烷	4.80	9.22	115.327	8.78	109.823
	丙烷	3.70	2.23	40.908	2.38	43.66

续表

井段 （m）	组分	分离器液 摩尔分数 （%）	分离器气 摩尔分数 （%）	分离器气 含量 （g/m³）	井流物 摩尔分数 （%）	井流物 含量 （g/m³）
N_Ⅲ 4952.00~4954.00	异丁烷	1.70	0.44	10.638	0.56	13.539
	正丁烷	3.11	0.55	13.297	0.80	19.341
	异戊烷	3.04	0.15	4.502	0.44	13.205
	正戊烷	3.31	0.12	3.601	0.44	13.205
	己烷	8.67	0.06	2.097	0.91	31.797
	庚烷	9.48	0.05	1.997	0.98	39.135
	辛烷	10.40	0.02	0.89	1.05	46.735
	壬烷	7.83			0.77	38.756
	癸烷	6.33			0.63	35.116
	十一烷以上	28.65			2.83	267.225
	合计	99.99	100.00		100.00	

注：十一烷以上流体特性：相对密度0.822，分子量227；分离器气体相对密度0.805；分离器气/分离器液1326m³/m³；油罐气/油罐油25m³/m³；分离器液/油罐油1.0550m³/m³；油罐油密度（20℃）0.795g/cm³。

(a) 5109.00~5117.00m井段流体

(b) 4952.00~4954.00m井段流体

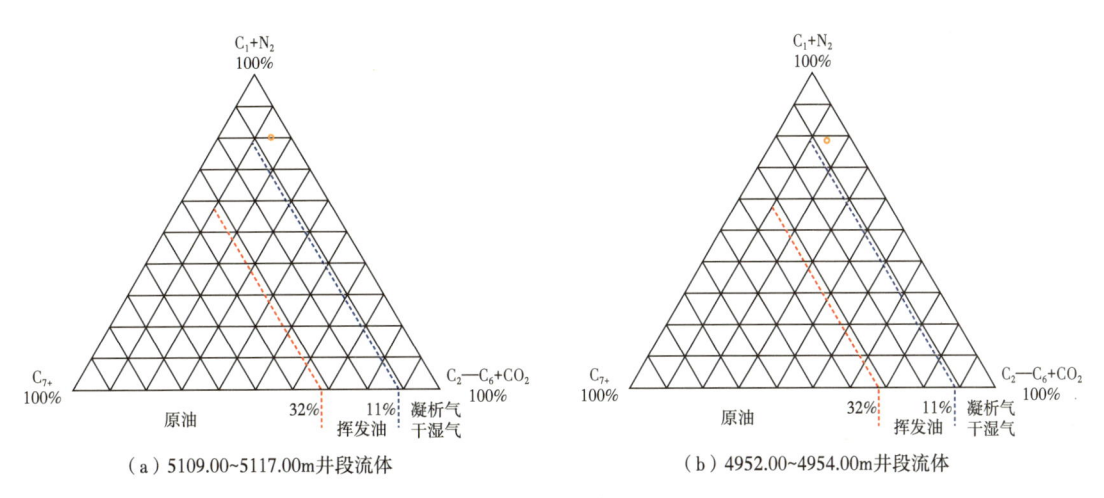

图4-1 牙哈2气藏流体类型三角相图

（2）流体相态。

牙哈 2 气藏高压气体得出的流体相态特征如图 4-2 所示，流体临界参数见表 4-5。地层温度位于相图包络线右侧，距临界点较远，表现出凝析气藏相态特征。

(a) 5109.00~5117.00m 井段

(b) 4952.00~4954.00m 井段

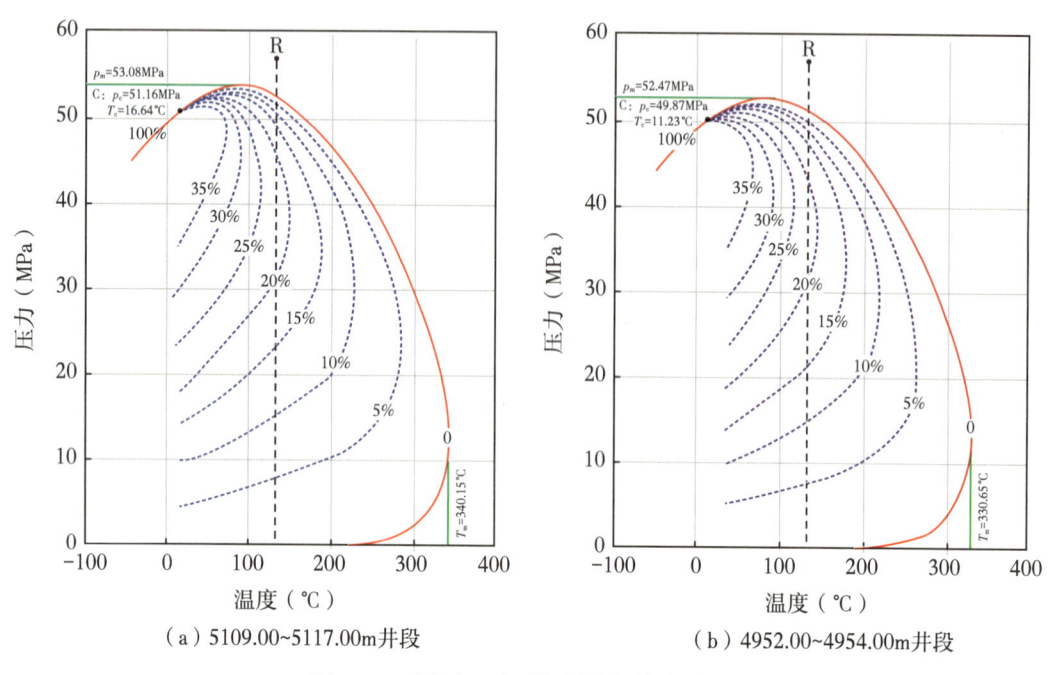

图 4-2 牙哈 2 气藏地层流体相态图

表 4-5 牙哈 2 气藏相态数据表

井段（m）	层位	地层压力（MPa）	地层温度（℃）	临界压力（MPa）	临界温度（℃）	临界凝析压力（MPa）	临界凝析温度（℃）	油气藏类型
5109.00~5117.00	E	56.51	132.82	51.16	16.64	53.80	340.15	凝析气藏
4952.00~4954.00	N_1j	55.79	132.80	49.87	11.23	52.47	330.65	凝析气藏

（3）恒质膨胀实验。

牙哈 2 气藏 5109.00~5117.00m 层段流体样品露点压力为 52.57MPa，地露压差为 3.94MPa。在地层温度 132.82℃、地层压力 56.51MPa 下，气体偏差系数为 1.318、体积系数为 $3.272×10^{-3} m^3/m^3$。流体恒质膨胀实验结果见表 4-6。

表 4-6 牙哈 2 气藏流体样品恒质膨胀实验结果

132.8℃		132.8℃		112.8℃		92.8℃	
压力 (MPa)	相对体积 V_i/V_d	压力 (MPa)	含液量 (%)	压力 (MPa)	含液量 (%)	压力 (MPa)	含液量 (%)
56.51[①]	0.9715	52.57[②]	0.00	53.48[②]	0.00	53.9[②]	0
54.00	0.9874	50.00	0.12	50.00	9.38	52.00	9.88
52.57[②]	1.0000	48.00	6.98	47.00	16.88	51.00	12.84
48.00	1.0392	44.00	18.77	44.00	20.94	48.00	18.19
44.00	1.0833	40.00	23.25	40.00	25.16	44.00	23.82
40.00	1.1398	35.00	25.28	35.00	27.97	40.00	27.49
35.00	1.2352	30.00	25.02	30.00	28.48	35.00	30.36
30.00	1.3722	25.00	22.94	25.00	27.14	30.00	30.45
25.00	1.5781	20.00	19.21	20.00	22.97	25.00	28.91
20.00	1.9078	15.00	12.97			20.00	25.47
15.00	2.4905						

①地层压力。
②露点压力。

牙哈 2 气藏 4952.00~4954.00m 层段流体样品露点压力为 51.06MPa，地露压差为 4.73MPa。在地层温度 132.8℃、地层压力 55.79MPa 下，气体偏差系数为 1.310、体积系数为 3.296×10^{-3} m³/m³。流体恒质膨胀实验结果见表 4-7。

表 4-7 牙哈 2 气藏流体样品恒质膨胀实验结果

132.8℃		132.8℃		112.8℃		92.8℃	
压力 (MPa)	相对体积 V_i/V_d	压力 (MPa)	含液量 (%)	压力 (MPa)	含液量 (%)	压力 (MPa)	含液量 (%)
55.79[①]	0.5945	51.06[②]	0.00	51.87[②]	0.00	52.82[②]	0
53.00	0.6069	50.00	0.12	50.00	2.40	50.00	6.98
51.06[②]	0.7059	48.00	3.50	48.00	5.92	48.00	11.75
45.00	0.8403	45.00	9.69	45.00	12.04	45.00	16.45
40.00	0.8948	40.00	15.72	40.00	17.42	40.00	21.48
35.00	0.9537	35.00	19.01	35.00	19.97	35.00	23.1
30.00	1	30.00	18.83	30.00	20.70	30.00	23.34
25.00	1.0757	25.00	18.10	25.00	19.27	25.00	21.82
20.00	1.1752	20.00	13.35	18.00	12.65	20.00	18.36
15.00	1.3175					15.00	13.1

①地层压力。
②露点压力。

（4）定容衰竭实验。

牙哈 2 气藏 5109.00~5117.00m 层段流体样品的定容衰竭实验结果见表 4-8。随着压力的降低，烃类组分中甲烷和庚烷以上组分的摩尔分数变化较大，非烃类组分二氧化碳和氮气的摩尔分数变化较小。甲烷摩尔分数从 77.09% 上升至 82.67%。庚烷以上组分摩尔分数从 5.48% 降至 0.97%。实验压力降至 24MPa 时，反凝析液量达到最高，其值为 31.54%（表 4-9）。

表 4-8　牙哈 2 气藏流体样品定容衰竭实验井流物组成表

	压力（MPa）	52.57[①]	46.00	40.00	34.00	28.00	22.00	16.00	10.00	4.48
衰竭各级井流物摩尔分数（%）	二氧化碳	0.63	0.63	0.63	0.64	0.64	0.65	0.65	0.62	0.62
	氮气	3.21	3.29	3.31	3.35	3.43	3.46	3.51	3.37	3.27
	甲烷	77.09	77.25	77.77	79.08	80.08	80.93	81.91	82.67	82.07
	乙烷	8.83	8.76	8.74	8.74	8.73	8.73	8.71	8.71	8.70
	丙烷	2.29	2.21	2.20	2.17	2.13	2.19	2.07	2.05	2.43
	异丁烷	0.54	0.50	0.48	0.48	0.47	0.47	0.43	0.40	0.42
	正丁烷	0.75	0.74	0.71	0.70	0.67	0.66	0.59	0.55	0.57
	异戊烷	0.36	0.38	0.31	0.25	0.26	0.22	0.20	0.18	0.23
	正戊烷	0.39	0.42	0.38	0.37	0.32	0.28	0.24	0.18	0.18
	己烷	0.43	0.49	0.49	0.45	0.42	0.40	0.35	0.30	0.32
	庚烷以上	5.48	5.33	4.98	3.77	2.85	2.01	1.34	0.97	1.19
	合计	100.00	100.00	100.00	100.00	100.00	100.00	100.00	100.00	100.00
庚烷以上的特性	分子量	190	162	158	154	151	147	144	141	137
	密度（g/cm³）	0.729	0.719	0.711	0.704	0.699	0.695	0.692	0.690	0.690
气相偏差系数 Z		1.262	1.179	1.106	1.039	0.990	0.954	0.936	0.930	0.947
气液两相偏差系数			1.172	1.098	1.032	0.972	0.926	0.882	0.822	0.750
累计采出（%）			5.99	12.73	21.05	31.01	43.06	56.56	70.85	85.70

①露点压力。

表 4-9　牙哈 2 气藏流体样品定容衰竭实验反凝析液量数据表

压力（MPa）	52.57[①]	50.00	48.00	42.00	36.00	30.00	24.00	18.00	12.00	6.00	0.00
含液量（%）	0.00	8.35	13.42	23.81	29.24	30.94	31.54	30.86	29.25	26.12	24.69

①露点压力。

牙哈 2 气藏 5109.00~5117.00m 层段流体样品的定容衰竭实验结果见表 4-10。随着压力的降低，烃类组分中甲烷含量从 75.72% 上升至 81.69%，庚烷以上组分含量从 6.26% 降至 1.46%，非烃类组分二氧化碳和氮气的摩尔分数变化较小。实验压力降至 25MPa 时，反凝析液量达到最高，其值为 22.62%（表 4-11）。

表 4-10　牙哈 2 气藏流体样品定容衰竭实验井流物组成计算表

压力（MPa）		51.06[①]	43.00	37.00	31.00	25.00	19.00	13.00	7.00
衰竭各级井流物摩尔分数（%）	二氧化碳	0.57	0.63	0.66	0.69	0.73	0.70	0.70	0.68
	氮气	3.14	3.16	3.16	3.25	3.28	3.30	3.33	3.32
	甲烷	75.72	76.49	77.44	78.97	80.25	81.56	81.69	81.39
	乙烷	8.78	8.71	8.65	8.53	8.48	8.32	8.52	8.76
	丙烷	2.38	2.19	2.15	2.12	2.12	1.96	1.97	2.00
	异丁烷	0.56	0.55	0.50	0.45	0.45	0.42	0.41	0.41
	正丁烷	0.80	0.79	0.76	0.64	0.61	0.50	0.45	0.49
	异戊烷	0.44	0.43	0.42	0.40	0.38	0.36	0.33	0.38
	正戊烷	0.44	0.44	0.43	0.41	0.39	0.35	0.33	0.36
	己烷	0.91	0.88	0.86	0.81	0.75	0.70	0.69	0.75
	庚烷以上	6.26	5.73	4.97	3.73	2.56	1.83	1.58	1.46
	合计	100.00	100.00	100.00	100.00	100.00	100.00	100.00	100.00
庚烷以上的特性	分子量	164	154	148	143	139	136	134	133
	密度（g/cm³）	0.710	0.700	0.694	0.690	0.688	0.686	0.686	0.686
气相偏差系数 Z		1.257	1.128	1.038	0.975	0.942	0.929	0.924	0.943
气液两相偏差系数			1.104	1.031	0.959	0.927	0.891	0.857	0.819
累计采出（%）		0.00	6.33	13.70	22.24	35.15	48.73	63.54	79.46

①露点压力。

表 4-11　牙哈 2 气藏流体样品定容衰竭实验反凝析液量数据表

压力（MPa）	51.06[①]	46.00	39.00	32.00	25.00	18.00	11.00	6.07	0.00
含液量（%）	0.00	8.51	17.54	21.86	22.62	22.18	20.35	18.05	16.16

①露点压力。

二、提尔根气田

提尔根气田位于新疆维吾尔自治区轮台县城东北约18km处。构造位于塔北隆起轮台凸起东部，目的层为新近系吉迪克组及白垩系。新近系吉迪克组储层厚度为5.9~10.0m，平均8.02m。岩石类型以长石质石英砂岩、长石岩屑质石英砂岩为主，次为长石。吉迪克组储层厚度、孔隙度和渗透率变化趋势基本一致，吉迪克组储层孔隙度为8.0%~14.3%，平均11.35%；储层渗透率为17.2~101.9mD，平均值47.65mD。气藏中深4835m，气藏原始地层压力51.8~57.43MPa，平均54.69MPa，压力系数1.09~1.12，原始地层温度137℃，地温梯度2.43℃/100m，属正常的温度、压力系统。吉迪克组凝析气藏包括提1和提101两个小气藏，均为层状边水背斜凝析气藏。白垩系储层厚度为7.6~28.3m，平均厚18.55m。岩石类型以长石质岩屑砂岩为主，次为岩屑质长石砂岩，孔隙度在11.6%~14.5%，平均值13.3%。白垩系储层渗透率为11.3~104.4mD，平均值60.425mD。原始地层压力为54.53~57.48MPa，压力系数1.10，原始地层温度140℃，地温梯度2.78℃/100m，属正常温度、压力系统。气藏为受断层控制的层状边水凝析气藏。凝析油具有低密度、低黏度、低凝固点特征，20℃时，凝析油密度0.7517~0.7836g/cm³，吉迪克组和白垩系凝析油性质相似，但吉迪克组凝析油更轻，气油比值较大。天然气相对密度较低，一般都在0.6~0.7，组分中CH_4含量中等，一般78.65%~80.50%，重烃含量为15%左右。地层水总矿化度最高可达178483.82mg/L，Cl^-含量最高可达107813.38mg/L，水型为$CaCl_2$。2001年12月提尔根气田投入开发。

1. 原始流体取样与质量评价

按照凝析气藏流体取样合格性评价原则，筛选出代表性比较好的凝析气样品一个，提1井N_1j层4836.5~4847.0m井段的样品。合格流体样品的取样条件及气井特征见表4-12。

表4-12 提尔根气田流体样品取样条件与气井特征统计表

	井号	TE1井
取样条件	取样时间	1992年5月3日
	生产油嘴（mm）	7.94
	油压（MPa）	

续表

井号		TE1 井
取样条件	一级分离器压力（MPa）	2.00
	一级分离器温度（℃）	10.00
	取样方式	地面分离器
气井特征	取样井段（m）	4836.50~4847.00
	层位	N_1j
	原始地层压力（MPa）	59.75
	原始地层温度（℃）	137.00
	取样时地层压力（MPa）	59.75
	取样时地层温度（℃）	137.00
	产气量（m³/d）	134412.00
	产油量（m³/d）	108.00
	生产气油比（m³/m³）	1298
	油罐油相对密度	

2. 流体相态实验

（1）流体组分。

提尔根气藏井流物组成见表4–13。井流物组成摩尔分数：C_1+N_2 为 73.58%、C_2—C_6+CO_2 为 19.00%、C_{7+} 为 7.42%，在三角相图上属于凝析气藏范围（图4–3）。

表 4–13 提尔根气藏井流物组成表

井段（m）	组分	分离器液 摩尔分数（%）	分离器气 摩尔分数（%）	分离器气 含量（g/m³）	井流物 摩尔分数（%）	井流物 含量（g/m³）
4836.5~4847.0	二氧化碳	0.07	0.2		0.18	
	氮气	0.01	1.98		1.71	
	甲烷	6.89	82.47		71.87	
	乙烷	8.98	9.66		9.57	115.790
	丙烷	9.80	3.51		4.39	77.900
	异丁烷	3.82	0.61		1.06	24.790
	正丁烷	6.57	0.63		1.46	34.150

续表

井段 （m）	组分	分离器液 摩尔分数 （%）	分离器气 摩尔分数 （%）	分离器气 含量 （g/m³）	井流物 摩尔分数 （%）	井流物 含量 （g/m³）
4836.5~4847.0	异戊烷	3.95	0.15		0.68	19.740
	正戊烷	4.17	0.12		0.69	20.030
	己烷	6.26	0.11		0.97	32.790
	庚烷	10.36	0.18		1.61	62.190
	辛烷	11.23	0.28		1.82	78.360
	壬烷	5.76	0.07		0.87	42.360
	癸烷	3.92	0.03		0.57	30.730
	十一烷以上	18.21			2.55	240.100
	合计	100.00	100.00		100.00	

注：十一烷以上流体特性：相对密度 0.842，分子量 234；分离器气体相对密度 0.697；分离器气/分离器液 1086m³/m³；分离器液/油罐油 1.195m³/m³。

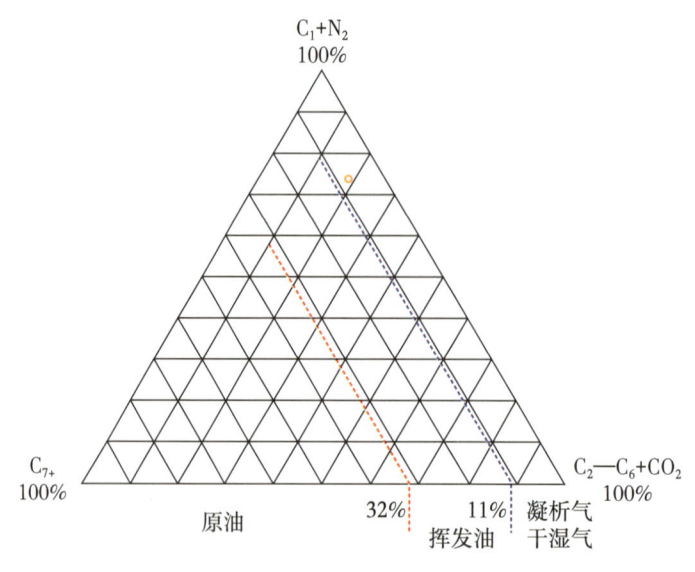

图 4-3 提尔根气藏流体类型三角相图

（2）流体相态。

提尔根气藏的流体相态特征如图 4-4 所示，流体临界参数见表 4-14。地层温度位于相图包络线右侧，距临界点较远，表现出凝析气藏相态特征。

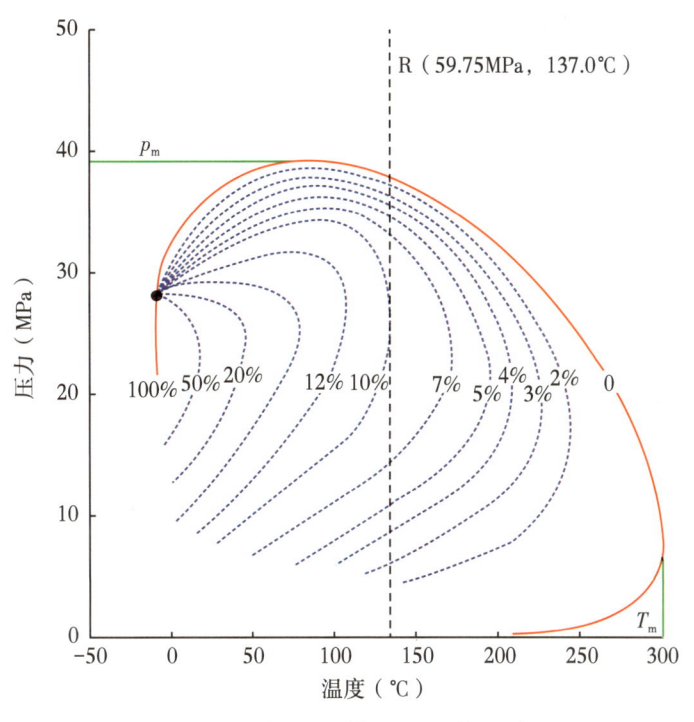

图 4-4 提尔根气藏地层流体相态图

表 4-14 提尔根气藏相态数据表

井段 （m）	层位	地层压力 （MPa）	地层温度 （℃）	临界压力 （MPa）	临界温度 （℃）	临界凝析压力 （MPa）	临界凝析温度 （℃）	油气藏 类型
4836.5~4847.0	N_1j	59.75	137.00	27.56	0.00	38.00	299.00	凝析气

（3）恒质膨胀实验。

提尔根气藏 4836.50~4847.00m 层段流体样品露点压力为 36.85MPa，地露压差为 22.90MPa。在地层温度 137.00℃、地层压力 59.75MPa 下，气体偏差系数为 1.365、体积系数为 $3.126 \times 10^{-3} m^3/m^3$。流体恒质膨胀实验结果见表 4-15。

表 4-15 提尔根气藏流体样品恒质膨胀实验结果

137.0℃		137.0℃		107.0℃		77.0℃	
压力 （MPa）	相对体积 V_i/V_d	压力 （MPa）	含液量 （%）	压力 （MPa）	含液量 （%）	压力 （MPa）	含液量 （%）
59.78①	0.8200	36.85②	0.00	37.53②	0.00	38.42②	0.00
53.90	0.8558	35.28	0.20	36.26	0.25	36.26	0.69

续表

137.0℃		137.0℃		107.0℃		77.0℃	
压力 （MPa）	相对体积 V_i/V_d	压力 （MPa）	含液量 （%）	压力 （MPa）	含液量 （%）	压力 （MPa）	含液量 （%）
48.02	0.8882	34.30	0.40	35.28	0.47	34.30	1.86
36.85[②]	1.0000	29.79	1.77	34.30	0.81	29.40	6.17
35.28	1.0244	24.50	5.69	29.40	3.20	24.21	11.2
34.30	1.0412	19.60	6.90	24.50	7.63	18.62	12.46
29.40	1.1495	14.70	6.09	19.60	8.63	14.70	10.64
24.50	1.3170	9.80	3.59	14.50	7.39	9.60	6.55
19.60	1.5948	5.10	1.50	9.51	4.49	4.90	2.85
14.70	2.0976			4.12	2.02		
9.80	3.1770						
4.90	6.5732						

①地层压力。

②露点压力。

（4）定容衰竭实验。

提尔根气藏 4836.50~4847.00m 层段流体样品的定容衰竭实验结果见表 4-16。随着压力的降低，烃类组分中甲烷和庚烷以上组分的摩尔分数有一定程度变化，甲烷摩尔分数从 71.87% 上升至 77.08%，庚烷以上组分摩尔分数从 7.42% 降至 1.82%；非烃类组分二氧化碳和氮气的摩尔分数变化较小。实验压力降至 16.66MPa 时，反凝析液量达到最高，其值为 13.13%（表 4-17）。

表 4-16 提尔根气藏流体样品定容衰竭实验井流物组成计算表

压力（MPa）		36.85[①]	31.36	26.46	21.56	16.66	11.56	6.66
衰竭各级井流物摩尔分数（%）	氮气	1.71	1.84	1.96	2.11	2.17	1.97	1.80
	二氧化碳	0.18	0.18	0.18	0.18	0.18	0.20	0.24
	甲烷	71.87	72.09	73.96	76.00	77.04	77.08	75.69
	乙烷	9.57	9.60	9.65	9.70	9.80	10.00	10.50
	丙烷	4.39	4.40	4.30	4.40	4.40	4.70	5.18
	异丁烷	1.06	1.02	0.98	0.93	0.94	1.00	1.17
	正丁烷	1.46	1.40	1.33	1.27	1.25	1.29	1.43
	异戊烷	0.68	0.66	0.61	0.57	0.55	0.56	0.62

续表

压力（MPa）		36.85①	31.36	26.46	21.56	16.66	11.56	6.66
衰竭各级井流物摩尔分数（%）	正戊烷	0.69	0.65	0.62	0.59	0.58	0.60	0.67
	己烷	0.97	0.94	0.91	0.85	0.80	0.78	0.81
	庚烷以上	7.42	7.22	5.50	3.40	2.29	1.82	1.89
	合计	100.00	100.00	100.00	100.00	100.00	100.00	100.00
庚烷以上的特性	分子量	152	143	137	134	132	130	130
	密度（g/cm³）	0.7900	0.7820	0.7770	0.7750	0.7730	0.7710	0.7710
气相偏差系数 Z		1.020	0.959	0.913	0.893	0.889	0.903	0.932
气液两相偏差系数			0.956	0.911	0.887	0.876	0.871	0.860
累计采出（%）			9.220	19.560	32.630	47.200	63.060	78.300

①露点压力。

表4-17　提尔根气藏流体样品定容衰竭实验反凝析液量数据表

压力（MPa）	36.85①	35.28	31.36	26.46	21.56	16.66	11.56	6.66	0.00
含液量（%）	0.00	0.28	4.23	10.53	12.58	13.13	12.70	11.33	9.38

①露点压力。

三、红旗油田

红旗油田跨越新疆维吾尔自治区库车县、新和县和沙雅县三县，构造呈近东西向展布，平面发育英买6及红旗1两个圈闭，纵向上发育两套含油层系（新近系及古近系），古近系储层以中、细砂岩为主，其次为粉砂岩和粗砂岩，泥质胶结，黏土矿物以伊利石为主。红旗油田新近系吉迪克组平均孔隙度19%，平均渗透率200mD；古近系底砂岩平均孔隙度20%，平均渗透率820mD。油藏原始地层压力48.1~49.7MPa，压力系数1.02~1.10，地温梯度1.94~2.07℃/100m，属正常温度压力系统。地面原油密度0.7535~0.7906g/cm³，原油黏度0.78~1.86mPa·s；天然气相对密度0.6503~0.7576，甲烷含量71.41%~84.6%；地层水总矿化度大于190000mg/L，水型为$CaCl_2$型。红旗1区块为挥发性油藏，于1994年2月开始试采。

1. 原始流体取样与质量评价

勘探评价阶段红旗油田共录取了HQ1井1个井段两个时间点的流体样品，单井流体样品送回实验室检查后，每个时间的样品中取一个开展PVT实验分析。流体样品的取样条件及油井特征见表4-18。

表4-18 红旗油田流体样品取样条件及油井特征统计表

	井号	\multicolumn{2}{c}{HQ1井}	
取样条件	取样时间	1993年10月5日	1993年10月29日
	生产油嘴（mm）	5.0	3.75，4.76
	一级分离器压力（MPa）	0.62	1.52
	一级分离器温度（℃）	10	12
	取样方式	地面分离器	地面分离器
油井特征	取样井段（m）	\multicolumn{2}{c}{4572.5~4574.0}
	层位	E	E
	原始地层压力（MPa）	49.68	49.68
	原始地层温度（℃）	110	110
	取样时地层压力（MPa）	49.68	49.68
	取样时地层温度（℃）	110	110
	产油量（t/d）	70.42	159.3
	一级分离器气相对密度	0.784	0.77

2. 流体相态实验

（1）流体组分。

红旗1油藏井流物组成见表4-19。井流物组成摩尔分数：C_1+N_2为36.8%、C_2—C_6+CO_2为37.06%、C_{7+}为26.14%，在三角相图上属于挥发性油藏范围（图4-5）。

表4-19 红旗1油藏井流物组成表

取样时间	井段（m）	组分	油罐油摩尔分数（%）	油罐气摩尔分数（%）	井流物摩尔分数（%）	井流物含量（g/m³）
1993年10月5日	4572.5~4574.0	二氧化碳		0.07	0.05	0.03
		氮气		0.70	0.48	0.19
		甲烷		53.05	36.32	8.36
		乙烷	0.28	12.72	8.80	3.79

续表

取样时间	井段 (m)	组分	油罐油摩尔分数 (%)	油罐气摩尔分数 (%)	井流物摩尔分数 (%)	井流物含量 (g/m³)
1993年10月5日	4572.5~4574.0	丙烷	1.39	13.31	9.55	6.04
		异丁烷	1.39	5.44	4.16	3.47
		正丁烷	2.56	6.87	5.51	4.59
		异戊烷	2.60	2.70	2.67	2.76
		正戊烷	2.70	2.08	2.28	2.35
		己烷	6.98	2.69	4.04	4.87
		庚烷	10.98	0.27	3.65	5.02
		辛烷	15.09	0.08	4.81	7.38
		壬烷	10.01	0.02	3.17	5.50
		癸烷	8.60		2.71	5.22
		十一烷以上	37.42		11.80	40.43

注：十一烷以上流体特性分子量239，相对密度0.848。

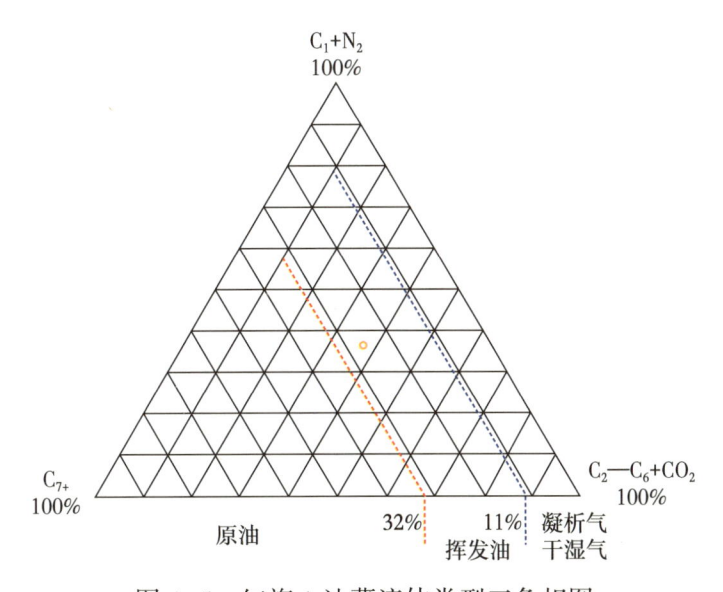

图 4-5 红旗1油藏流体类型三角相图

（2）流体相态。

红旗1油藏4572.5.0~4574.0m井段1993年10月5日取得高压流体的流体相态特征如图4-6所示。流体临界参数见表4-20，临界压力14.57MPa，临

· 151 ·

界温度 343.0℃。地层温度位于临界温度左侧，远离临界点，表现出典型的油藏相态特征。

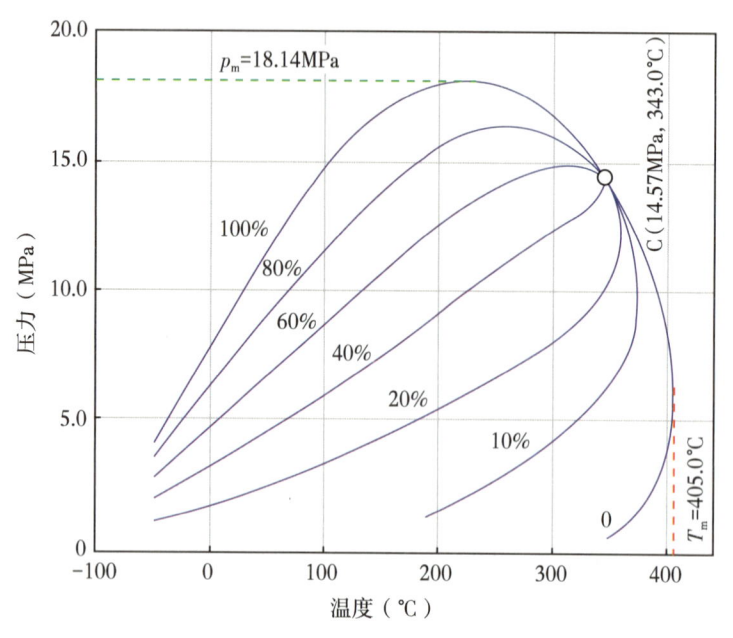

图 4-6 红旗 1 油藏地层流体相态图

表 4-20 红旗 1 油藏相态数据表

取样时间	层位	地层压力（MPa）	地层温度（℃）	临界压力（MPa）	临界温度（℃）	泡点压力（MPa）	油气藏类型
1993 年 10 月 5 日	E	49.68	110.0	14.57	343.0	15.09	油藏

（3）恒质膨胀实验。

红旗 1 油藏 4572.5~4574.0m 层段取得的流体样品在地层温度 110.0℃下，饱和压力为 15.09MPa，饱和压力下的比容为 1.9175cm³/g，地层压力下的热膨胀系数为 $18.05\times10^{-4}℃^{-1}$。恒质膨胀实验结果见表 4-21。

表 4-21 红旗 1 油藏流体恒质膨胀实验结果

压力（MPa）	相对体积 V_i/V_r	Y 函数	压缩系数（10^{-4}MPa^{-1}）
49.00①	0.9218		16.60
44.10	0.9257		18.87
39.20	0.9343		21.73

续表

压力 （MPa）	相对体积 V_i/V_r	Y 函数	压缩系数 （10^{-4}MPa^{-1}）
34.30	0.9462		26.20
29.40	0.9563		28.81
24.50	0.9717		32.97
19.60	0.9865		
15.09[②]	1.0000		
14.70	1.0291	1.5572	
10.78	1.2786	1.4411	
6.86	1.8595	1.3251	
4.51	2.8757	1.2555	

①地层压力。

②饱和压力。

（4）单次脱气实验。

红旗1油藏4572.5~4574.0m层段的流体样品在地层温度110.0℃、压力49.68MPa下，单次脱气实验结果见表4-22。

表4-22　红旗1油藏流体单次脱气实验结果

气油比 （m³/m³）	原油收缩率 （%）	原油体积系数	地层原油密度 （g/cm³）	地层原油黏度 （mPa·s）	气体平均溶解系数 [m³/(m³·MPa)]	API重度 （°API）	原油平均分子量
255	45.03	1.8193	0.5953	0.202	16.8964	58.6	152

（5）多次脱气实验。

红旗1油藏4572.5~4574.0m层段的流体样品在地层温度110.0℃下，多次脱气实验结果见表4-23。

表4-23　红旗1油藏流体多次脱气实验结果

压力 （MPa）	溶解气油比 （m³/m³）	原油体积系数	双相体积系数	原油密度 （g/cm³）	偏差系数	气体体积系数	脱出气相对密度	残余油重度 （°API）
49.00[①]		1.8342	1.8342	0.5953				
15.09[②]	256	2.0937	2.0937	0.5215				58.6
11.76	205	1.9458	2.4131	0.5306	0.817	0.00182	1.158	
8.82	160	1.8069	2.9891	0.5425	0.830	0.00462	1.186	

续表

压力 （MPa）	溶解气油比 （m³/m³）	原油体积系数	双相体积系数	原油密度 （g/cm³）	偏差系数	气体体积系数	脱出气相对密度	残余油重度 （°API）
5.88	117	1.6699	4.3358	0.5563	0.868	0.01041	1.156	
2.94	76	1.5346	8.8279	0.5705	0.930	0.02847	1.165	58.6
0		1.1137		0.6681			1.316	
0		1.0000		0.7441 （20℃）				

①地层压力。
②饱和压力。

（6）黏度测定实验。

红旗1油藏4572.5~4574.0m层段的2个流体样品均开展了黏度测定实验。样品1在地层温度110.0℃下，黏度测定实验结果见表4-24。

表4-24 红旗1油藏流体样品1黏度测定实验结果

压力（MPa）	原油黏度（mPa·s）	气体黏度（mPa·s）	黏度比（油/气）
49.00①	0.201		
15.09②	0.150		
11.76	0.161	0.0159	10.11
8.82	0.174	0.0146	11.88
5.88	0.190	0.0135	14.07
2.94	0.213	0.0125	18.64
0	0.336		

①地层压力。
②饱和压力。

流体样品2在地层温度110.0℃下，黏度测定实验结果见表4-25。

表4-25 红旗1油藏流体样品2黏度测定实验结果

压力（MPa）	原油黏度（mPa·s）	气体黏度（mPa·s）	黏度比（油/气）
49.00①	0.242		
12.45②	0.176		
9.80	0.184	0.0147	12.52
7.84	0.194	0.0143	13.57

续表

压力（MPa）	原油黏度（mPa·s）	气体黏度（mPa·s）	黏度比（油/气）
5.88	0.207	0.0138	15.00
3.92	0.223	0.0132	17.42
1.86	0.248	0.0125	19.84
0	0.374	0.0117	

①地层压力。
②饱和压力。

第二节　英买力低凸起油气藏

英买力低凸起内已开发油气田为英买力油田、英买7号气田、羊塔克气田和玉东2气田，整体以凝析气藏为主。油藏主要包括英买2和玉东7等，主要分布在奥陶系、白垩系和志留系；凝析气藏主要包括英买7、英买17、英买21、英买23、英买46、羊塔克1和玉东2等气藏，主要分布在古近系和白垩系。

一、英买力油田

英买力油田位于新疆维吾尔自治区沙雅县境内，构造位于塔里木盆地塔北隆起英买力低凸起南部，主力生产层位为奥陶系一间房组和鹰山组一段。奥陶系油藏为奥陶系内幕受储层控制的非均质油藏，其中一间房组储集岩主要为亮晶砂屑灰岩、亮晶砂砾屑灰岩、亮晶鲕粒灰岩、亮晶生屑灰岩、托盘类生物灰岩和泥晶颗粒灰岩，鹰山组的储集层岩性主要为泥晶灰岩夹砂屑灰岩。油气储集空间主要集中在溶蚀孔洞和构造裂缝中，储层分布的非均质性极强，平均孔隙度1.14%，平均渗透率0.53mD。油藏原始地层压力64.16MPa，温度130.4℃；原油密度0.890g/cm³，黏度3.84mPa·s，平均气油比36m³/t；地层水平均密度1.0763g/cm³，总矿化度96860~149200mg/L，平均109200mg/L，氯离子平均含量65916mg/L，为$CaCl_2$型。英买力油田英买2区块奥陶系油藏于2008年7月正式投产。

1. 原始流体取样与质量评价

勘探评价阶段英买2区块奥陶系油藏原油录取了YM2井1个井段的合格

流体样品。单井流体样品送回实验室检查合格后开展 PVT 实验分析。流体样品的取样条件及油井特征见表 4-26。

表 4-26　英买 2 区块流体样品取样条件及油井特征统计表

井号		YM2 井
取样条件	取样时间	1992 年 12 月 28 日
	一级分离器压力（MPa）	0.25
	一级分离器温度（℃）	28.0
	取样方式	地面分离器
油井特征	取样井段（m）	5940.00~5953.00
	层位	O
	原始地层压力（MPa）	64.35
	原始地层温度（℃）	120.0
	取样时地层压力（MPa）	64.35
	取样时地层温度（℃）	120.0
	产油量（t/d）	242.53

2. 流体相态实验

（1）流体组分。

英买 2 区块奥陶系油藏井流物组成见表 4-27。井流物组成摩尔分数：C_1+N_2 为 18.9%、C_2—C_6+CO_2 为 24.41%、C_{7+} 为 56.69%，在三角相图上属于挥发性油藏范围（图 4-7）。

表 4-27　英买 2 区块奥陶系油藏井流物组成表

井段（m）	组分	油罐油摩尔分数（%）	油罐气摩尔分数（%）	井流物摩尔分数（%）	井流物含量（g/m³）
5940.00~5953.00	二氧化碳		6.92	2.60	0.55
	氮气		3.72	1.40	0.19
	甲烷		46.63	17.50	1.34
	乙烷	0.07	12.16	4.61	0.66
	丙烷	0.47	10.34	4.17	0.88

续表

井段（m）	组分	油罐油摩尔分数（%）	油罐气摩尔分数（%）	井流物摩尔分数（%）	井流物含量（g/m³）
5940.00~5953.00	异丁烷	0.41	2.98	1.37	0.38
	正丁烷	1.35	4.90	2.68	0.75
	异戊烷	1.32	2.61	1.80	0.62
	正戊烷	1.85	3.52	2.48	0.86
	己烷	4.12	5.67	4.70	1.89
	庚烷	5.18	0.38	3.38	1.55
	辛烷	6.21	0.10	3.92	2.01
	壬烷	5.11	0.05	3.21	1.86
	癸烷	5.24	0.02	3.28	2.10
	十一烷以上	68.67		42.90	84.36

注：十一烷以上流体特性：分子量 411，相对密度 0.909。

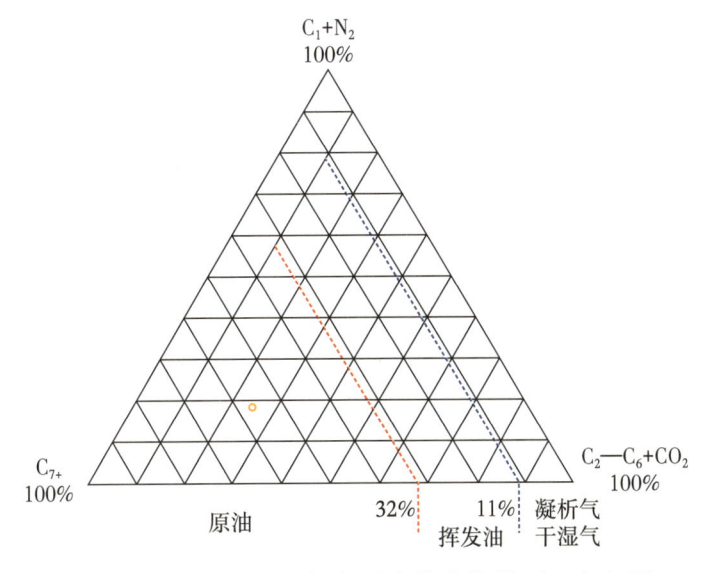

图 4-7 英买 2 区块奥陶系油藏流体类型三角相图

（2）流体相态。

英买 2 区块奥陶系油藏的流体相态特征如图 4-8 所示。流体临界参数见表 4-28，临界压力 9.51MPa，临界温度 709.7℃。地层温度位于临界温度左侧，远离临界点，表现出典型的油藏相态特征。

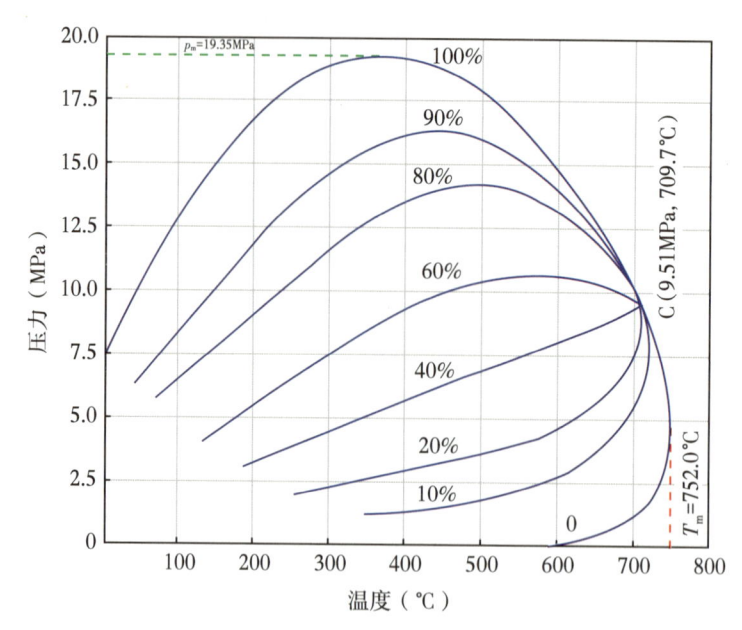

图 4-8 英买 2 区块奥陶系油藏地层流体相态图

表 4-28 英买 2 区块奥陶系油藏相态数据表

井段（m）	层位	地层压力（MPa）	地层温度（℃）	临界压力（MPa）	临界温度（℃）	泡点压力（MPa）	临界偏差系数	油气藏类型
5940.00~5953.00	O	64.35	120.0	9.51	709.7	13.52	0.8296	油藏

（3）恒质膨胀实验。

英买 2 区块奥陶系油藏在地层温度 120.0℃下，地层原油的饱和压力为 13.52MPa，饱和压力下的比容为 1.2767cm³/g，饱和油的热膨胀系数为 7.634×10^{-4}℃$^{-1}$。恒质膨胀实验结果见表 4-29。

表 4-29 英买 2 区块奥陶系油藏流体样品恒质膨胀实验结果

压力（MPa）	相对体积 V_i/V_r	Y 函数	压缩系数（10^{-4}MPa^{-1}）
64.35①	0.9640		6.60
51.94	0.9717		7.34
39.20	0.9802		8.47
24.46	0.9891		

续表

压力（MPa）	相对体积 V_i/V_r	Y 函数	压缩系数（10^{-4}MPa^{-1}）
13.52[②]	1.0000		
11.76	1.0145	10.2465	
9.80	1.0396	9.5096	
7.84	1.0816	8.7727	
5.88	1.1590	8.0357	
3.92	1.3272	7.2988	
1.96	1.8550	6.5619	

①地层压力。
②饱和压力。

（4）单次脱气实验。

英买2区块奥陶系油藏5940.00~5953.00m层段流体样品在地层温度120.0℃、压力64.35MPa下，单次脱气实验结果见表4-30。

表4-30 英买2区块奥陶系油藏流体样品单次脱气实验结果

气油比（m³/m³）	原油收缩率（%）	原油体积系数	地层原油密度（g/cm³）	地层原油黏度（mPa·s）	气体平均溶解系数[m³/(m³·MPa)]	API重度（°API）	原油平均分子量
37	11.00	1.1236	0.8335	1.378	2.7359	37.6	345

（5）多次脱气实验。

英买2区块奥陶系油藏5940.00~5953.00m层段流体样品在地层温度120.0℃下，多次脱气实验结果见表4-31。

表4-31 英买2区块奥陶系油藏流体样品多次脱气实验结果

压力（MPa）	溶解气油比（m³/m³）	原油体积系数	双相体积系数	原油密度（g/cm³）	偏差系数	气体体积系数	脱出气相对密度	残余油重度（°API）
64.35[①]		1.1210	1.1210	0.8335				
13.52[②]	36	1.1929	1.1929	0.7833				40.2
10.88	30	1.1750	1.2292	0.7880	0.710	0.00879	1.132	
7.84	23	1.1538	1.3201	0.7947	0.765	0.01308	1.137	

续表

压力 （MPa）	溶解气油比 （m³/m³）	原油体积系数	双相体积系数	原油密度 （g/cm³）	偏差系数	气体体积系数	脱出气相对密度	残余油重度 （°API）
4.90	15	1.1320	1.6076	0.8001	0.840	0.02280	1.148	40.2
1.37	5	1.1007	3.8158	0.8101	0.957	0.08819	1.177	
0		1.0806		0.8179			1.246	
0（20℃）		1.0000		0.8839				

①地层压力。
②饱和压力。

（6）黏度测定实验。

英买 2 区块奥陶系油藏 5940.00~5953.00m 层段流体样品在地层温度 120.0℃下，黏度测定实验结果见表 4-32。

表 4-32　英买 2 区块奥陶系油藏流体样品黏度测定实验结果

压力（MPa）	原油黏度（mPa·s）	气体黏度（mPa·s）	黏度比（油/气）
64.35①	1.378		
13.52②	0.934		
10.88	1.005	0.0182	55.22
7.84	1.112	0.0155	74.13
4.90	1.285	0.0129	99.61
1.37	1.624	0.0111	146.31
0	1.931		

①地层压力。
②饱和压力。

二、英买 7 号气田

英买 7 号气田位于新疆维吾尔自治区新和县境内，构造位于英买 7 号断裂构造带中东部，呈南西—北东走向，包括由鞍部连接的 2 个背斜构造，北翼完整向北倾没，南翼被断层切割。构造长轴约 12.5km、短轴约 2.6km，顶部较平缓，翼部较陡。英买 7 号气田包括英买 7、英买 17、英买 23、英买 21、英买 46 等区块，目的层为古近系库姆格列木群底砂岩段和白垩系巴什基奇克组顶砂岩段。其中古近系底砂岩储层岩石类型为岩屑长石砂岩为主，占岩石类型的 54.7%~74.0%，储层孔隙度平均 16.20%~21.26%，渗透率平均 110.31~

1497.91mD，属于中孔隙度、中渗透—特高渗透储层。白垩系巴什基奇克组顶砂岩储层岩石类型以长石砂岩为主，占岩石类型的 52.7%~76.47%，目的层孔隙度平均 18.20%~19.43%，渗透率平均 80.85~310.57mD，属于中孔隙度、高渗透储层。气藏原始地层温度为 104.04~107.8℃，原始地层压力为 50.2~50.95MPa，属于常温常压断背斜型块状底水凝析气藏，部分气藏带 3~5m 厚底油。凝析油密度为 0.766~0.786g/cm³，平均黏度为 1.09~1.409mPa·s，天然气相对密度平均为 0.629~0.630。原油密度平均值为 0.826~0.840g/cm³，黏度平均值为 4.64~13.51mPa·s。地层水型为 $CaCl_2$ 型。2007 年 4 月，英买 7 号气田整体投入开发。

1. 原始流体取样与质量评价

勘探评价阶段，英买 7 区块共取得 YM7 井、YM701 井和 YM19 井的 4 个井段流体样品。按照凝析气藏流体取样合格性评价原则，筛选出代表性比较好的凝析气样品一个，YM701 井 E 层 4661.50~4676.00m 井段的样品。合格流体样品的取样条件及气井特征见表 4-33。

表 4-33　英买 7 区块 YM701 井取样条件及气井特征统计表

取样条件	取样时间	2000 年 8 月 17 日
	生产油嘴（mm）	6
	油压（MPa）	35.72
	一级分离器压力（MPa）	1.93
	一级分离器温度（℃）	21
	取样方式	地面分离器
气井特征	取样井段（m）	4661.50~4676.10
	层位	E
	原始地层压力（MPa）	50.64
	原始地层温度（℃）	106.6
	取样时地层压力（MPa）	50.64
	取样时目前地层温度（℃）	106.6
	产气量（m³/d）	212524
	产油量（m³/d）	41.91
	生产气油比（m³/m³）	5071
	油罐油相对密度	0.7692

按照凝析气藏流体取样合格性评价原则，英买17区块筛选出代表性比较好的凝析气样品一个，YM17-1井E层4671.00~4672.50m和4674.00~4675.50m井段的样品。合格流体样品的取样条件及气井特征见表4-34。

表4-34　英买17区块YM17-1井流体样品取样条件及气井特征统计表

取样条件	取样时间	2006年10月18日
	生产油嘴（mm）	
	油压（MPa）	23
	一级分离器压力（MPa）	2.7
	一级分离器温度（℃）	35
	取样方式	地面分离器
气井特征	取样井段（m）	4671.00~4672.50，4674.00~4675.50
	层位	E
	原始地层压力（MPa）	50.09
	原始地层温度（℃）	105.8
	取样时地层压力（MPa）	50.09
	取样时目前地层温度（℃）	105.8
	产气量（m³/d）	113470
	产油量（m³/d）	61.16
	生产气油比（m³/m³）	1855
	油罐油相对密度	0.8203

按照凝析气藏流体取样合格性评价原则，英买23区块筛选出代表性比较好的凝析气样品一个，YM23井E层4623.56~4634.56m井段的样品。合格流体样品的取样条件及气井特征见表4-35。

表4-35　英买23区块YM23井流体样品取样条件及气井特征统计表

取样条件	取样时间	2006年11月28日
	生产油嘴（mm）	6
	油压（MPa）	27.54
	一级分离器压力（MPa）	3.3
	一级分离器温度（℃）	38
	取样方式	地面分离器

续表

	取样井段（m）	4623.56~4634.56
气井特征	层位	E
	原始地层压力（MPa）	50.37
	原始地层温度（℃）	105.6
	取样时地层压力（MPa）	50.37
	取样时目前地层温度（℃）	105.6
	产气量（m³/d）	160522
	产油量（m³/d）	25.67
	生产气油比（m³/m³）	5493
	油罐油相对密度	0.77

按照凝析气藏流体取样合格性评价原则，英买46区块筛选出代表性比较好的凝析气样品三个：YM46井K层5150.50~5156.00m井段的样品、YM463井K层5097.00~5101.00m井段的样品和YM468井K层4995.50~4997.50m井段的样品。合格流体样品的取样条件及气井特征见表4-36。

表4-36 英买46区块流体样品取样条件与气井特征统计表

	井号	YM46井	YM463井	YM468井
取样条件	取样时间	2010年4月11日	2013年8月13日	2016年6月28日
	生产油嘴（mm）	5.00	5.00	7.00
	油压（MPa）	33.83	30.81	29.17
	一级分离器压力（MPa）	0.83	0.95	12.20
	一级分离器温度（℃）	45.00	37.50	37.30
	取样方式	地面分离器	地面分离器	地面分离器
气井特征	取样井段（m）	5150.50~5156.00	5097.00~5101.00	4995.50~4997.50
	层位	K	K	K
	原始地层压力（MPa）	55.33	53.86	54.89
	原始地层温度（℃）	114.80	111.46	114.70
	取样时地层压力（MPa）	55.33	53.86	54.89
	取样时目前地层温度（℃）	114.80	111.46	114.70
	产气量（m³/d）	93749	73589	157738.5
	产油量（m³/d）	74.72	88.25	29.16
	生产气油比（m³/m³）	1255	834	5409
	油罐油相对密度	0.7893	0.7837	0.7772

2. 流体相态实验

1) 英买 7 气藏

（1）流体组分。

英买 7 气藏井流物组成见表 4-37。井流物组成摩尔分数：C_1+N_2 为 89.1%、$C_2—C_6+CO_2$ 为 8.89%、C_{7+} 为 2.01%，在三角相图上属于凝析气藏范围（图 4-9）。

表 4-37 英买 7 气藏井流物组成表

井段（m）	组分	单脱油 摩尔分数（%）	单脱气 摩尔分数（%）	单脱气 含量（g/m³）	井流物 摩尔分数（%）	井流物 含量（g/m³）
4661.50~4676.10	二氧化碳		0.14		0.13	
	氮气		3.81		2.66	
	甲烷	0.15	87.14		86.44	
	乙烷	0.10	5.69	71.128	5.58	69.796
	丙烷	0.12	1.81	33.180	1.77	32.470
	异丁烷	0.10	0.42	10.148	0.41	9.912
	正丁烷	0.24	0.48	11.598	0.47	11.363
	异戊烷	0.36	0.13	3.899	0.19	5.702
	正戊烷	0.48	0.11	3.299	0.15	4.502
	己烷	2.37	0.14	4.899	0.19	6.639
	庚烷	9.28	0.12	4.789	0.30	11.980
	辛烷	13.32	0.01	0.445	0.27	12.017
	壬烷	11.13			0.22	11.703
	癸烷	10.40			0.21	11.705
	十一烷以上	51.96			1.01	91.169
	合计	100.01	100.00		100.00	

注：十一烷以上流体特性：相对密度 0.8002，分子量 217；分离器气体相对密度 0.641。

（2）流体相态。

英买 7 气藏的流体相态特征如图 4-10 所示，流体临界参数见表 4-38。地层温度位于相图包络线右侧，距临界点较远，表现出凝析气藏相态特征。

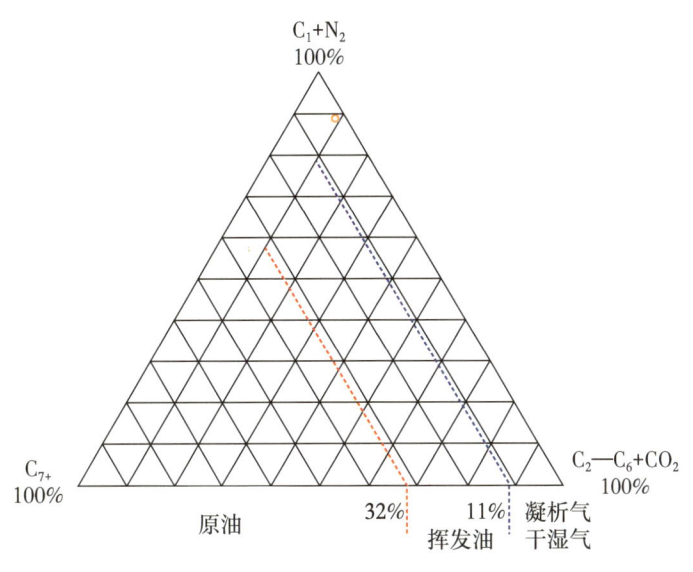

图 4-9　英买 7 气藏流体类型三角相图

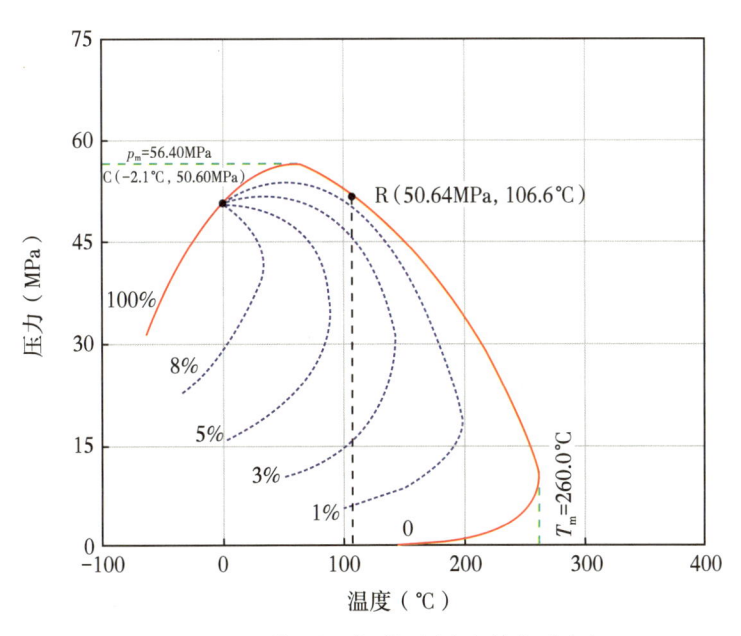

图 4-10　英买 7 气藏地层流体相态图

表 4-38　英买 7 气藏相态数据表

井段（m）	层位	地层压力（MPa）	地层温度（℃）	临界压力（MPa）	临界温度（℃）	临界凝析压力（MPa）	临界凝析温度（℃）	油气藏类型
4661.50~4676.10	E	50.64	106.60	50.60	-2.10	56.40	260.00	凝析气

（3）恒质膨胀实验。

英买7气藏4661.50~4676.10m层段流体样品露点压力为50.64MPa，地露压差为0MPa。在地层温度106.6℃、地层压力50.64MPa下，气体偏差系数为1.320、体积系数为3.4214×10^{-3}m^3/m^3。流体恒质膨胀实验结果见表4-39。

表4-39 英买7气藏流体样品恒质膨胀实验结果

106.6℃		106.6℃		91.6℃		76.6℃	
压力（MPa）	相对体积 V_i/V_d	压力（MPa）	含液量（%）	压力（MPa）	含液量（%）	压力（MPa）	含液量（%）
50.64①	1.0000	50.64①	0.00	53.9①	0.00	55.60①	0.00
49.00	1.0143	49.00	0.06	51.00	0.19	52.00	0.2
45.00	1.0555	45.00	0.53	47.00	0.63	48.00	0.72
41.00	1.1084	41.00	1.15	43.00	1.33	44.00	1.53
37.00	1.1773	37.00	1.69	39.00	1.99	40.00	2.13
33.00	1.2686	33.00	2.21	35.00	2.49	36.00	2.73
29.00	1.3925	29.00	2.54	31.00	2.90	32.00	3.12
25.00	1.5660	25.00	2.70	27.00	3.11	28.00	3.36
22.28	1.7268	22.28	2.52	23.00	3.00	24.00	3.44
						20.00	3.24

①露点压力。

（4）定容衰竭实验。

英买7气藏4661.50~4676.10m层段流体样品的定容衰竭实验结果见表4-40。随着压力的降低，烃类组分中甲烷和庚烷以上组分的摩尔分数变化较大，甲烷摩尔分数从86.44%上升至87.95%，庚烷以上组分摩尔分数从2.01%降至0.39%；非烃类组分二氧化碳和氮气的摩尔分数变化较小。实验压力降至15MPa时，反凝析液量达到最高，其值为4.19%（表4-41）。

表4-40 英买7气藏流体定容衰竭实验井流物组成表

压力（MPa）		50.64①	43.00	36.00	29.00	22.00	15.00	8.00
衰竭各级井流物摩尔分数（%）	二氧化碳	0.13	0.13	0.15	0.15	0.15	0.15	0.14
	氮气	2.66	2.72	2.77	2.68	2.66	2.67	2.87
	甲烷	86.44	86.74	86.85	87.50	87.77	87.95	87.66
	乙烷	5.58	5.57	5.64	5.64	5.67	5.68	5.72

续表

压力（MPa）		50.64[①]	43.00	36.00	29.00	22.00	15.00	8.00
衰竭各级井流物摩尔分数（%）	丙烷	1.77	1.76	1.77	1.78	1.80	1.82	1.84
	异丁烷	0.41	0.41	0.40	0.40	0.41	0.42	0.42
	正丁烷	0.47	0.46	0.45	0.45	0.45	0.47	0.49
	异戊烷	0.19	0.14	0.13	0.12	0.14	0.14	0.17
	正戊烷	0.15	0.13	0.11	0.10	0.12	0.13	0.15
	己烷	0.19	0.16	0.13	0.12	0.13	0.14	0.15
	庚烷以上	2.01	1.78	1.60	1.06	0.70	0.43	0.39
	合计	100.00	100.00	100.00	100.00	100.00	100.00	100.00
庚烷以上的特性	分子量	217	206	197	186	179	174	169
	密度（g/cm³）	0.8002	0.7925	0.7863	0.7812	0.7772	0.7730	0.7692
气相偏差系数 Z		1.320	1.218	1.126	1.016	0.925	0.865	0.872
气液两相偏差系数		1.320	1.209	1.116	1.033	0.969	0.938	0.906
累计采出（%）			7.299	15.958	26.831	40.855	58.317	76.995

①露点压力。

表 4-41　英买 7 气藏流体样品定容衰竭实验反凝析液量数据表

压力（MPa）	50.64[①]	43.00	36.00	29.00	22.00	15.00	8.00	0.00
含液量（%）	0.00	1.14	2.39	3.60	4.05	4.19	4.01	3.84

①露点压力。

2）英买 17 气藏

（1）流体组分。

英买 17 气藏井流物组成见表 4-42。井流物组成摩尔分数：C_1+N_2 为 89.4%、C_2—C_6+CO_2 为 8.22%、C_{7+} 为 2.38%，在三角相图上属于凝析气藏范围（图 4-11）。

表4-42 英买17气藏井流物组成表

井段（m）	组分	单脱油 摩尔分数（%）	单脱气 摩尔分数（%）	单脱气 含量（g/m³）	井流物 摩尔分数（%）	井流物 含量（g/m³）
4671.00~4672.50，4674.00~4675.50m	二氧化碳		0.10		0.102	
	氮气		2.93		2.859	
	甲烷	0.25	88.55		86.563	
	乙烷	0.15	5.86		5.727	71.580
	丙烷	0.15	1.14		1.122	20.560
	异丁烷	0.10	0.27		0.269	6.500
	正丁烷	0.24	0.37		0.364	8.800
	异戊烷	0.28	0.17		0.171	5.140
	正戊烷	0.39	0.14		0.150	4.480
	己烷	2.12	0.28		0.317	11.050
	庚烷	7.34	0.13		0.296	11.820
	辛烷	10.97	0.08		0.326	14.500
	壬烷	10.03			0.226	11.350
	癸烷	10.09			0.227	12.650
	十一烷				0.180	10.990
	十二烷				0.166	11.120
	十三烷				0.150	10.890
	十四烷				0.136	10.770
	十五烷				0.118	10.080
	十六烷				0.089	8.220
	十七烷				0.086	8.490
	十八烷				0.081	8.480
	十九烷				0.070	7.600
	二十烷				0.056	6.350
	二十一烷				0.047	5.660
	二十二烷				0.038	4.850
	二十三烷				0.032	4.190
	二十四烷				0.022	3.000
	二十五烷				0.016	2.230
	二十六烷				0.009	1.340
	二十七烷				0.005	0.770
	二十八烷				0.002	0.330
	二十九烷				0.001	0.190
	三十烷以上					0.040
	合计	42.11	100.02		100.02	

注：十一烷以上流体特性：密度0.823g/cm³、分子量192；油罐油密度0.7969g/cm³。

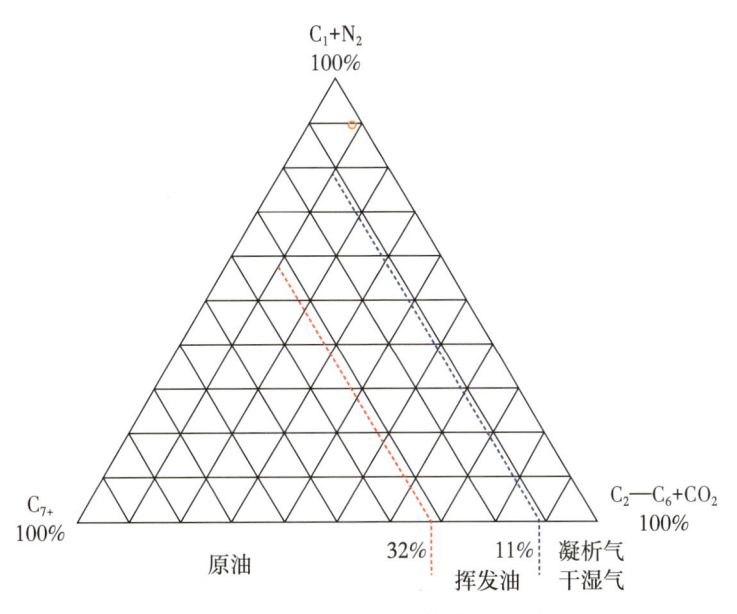

图 4-11 英买 17 气藏流体类型三角相图

（2）流体相态。

英买 17 气藏的流体相态特征如图 4-12 所示，流体临界参数见表 4-43。地层温度位于相图包络线右侧，距临界点较远，表现出凝析气藏相态特征。

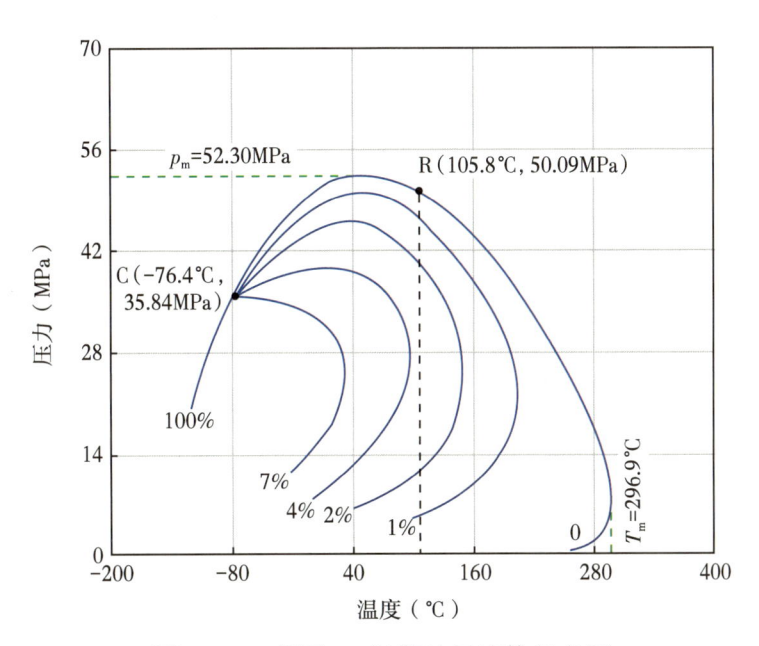

图 4-12 英买 17 气藏地层流体相态图

表4-43 英买17气藏相态数据表

井段 (m)	层位	地层压力 (MPa)	地层温度 (℃)	临界压力 (MPa)	临界温度 (℃)	临界凝析 压力 (MPa)	临界凝析 温度 (℃)	油气藏 类型
4671.00~4672.50, 4674.00~4675.50	E	50.09	105.80	35.84	−76.40	52.30	296.90	凝析气

(3) 恒质膨胀实验。

英买17气藏4671.00~4675.50m层段流体样品露点压力为50.09MPa，地露压差为0MPa。在地层温度105.8℃、地层压力50.09MPa下，气体偏差系数为1.174、体积系数为3.0699×10^{-3}m³/m³。流体恒质膨胀实验结果见表4-44。

表4-44 英买17气藏流体样品恒质膨胀实验结果

105.8℃		125.8℃		105.8℃		85.8℃	
压力 (MPa)	相对体积 V_i/V_d	压力 (MPa)	含液量 (%)	压力 (MPa)	含液量 (%)	压力 (MPa)	含液量 (%)
50.09①	1.0000	48.23①	0.00	50.09①	0.00	51.90①	0.00
45.00	1.0516	45.00	0.23	45.00	0.37	48.00	0.17
40.00	1.1210	40.00	1.31	40.00	1.59	45.00	1.08
35.00	1.2182	35.00	2.24	35.00	3.00	40.00	2.42
30.00	1.3586	30.00	3.00	30.00	3.44	35.00	4.08
25.00	1.5704	25.00	3.32	25.00	3.82	30.00	4.3
20.00	1.9111	20.00	3.16	20.00	3.64	25.00	4.67
15.00	2.5160	15.00	2.64	15.00	2.93	20.00	4.33
						15.00	3.58

①露点压力。

(4) 定容衰竭实验。

英买17气藏4671.00~4672.50m和4674.00~4675.50m层段流体样品的定容衰竭实验结果见表4-45。随着压力的降低，烃类组分中甲烷和十一烷以上组分的摩尔分数变化较大，甲烷摩尔分数从86.56%上升至88.31%，十一烷以上组分摩尔分数从1.27%降至0.15%；非烃类组分二氧化碳和氮气的摩尔分数变化较小。实验压力降至13MPa时，反凝析液量达到最高，其值为6.04%（表4-46）。

表4-45 英买17气藏流体样品定容衰竭实验井流物组成表

压力（MPa）		50.09[①]	43.00	36.00	29.00	21.00	13.00	5.00
衰竭各级井流物摩尔分数（%）	二氧化碳	0.10	0.09	0.11	0.12	0.12	0.12	0.12
	氮气	2.86	2.89	2.91	2.93	2.92	2.94	2.97
	甲烷	86.56	87.03	87.70	88.20	88.31	88.18	87.81
	乙烷	5.73	5.71	5.72	5.73	5.75	5.78	5.83
	丙烷	1.12	1.10	1.08	1.06	1.09	1.12	1.16
	异丁烷	0.27	0.24	0.22	0.20	0.23	0.26	0.30
	正丁烷	0.36	0.33	0.31	0.29	0.32	0.36	0.41
	异戊烷	0.17	0.13	0.10	0.08	0.06	0.09	0.15
	正戊烷	0.15	0.12	0.08	0.06	0.07	0.09	0.13
	己烷	0.32	0.29	0.27	0.25	0.28	0.31	0.32
	庚烷	0.30	0.28	0.26	0.24	0.27	0.30	0.31
	辛烷	0.33	0.30	0.27	0.24	0.21	0.18	0.19
	壬烷	0.23	0.20	0.17	0.14	0.11	0.08	0.09
	癸烷	0.23	0.19	0.15	0.11	0.07	0.04	0.05
	十一烷以上	1.27	1.10	0.65	0.35	0.19	0.15	0.16
	合计	100.00	100.00	100.00	100.00	100.00	100.00	100.00
十一烷以上的特性	分子量	192	183	177	172	170	169	168
	密度（g/cm³）	0.8230	0.8170	0.8120	0.8090	0.8060	0.8050	0.8040
气相偏差系数 Z		1.174	1.090	1.023	0.960	0.902	0.877	0.918
气液两相偏差系数			1.079	1.001	0.935	0.881	0.872	0.815
累计采出（%）		0.000	6.561	15.712	27.298	44.128	65.036	85.614

①露点压力。

表4-46 英买17气藏流体样品定容衰竭实验反凝析液量数据表

压力（MPa）	50.09[①]	43.00	36.00	29.00	21.00	13.00	5.00	0.00
含液量（%）	0.00	1.38	3.88	4.73	5.74	6.04	5.56	4.70

①露点压力。

3）英买23气藏

（1）流体组分。

英买23气藏井流物组成见表4-47。井流物组成摩尔分数：C_1+N_2为89.6%、C_2—C_6+CO_2为8.07%、C_{7+}为2.38%，在三角相图上属于凝析气藏范围（图4-13）。

表 4-47 英买 23 气藏井流物组成表

井段 (m)	组分	分离器液 摩尔分数 (%)	分离器气 摩尔分数 (%)	分离器气 含量 (g/m³)	井流物 摩尔分数 (%)	井流物 含量 (g/m³)
4623.56~4634.56	二氧化碳	0.005				
	氮气	0.167	2.944		2.870	
	甲烷	8.234	88.971		86.680	
	乙烷	2.636	5.904	73.800	5.810	72.640
	丙烷	1.551	1.025	18.790	1.040	19.060
	异丁烷	0.743	0.239	5.770	0.250	6.120
	正丁烷	1.428	0.316	7.640	0.350	8.400
	异戊烷	1.237	0.139	4.170	0.170	5.100
	正戊烷	1.454	0.122	3.660	0.160	4.790
	己烷	4.068	0.176	6.150	0.290	10.010
	庚烷	10.895	0.079	3.150	0.390	15.410
	辛烷	10.931	0.085	3.780	0.390	17.480
	壬烷	7.795			0.220	11.140
	癸烷	7.263			0.210	11.490
	十一烷	5.153			0.150	8.940
	十二烷	4.735			0.130	9.000
	十三烷	4.560			0.130	9.420
	十四烷	4.203			0.120	9.430
	十五烷	3.697			0.100	8.990
	十六烷	2.764			0.080	7.240
	十七烷	2.729			0.080	7.640
	十八烷	2.607			0.070	7.730
	十九烷	2.136			0.060	6.630
	二十烷	1.796			0.050	5.830
	二十一烷	1.561			0.040	5.360
	二十二烷	1.343			0.040	4.840
	二十三烷	1.134			0.030	4.260
	二十四烷	0.855			0.020	3.340
	二十五烷	0.715			0.020	2.910
	二十六烷	0.514			0.010	2.180
	二十七烷	0.401			0.010	1.770
	二十八烷	0.270			0.010	1.240
	二十九烷	0.209			0.010	0.990
	三十烷以上	0.209			0.010	1.110
	合计	99.998	100.000		100.000	

注：十一烷以上流体特性：密度 0.800g/cm³、分子量 161；分离器气体相对密度 0.627；分离器气/分离器液 5174.4m³/m³；油罐气/油罐油 21m³/m³；分离器液/油罐油 1.0615m³/m³；油罐油密度（20℃）0.7733g/cm³。

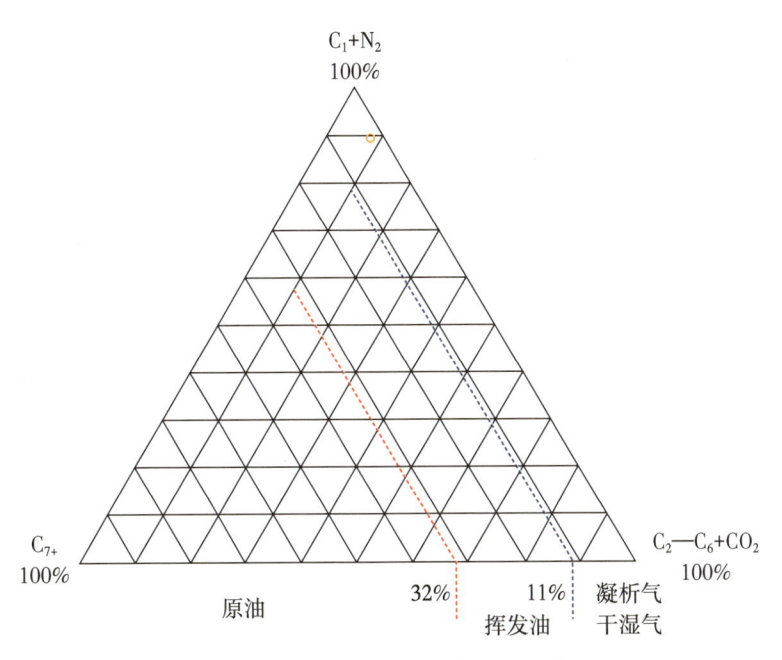

图 4-13 英买 23 气藏流体类型三角相图

（2）流体相态。

英买 23 气藏的流体相态特征如图 4-14 所示，流体临界参数见表 4-48。地层温度位于相图包络线右侧，距临界点较远，表现出凝析气藏相态特征。

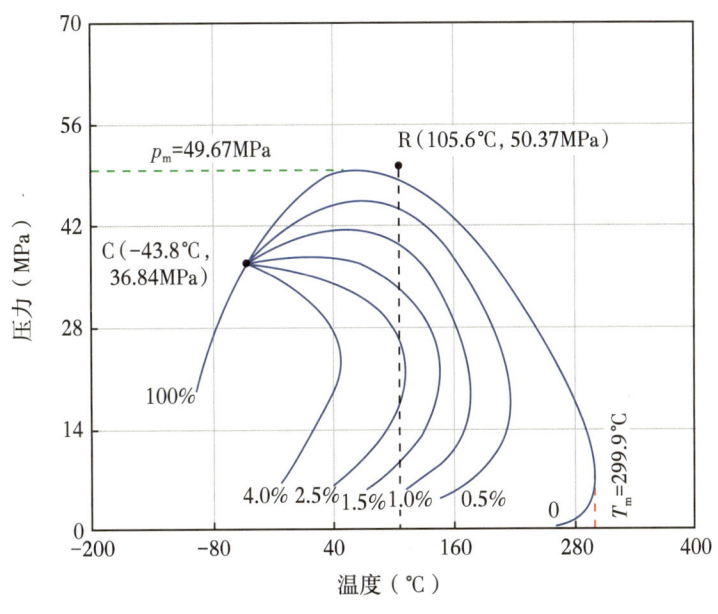

图 4-14 英买 23 气藏地层流体相态图

表 4-48　英买 23 气藏相态数据表

井段 (m)	层位	地层压力 (MPa)	地层温度 (℃)	临界压力 (MPa)	临界温度 (℃)	临界凝析压力 (MPa)	临界凝析温度 (℃)	油气藏类型
4623.56~4634.56	E	50.37	105.60	36.84	−43.80	49.67	299.90	凝析气

（3）恒质膨胀实验。

英买 23 气藏 4623.56~4634.56m 层段流体样品露点压力为 48.57MPa，地露压差为 1.80MPa。在地层温度 105.6℃、地层压力 50.37MPa 下，气体偏差系数为 1.188、体积系数为 $3.0863×10^{-3}$ m³/m³。流体恒质膨胀实验结果见表 4-49。

表 4-49　英买 23 气藏流体样品恒质膨胀实验结果

105.6℃ 压力(MPa)	相对体积 V_i/V_d	125.6℃ 压力(MPa)	含液量(%)	105.6℃ 压力(MPa)	含液量(%)	85.6℃ 压力(MPa)	含液量(%)
50.37①	0.9880	46.42②	0.00	48.57②	0.00	49.37②	0.00
48.57②	1.0000	45.00	0.07	45.00	0.34	48.00	0.21
45.00	1.0388	40.00	0.69	40.00	1.36	45.00	0.69
40.00	1.1099	35.00	1.54	35.00	2.03	40.00	1.62
35.00	1.2092	30.00	2.00	30.00	2.43	35.00	2.41
30.00	1.3522	25.00	2.22	25.00	2.63	30.00	3.05
25.00	1.5673	20.00	1.94	20.00	2.35	25.00	3.19
20.00	1.9122	16.00	1.66	16.00	1.98	20.00	2.92
16.00	2.3668					16.00	2.38

①地层压力。
②露点压力。

（4）定容衰竭实验。

英买 23 气藏 4623.56~4634.56m 层段流体样品的定容衰竭实验结果见表 4-50。随着压力的降低，烃类组分中甲烷和十一烷以上组分的摩尔分数变化较大，甲烷摩尔分数从 86.68% 上升至 88.26%，十一烷以上组分摩尔分数从 1.17% 降至 0.15%；非烃类组分氮气的摩尔分数变化较小。实验压力降至 13MPa 时，反凝析液量达到最高，其值为 4.30%（表 4-51）。

表 4-50　英买 23 气藏流体样品定容衰竭实验井流物组成表

压力（MPa）		48.57[①]	41.00	34.00	27.00	20.00	13.00	6.00
衰竭各级井流物摩尔分数（%）	二氧化碳							
	氮气	2.87	2.88	2.90	2.89	2.91	2.93	2.96
	甲烷	86.68	87.12	87.59	88.03	88.21	88.26	87.96
	乙烷	5.81	5.80	5.82	5.84	5.86	5.88	5.91
	丙烷	1.04	1.02	1.01	1.03	1.05	1.07	1.10
	异丁烷	0.25	0.22	0.20	0.18	0.20	0.23	0.27
	正丁烷	0.35	0.32	0.30	0.28	0.30	0.33	0.36
	异戊烷	0.17	0.13	0.11	0.09	0.11	0.13	0.16
	正戊烷	0.16	0.13	0.10	0.07	0.10	0.12	0.15
	己烷	0.29	0.27	0.25	0.23	0.21	0.18	0.19
	庚烷	0.39	0.36	0.33	0.30	0.27	0.24	0.25
	辛烷	0.39	0.37	0.34	0.31	0.28	0.25	0.26
	壬烷	0.22	0.21	0.19	0.17	0.15	0.13	0.14
	癸烷	0.21	0.18	0.16	0.14	0.12	0.10	0.11
	十一烷以上	1.17	0.99	0.70	0.44	0.23	0.15	0.18
	合计	100.00	100.00	100.00	100.00	100.00	100.00	100.00
十一烷以上的特性	分子量	161	147	137	129	124	120	118
	密度（g/cm³）	0.8000	0.7860	0.7790	0.7730	0.7690	0.7660	0.7640
气相偏差系数 Z		1.159	1.074	0.993	0.930	0.899	0.900	0.940
气液两相偏差系数			1.075	0.996	0.935	0.887	0.851	0.773
累计采出（%）		0.000	8.996	18.498	31.094	46.221	63.568	81.470

①露点压力。

表 4-51　英买 23 气藏流体样品定容衰竭实验反凝析液量数据表

压力（MPa）	48.57[①]	45.00	41.00	34.00	27.00	20.00	13.00	6.00	0.00
含液量（%）	0.00	0.34	1.17	2.48	3.53	4.17	4.30	4.12	3.74

①露点压力。

4）英买 46 气藏

（1）流体组分。

英买 46 气藏井流物组成见表 4-52。井流物组成摩尔分数：C_1+N_2 为 81.2%、C_2—C_6+CO_2 为 11.38%、C_{7+} 为 7.45%，在三角相图上属于凝析气藏范围（图 4-15）。

表 4-52 英买 46 气藏井流物组成表

井段 （m）	组分	单脱油 摩尔分数 （%）	单脱气 摩尔分数 （%）	单脱气 含量 （g/m³）	井流物 摩尔分数 （%）	井流物 含量 （g/m³）
5150.50~5156.00	氮气		5.403		4.970	
	二氧化碳		0.231		0.212	
	甲烷		82.826		76.193	
	乙烷		8.299	103.742	7.634	95.433
	丙烷		1.487	27.259	1.368	25.076
	异丁烷	0.600	0.324	7.829	0.346	8.363
	正丁烷	1.140	0.579	13.990	0.624	15.076
	异戊烷	0.830	0.209	6.269	0.259	7.760
	正戊烷	1.650	0.222	6.659	0.336	10.089
	己烷	4.290	0.283	9.882	0.604	21.089
	庚烷	11.800	0.109	4.350	1.045	41.717
	辛烷	19.030	0.028	1.245	1.550	68.938
	壬烷	14.360			1.150	57.850
	癸烷	12.170			0.975	54.294
	十一烷	8.430			0.675	41.258
	十二烷	6.460			0.517	34.627
	十三烷	5.240			0.420	30.530
	十四烷	4.430			0.355	28.023
	十五烷	3.290			0.263	22.564
	十六烷	2.280			0.183	16.852
	十七烷	1.380			0.111	10.889
	十八烷	1.050			0.084	8.775
	十九烷	0.600			0.048	5.254
	二十烷	0.360			0.029	3.296
	二十一烷	0.230			0.018	2.228
	二十二烷	0.140			0.011	1.422
	二十三烷	0.090			0.007	0.953
	二十四烷	0.050			0.004	0.551
	二十五烷	0.040			0.003	0.459
	二十六烷	0.020			0.002	0.239
	二十七烷	0.010			0.001	0.125
	二十八烷	0.010			0.001	0.129
	二十九烷	0.010			0.001	0.134
	三十烷以上	0.010			0.001	0.150
	合计	100.000	100.000		100.000	

注：十一烷以上流体特性：密度 0.827g/cm³、分子量 199；分离器气体相对密度 0.657；分离器气/分离器液 1243.13m³/m³；油罐气/油罐油 5m³/m³；分离器液/油罐油 1.0401m³/m³。

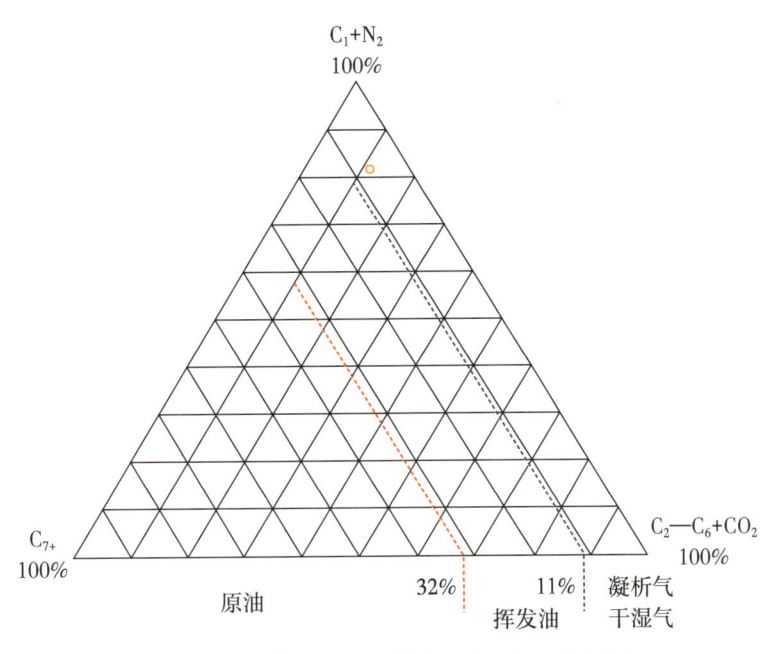

图 4-15 英买 46 气藏流体类型三角相图

（2）流体相态。

英买 46 气藏的流体相态特征如图 4-16 所示，流体临界参数见表 4-53。地层温度位于相图包络线右侧，距临界点较远，表现出凝析气藏相态特征。

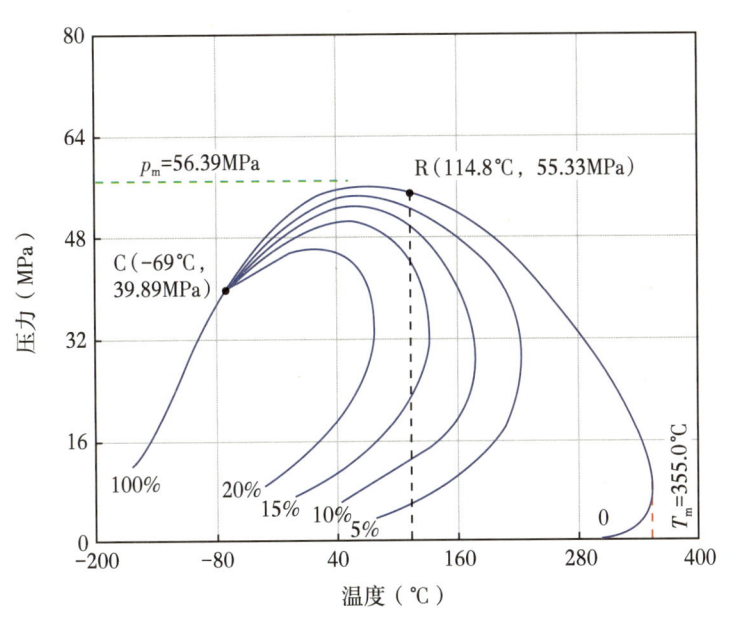

图 4-16 英买 46 气藏地层流体相态图

表 4-53 英买 46 气藏相态数据表

井段 (m)	层位	地层压力 (MPa)	地层温度 (℃)	临界压力 (MPa)	临界温度 (℃)	临界凝析 压力 (MPa)	临界凝析 温度 (℃)	油气藏 类型
5150.50~5156.00	K	55.33	114.80	39.89	-69.00	56.39	355.00	凝析气

（3）恒质膨胀实验。

英买 46 气藏 5150.50~5156.00m 层段流体样品露点压力为 55.33MPa，地露压差为 0MPa。在地层温度 114.8℃、地层压力 55.33MPa 下，气体偏差系数为 1.344、体积系数为 $3.2572×10^{-3}m^3/m^3$。流体恒质膨胀实验结果见表 4-54。

表 4-54 英买 46 气藏流体样品恒质膨胀实验结果

114.8℃		134.8℃		114.8℃		94.8℃	
压力 (MPa)	相对体积 V_i/V_d	压力 (MPa)	含液量 (%)	压力 (MPa)	含液量 (%)	压力 (MPa)	含液量 (%)
55.33①	1.0000	53.65①	0.00	55.33①	0.00	57.00①	0.00
50.00	1.0373	50.00	4.93	50.00	7.68	55.00	2.8
45.00	1.0845	45.00	11.16	45.00	13.18	50.00	10.66
40.00	1.1486	40.00	13.89	40.00	15.79	45.00	15.24
35.00	1.2380	35.00	15.01	35.00	16.68	40.00	17.65
30.00	1.3667	30.00	14.45	30.00	16.13	35.00	18.51
25.00	1.5605	25.00	13.06	25.00	14.54	30.00	17.84
20.00	1.8718	20.00	11.23	20.00	12.35	25.00	16.14
						20.00	13.94

①露点压力。

（4）定容衰竭实验。

英买 46 气藏 5150.50~5156.00m 层段流体样品的定容衰竭实验结果见表 4-55。随着压力的降低，烃类组分中甲烷和十一烷以上组分的摩尔分数有一定程度变化，非烃类组分二氧化碳和氮气的摩尔分数变化较小。甲烷摩尔分数从 76.16% 上升至 79.13%。十一烷以上组分摩尔分数从 2.74% 降至 0.32%。实验压力降至 23MPa 时，反凝析液量达到最高，其值为 21.33%（表 4-56）。

表 4-55　英买 46 气藏流体样品定容衰竭实验井流物组成表

压力（MPa）		55.33[①]	47.00	39.00	31.00	23.00	15.00	7.00
衰竭各级井流物摩尔分数（%）	氮气	4.97	5.00	5.03	5.02	5.05	5.08	5.12
	二氧化碳	0.21	0.20	0.22	0.24	0.26	0.26	0.26
	甲烷	76.16	77.28	77.81	78.53	78.97	79.13	78.82
	乙烷	7.63	7.62	7.64	7.66	7.68	7.70	7.73
	丙烷	1.37	1.35	1.32	1.34	1.36	1.38	1.42
	异丁烷	0.35	0.32	0.30	0.28	0.31	0.33	0.36
	正丁烷	0.63	0.60	0.58	0.56	0.59	0.62	0.65
	异戊烷	0.26	0.22	0.20	0.18	0.16	0.19	0.22
	正戊烷	0.34	0.30	0.28	0.26	0.24	0.27	0.30
	己烷	0.60	0.57	0.55	0.53	0.51	0.49	0.50
	庚烷	1.05	1.02	1.00	0.98	0.96	0.94	0.95
	辛烷	1.56	1.51	1.48	1.46	1.44	1.42	1.43
	壬烷	1.15	1.10	1.08	1.05	1.03	1.01	1.02
	癸烷	0.98	0.95	0.92	0.90	0.88	0.86	0.87
	十一烷以上	2.74	1.96	1.59	1.01	0.56	0.32	0.35
	合计	100.00	100.00	100.00	100.00	100.00	100.00	100.00
十一烷以上的特性	分子量	199	188	181	177	174	172	170
	密度（g/cm³）	0.8270	0.8160	0.8100	0.8060	0.8040	0.8020	0.8000
气相偏差系数 Z		1.344	1.195	1.072	0.979	0.913	0.887	0.916
气液两相偏差系数			1.204	1.099	1.000	0.918	0.841	0.705
累计采出（%）		0.000	5.142	13.765	24.707	39.125	56.655	75.882

① 露点压力。

表 4-56　英买 46 气藏流体样品定容衰竭实验反凝析液量数据表

压力（MPa）	55.33[①]	47.00	39.00	31.00	23.00	15.00	7.00	0.00
含液量（%）	0.00	12.25	18.77	20.97	21.33	20.56	18.98	17.29

① 露点压力。

三、羊塔克气田

羊塔克气田位于新疆维吾尔自治区新和县县城西偏南 70~100km。构造位于羊塔克断裂构造带中西部，构造为近东—西向的断背斜。羊塔克气田包括羊塔 1 和羊塔 2 两个区块，目的层为古近系库姆格列木群底砂岩段和白垩系巴什基奇克组顶砂岩段。古近系储层孔隙类型以粒间孔和粒间溶孔为主，目的层岩石类型以岩屑砂岩为主，孔隙度平均值为 16.41%，渗透率平均值为 135.16mD，属于中孔隙度、中渗透储层，地层压力为 58.35MPa，地层温度为 109.76℃，为正常温度、压力系统。白垩系储层以粒间孔隙为主；目的层孔隙度平均值为 19.30%~20.29%，渗透率平均值为 273.05~278.40mD，属于中孔隙度、中渗透储层，地层压力为 58.17~58.50MPa，地层温度为 110.33~113.20℃，为正常温度、压力系统。羊塔1区块古近系气藏为层状边水凝析气藏，白垩系气藏为带底油的块状底水凝析气藏。古近系气藏的凝析油平均密度为 0.778g/cm^3，平均黏度为 1.25mPa·s，天然气相对密度平均为 0.620。白垩系凝析气藏的凝析油平均密度为 0.785g/cm^3，平均黏度为 1.37mPa·s，天然气相对密度平均为 0.627；底油密度 0.859g/cm^3，黏度为 5.37mPa·s。地层水密度为 1.13g/cm^3，水型为 $CaCl_2$。2007年4月，羊塔克气田整体投入开发。

1. 原始流体取样与质量评价

按照凝析气藏流体取样合格性评价原则，羊塔克1区块筛选出代表性比较好的凝析气样品两个，YT101井 E 层 5329.00~5333.00m 井段和 YT1 井 K 层 5301.00~5343.00m 的样品。合格流体样品的取样条件及气井特征见表 4-57。

表 4-57 羊塔1区块流体样品取样条件及气井特征统计表

	井号	YT101 井	YT1 井
取样条件	取样时间	1996年2月7日	2000年9月11日
	生产油嘴（mm）	5.56	6
	油压（MPa）		40.68
	一级分离器压力（MPa）	2.41	7.03
	一级分离器温度（℃）	-17.8	20
	取样方式	地面分离器	地面分离器
气井特征	取样井段（m）	5329.00~5333.00	5301.00~5343.00
	层位	E	K
	原始地层压力（MPa）	57.95	57.79
	原始地层温度（℃）	110.3	106.3
	取样时地层压力（MPa）	57.95	57.79
	取样时目前地层温度（℃）	110.3	106.3
	产气量（m^3/d）	113740	203847
	产油量（m^3/d）	48	31.44
	生产气油比（m^3/m^3）	2370	6484
	油罐油相对密度	0.867	0.79

按照凝析气藏流体取样合格性评价原则，羊塔克 2 区块筛选出代表性比较好的凝析气样品一个，YT2 井 K 层 5387.00~5390.00m 井段的样品。合格流体样品的取样条件及气井特征见表 4-58。

表 4-58　羊塔 2 区块流体样品取样条件及气井特征统计表

	井号	YT2 井
取样条件	取样时间	1995 年 12 月 16 日
	生产油嘴（mm）	4.76
	油压（MPa）	17
	一级分离器压力（MPa）	2
	一级分离器温度（℃）	26
	取样方式	地面分离器
气井特征	取样井段（m）	5387.00~5390.00
	层位	K
	原始地层压力（MPa）	56.69
	原始地层温度（℃）	113.2
	取样时地层压力（MPa）	56.69
	取样时目前地层温度（℃）	113.2
	产气量（m³/d）	154272
	产油量（m³/d）	8.72
	生产气油比（m³/m³）	17692
	油罐油相对密度	0.779

2. 流体相态实验

1）羊塔 1 气藏

（1）流体组分。

羊塔 1 气藏井流物组成见表 4-59。井流物组成摩尔分数：C_1+N_2 为 85.4%、C_2—C_6+CO_2 为 11.38%、C_{7+} 为 3.23%，在三角相图上属于凝析气藏范围（图 4-17）。

表 4-59 羊塔 1 气藏井流物组成表

井段（m）	组分	分离器液（%）	分离器气 摩尔分数（%）	分离器气 含量（g/m³）	井流物 摩尔分数（%）	井流物 含量（g/m³）
5329.00~5333.00	二氧化碳	0.01	0.11		0.10	
	氮气	0.02	2.03		1.92	
	甲烷	3.40	87.89		83.47	
	乙烷	4.50	8.02	100.317	7.84	98.065
	丙烷	4.60	1.23	22.564	1.41	25.866
	异丁烷	3.41	0.27	6.528	0.43	10.396
	正丁烷	5.68	0.28	6.769	0.56	13.539
	异戊烷	4.58	0.07	2.101	0.31	9.304
	正戊烷	4.07	0.05	1.501	0.26	7.803
	己烷	8.40	0.03	1.048	0.47	16.423
	庚烷	17.21	0.02	0.799	0.92	36.739
	辛烷	12.60			0.66	29.376
	壬烷	7.31			0.38	19.126
	癸烷	4.92			0.26	14.493
	十一烷以上	19.28			1.01	100.412
	合计	99.99	100.00		100.00	

注：十一烷以上流体特性：相对密度 0.807，分子量 239；分离器气体相对密度 0.625；分离器气/分离器液 2466m³/m³；油罐气/油罐油 15m³/m³；分离器液/油罐油 1.0439m³/m³；油罐油密度（20℃）0.7736g/cm³。

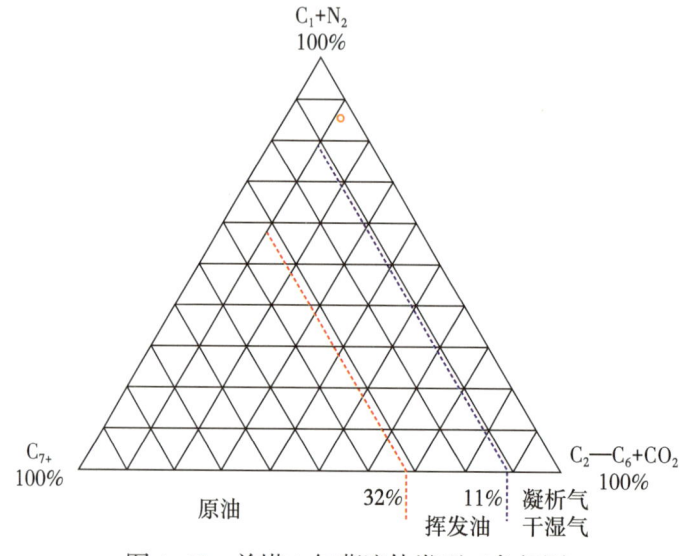

图 4-17 羊塔 1 气藏流体类型三角相图

（2）流体相态。

羊塔 1 气藏取得高压气体得出的流体相态特征如图 4-18 所示，流体临界参数见表 4-60。地层温度位于相图包络线右侧，距临界点较远，表现出凝析气藏相态特征。

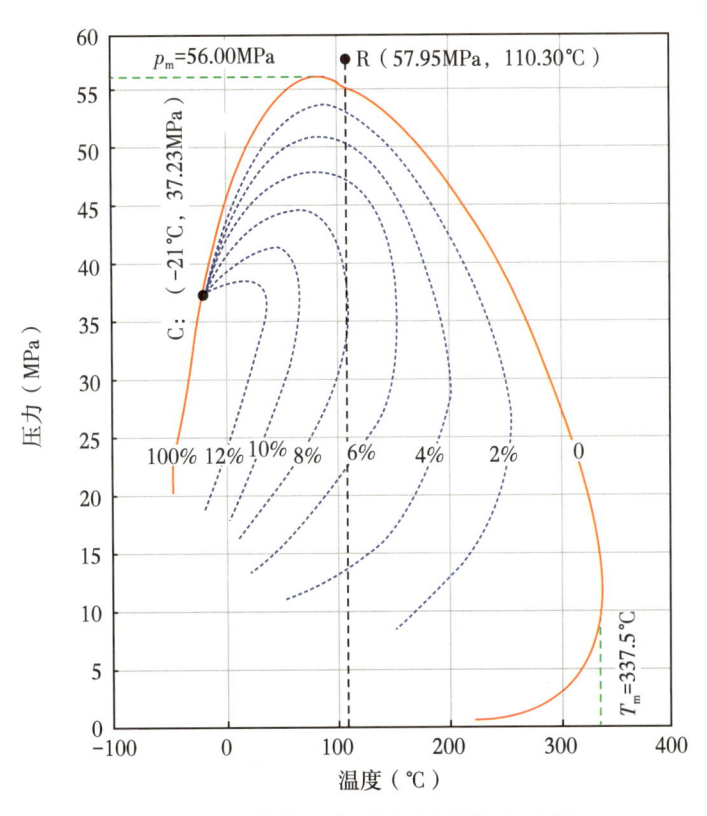

图 4-18 羊塔 1 气藏地层流体相态图

表 4-60 羊塔 1 气藏相态数据表

井段(m)	层位	地层压力(MPa)	地层温度(℃)	临界压力(MPa)	临界温度(℃)	临界凝析压力(MPa)	临界凝析温度(℃)	油气藏类型
5329.00~5333.00	E	57.95	110.30	37.23	−21.00	56.00	337.50	凝析气

（3）恒质膨胀实验。

羊塔 1 气藏 5329.00~5333.00m 层段流体样品露点压力为 55.16MPa，地露压差为 2.79MPa。在地层温度 110.30℃、地层压力 57.95MPa 下，气体偏差系数为 1.257、体积系数为 $2.8751\times10^{-3} m^3/m^3$。流体恒质膨胀实验结果见表 4-61。

表 4-61 羊塔 1 气藏流体样品恒质膨胀实验结果

110.3℃		130.3℃		110.3℃		76.6℃	
压力 （MPa）	相对体积 V_i/V_d	压力 （MPa）	含液量 （%）	压力 （MPa）	含液量 （%）	压力 （MPa）	含液量 （%）
57.95①	0.9808	53.57②	0.00	55.16②	0.00	56.29②	0.00
57.00	0.9858	50.00	0.55	53.00	0.09	54.00	0.39
56.00	0.9934	45.00	2.52	50.00	1.16	50.00	2.51
55.16②	1.0000	40.00	4.08	45.00	3.23	45.00	4.63
53.00	1.0126	35.00	5.39	40.00	4.93	40.00	6.59
50.00	1.0335	30.00	6.08	35.00	6.75	35.00	7.54
45.00	1.0797	25.00	5.92	30.00	7.34	30.00	7.86
40.00	1.1467			25.00	6.70	25.00	7.54
35.00	1.2467			21.21	5.95	20.00	6.73
30.00	1.4020						
25.00	1.6566						
21.21	1.9707						

①地层压力。
②露点压力。

（4）定容衰竭实验。

羊塔 101 井 5329.00~5333.00m 层段流体样品的定容衰竭实验结果见表 4-62。随着压力的降低，烃类组分中甲烷和庚烷以上组分的摩尔分数变化较大，甲烷摩尔分数从 83.47% 上升至 85.87%，庚烷以上组分摩尔分数从 3.23% 降至 0.72%；非烃类组分氮气的摩尔分数变化较小。实验压力降至 20MPa 时，反凝析液量达到最高，其值为 11.54%（表 4-63）。

表 4-62 羊塔 1 气藏流体样品定容衰竭实验井流物组成表

压力（MPa）		55.16①	48.00	41.00	34.00	27.00	20.00	13.00	7.00
衰竭各级井流物摩尔分数（%）	二氧化碳	0.10	0.10	0.10	0.10	0.10	0.10	0.10	0.12
	氮气	1.92	2.30	2.38	2.50	2.57	2.59	2.65	2.56
	甲烷	83.47	83.85	84.33	84.60	85.17	85.67	85.87	85.04
	乙烷	7.84	7.82	7.81	7.81	7.80	7.73	7.81	8.43
	丙烷	1.41	1.37	1.36	1.36	1.35	1.34	1.35	1.56

续表

压力（MPa）		55.16①	48.00	41.00	34.00	27.00	20.00	13.00	7.00
衰竭各级井流物摩尔分数（%）	异丁烷	0.43	0.42	0.38	0.34	0.32	0.31	0.39	0.42
	正丁烷	0.56	0.55	0.53	0.51	0.43	0.41	0.39	0.52
	异戊烷	0.31	0.27	0.25	0.23	0.22	0.21	0.19	0.21
	正戊烷	0.26	0.25	0.23	0.22	0.21	0.20	0.19	0.21
	己烷	0.47	0.42	0.38	0.34	0.28	0.21	0.19	0.21
	庚烷以上	3.23	2.65	2.25	1.99	1.55	1.23	0.87	0.72
	合计	100.00	100.00	100.00	100.00	100.00	100.00	100.00	100.00
庚烷以上的特性	分子量	150	144	139	135	132	130	129	128
	密度（g/cm³）	0.7790	0.7760	0.7740	0.7730	0.7720	0.7710	0.7700	0.7690
气相偏差系数 Z		1.221	1.133	1.031	0.952	0.887	0.853	0.853	0.896
气液两相偏差系数			1.128	1.042	0.969	0.899	0.869	0.837	0.816
累计采出（%）		0.000	5.820	12.950	22.350	33.590	49.100	65.650	81.04

① 露点压力。

表4-63 羊塔1气藏流体样品定容衰竭实验反凝析液量数据表

压力（MPa）	55.16①	48.00	41.00	34.00	27.00	20.00	13.00	7.00	0.10
含液量（%）	0.00	2.81	5.72	8.51	9.71	11.54	11.29	10.54	8.11

① 露点压力。

2）羊塔2气藏

（1）流体组分。

羊塔2气藏井流物组成见表4-64。井流物组成摩尔分数：C_1+N_2为85.39%、C_2—C_6+CO_2为11.38%、C_{7+}为3.23%，在三角相图上属于凝析气藏范围（图4-19）。

表4-64 羊塔2气藏井流物组成表

井段（m）	组分	分离器液（%）	分离器气 摩尔分数（%）	分离器气 含量（g/m³）	井流物 摩尔分数（%）	井流物 含量（g/m³）
5387.00~5390.00	二氧化碳	0.01	0.11		0.10	
	氮气	0.02	2.03		1.92	
	甲烷	3.40	87.89		83.47	

续表

井段（m）	组分	分离器液（%）	分离器气 摩尔分数（%）	分离器气 含量（g/m³）	井流物 摩尔分数（%）	井流物 含量（g/m³）
5387.00~5390.00	乙烷	4.50	8.02	100.317	7.84	98.065
	丙烷	4.60	1.23	22.564	1.41	25.866
	异丁烷	3.41	0.27	6.528	0.43	10.396
	正丁烷	5.68	0.28	6.769	0.56	13.539
	异戊烷	4.58	0.07	2.101	0.31	9.304
	正戊烷	4.07	0.05	1.501	0.26	7.803
	己烷	8.40	0.03	1.048	0.47	16.423
	庚烷	17.21	0.02	0.799	0.92	36.739
	辛烷	12.60			0.66	29.376
	壬烷	7.31			0.38	19.126
	癸烷	4.92			0.26	14.493
	十一烷以上	19.28			1.01	100.412
	合计	99.99	100.00		100.00	

注：十一烷以上流体特性：相对密度 0.807，分子量 239；分离器气体相对密度 0.625；分离器气/分离器液 2466m³/m³；油罐气/油罐油 15m³/m³；分离器液/油罐油 1.0439m³/m³；油罐油密度（20℃）0.7736g/cm³。

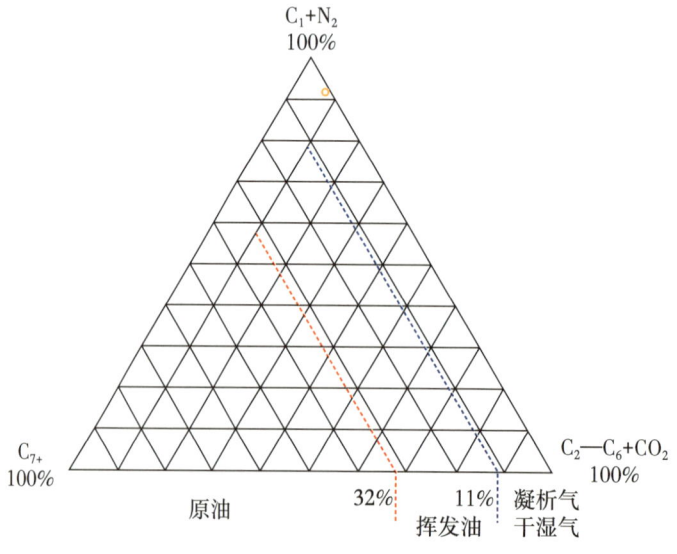

图 4-19 羊塔 2 气藏流体类型三角相图

（2）流体相态。

羊塔 2 气藏的流体相态特征如图 4-20 所示，流体临界参数见表 4-65。地层温度位于相图包络线右侧，距临界点较远，表现出凝析气藏相态特征。

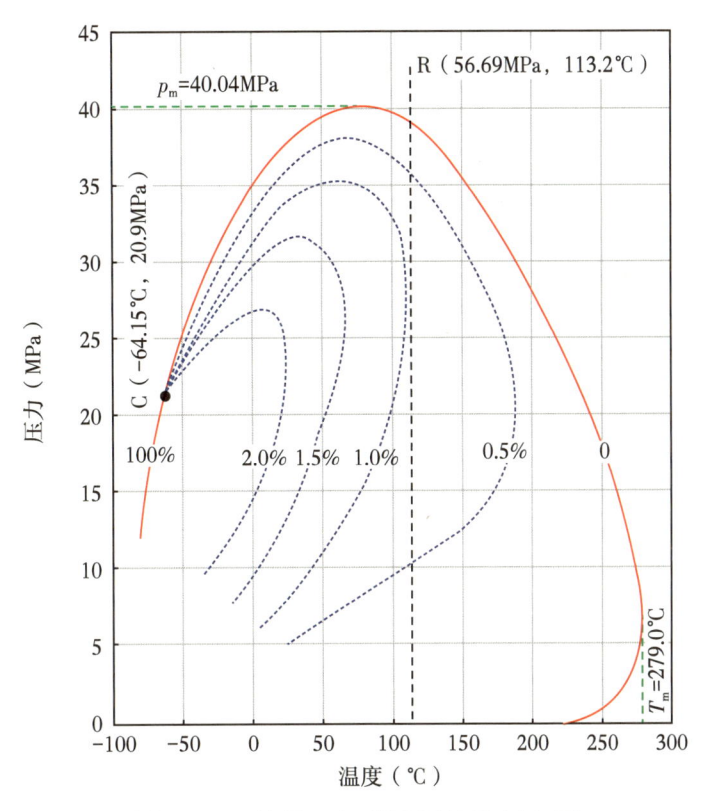

图 4-20　羊塔 2 气藏地层流体相态图

表 4-65　羊塔 2 气藏相态数据表

井段 (m)	层位	地层压力 (MPa)	地层温度 (℃)	临界压力 (MPa)	临界温度 (℃)	临界凝析压力 (MPa)	临界凝析温度 (℃)	油气藏类型
5387.00~5390.00	K	56.69	113.20	20.91	-64.15	40.04	279.00	凝析气

（3）恒质膨胀实验。

羊塔 2 气藏 5387.00~5390.00m 层段流体样品露点压力为 38.71MPa，地露压差为 17.98MPa。在地层温度 113.2℃、地层压力 56.69MPa 下，气体偏差系数为 1.156、体积系数为 2.7226×10^{-3} m³/m³。流体恒质膨胀实验结果见表 4-66。

表4-66 羊塔2气藏流体样品恒质膨胀实验结果

113.2℃		113.2℃		93.2℃		73.2℃	
压力 (MPa)	相对体积 V_i/V_d	压力 (MPa)	含液量 (%)	压力 (MPa)	含液量 (%)	压力 (MPa)	含液量 (%)
56.69[①]	0.7830	38.71[②]	0.00	39.15[②]	0.00	40.04[②]	0.00
55.00	0.7942	35.00	0.08	35.00	0.17	35.00	0.28
52.00	0.8258	30.00	0.42	30.00	0.49	30.00	0.66
49.00	0.8504	25.00	0.55	25.00	0.70	25.00	0.83
46.00	0.8759	20.00	0.55	20.00	0.66	20.00	0.85
43.00	0.9207	15.00	0.47	15.00	0.54	15.00	0.74
40.00	0.9848			12.22	0.48	11.46	0.65
38.71[②]	1.0000						
37.00	1.0359						
35.00	1.0836						
30.00	1.2386						
25.00	1.4699						
20.00	1.8378						
15.00	2.4825						

①地层压力。
②露点压力。

（4）定容衰竭实验。

羊塔2气藏5387.00～5390.00m层段流体样品的定容衰竭实验结果见表4-67。随着压力的降低，烃类组分中甲烷和庚烷以上组分的摩尔分数有一定程度变化，非烃类组分氮气的摩尔分数变化较小。实验压力降至5.86MPa时，反凝析液量达到最高，其值为1.18%（表4-68）。

表4-67 羊塔2气藏流体样品定容衰竭实验井流物组成表

压力（MPa）		38.71[①]	35.00	30.00	25.00	20.00	15.00	10.00	5.86
衰竭各级井流物摩尔分数（%）	二氧化碳	0.44	0.44	0.44	0.44	0.44	0.44	0.44	0.45
	氮气	1.16	1.16	1.16	1.17	1.18	1.19	1.20	1.21
	甲烷	90.66	90.80	91.01	91.23	91.44	91.43	91.35	91.08
	乙烷	5.37	5.37	5.37	5.37	5.38	5.40	5.43	5.50
	丙烷	0.89	0.89	0.88	0.86	0.83	0.84	0.87	0.92
	异丁烷	0.21	0.21	0.20	0.19	0.16	0.18	0.20	0.23

续表

	压力（MPa）	38.71①	35.00	30.00	25.00	20.00	15.00	10.00	5.86
衰竭各级井流物摩尔分数（%）	正丁烷	0.25	0.23	0.21	0.19	0.17	0.19	0.21	0.24
	异戊烷	0.11	0.11	0.09	0.07	0.05	0.06	0.07	0.09
	正戊烷	0.08	0.07	0.06	0.05	0.04	0.03	0.04	0.05
	己烷	0.12	0.11	0.10	0.09	0.08	0.07	0.06	0.08
	庚烷以上	0.71	0.61	0.48	0.35	0.23	0.17	0.13	0.15
	合计	100.00	100.00	100.00	100.00	100.00	100.00	100.00	100.00
庚烷以上的特性	分子量	161	152	144	139	136	134	132	132
	密度（g/cm³）	0.7750	0.9800	0.9440	0.9170	0.9020	0.9050	0.9300	0.9650
气相偏差系数 Z		1.009	0.980	0.944	0.917	0.902	0.905	0.930	0.965
气液两相偏差系数			0.976	0.932	0.902	0.880	0.869	0.869	0.905
累计采出（%）			7.040	16.550	28.140	41.040	55.230	70.150	83.210

①露点压力。

表4-68 羊塔2气藏流体样品定容衰竭实验反凝析液量数据表

压力（MPa）	38.71①	35.00	30.00	25.00	20.00	15.00	10.00	5.86	0.10
含液量（%）	0.00	0.08	0.25	0.59	0.81	0.99	1.12	1.18	1.09

①露点压力。

四、玉东2气田

玉东2气田位于新疆维吾尔自治区温宿县。构造为断层切割的穹隆背斜。玉东2气田气藏整体为北西—东南东向穹隆背斜，顶部较平缓，翼部较陡；目的层为白垩系巴什基奇克组，岩石类型以岩屑砂岩为主，孔隙类型以粒间溶孔为主，孔隙度平均值为18.7%，渗透率平均值为193.1mD，属于中—高孔隙度和渗透率储层。气藏中部深度4750m，原始地层温度为110.61℃，原始地层压力52.09 MPa，压力系数为1.12，为正常温度、压力系统块状底水凝析气藏。凝析油密度平均值为0.780g/cm³，黏度平均值为1.06mPa·s，天然气相对密度平均为0.65，甲烷含量较高，平均84.12%，地层水密度为1.129g/cm³，水型为$CaCl_2$。2007年4月，玉东2气田投入开发。

1. 原始流体取样与质量评价

按照凝析气藏流体取样合格性评价原则，勘探阶段玉东2气田共筛选出代表性比较好的凝析气样品1个，流体样品的取样条件及气井特征见表4-69。

表4-69 玉东2气田流体样品取样条件与气井特征统计表

井号		YD2井
取样条件	取样时间	1997年11月24日
	生产油嘴（mm）	7.14
	油压（MPa）	31.24
	一级分离器压力（MPa）	2.07
	一级分离器温度（℃）	12.00
	取样方式	地面分离器
气井特征	取样井段（m）	4764.00~4767.00
	层位	K
	原始地层压力（MPa）	51.90
	原始地层温度（℃）	112.40
	取样时地层压力（MPa）	51.90
	取样时目前地层温度（℃）	112.40
	产气量（m³/d）	203410.00
	产油量（m³/d）	52.80
	生产气油比（m³/m³）	3852
	油罐油相对密度	0.7670

2. 原始流体相态实验

（1）流体组分。

玉东2气田井流物组成见表4-70。井流物组成摩尔分数：C_1+N_2为83.18%、C_2—C_6+CO_2为14.39%、C_{7+}为2.43%，在三角相图上属于凝析气藏范围（图4-21）。

表4-70 玉东2气田井流物组成表

井段（m）	组分	分离器液 摩尔分数（%）	分离器气 摩尔分数（%）	分离器气 含量（g/m³）	井流物 摩尔分数（%）	井流物 含量（g/m³）
4764.00~4767.00	二氧化碳	0.03	0.20		0.19	
	氮气	0.09	3.70		3.56	
	甲烷	7.61	82.46		79.62	
	乙烷	5.33	9.60	120.080	9.44	118.079

续表

井段（m）	组分	分离器液 摩尔分数（%）	分离器气 摩尔分数（%）	分离器气 含量（g/m³）	井流物 摩尔分数（%）	井流物 含量（g/m³）
4764.00~4767.00	丙烷	4.96	2.60	47.696	2.69	49.347
	异丁烷	2.32	0.49	11.846	0.56	13.539
	正丁烷	4.20	0.59	14.264	0.73	17.649
	异戊烷	3.13	0.14	4.202	0.25	7.503
	正戊烷	3.19	0.10	3.001	0.22	6.603
	己烷	6.75	0.06	2.097	0.31	10.832
	庚烷	11.47	0.05	1.997	0.49	19.567
	辛烷	12.32	0.01	0.445	0.48	21.364
	壬烷	7.69			0.29	14.597
	癸烷	5.07			0.19	10.591
	十一烷以上	25.84			0.98	86.830
	合计	100.00	100.00		100.00	

注：十一烷以上流体特性：相对密度 0.802，分子量 213；分离器气体相对密度 0.666；分离器气/分离器液 3298.8m³/m³；油罐气/油罐油 34m³/m³；分离器液/油罐油 1.1815m³/m³；油罐油密度（20℃）0.7661g/cm³。

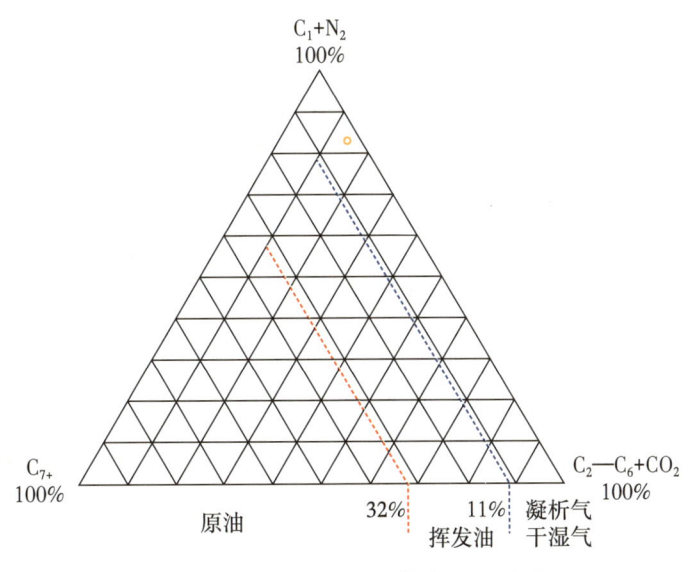

图 4-21 玉东 2 气田流体类型三角相图

（2）流体相态。

玉东 2 气田取得高压气体得出的流体相态特征见图 4-22，流体临界参数见表 4-71。地层温度位于相图包络线右侧，距临界点较远，表现出凝析气藏相态特征。

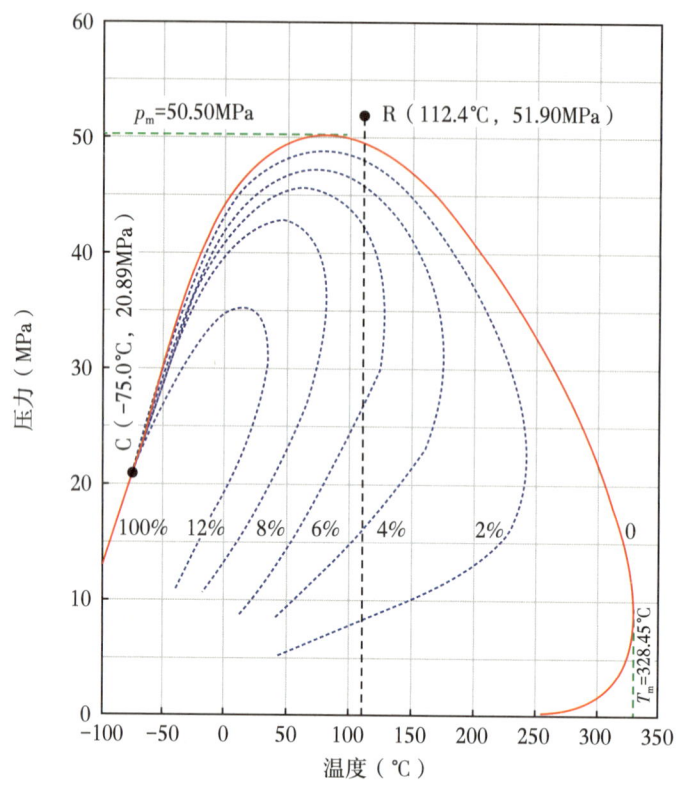

图 4-22 玉东 2 气田地层流体相态图

表 4-71 玉东 2 气田相态数据表

井段 （m）	层位	地层压力 （MPa）	地层温度 （℃）	临界压力 （MPa）	临界温度 （℃）	临界凝析压力 （MPa）	临界凝析温度 （℃）	油气藏类型
4764.00~4767.00	K	51.90	112.40	20.89	-75.00	50.50	328.45	凝析气

（3）恒质膨胀实验。

玉东 2 气田 4764.00~4767.00m 层段流体样品露点压力为 49.71MPa，地露压差为 2.19MPa。在地层温度 112.4℃、地层压力 51.9MPa 下，气体偏差系数为 1.202、体积系数为 $3.086\times10^{-3}\mathrm{m^3/sm^3}$。流体恒质膨胀实验结果见表 4-72。

表 4-72　玉东 2 气田流体样品恒质膨胀实验结果

压力 (MPa)	相对体积 V_i/V_d	132.4℃ 压力 (MPa)	132.4℃ 含液量 (%)	112.4℃ 压力 (MPa)	112.4℃ 含液量 (%)	92.4℃ 压力 (MPa)	92.4℃ 含液量 (%)
51.90[①]	0.9865	48.59[②]	0.00	49.71[②]	0.00	51.54[②]	0.00
49.71[②]	1.0000	44.00	0.12	47.00	0.08	47.00	0.17
47.00	1.0284	41.00	0.42	44.00	0.37	44.00	0.7
44.00	1.0653	38.00	0.99	41.00	0.94	41.00	1.41
41.00	1.1093	35.00	1.55	39.00	1.42	38.00	2.14
38.00	1.1620	32.00	1.98	35.00	2.12	35.00	2.88
35.00	1.2260	29.00	2.42	32.00	2.48	32.00	3.43
32.00	1.3046	26.00	2.52	29.00	2.81	29.00	3.72
29.00	1.4025	23.00	2.54	26.00	2.99	26.00	3.92
26.00	1.5265	20.00	2.43	23.00	2.96	23.00	4.03
23.00	1.6874			20.00	2.87	20.00	3.97
20.00	1.9020			16.52	2.57	17.00	3.76
16.52	2.2575						

①地层压力。
②露点压力。

（4）定容衰竭实验。

玉东 2 气田 4764.00~4767.00m 层段流体样品的定容衰竭实验结果见表 4-73。随着压力的降低，烃类组分中甲烷和十一烷以上组分的摩尔分数有一定程度变化，甲烷摩尔分数从 79.62% 上升至 84.53%，十一烷以上组分摩尔分数从 0.98% 降至 0.06%；非烃类组分二氧化碳和氮气的摩尔分数变化较小。实验压力降至 8MPa 时，反凝析液量达到最高，其值为 6.22%（表 4-74）。

表 4-73　玉东 2 气田流体样品定容衰竭实验井流物组成计算表

压力（MPa）		49.71[①]	43.00	36.00	29.00	22.00	15.00	8.00
衰竭各级井流物摩尔分数（%）	二氧化碳	0.19	0.16	0.15	0.15	0.15	0.15	0.16
	氮气	3.56	3.57	3.50	3.19	3.19	2.90	2.90
	甲烷	79.62	80.73	82.75	83.59	83.83	84.53	84.05
	乙烷	9.44	8.79	7.58	7.48	7.49	7.64	7.65
	丙烷	2.69	2.63	2.25	2.19	2.16	2.24	2.63

续表

压力（MPa）		49.71①	43.00	36.00	29.00	22.00	15.00	8.00
衰竭各级井流物摩尔分数（%）	异丁烷	0.56	0.54	0.50	0.48	0.47	0.48	0.63
	正丁烷	0.73	0.69	0.67	0.65	0.66	0.67	0.77
	异戊烷	0.25	0.25	0.24	0.23	0.22	0.22	0.23
	正戊烷	0.22	0.22	0.22	0.22	0.20	0.20	0.20
	己烷	0.31	0.30	0.26	0.23	0.21	0.21	0.22
	庚烷	0.49	0.44	0.35	0.35	0.34	0.26	0.23
	辛烷	0.48	0.44	0.37	0.36	0.31	0.19	0.17
	壬烷	0.29	0.27	0.25	0.24	0.21	0.11	0.06
	癸烷	0.19	0.18	0.17	0.16	0.15	0.07	0.04
	十一烷以上	0.98	0.79	0.74	0.48	0.41	0.13	0.06
	合计	100.00	100.00	100.00	100.00	100.00	100.00	100.00
十一烷以上的特性	分子量	213	205	197	193	190	187	185
	密度（g/cm³）	0.8020	0.7970	0.7940	0.7900	0.7870	0.7840	0.7810
气相偏差系数 Z		1.168	1.094	1.015	0.949	0.900	0.884	0.906
气液两相偏差系数			1.088	1.010	0.943	0.887	0.847	0.814
累计采出（%）			7.181	16.249	27.751	41.753	58.402	76.905

①露点压力。

表4-74 玉东2气田流体样品定容衰竭实验反凝析液量数据表

压力（MPa）	49.71①	43.00	36.00	29.00	22.00	15.00	8.00	0.10
含液量（%）	0.00	0.48	2.42	4.13	5.35	6.15	6.22	5.41

①露点压力。

第三节 轮南低凸起油气藏

轮南低凸起内已开发油气田主要包括哈拉哈塘油田、哈得逊油田、东河塘油田、轮古油田、轮南油田、解放渠东油田和吉拉克气田。构造整体以油藏为主，主要分布在侏罗系、三叠系、石炭系和奥陶系；仅构造东部分布有凝析气藏，主要分布在三叠系和石炭系。

一、哈拉哈塘油田

哈拉哈塘油田位于新疆维吾尔自治区沙雅县和库车县境内，于2009年2月发现，发现井为哈6C井。哈拉哈塘油田构造位于塔里木盆地塔北隆起轮南低凸起奥陶系油田背斜西围斜哈拉哈塘鼻状构造带上，包括哈6、新垦、热瓦普、金跃、跃满、富源和果勒等7个区块，目的层为奥陶系良里塔格组良3段及一间房组鹰山组。一间房组及鹰山组的沉积相主体为开阔台地相，主要岩石类型为含颗粒泥晶灰岩和颗粒灰岩；良里塔格组沉积相主体为台地边缘相，主要岩石类型为砂屑灰岩。哈拉哈塘油田奥陶系碳酸盐岩油藏孔隙度平均2.73%，渗透率平均2.56mD，基质基本不具备储渗性能，储集空间以洞穴为主。其中一间房组油藏原始地层压力76.2MPa，压力系数1.13，地层温度146.5~156.6℃，为正常温压系统；鹰山组油藏地层压力102.6~136.4MPa，压力系数1.39~1.82，地层温度155~157℃，为异常高压常温系统。原油性质分布差异性较大，原油密度0.78~0.90g/cm³，含蜡量平均5.98%，平均含硫0.68%；溶解气油比南高北低，北部平均150m³/t，南部局部地区高达600m³/t；地层水总矿化度84480~268100mg/L，平均172318mg/L，为$CaCl_2$型。哈拉哈塘油田于2009年2月开始试采，2011年正式投产。

1. 原始流体取样与质量评价

勘探评价阶段哈拉哈塘油田录取了15口井的17个井段合格流体样品，每个井段取两支（2000mL）油样。单井流体样品送回实验室后，在34.8~50.0℃条件下检查所有油样，每个井段取一个样品开展PVT实验分析。流体样品的取样条件及油井特征见表4-75。

2. 流体相态实验

1）哈6油藏

（1）流体组分

哈6油藏井流物组成见表4-76。井流物组成摩尔分数：C_1+N_2为29.15%、C_2—C_6+CO_2为15.07%、C_{7+}为55.77%，在三角相图上属于油藏范围（图4-23）。

表 4-75 哈拉哈塘油田流体样品取样条件及油井特征统计表

区块	哈6		新垦		热瓦普		金跃			跃满			富源			果勒
井号	HA11井	HA12井	XK4井	RP3井	RP1C井	RP4C井	JY4-2	JY401	YM3	YM1	YM2	FY201	FY102	FY202	GL1
取样时间	2009年9月13日	2009年9月29日	2010年9月22日	2011年4月10日	2011年12月4日	2012年2月24日	2014年4月13日	2014年8月31日	2014年5月30日	2014年6月6日	2014年7月19日	2015年10月9日	2015年11月2日	2015年11月17日	2017年12月5日
生产油嘴（mm）	4	4	4	5	3	3	3	3	3	4	3	3	3	4	3
油压（MPa）	25.4	23.63	17.7	35.2	8.57	31.03	37.78	43.11	35.86	36.71	38.54	21.5	9.7	24	87.24
一级分离器压力（MPa）	0.25	1.43	1.1	0.15	0.38	0.42	0.41	0.46	0.61	0.08	0.46				1
一级分离器温度（℃）	35.3	34.8	33	23	19.7	13	20.18	34.7	25.14	15.9	38.6				30.13
取样方式	地面分离器	地面分离器	地面分离器	MDT/取样深度3913.6m	地面分离器	地面分离器	地面分离器	地面分离器	地面分离器	地面分离器	地面分离器	井下/取样深度4000m	井下/取样深度4000m	井下/取样深度4000m	地面分离器
取样井段（m）	6658.00~6748.00	6694.00~6696.00	6834.05~6850.00	3910.00~3920.00	6629.00~6988.00	6928.00~6940.00	7060.00~7165.00	7068.00~7126.00	7141.00~7231.00	7220.54~7289.00	7153.00~7203.00	7003.36~7106.00	7177.25~7568.99	7346.66~7465.00	7530.00~7750.00
层位	O	O	O	E	O	O	O	O	O	O	O	O	O	O	O
原始地层压力（MPa）	78.66	71.86	71.33	42.06	75.31	73.95	80.15	94.28	80.75	78.21	81.13	72.82	88.03	84.58	147.38
原始地层温度（℃）	161	160	159.8	85	164.4	139.15	145.54	150.17	146.74	156.47	150.64	144.27	163.5	152	163.5
取样时地层压力（MPa）	78.66	71.86	71.33	42.06	75.31	73.95	80.15	94.28	80.75	78.21	81.13	72.82	88.03	84.58	147.38
取样时地层温度（℃）	160.4	160	159.8	85	146.1	139.15	145.54	150.17	146.74	156.47	150.64	144.27	163.5	152	163.5
产油量（t/d）	121.3	146.16	100.15	141.96	37.12	56.59	57.6	125.25	61.2	85.68	140.4	57.8	24.29	123.8	136.67
一级分离器气相对密度	0.646	0.781	0.81	0.6787	0.688	0.693		0.708		1			1		0.72

· 196 ·

表 4-76 哈 6 油藏井流物组成表

取样时间	井段（m）	组分	单脱油摩尔分数（%）	单脱气摩尔分数（%）	井流物摩尔分数（%）	井流物质量分数（%）
2009 年 9 月 13 日	6658.00~6748.00	氮气		6.398	2.411	
		二氧化碳		2.505	0.944	
		甲烷		70.956	26.737	
		乙烷	0.150	8.429	3.270	0.956
		丙烷	0.330	4.556	1.922	0.824
		异丁烷	0.300	1.423	0.723	0.409
		正丁烷	0.990	2.673	1.624	0.918
		异戊烷	1.250	1.222	1.239	0.870
		正戊烷	2.020	1.117	1.680	1.179
		己烷	5.500	0.664	3.678	3.004
		庚烷	8.400	0.055	5.255	4.907
		辛烷	11.590	0.002	7.223	7.517
		壬烷	10.660		6.643	7.818
		癸烷	10.280		6.406	8.349
		十一烷	8.050		5.017	7.172
		十二烷	6.800		4.238	6.635
		十三烷	5.530		3.446	5.865
		十四烷	4.980		3.103	5.735
		十五烷	4.320		2.692	5.394
		十六烷	3.070		1.913	4.131
		十七烷	3.200		1.994	4.596
		十八烷	2.030		1.265	3.088
		十九烷	1.990		1.240	3.172
		二十烷	1.340		0.835	2.233
		二十一烷	1.230		0.767	2.169
		二十二烷	1.010		0.629	1.867
		二十三烷	0.850		0.530	1.638
		二十四烷	0.740		0.461	1.485
		二十五烷	0.610		0.380	1.275
		二十六烷	0.590		0.368	1.284
		二十七烷	0.470		0.293	1.065
		二十八烷	0.340		0.212	0.800
		二十九烷	0.410		0.256	0.999
		三十烷以上	0.970		0.604	2.646

注：十一烷以上流体特性：分子量 308，相对密度（20℃）0.873；油罐油密度（20℃）0.8334g/cm^3。

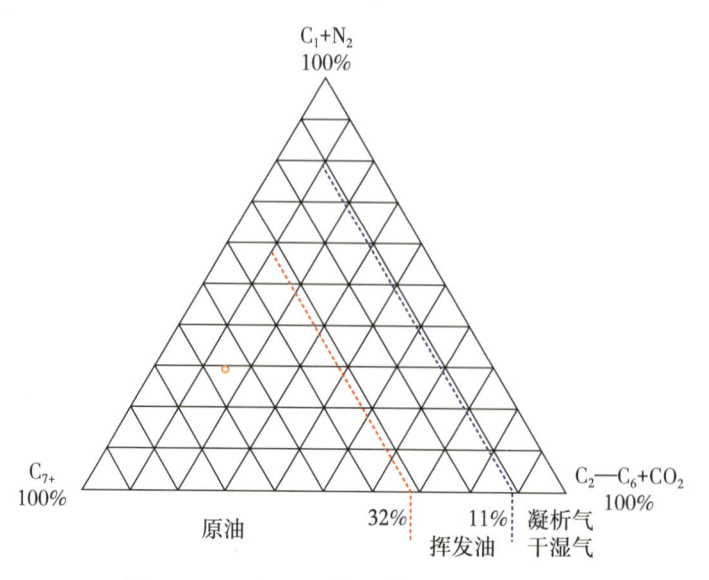

图 4-23　哈 6 油藏流体类型三角相图

（2）流体相态。

哈 6 油藏 6658.00~6748.00m 井段的流体相态特征如图 4-24 所示。流体临界参数见表 4-77，平均临界压力 7.78MPa，平均临界温度 441.7℃。地层温度位于临界温度左侧，远离临界点，表现出典型的油藏相态特征。

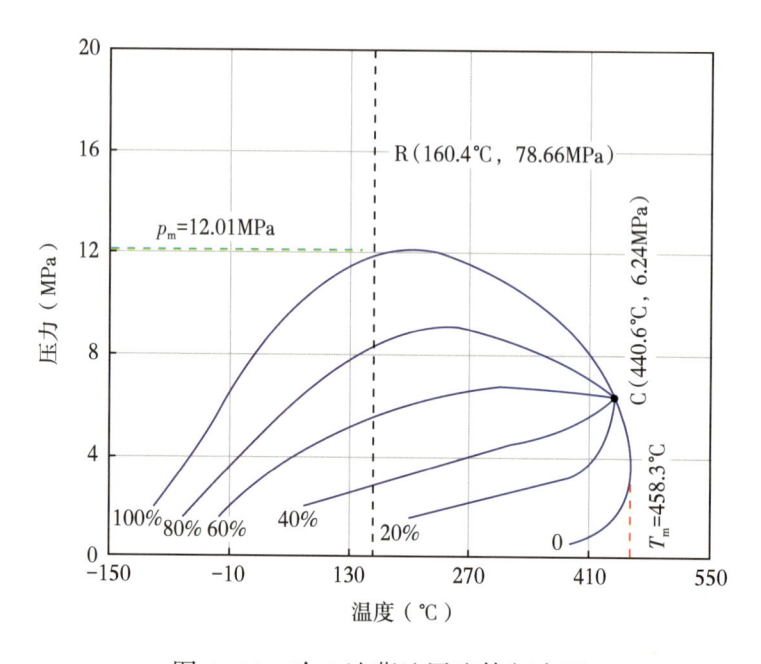

图 4-24　哈 6 油藏地层流体相态图

表 4-77 哈 6 油藏相态数据表（6658.00~6748.00m 井段）

取样时间	层位	地层压力（MPa）	地层温度（℃）	临界压力（MPa）	临界温度（℃）	泡点压力（MPa）	油气藏类型
2009年9月13日	O	78.66	160.4	6.24	440.6	11.83	油藏

（3）恒质膨胀实验。

哈 6 油藏 6658.00~6748.00m 层段的流体样品在地层温度 160.4℃下，地层原油的饱和压力为 11.83MPa，饱和压力下的原油密度为 0.6761g/cm^3，饱和油的热膨胀系数为 $6.22×10^{-4}℃^{-1}$。恒质膨胀实验结果见表 4-78。

表 4-78 哈 6 油藏取样恒质膨胀实验结果

压力（MPa）	相对体积 V_i/V_r	Y 函数	压缩系数（10^{-4}MPa^{-1}）
78.66①	0.9030		10.31
70.00	0.9111		10.69
60.00	0.9209		11.75
50.00	0.9317		13.58
40.00	0.9445		15.69
30.00	0.9594		17.18
20.53	0.9760		
11.83②	1.0000		
10.00	1.0688	2.6585	
8.00	1.1902	2.5169	
6.00	1.4091	2.3753	
4.00	1.8763	2.2337	

①地层压力。
②饱和压力。

（4）单次脱气实验。

哈 6 油藏 6658.00~6748.00m 层段的流体样品在地层温度 160.4℃、压力 78.66MPa 下，单次脱气实验结果见表 4-79。

表 4-79 哈 6 油藏流体单次脱气实验结果

气油比（m^3/m^3）	原油收缩率（%）	原油体积系数	地层原油密度（g/cm^3）	地层原油黏度（mPa·s）	气体平均溶解系数[m^3/(m^3·MPa)]	原油平均分子量
58	15.79	1.1875	0.7485	0.88	4.9028	209

（5）多次脱气实验。

哈6油藏6658.00~6748.00m层段的流体样品在地层温度160.4℃下，多次脱气实验结果见表4-80。

表4-80 哈6油藏流体多次脱气实验结果

压力 (MPa)	溶解气油比 (m^3/m^3)	原油体积系数	双相体积系数	原油密度 (g/cm^3)	偏差系数	气体体积系数	脱出气密度 (kg/m^3)
78.66①		1.1843		0.7485			
11.83②	56	1.3111		0.6761			
9.00	44	1.2722	1.4573	0.6888	0.942	0.01551	0.859
6.00	31	1.2369	1.8352	0.6992	0.959	0.02355	0.874
4.00	22	1.2109	2.4502	0.7075	0.974	0.03558	0.909
2.00	12	1.1741	4.4493	0.7210	0.991	0.07066	0.997
0.00	0	1.1392		0.7316			
0.00（20℃）		1.0000		0.8334			

①地层压力。
②饱和压力。

（6）黏度测定实验。

哈6油藏6658.00~6748.00m层段的流体样品在地层温度160.4℃下，黏度测定实验结果见表4-81。

表4-81 哈6油藏流体黏度测定实验结果

压力（MPa）	原油黏度（mPa·s）	气体黏度（mPa·s）	黏度比（油/气）
78.66①	0.88		
11.83②	0.51		
9.00	0.53	0.01548	34
6.00	0.59	0.01495	39
4.00	0.65	0.01442	45
2.00	0.75	0.01404	53
0.00	0.87		

①地层压力。
②饱和压力。

2）新垦油藏

（1）流体组分。

新垦油藏井流物组成见表4-82。井流物组成摩尔分数：C_1+N_2为30.63%、C_2—C_6+CO_2为28.48%、C_{7+}为40.90%，在三角相图上属于油藏范围（图4-25）。

表 4-82　新垦油藏井流物组成表

井段（m）	组分	单脱油摩尔分数（%）	单脱气摩尔分数（%）	井流物摩尔分数（%）	井流物含量（g/m³）
6834.05~6850.00	氮气		5.785	2.74	0.68
	二氧化碳		6.026	2.85	1.11
	甲烷		58.887	27.89	3.94
	乙烷		14.529	6.88	1.82
	丙烷	2.93	6.321	4.54	1.76
	异丁烷	1.69	1.831	1.76	0.90
	正丁烷	3.82	3.285	3.57	1.83
	异戊烷	2.63	1.243	1.97	1.25
	正戊烷	4.2	1.14	2.75	1.75
	己烷	7.14	0.845	4.16	3.08
	庚烷	8.48	0.102	4.51	3.81
	辛烷	10.17	0.006	5.36	5.05
	壬烷	8.05		4.24	4.52
	癸烷	6.93		3.65	4.30
	十一烷	4.64		2.44	3.16
	十二烷	3.74		1.97	2.79
	十三烷	3.26		1.72	2.64
	十四烷	2.42		1.27	2.13
	十五烷	2.17		1.14	2.07
	十六烷	1.38		0.73	1.42
	十七烷	1.12		0.59	1.23
	十八烷	1.05		0.55	1.22
	十九烷	1.06		0.56	1.29
	二十烷	0.53		0.28	0.68
	二十一烷	0.71		0.37	0.96
	二十二烷	0.48		0.25	0.68
	二十三烷	0.34		0.18	0.50
	二十四烷	0.31		0.16	0.48
	二十五烷	0.23		0.12	0.37
	二十六烷	0.21		0.11	0.35
	二十七烷	0.2		0.11	0.35
	二十八烷	0.14		0.07	0.25
	二十九烷	0.1		0.05	0.19
	三十烷以上	19.87		10.46	41.45

注：十一烷以上流体特性：分子量 405，相对密度 0.9099（20℃）。

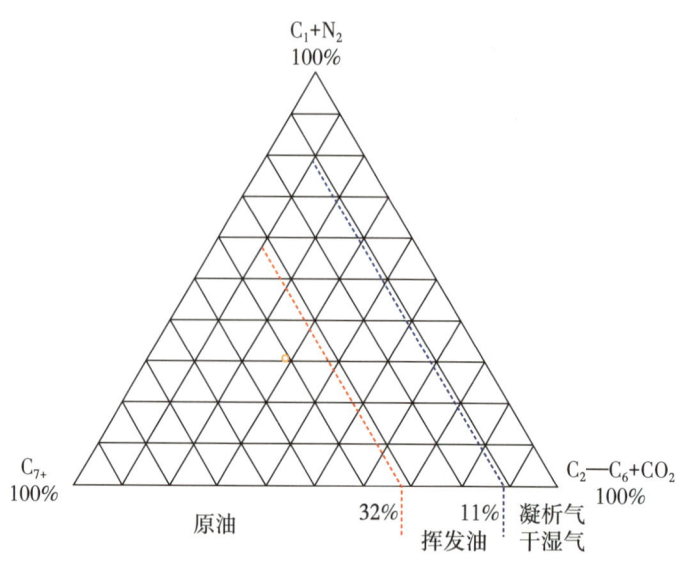

图 4-25 新垦油藏流体类型三角相图

（2）流体相态。

新垦油藏 6834.05~6850.00m 井段的流体相态特征如图 4-26 所示。流体临界参数见表 4-83，平均临界压力 8.00MPa，平均临界温度 467.7℃。地层温度位于临界温度左侧，远离临界点，表现出典型的油藏相态特征。

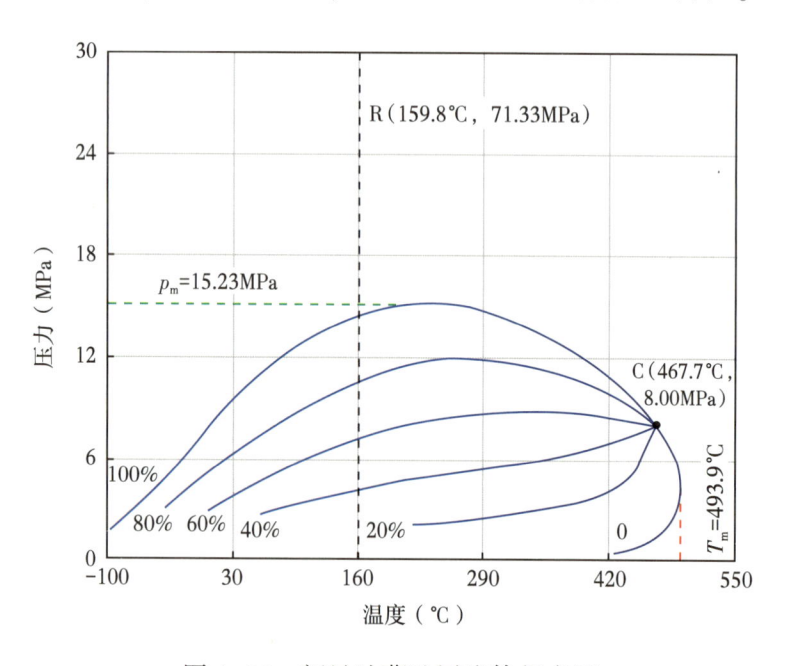

图 4-26 新垦油藏地层流体相态图

表 4-83　新垦油藏相态数据表

井段（m）	层位	地层压力（MPa）	地层温度（℃）	临界压力（MPa）	临界温度（℃）	泡点压力（MPa）	油气藏类型
6834.05~6850.00	O	71.33	159.8	8.00	467.7	14.47	油藏

(3) 恒质膨胀实验。

新垦油藏 6834.05~6850.00m 层段流体样品在地层温度 159.8℃下，地层原油的饱和压力为 14.47MPa，饱和压力下的原油密度为 0.6668g/cm³，饱和油的热膨胀系数为 $7.10\times10^{-4}℃^{-1}$。恒质膨胀实验结果见表 4-84。

表 4-84　新垦油藏流体样品恒质膨胀实验结果

压力（MPa）	相对体积 V_i/V_r	Y 函数	压缩系数（10^{-4}MPa^{-1}）
71.33[①]	0.9084		10.92
70.00	0.9097		11.54
60.00	0.9202		12.42
50.00	0.9317		15.16
40.00	0.9460		17.68
30.00	0.9629		21.02
20.00	0.9833		
14.47[②]	1.0000		
12.00	1.0792	2.5986	
10.00	1.1823	2.4516	
8.00	1.3509	2.3047	
6.00	1.6542	2.1578	
4.00	2.3016	2.0109	

①地层压力。
②饱和压力。

(4) 单次脱气实验。

新垦油藏 6834.05~6850.00m 层段流体样品在地层温度 159.8℃、压力 71.33MPa 下，单次脱气实验结果见表 4-85。

表 4-85　新垦油藏流体样品单次脱气实验结果

气油比 (m^3/m^3)	原油收缩率 (%)	原油体积 系数	地层原油密度 (g/cm^3)	地层原油黏度 ($mPa \cdot s$)	气体平均溶解系数 [$m^3/(m^3 \cdot MPa)$]	原油平均 分子量
79	21.22	1.2693	0.7333	0.77	5.4596	231

（5）多次脱气实验。

新垦油藏 6834.05~6850.00m 层段流体样品在地层温度 159.8℃下，多次脱气实验结果见表 4-86。

表 4-86　新垦油藏流体样品多次脱气实验结果

压力 (MPa)	溶解气油比 (m^3/m^3)	原油体积 系数	双相体积 系数	原油密度 (g/cm^3)	偏差 系数	气体体积 系数	脱出气密度 (kg/m^3)
71.33①		1.2692		0.7333			
14.47②	77	1.3958		0.6668			
12.00	65	1.3562	1.4968	0.6782	0.936	0.011572	0.907
9.00	50	1.3112	1.7379	0.6904	0.940	0.015452	0.954
6.00	35	1.2674	2.2716	0.7024	0.952	0.023344	1.000
4.00	24	1.2338	3.1323	0.7129	0.965	0.035202	1.026
2.00	14	1.1924	5.8372	0.7271	0.978	0.069632	1.157
0.00	0	1.1338		0.7436			1.763
0.00(20℃)		1.0000		0.8431			

①地层压力。
②饱和压力。

（6）黏度测定实验。

新垦油藏 6834.05~6850.00m 层段流体样品在地层温度 159.8℃下，黏度测定实验结果见表 4-87。

表 4-87　新垦油藏流体样品黏度测定实验结果

压力（MPa）	原油黏度（$mPa \cdot s$）	气体黏度（$mPa \cdot s$）	黏度比（油/气）
71.33①	0.77		
40.00	0.65		
30.00	0.61		
20.00	0.57		
14.47②	0.55		

续表

压力（MPa）	原油黏度（mPa·s）	气体黏度（mPa·s）	黏度比（油/气）
12.00	0.57	0.01635	35
9.00	0.61	0.01542	40
6.00	0.71	0.01481	48
4.00	0.80	0.01427	56
2.00	0.94	0.01387	68
0.00	1.15		

①地层压力。
②饱和压力。

3）热瓦普油藏

（1）流体组分。

热瓦普油藏井流物组成见表4-88。井流物组成摩尔分数：C_1+N_2 为 68.43%、C_2—C_6+CO_2 为 14.01%、C_{7+} 为 17.56%，在三角相图上属于油藏范围（图4-27）。

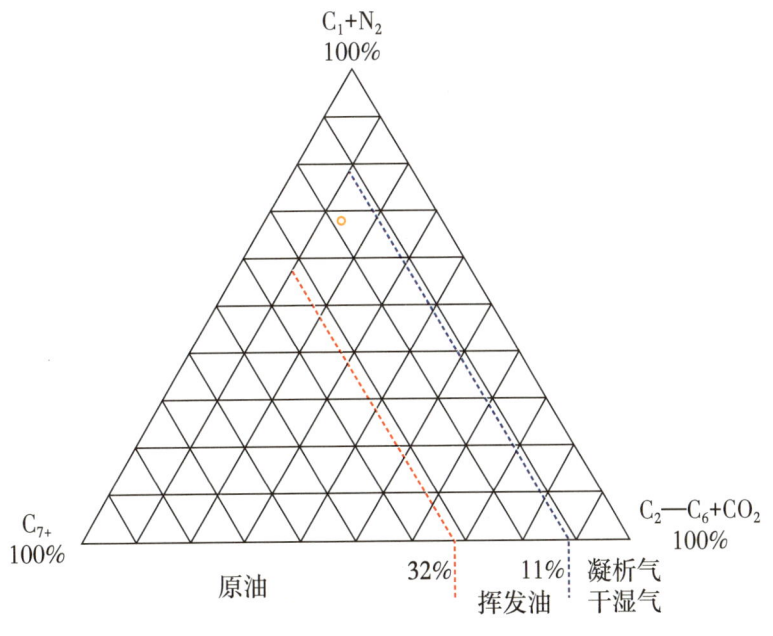

图4-27 热瓦普油藏流体类型三角相图

表 4-88 热瓦普油藏井流物组成表

井段 (m)	组分	分离器油 摩尔分数 (%)	分离器气 摩尔分数 (%)	分离器气 含量 (g/m³)	井流物 摩尔分数 (%)	井流物 含量 (g/m³)
6977.20~7040.00	氮气	0.070	3.641		2.876	
	二氧化碳	0.001	1.400		1.100	
	甲烷	1.533	83.014		65.552	
	乙烷	0.526	7.219	90.241	5.785	72.310
	丙烷	0.902	1.941	35.582	1.718	31.501
	异丁烷	0.728	0.629	15.198	0.650	15.710
	正丁烷	1.873	0.975	23.558	1.167	28.206
	异戊烷	2.049	0.407	12.207	0.759	22.764
	正戊烷	2.850	0.354	10.618	0.889	26.663
	己烷	7.779	0.332	11.593	1.928	67.321
	庚烷	11.483	0.081	3.233	2.524	100.748
	辛烷	15.397	0.007	0.311	3.305	147.015
	壬烷	12.702			2.722	136.923
	癸烷	10.036			2.151	119.815
	十一烷	7.156			1.534	93.720
	十二烷	5.262			1.128	75.479
	十三烷	4.686			1.004	73.062
	十四烷	3.476			0.745	58.832
	十五烷	2.704			0.580	49.632
	十六烷	1.738			0.372	34.370
	十七烷	1.435			0.308	30.302
	十八烷	1.201			0.257	26.853
	十九烷	1.103			0.236	25.849
	二十烷	0.693			0.149	16.983
	二十一烷	0.547			0.117	14.174
	二十二烷	0.449			0.096	12.203
	二十三烷	0.361			0.077	10.234
	二十四烷	0.264			0.056	7.773
	二十五烷	0.264			0.056	8.102
	二十六烷	0.166			0.036	5.308
	二十七烷	0.137			0.029	4.554
	二十八烷	0.107			0.023	3.712
	二十九烷	0.088			0.019	3.147
	三十烷以上	0.234			0.050	9.394

注：十一烷以上流体特性：分子量 237，相对密度（20℃）0.846；分离器气/分离器油 464.19m³/m³；油罐气/油罐油 3m³/m³；分离器液/油罐油 1.0112m³/m³；分离器气体相对密度 0.684。

(2) 流体相态。

热瓦普油藏的流体相态特征如图 4-28 所示。流体临界参数见表 4-89，临界压力 26.13MPa，临界温度 277.1℃。地层温度位于临界温度左侧，远离临界点，表现出典型的油藏相态特征。

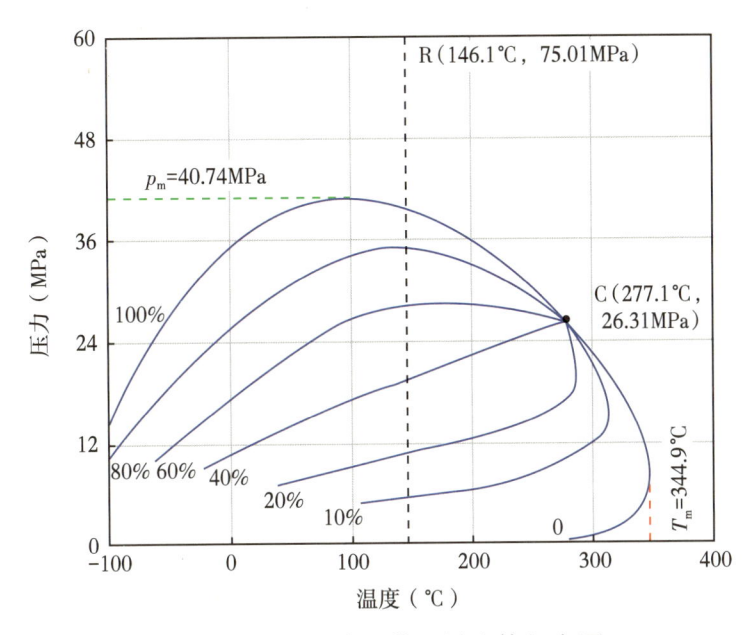

图 4-28 热瓦普油藏地层流体相态图

表 4-89 热瓦普油藏井相态数据表

井段 (m)	层位	地层压力 (MPa)	地层温度 (℃)	临界压力 (MPa)	临界温度 (℃)	泡点压力 (MPa)	油气藏 类型
6977.20~7040.00	O	75.01	146.1	26.31	277.1	39.62	油藏

(3) 恒质膨胀实验。

热瓦普油藏 6977.20~7040.00m 层段流体样品在地层温度 146.1℃ 下，地层原油的饱和压力为 39.62MPa，饱和油的热膨胀系数为 $13.51 \times 10^{-4}℃^{-1}$。恒质膨胀实验结果见表 4-90 和表 4-91。

表 4-90 热瓦普油藏流体样品恒质膨胀实验结果

压力（MPa）	相对体积 V_i/V_r	Y 函数	压缩系数（10^{-4}MPa^{-1}）
75.01①	0.8699		27.38
70.00	0.8819		29.62

续表

压力（MPa）	相对体积 V_i/V_r	Y 函数	压缩系数（$10^{-4}MPa^{-1}$）
65.00	0.8951		34.64
60.00	0.9107		38.58
55.00	0.9285		43.08
50.00	0.9487		49.25
45.00	0.9723		55.32
40.00	0.9996		
39.62[2]	1.0000		
35.00	1.0586	2.2529	
31.00	1.1277	2.1781	
27.00	1.2222	2.1032	
23.00	1.3562	2.0284	
19.00	1.5555	1.9536	
15.00	1.8736	1.8788	

①地层压力。
②饱和压力。

表 4-91　热瓦普油藏流体样品恒质膨胀含液量数据

106.1℃		126.1℃		146.1℃	
压力（MPa）	含液量（%）	压力（MPa）	含液量（%）	压力（MPa）	含液量（%）
41.64[1]	100.00	40.64[1]	100.00	39.62[1]	100.00
40.00	90.38	38.00	77.12	35.00	63.70
35.00	68.96	35.00	66.55	31.00	55.38
30.00	59.96	30.00	57.59	27.00	48.77
25.00	51.22	25.00	48.37	23.00	42.09
20.00	42.32	20.00	39.49	19.00	35.61
15.00	32.21	15.00	30.18	15.00	28.39

①饱和压力。

（4）单次脱气实验。

热瓦普油藏 6977.20～7040.00m 层段流体样品在地层温度 146.1℃、压力 75.01MPa 下，单次脱气实验结果见表 4-92。

表 4-92　热瓦普油藏流体样品单次脱气实验结果

气油比 （m³/m³）	原油收缩率 （%）	原油体积 系数	地层原油密度 （g/cm³）	地层原油黏度 （mPa·s）	气体平均溶解系数 [m³/（m³·MPa）]	原油平均 分子量
467	56.96	2.3233	0.5166	0.19	11.7870	155

（5）定容衰竭实验。

热瓦普油藏 6977.20~7040.00m 层段流体样品在地层温度 146.1℃ 下，定容衰竭实验结果见表 4-93 至表 4-97。

表 4-93　热瓦普油藏流体样品定容衰竭实验结果

压力（MPa）		39.62①	34.00	28.00	22.00	16.00	10.00	5.00
衰竭各级井流物组成摩尔分数（%）	氮气	2.88	4.25	4.41	4.24	4.71	4.73	4.54
	二氧化碳	1.10	1.18	1.23	1.24	1.30	1.35	1.42
	甲烷	65.55	77.31	80.79	82.22	82.98	83.01	82.87
	乙烷	5.79	5.31	5.30	5.42	5.51	5.55	5.57
	丙烷	1.72	1.52	1.14	1.20	1.56	1.59	1.65
	异丁烷	0.65	0.46	0.40	0.41	0.43	0.46	0.50
	正丁烷	1.17	0.70	0.63	0.61	0.66	0.70	0.77
	异戊烷	0.76	0.39	0.36	0.34	0.32	0.33	0.35
	正戊烷	0.89	0.39	0.36	0.34	0.32	0.34	0.35
	己烷	1.93	0.94	0.93	0.84	0.60	0.58	0.61
	庚烷	2.52	1.18	0.84	0.68	0.46	0.42	0.43
	辛烷	3.30	1.64	0.98	0.70	0.41	0.34	0.34
	壬烷	2.72	1.33	0.84	0.59	0.31	0.26	0.26
	癸烷	2.15	1.03	0.63	0.44	0.20	0.16	0.16
	十一烷以上	6.87	2.37	1.16	0.73	0.23	0.18	0.18
	合计	100.00	100.00	100.00	100.00	100.00	100.00	100.00
十一烷以上的特性	分子量	237	218	207	198	193	188	187
	相对密度	0.846	0.837	0.831	0.826	0.823	0.820	0.819
气相偏差系数 Z		—	1.146	1.064	0.981	0.902	0.860	0.880
气液两相偏差系数		—	1.121	1.019	0.923	0.820	0.691	0.483
累计采出（%）		0	6.730	15.524	26.689	40.038	55.502	68.188

①饱和压力。

表 4-94　热瓦普油藏流体样品定容衰竭实验累计采出量

项目		储量	不同分级压力下数据					
			39.62① MPa	34.00 MPa	28.00 MPa	22.00 MPa	16.00 MPa	10.00 MPa	5.00 MPa

项目		储量	39.62① MPa	34.00 MPa	28.00 MPa	22.00 MPa	16.00 MPa	10.00 MPa	5.00 MPa
井流物每 $10^6 m^3$ 原始流体累计采出量（$10^3 m^3$）		1000	0	67.30	155.24	266.89	400.38	555.02	681.88
闪蒸油体积（m^3）		1670.0	0	42.3	71.9	96.3	109.6	121.5	131.4
闪蒸气体积（$10^3 m^3$）		793.6	0	61.9	145.8	254.1	385.8	538.7	664.2
分离计算	油罐油体积（m^3）	1853.0	0	51.8	92.1	128.3	150.9	173.0	188.7
	一级分离器气体积（$10^3 m^3$）	743.4	0	60.0	142.0	248.0	377.9	528.8	652.6
	油罐气体积（$10^3 m^3$）	38.00	0	1.03	1.86	2.67	3.24	3.84	4.36
一级分离器气重质含量（kg）	乙烷	61297	0	4199	9809	17169	26228	36818	45533
	丙烷	19439	0	1537	3159	5400	9030	13343	17010
	丁烷	15474	0	1144	2715	4859	7909	11735	15157
	戊烷以上	10536	0	796	2199	4224	7065	10612	13613
井流物重质含量（kg）	乙烷	72423	0	4470	10300	17869	27069	37805	46643
	丙烷	31552	0	1877	3716	6173	9994	14504	18344
	丁烷	44001	0	1887	4077	6831	10348	14685	18580
	戊烷以上	1298501	0	34703	61836	86669	102956	119713	133748

①饱和压力。

表 4-95　热瓦普油藏流体样品定容衰竭实验过程中瞬时采出量

分级压力（MPa）		39.62①	34.00	28.00	22.00	16.00	10.00	5.00
分离计算		0.7967	0.7895	0.7845	0.7807	0.7780	0.7756	0.7745
一级分离器气/井流物（$10^3 m^3/10^6 m^3$）		743	891	932	950	973	976	975
一级分离器气/油罐油（m^3/m^3）		401	1157	2035	2930	5753	6818	7911
各组分重质含量（g/m^3）	乙烷以上	1446	638	421	337	246	235	241
	丙烷以上	1374	572	354	269	177	166	172
	丁烷以上	1343	544	333	247	148	136	141
	戊烷以上	1299	516	309	222	122	108	111

①饱和压力。

表4-96　热瓦普油藏流体定容衰竭实验过程中液相体积

压力（MPa）	液相体积占孔隙体积（%）
39.62①	100.00
34.00	66.45
28.00	59.54
22.00	55.70
16.00	52.23
10.00	49.03
5.00	47.33
0.00	45.32

①饱和压力。

（6）黏度测定实验。

热瓦普油藏6977.20~7040.00m层段流体样品在地层温度146.1℃下，黏度测定实验结果见表4-97。

表4-97　热瓦普油藏流体样品黏度测定实验结果

压力（MPa）	原油黏度（mPa·s）
75.01①	0.19
70.00	0.18
60.00	0.16
50.00	0.14
39.62②	0.12
34.00	0.13
28.00	0.14
22.00	0.16
16.00	0.21
10.00	0.32
5.00	0.47
0.00	0.72

①地层压力。
②饱和压力。

4）金跃油藏

（1）流体组分。

金跃油藏井流物组成见表4-98。井流物组成摩尔分数：C_1+N_2为63.24%、C_2—C_6+CO_2为15.06%、C_{7+}为21.70%，在三角相图上属于易挥发油藏范围（图4-29）。

表 4-98 金跃油藏流物组成表

井段 (m)	组分	单脱油 摩尔分数 (%)	单脱气 摩尔分数 (%)	井流物 摩尔分数 (%)	井流物 含量 (g/m³)
7060.00~7165.00	二氧化碳		0.672	0.50	0.44
	氮气		3.539	2.63	1.47
	甲烷		81.500	60.61	19.35
	乙烷	0.85	5.539	4.34	2.60
	丙烷	0.86	2.993	2.45	2.15
	异丁烷	0.85	0.949	0.92	1.07
	正丁烷	1.30	1.672	1.58	1.82
	异戊烷	1.76	0.823	1.06	1.53
	正戊烷	2.88	0.810	1.34	1.92
	己烷	8.17	1.044	2.87	4.80
	庚烷	12.28	0.405	3.45	6.59
	辛烷	15.43	0.054	3.99	8.51
	壬烷	12.49		3.20	7.71
	癸烷	10.28		2.63	7.03
	十一烷	7.20		1.85	5.40
	十二烷	5.16		1.32	4.24
	十三烷	4.58		1.17	4.09
	十四烷	3.35		0.86	3.25
	十五烷	2.88		0.74	3.03
	十六烷	1.82		0.47	2.06
	十七烷	1.62		0.42	1.96
	十八烷	1.21		0.31	1.55
	十九烷	1.08		0.28	1.45
	二十烷	0.86		0.22	1.21
	二十一烷	0.67		0.17	0.99
	二十二烷	0.46		0.12	0.72
	二十三烷	0.43		0.11	0.70
	二十四烷	0.38		0.10	0.64
	二十五烷	0.35		0.09	0.62
	二十六烷	0.23		0.06	0.42
	二十七烷	0.20		0.05	0.38
	二十八烷	0.11		0.03	0.22
	二十九烷	0.09		0.02	0.18
	三十烷以上	0.17		0.04	0.39

注：十一烷以上流体特性：分子量 278，相对密度（20℃）0.863。

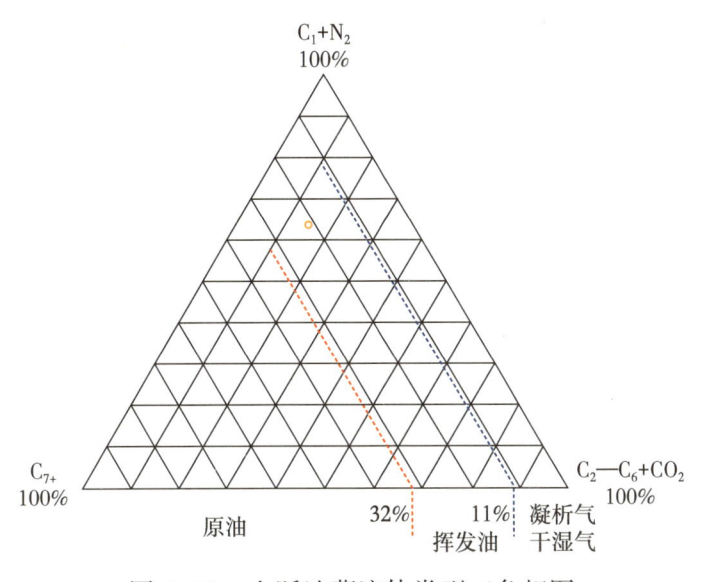

图 4-29　金跃油藏流体类型三角相图

（2）流体相态。

金跃油藏 7060.00~7165.00m 井段的流体相态特征如图 4-30 所示。流体临界参数见表 4-99，临界压力 20.75MPa，临界温度 352.3℃。地层温度位于临界温度左侧，远离临界点，表现出典型的油藏相态特征。

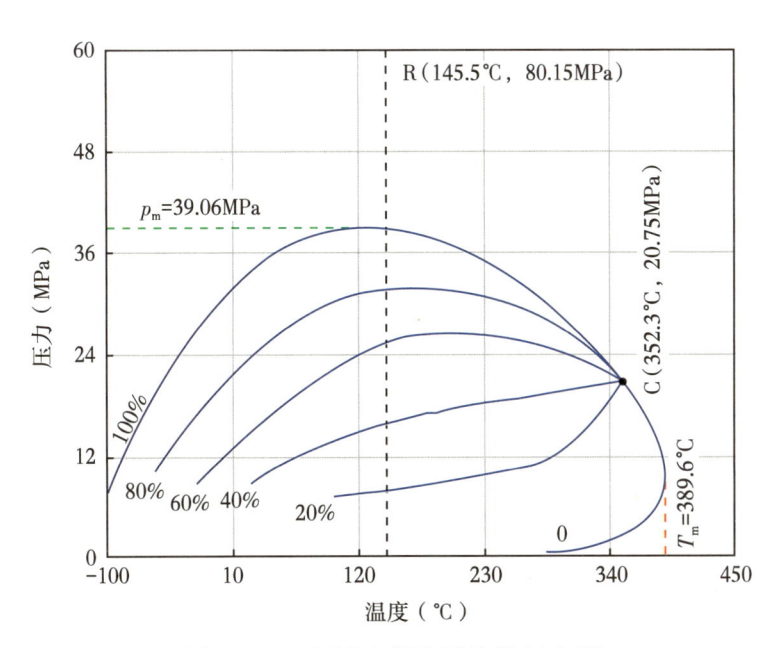

图 4-30　金跃油藏地层流体相态图

表 4-99 金跃油藏相态数据表

井段（m）	层位	地层压力（MPa）	地层温度（℃）	临界压力（MPa）	临界温度（℃）	泡点压力（MPa）	油气藏类型
7060.00~7165.00	O	80.15	145.5	20.75	352.3	38.95	油藏

（3）恒质膨胀实验。

金跃油藏 7060.00~7165.00m 层段流体样品在地层温度 145.5℃下，地层原油的饱和压力为 38.95MPa，饱和压力下的原油密度为 0.5282g/cm³，饱和油的热膨胀系数为 $9.32×10^{-4}$℃$^{-1}$。恒质膨胀实验结果见表 4-100。

表 4-100 金跃油藏流体样品恒质膨胀实验结果

压力（MPa）	相对体积 V_i/V_r	Y 函数	压缩系数（10^{-4}MPa^{-1}）
80.15①	0.8859		18.92
70.00	0.9031		22.88
60.00	0.9240		31.24
50.00	0.9533		39.32
40.00	0.9916		
38.95②	1.0000	2.8234	
35.00	1.0399	2.6405	
25.00	1.2241	2.4802	
20.00	1.4049	2.3284	
15.00	1.7333	2.1628	
10.00	2.4410	1.9889	

①地层压力。
②饱和压力。

（4）单次脱气实验。

金跃油藏 7060.00~7165.00m 层段流体样品在地层温度 145.5℃、压力 80.15MPa 下，单次脱气实验结果见表 4-101。

表 4-101 金跃油藏流体样品单次脱气实验结果

气油比（m³/m³）	原油收缩率（%）	原油体积系数	地层原油密度（g/cm³）	地层原油黏度（mPa·s）	气体平均溶解系数[m³/(m³·MPa)]	原油平均分子量
335	46.11	1.8556	0.5949	0.43	8.5983	168

（5）多次脱气实验。

金跃油藏 7060.00~7165.00m 层段流体样品在地层温度 145.5℃下，多次脱气实验结果见表 4-102。

表 4-102　金跃油藏流体样品多次脱气实验结果（145.5℃）

压力 （MPa）	溶解气油比 （m³/m³）	原油体积 系数	双相体积 系数	原油密度 （g/cm³）	偏差 系数	气体体积 系数	脱出气密度 （kg/m³）
80.15①		1.8360		0.5949			
38.95②	334	2.0680		0.5282			
33.00	213	1.7175	2.2606	0.5779	1.0289	0.004498	0.826
27.00	153	1.5311	2.4824	0.6156	0.9847	0.005255	0.827
21.00	110	1.4099	2.8708	0.6435	0.9517	0.006531	0.828
15.00	75	1.3243	3.6621	0.6630	0.9384	0.009032	0.831
9.00	44	1.2430	5.6466	0.6854	0.9439	0.015201	0.843
4.00	21	1.1920	12.1881	0.6970	0.9650	0.035111	0.899
0.00	0	1.1352		0.7102			
0.00（20℃）		1.0000		0.8062			

①地层压力。
②饱和压力。

（6）黏度测定实验。

金跃油藏 7060.00~7165.00m 层段流体样品在地层温度 145.5℃下，黏度测定实验结果见表 4-103。

表 4-103　金跃油藏流体样品黏度测定实验结果

压力（MPa）	原油黏度（mPa·s）	气体黏度（mPa·s）	黏度比（油/气）
80.15①	0.43		
70.00	0.39		
60.00	0.35		
38.95②	0.27		
33.00	0.28	0.02267	12
27.00	0.32	0.02072	15
21.00	0.38	0.01886	20
15.00	0.47	0.01713	27
9.00	0.58	0.01542	38
4.00	0.70	0.01444	48
0	0.82		

①地层压力。
②饱和压力。

5）跃满油藏

（1）流体组分。

跃满油藏井流物组成见表 4-104。井流物组成摩尔分数：C_1+N_2 为 65.39%、

C_2—C_6+CO_2 为 22.96%、C_{7+} 为 11.65%，在三角相图上属于易挥发油藏范围（图 4-31）。

表 4-104　跃满油藏井流物组成表

井段（m）	组分	分离器油 摩尔分数（%）	分离器气 摩尔分数（%）	分离器气 含量（g/m³）	井流物 摩尔分数（%）	井流物 含量（g/m³）
7141.00m~7231.00	二氧化碳	0.056	1.384		1.036	
	氮气	0.063	2.747		2.043	
	甲烷	3.627	84.577		63.346	
	乙烷	1.508	6.525	81.566	5.209	65.116
	丙烷	7.652	2.827	51.824	4.093	75.024
	异丁烷	3.806	0.527	12.734	1.387	33.515
	正丁烷	10.593	0.815	19.692	3.379	81.656
	异戊烷	6.171	0.196	5.879	1.763	52.879
	正戊烷	9.129	0.183	5.489	2.529	75.860
	己烷	13.147	0.152	5.308	3.560	124.323
	庚烷	11.926	0.058	2.315	3.171	126.542
	辛烷	10.542	0.009	0.400	2.771	123.280
	壬烷	6.603			1.732	87.107
	癸烷	4.402			1.154	64.311
	十一烷	2.374			0.623	38.056
	十二烷	1.626			0.426	28.535
	十三烷	1.397			0.366	26.660
	十四烷	0.986			0.259	20.432
	十五烷	0.831			0.218	18.666
	十六烷	0.584			0.153	14.147
	十七烷	0.594			0.156	15.339
	十八烷	0.502			0.132	13.746
	十九烷	0.393			0.103	11.260
	二十烷	0.329			0.086	9.858
	二十一烷	0.247			0.065	7.823
	二十二烷	0.155			0.041	5.163
	二十三烷	0.155			0.041	5.383
	二十四烷	0.146			0.038	5.273
	二十五烷	0.146			0.038	5.496
	二十六烷	0.110			0.029	4.290
	二十七烷	0.082			0.022	3.352
	二十八烷	0.055			0.014	2.318
	二十九烷	0.037			0.010	1.601
	三十烷以上	0.027			0.007	1.344

注：十一烷以上流体特性：分子量 306，相对密度（20℃）0.873；分离器气/分离器油 389m³/m³；油罐气/油罐油 12m³/m³；分离器液/油罐油 1.0242m³/m³；分离器气体相对密度 0.670。

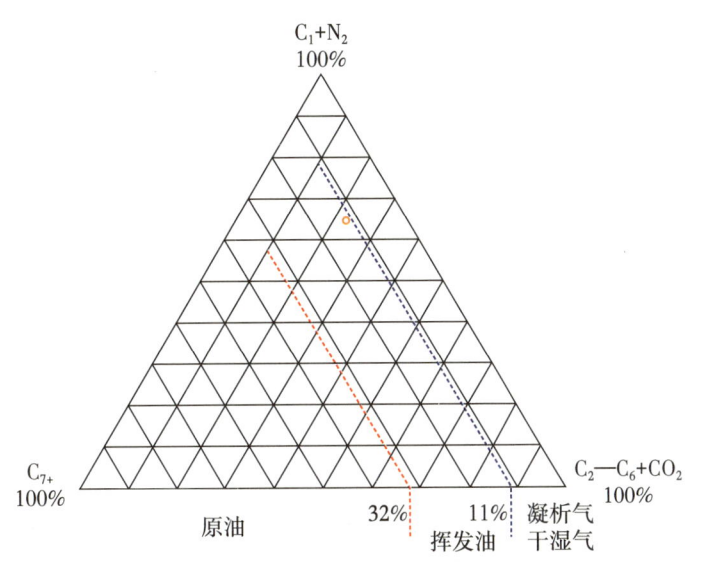

图 4-31 跃满油藏流体类型三角相图

（2）流体相态。

跃满油藏的流体相态特征如图 4-32 所示。流体临界参数见表 4-105，临界压力 21.08MPa，临界温度 316.5℃。地层温度位于临界温度左侧，远离临界点，表现出典型的挥发性油藏相态特征。

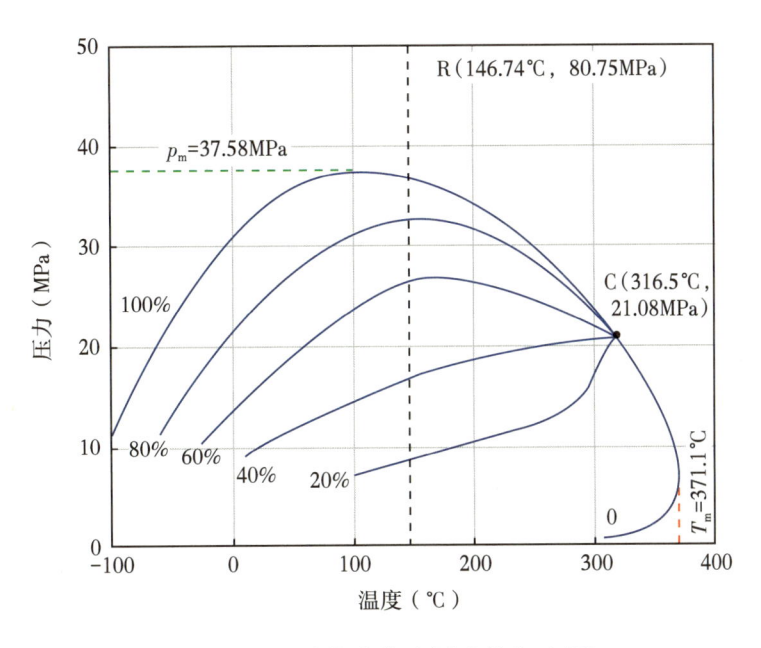

图 4-32 跃满油藏地层流体相态图

表 4-105　跃满油藏相态数据表

井段（m）	层位	地层压力（MPa）	地层温度（℃）	临界压力（MPa）	临界温度（℃）	油气藏类型
7141.00~7231.00	O	80.75	146.74	21.08	316.5	油藏

（3）恒质膨胀实验。

跃满油藏 7141.00~7231.00m 层段流体样品在地层温度 146.74℃下，地层原油的饱和压力为 37.05MPa，饱和油的热膨胀系数为 $13.14\times10^{-4}℃^{-1}$。恒质膨胀实验结果见表 4-106 和表 4-107。

表 4-106　跃满油藏流体样品恒质膨胀实验结果

压力（MPa）	相对体积 V_i/V_r	压缩系数（$10^{-4}MPa^{-1}$）
80.74①	0.8745	20.86
70.00	0.8943	24.90
60.00	0.9169	31.47
50.00	0.9462	42.49
40.00	0.9873	43.41
37.05②	1.0000	
35.00	1.0234	
30.00	1.0995	
25.00	1.2200	
20.00	1.4103	
15.00	1.7658	
10.00	2.5168	

①地层压力。
②饱和压力。

表 4-107　跃满油藏流体样品恒质膨胀含液量数据

106.7℃		126.7℃		146.7℃	
压力（MPa）	含液量（%）	压力（MPa）	含液量（%）	压力（MPa）	含液量（%）
38.52①	100.00	37.79①	100.00	37.05①	100.00
35.00	86.24	35.00	84.55	35.00	83.32
30.00	74.30	30.00	70.26	30.00	67.70
25.00	62.38	25.00	59.40	25.00	56.67

续表

106.7℃		126.7℃		146.7℃	
压力（MPa）	含液量（%）	压力（MPa）	含液量（%）	压力（MPa）	含液量（%）
20.00	51.76	20.00	48.95	20.00	46.46
15.00	40.74	15.00	38.04	15.00	35.95
10.00	27.94	10.00	25.86	10.00	23.73

①饱和压力。

(4) 单次脱气实验。

跃满油藏 7141.00~7231.00m 层段流体样品在地层温度 146.74℃、压力 80.75MPa 下，单次脱气实验结果见表 4-108。

表 4-108 跃满油藏流体样品单次脱气实验结果

气油比（m³/m³）	原油收缩率（%）	原油体积系数	地层原油密度（g/cm³）	地层原油黏度（mPa·s）	气体平均溶解系数[m³/(m³·MPa)]	原油平均分子量
389	50.59	2.0238	0.5646	0.26	10.5019	151

(5) 定容衰竭实验。

跃满油藏 7141.00~7231.00m 层段流体样品在地层温度 146.74℃下，定容衰竭实验结果见表 4-109 至表 4-112。

表 4-109 跃满油藏流体样品定容衰竭实验结果

压力（MPa）		37.05①	32.00	27.00	22.00	17.00	12.00	6.00
衰竭各级井流物组成摩尔分数（%）	二氧化碳	1.04	1.13	1.12	1.12	1.23	1.20	1.27 2.48
	氮气	2.04	3.33	3.20	3.07	2.99	2.88	
	甲烷	63.35	78.56	81.29	82.26	83.03	83.18	82.30
	乙烷	5.21	5.20	5.18	5.16	5.14	5.16	5.19
	丙烷	4.09	2.57	2.36	2.29	2.33	2.50	3.05
	异丁烷	1.39	0.68	0.61	0.58	0.56	0.59	0.73
	正丁烷	3.38	1.51	1.21	1.13	1.07	1.13	1.38
	异戊烷	1.76	0.71	0.56	0.51	0.46	0.47	0.53
	正戊烷	2.53	0.98	0.66	0.60	0.55	0.56	0.59
	己烷	3.56	1.55	1.24	1.11	0.91	0.86	0.87

续表

	压力（MPa）	37.05①	32.00	27.00	22.00	17.00	12.00	6.00
衰竭各级井流物组成摩尔分数（%）	庚烷	3.17	1.28	0.95	0.79	0.65	0.59	0.60
	辛烷	2.77	0.91	0.58	0.50	0.43	0.40	0.50
	壬烷	1.73	0.62	0.42	0.36	0.28	0.23	0.24
	癸烷	1.15	0.33	0.23	0.21	0.17	0.13	0.14
	十一烷以上	2.83	0.64	0.39	0.31	0.20	0.12	0.13
	合计	100.00	100.00	100.00	100.00	100.00	100.00	100.00
十一烷以上的特性	分子量	306	278	262	253	243	237	230
	相对密度	0.873	0.863	0.857	0.853	0.849	0.846	0.843
气相偏差系数 Z			1.076	1.012	0.955	0.912	0.893	0.920
气液两相偏差系数			1.096	1.011	0.903	0.815	0.710	0.501
累计采出（%）		0	4.378	12.567	20.260	31.695	44.645	60.819

① 饱和压力。

表 4-110 跃满油藏流体样品定容衰竭实验过程中累计采出量

项目		储量	不同分级压力下数据					
			37.05① MPa	32.00 MPa	27.00 MPa	22.00 MPa	17.00 MPa	12.00 MPa	6.00 MPa
井流物每 $10^6 m^3$ 原始流体累计采出量（$10^3 m^3$）		1000	0	43.78	125.67	202.60	316.95	446.45	608.19
闪蒸油体积（m^3）		1940.2	0	10.0	30.5	49.5	64.3	78.2	88.9
闪蒸气体积（$10^3 m^3$）		755.0	0	42.4	121.5	195.7	307.9	435.3	595.4
分离计算	油罐油体积（m^3）	1479.8	0	18.7	41.1	58.1	77.3	95.2	119.6
	一级分离器气体积（$10^3 m^3$）	795.1	0	41.3	120.1	194.7	306.3	433.2	591.2
	油罐气体积（$10^3 m^3$）	13.52	0	0.11	0.23	0.32	0.43	0.53	0.69
一级分离器气重质含量（kg）	乙烷	62161	0	2816	8083	13018	20335	28658	39109
	丙烷	64135	0	1986	5444	8609	13418	19275	28186
	丁烷	74968	0	2062	5402	8388	12679	17845	25722
	戊烷以上	64347	0	2585	6898	10789	16233	22680	30953
井流物重质含量（kg）	乙烷	65127	0	2833	8111	13066	20370	29673	39137
	丙烷	74976	0	2053	5580	8805	13660	19559	28577
	丁烷	115256	0	2306	5891	9065	13542	18892	27115
	戊烷以上	1036097	0	14300	32709	47551	65169	82754	106385

① 饱和压力。

表 4-111　跃满油藏流体样品定容衰竭实验过程中瞬时采出量

分级压力（MPa）	37.05①	32.00	27.00	22.00	17.00	12.00	6.00
分离计算油罐油相对密度（20℃）	0.7928	0.7856	0.7793	0.7742	0.7691	0.7660	0.7615
一级分离器气/井流物（$10^3 m^3/10^6 m^3$）	795	943	963	969	976	980	977
一级分离器气/油罐油（m^3/m^3）	537	2201	3526	4395	5813	7084	6478
各组分重质含量（g/m^3）乙烷以上	1291	493	378	341	301	288	318
丙烷以上	1226	428	313	277	237	224	253
丁烷以上	1151	381	270	235	194	178	198
戊烷以上	1036	328	226	193	155	137	147

①饱和压力。

表 4-112　跃满油藏流体样品定容衰竭实验过程中液相体积

压力（MPa）	液相体积占孔隙体积（%）
37.05①	100.00
35.00	83.32
32.00	74.51
27.00	69.60
22.00	64.64
17.00	60.48
12.00	56.37
6.00	52.70
0.00	48.74

①饱和压力。

（6）黏度测定实验。

跃满油藏 7141.00~7231.00m 层段流体样品在地层温度 146.74℃下，黏度测定实验结果见表 4-113。

表 4-113　跃满油藏流体样品黏度测定实验结果

压力（MPa）	原油黏度（mPa·s）
80.75①	0.26
70.00	0.24
60.00	0.22
37.05②	0.17

续表

压力（MPa）	原油黏度（mPa·s）
32.00	0.20
27.00	0.23
22.00	0.28
17.00	0.33
12.00	0.39
6.00	0.49
0.00	0.61

①地层压力。
②饱和压力。

6）富源油藏

（1）流体组分。

富源油藏井流物组成见表 4-114。井流物组成摩尔分数：C_1+N_2 为 33.55%、$C_2—C_6+CO_2$ 为 28.10%、C_{7+} 为 38.35%，在三角相图上属于油藏范围（图 4-33）。

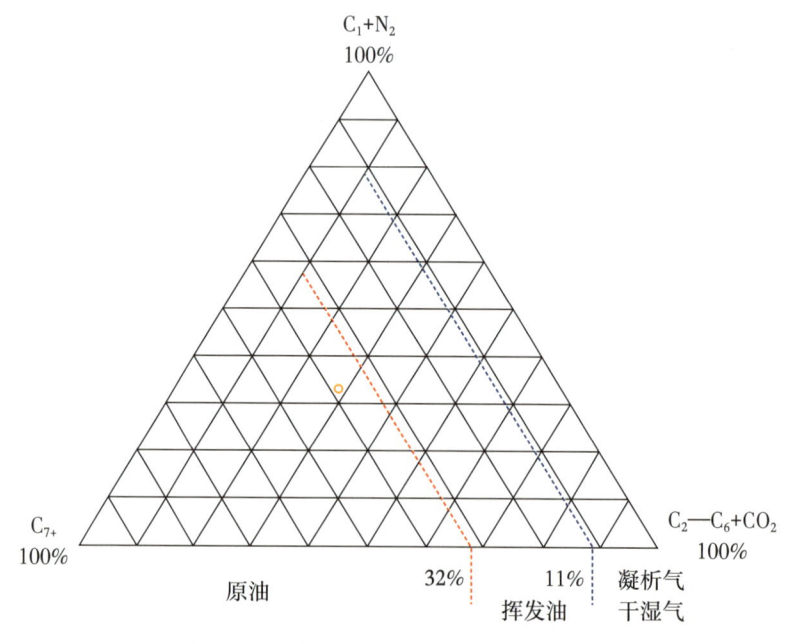

图 4-33 富源油藏流体类型三角相图

表 4-114 富源油藏井流物组成表

井段（m）	组分	单脱油摩尔分数（%）	单脱气摩尔分数（%）	井流物摩尔分数（%）	井流物含量（g/m³）
7177.25~7568.99	二氧化碳		0.763	0.42	0.19
	氮气		0.964	0.54	0.15
	甲烷		59.254	33.00	5.35
	乙烷		18.388	10.24	3.11
	丙烷	1.56	12.051	7.40	3.30
	异丁烷	0.47	1.901	1.27	0.74
	正丁烷	2.2	4.441	3.45	2.03
	异戊烷	1.29	0.974	1.11	0.81
	正戊烷	2.74	0.911	1.72	1.26
	己烷	5.18	0.33	2.48	2.10
	庚烷	7.63	0.023	3.39	3.29
	辛烷	9.49	0.003	4.21	4.55
	壬烷	7.67		3.40	4.16
	癸烷	7.4		3.28	4.44
	十一烷	6.34		2.81	4.17
	十二烷	5.56		2.46	4.01
	十三烷	5.37		2.38	4.21
	十四烷	5.33		2.36	4.53
	十五烷	5.12		2.27	4.72
	十六烷	3.78		1.67	3.76
	十七烷	2.43		1.08	2.58
	十八烷	1.96		0.87	2.20
	十九烷	1.43		0.63	1.68
	二十烷	0.72		0.32	0.89
	二十一烷	0.54		0.24	0.70
	二十二烷	0.39		0.17	0.53
	二十三烷	0.33		0.15	0.47
	二十四烷	0.25		0.11	0.37
	二十五烷	0.19		0.08	0.29
	二十六烷	0.11		0.05	0.18
	二十七烷	0.07		0.03	0.12
	二十八烷	0.04		0.02	0.07
	二十九烷	0.03		0.01	0.05
	三十烷以上	14.38		6.37	28.97

注：十一烷以上流体特性：分子量 306，相对密度 0.873（20℃）。

(2) 流体相态。

富源油藏 7177.25～7568.99m 井段取得高压流体得出的流体相态特征如图 4-34 所示。流体临界参数见表 4-115，临界压力 9.10MPa，临界温度 441.1℃。地层温度位于临界温度左侧，远离临界点，表现出典型的油藏相态特征。

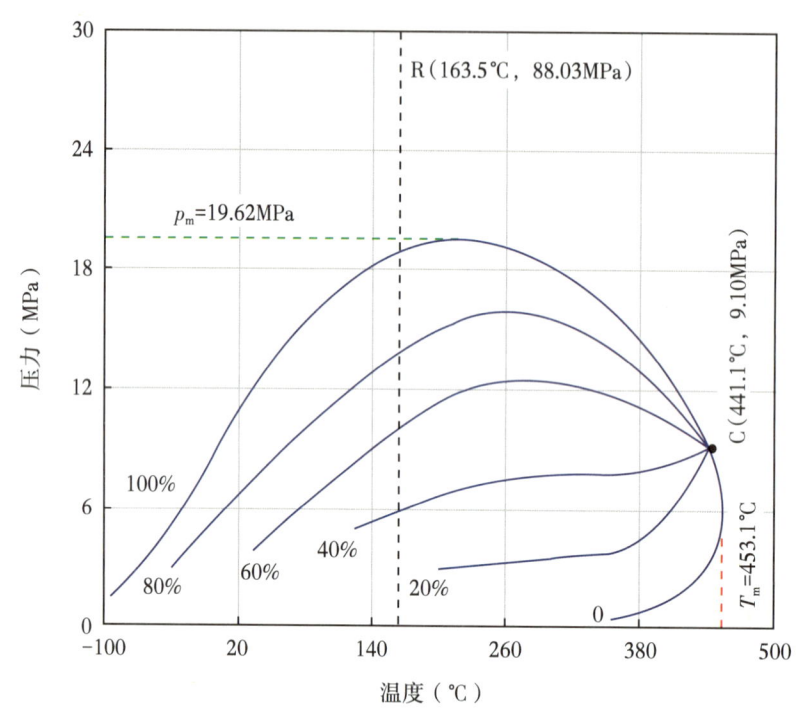

图 4-34 富源油藏地层流体相态图

表 4-115 富源油藏相态数据表

井段 (m)	层位	地层压力 (MPa)	地层温度 (℃)	临界压力 (MPa)	临界温度 (℃)	泡点压力 (MPa)	油气藏 类型
7177.25～7568.99	O	88.03	163.5	9.10	441.1	18.98	油藏

(3) 恒质膨胀实验。

富源油藏 7177.25～7568.99m 层段流体样品在地层温度 163.5℃ 下，地层原油的饱和压力为 18.98MPa，饱和压力下的原油密度为 0.6143g/cm^3、饱和油的热膨胀系数为 $7.01×10^{-4}$℃$^{-1}$。恒质膨胀实验结果见表 4-116。

表 4-116　富源油藏流体样品恒质膨胀实验结果

压力（MPa）	相对体积 V_t/V_r	Y 函数	压缩系数（10^{-4}MPa^{-1}）
88.03①	0.8836		11.00
80.00	0.8915		12.05
70.00	0.9023		13.53
60.00	0.9146		15.64
50.00	0.9290		18.20
40.00	0.9461		22.27
30.00	0.9674		26.91
20.00	0.9937		
18.98②	1.0000		
17.00	1.0495	2.3395	
15.00	1.1212	2.1739	
13.00	1.2196	2.0787	
11.00	1.3640	1.9747	
9.00	1.5871	1.8678	
7.00	1.9626	1.7527	

①地层压力。
②饱和压力。

（4）单次脱气实验。

富源油藏 7177.25~7568.99m 层段流体样品在地层温度 163.5℃、压力 88.03MPa 下，单次脱气实验结果见表 4-117。

表 4-117　富源油藏流体样品单次脱气实验结果

气油比（m³/m³）	原油收缩率（%）	原油体积系数	地层原油密度（g/cm³）	地层原油黏度（mPa·s）	气体平均溶解系数[m³/(m³·MPa)]	原油平均分子量
123	28.28	1.3943	0.6911	0.88	6.4742	204

（5）多次脱气实验。

富源油藏 7177.25~7568.99m 层段流体样品在地层温度 163.5℃下，多次脱气实验结果见表 4-118。

表 4-118 富源油藏流体样品多次脱气实验结果

压力 （MPa）	溶解气油比 （m³/m³）	原油体积 系数	双相体积 系数	原油密度 （g/cm³）	偏差 系数	气体体积 系数	脱出气密度 （kg/m³）
88.03①		1.4065		0.6911			
18.98②	122	1.5823		0.6143			
16.00	101	1.5046	1.6907	0.6328	0.9190	0.00864	0.928
13.00	80	1.4322	1.8807	0.6509	0.9131	0.01062	0.958
10.00	61	1.3676	2.2159	0.6683	0.9193	0.01391	0.976
7.00	45	1.3105	2.8751	0.6847	0.9309	0.02020	1.015
4.00	27	1.2467	4.6758	0.7039	0.9440	0.03610	1.124
0.00	0	1.1464		0.7233			1.781
0.00（20℃）		1.0000		0.8292			

①地层压力。
②饱和压力。

(6) 黏度测定实验。

富源油藏 7177.25~7568.99m 层段流体样品在地层温度 163.5℃下，黏度测定实验结果见表 4-119。

表 4-119 富源油藏流体样品黏度测定实验结果

压力（MPa）	原油黏度（mPa·s）	气体黏度（mPa·s）	黏度比（油/气）
88.02①	0.88		
70.00	0.77		
50.00	0.65		
30.00	0.53		
18.98②	0.46		
16.00	0.48	0.01813	26
13.00	0.51	0.01719	30
10.00	0.56	0.01619	35
7.00	0.67	0.01535	44
4.00	0.93	0.01427	65
0.00	1.67		

①地层压力。
②饱和压力。

7) 果勒油藏

(1) 流体组分。

果勒油藏组成见表 4-120。井流物组成摩尔分数：C_1+N_2 为 64.33%、C_2—C_6+CO_2 为 25.05%、C_{7+} 为 10.62%，在三角相图上属于油藏范围（图 4-35）。

表4-120 果勒油藏井流物组成表

井段（m）	组分	分离器油 摩尔分数（%）	分离器气 摩尔分数（%）	分离器气 含量（g/m³）	井流物 摩尔分数（%）	井流物 含量（g/m³）
7530.00~7750.00	二氧化碳	0.349	1.205		1.008	
	氮气	0.166	0.411		0.355	
	甲烷	4.956	81.640		63.974	
	乙烷	3.423	9.931	124.143	8.432	105.401
	丙烷	9.483	4.502	82.529	5.650	103.567
	异丁烷	3.228	0.649	15.681	1.243	30.038
	正丁烷	10.213	1.179	28.488	3.260	78.775
	异戊烷	4.836	0.211	6.329	1.276	38.285
	正戊烷	7.611	0.183	5.489	1.894	56.815
	己烷	9.681	0.073	2.549	2.286	79.841
	庚烷	14.300	0.014	0.559	3.305	131.904
	辛烷	8.880	0.002	0.089	2.047	91.068
	壬烷	7.252			1.671	84.035
	癸烷	4.758			1.096	61.063
	十一烷	2.901			0.668	40.837
	十二烷	1.662			0.383	25.633
	十三烷	1.111			0.256	18.622
	十四烷	0.916			0.211	16.668
	十五烷	0.908			0.209	17.904
	十六烷	0.349			0.127	11.721
	十七烷	0.407			0.094	9.241
	十八烷	0.339			0.078	8.155
	十九烷	0.271			0.063	6.836
	二十烷	0.246			0.057	6.478
	二十一烷	0.254			0.059	7.091
	二十二烷	0.204			0.047	5.946
	二十三烷	0.204			0.047	6.199
	二十四烷	0.187			0.043	5.915
	二十五烷	0.178			0.041	5.885
	二十六烷	0.153			0.035	5.249
	二十七烷	0.119			0.027	4.253
	二十八烷	0.093			0.021	3.467
	二十九烷	0.076			0.018	2.939
	三十烷以上	0.085			0.020	3.655
	合计	100.000	100.00	265.856	100.000	1073.490

注：十一烷以上流体特性：分子量202，相对密度0.8285。

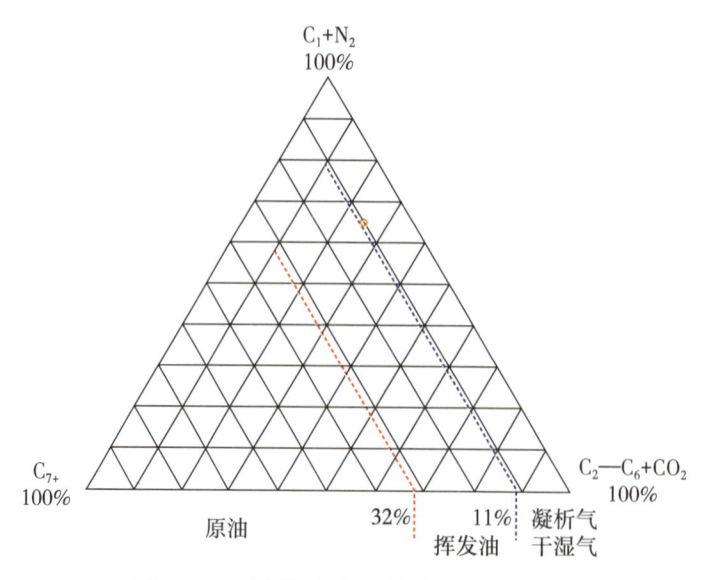

图 4-35　果勒油藏流体类型三角相图

（2）流体相态。

果勒油藏的流体相态特征如图 4-36 所示。流体临界参数见表 4-121，临界压力 25.97MPa，临界温度 298.8℃。地层温度位于临界温度左侧，远离临界点，表现出典型的易挥发性油藏相态特征。

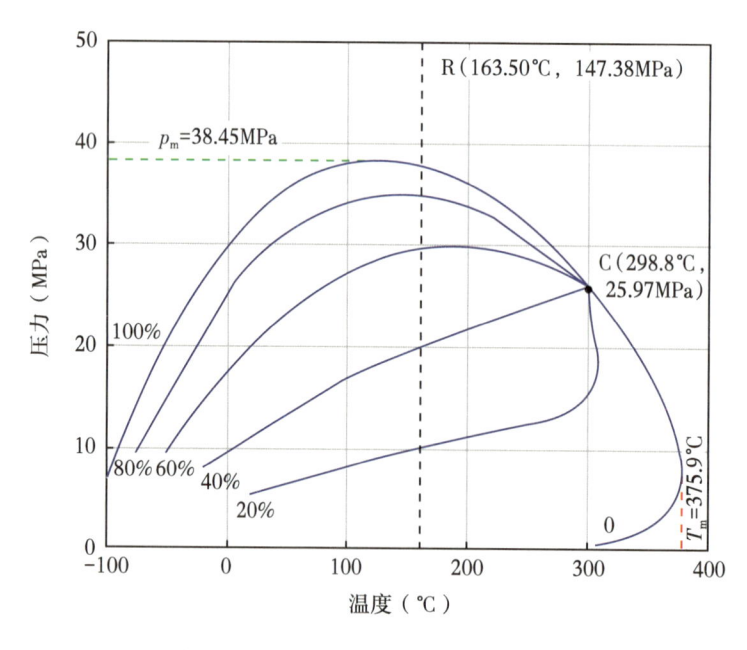

图 4-36　果勒油藏地层流体相态图

表 4-121　果勒油藏相态数据表

井段（m）	层位	地层压力（MPa）	地层温度（℃）	临界压力（MPa）	临界温度（℃）	油气藏类型
7530.00~7750.00	O	147.38	163.5	25.97	298.8	油藏

（3）恒质膨胀实验。

果勒油藏 7530.00~7750.00m 层段流体样品在地层温度 163.5℃下，地层原油的饱和压力为 37.78MPa，饱和油的热膨胀系数为 $14.14\times10^{-4}℃^{-1}$。恒质膨胀实验结果见表 4-122 和表 4-123。

表 4-122　果勒油藏流体样品恒质膨胀实验结果

压力（MPa）	相对体积 V_i/V_r	压缩系数（$10^{-4}MPa^{-1}$）
147.38①	0.7526	17.96
120.00	0.7905	19.38
100.00	0.8218	19.75
80.00	0.8549	26.39
60.00	0.9013	43.49
40.00	0.9832	
37.78②	1.0000	
34.00	1.0471	
30.00	1.1146	
26.00	1.2105	
22.00	1.3542	
18.00	1.5817	
14.00	1.9621	

①地层压力。
②饱和压力。

表 4-123　果勒油藏流体样品恒质膨胀含液量数据

123.5℃		143.5℃		163.5℃	
压力（MPa）	含液量（%）	压力（MPa）	含液量（%）	压力（MPa）	含液量（%）
38.79①	100.00	38.21①	100.00	37.78①	100.00
38.00	93.30	37.00	90.40	37.00	90.26
34.00	76.33	34.00	72.61	34.00	68.98

续表

123.5℃		143.5℃		163.5℃	
压力（MPa）	含液量（%）	压力（MPa）	含液量（%）	压力（MPa）	含液量（%）
30.00	65.91	30.00	62.05	30.00	58.53
26.00	57.84	26.00	54.66	26.00	51.48
22.00	50.66	22.00	47.61	22.00	44.55
18.00	42.82	18.00	40.00	18.00	37.17
14.00	34.49	14.00	31.77	14.00	29.04

①饱和压力。

（4）单次脱气实验。

果勒油藏 7530.00~7750.00m 层段流体样品在地层温度 163.5℃、压力 147.38MPa 下，单次脱气实验结果见表 4-124。

表 4-124 果勒油藏流体样品单次脱气实验结果

气油比（m³/m³）	原油收缩率（%）	原油体积系数	地层原油密度（g/cm³）	地层原油黏度（mPa·s）	气体平均溶解系数[m³/(m³·MPa)]	原油平均分子量
484	47.16	1.8927	0.6501	0.35	12.8192	156

（5）定容衰竭实验。

果勒油藏 7530.00~7750.00m 层段流体样品在地层温度 163.5℃下，定容衰竭实验结果见表 4-125 至表 4-128。

表 4-125 果勒油藏流体样品定容衰竭实验结果

	压力（MPa）	37.78①	33.00	28.00	23.00	18.00	12.00	6.00
衰竭各级井流物组成摩尔分数（%）	二氧化碳	0.97	0.94	0.96	0.97	0.98	0.93	0.96
	氮气	0.40	0.48	0.46	0.41	0.43	0.45	0.45
	甲烷	63.96	76.46	79.07	80.47	81.48	82.11	81.91
	乙烷	8.43	8.34	8.32	8.30	8.28	8.29	8.31
	丙烷	5.65	4.19	4.17	4.13	4.10	4.12	4.14
	异丁烷	1.24	0.75	0.74	0.72	0.70	0.72	0.74
	正丁烷	3.26	1.57	1.49	1.44	1.30	1.31	1.33
	异戊烷	1.28	0.49	0.44	0.42	0.34	0.35	0.36

续表

		37.78①	33.00	28.00	23.00	18.00	12.00	6.00
压力（MPa）		37.78①	33.00	28.00	23.00	18.00	12.00	6.00
衰竭各级井流物组成摩尔分数（%）	正戊烷	1.89	0.52	0.45	0.41	0.31	0.33	0.35
	己烷	2.29	0.89	0.48	0.35	0.30	0.26	0.27
	庚烷	3.31	1.08	0.74	0.55	0.43	0.26	0.27
	辛烷	2.05	0.98	0.55	0.41	0.32	0.25	0.26
	壬烷	1.67	0.96	0.59	0.41	0.33	0.25	0.26
	癸烷	1.10	0.72	0.47	0.30	0.21	0.16	0.17
	十一烷以上	2.50	1.63	1.07	0.71	0.49	0.21	0.22
	合计	100.00	100.00	100.00	100.00	100.00	100.00	100.00
十一烷以上的特性	分子量	202	185	175	168	161	155	152
	相对密度	0.829	0.818	0.812	0.807	0.802	0.797	0.794
气相偏差系数 Z			1.093	1.042	0.996	0.966	0.950	0.964
气液两相偏差系数			1.085	1.003	0.921	0.819	0.705	0.527
累计采出（%）		0.000	6.207	13.934	22.988	32.223	47.534	64.870

①饱和压力。

表 4-126　果勒油藏流体样品定容衰竭实验过程中累计采出量

项目		储量	不同分级压力下的数据					
			37.78① MPa	33.00 MPa	28.00 MPa	23.00 MPa	18.00 MPa	12.00 MPa	6.00 MPa
每 $10^6 m^3$ 原始流体累计采出量井流物（$10^3 m^3$）		1000	0	62.07	139.34	229.88	322.23	475.34	648.7
闪蒸油体积（m^3）		1646.6	0	31.5	49.9	66.1	80.3	93.2	103.5
闪蒸气体积（$10^3 m^3$）		796.6	0	57.9	132.6	220.8	311.0	462.1	633.9
分离计算	油罐油体积（m^3）	1158.7	0	30.5	53.1	70.8	83.6	97.0	112.7
	一级分离器气体积（$10^3 m^3$）	812.5	0	57.4	131.0	218.7	308.8	459.6	630.2
	油罐气体积（$10^3 m^3$）	24.16	0	0.41	0.71	0.96	1.14	1.33	1.56
一级分离器气重质含量（kg）	乙烷	99116	0	6338	14276	23591	33091	48897	66832
	丙烷	85415	0	4446	10108	16767	23563	34971	47941
	丁烷	66019	0	2852	6532	10870	15063	22276	30588
	戊烷以上	42273	0	1711	3731	6083	8176	11967	16401

续表

项目		储量	不同分级压力下的数据						
			37.78① MPa	33.00 MPa	28.00 MPa	23.00 MPa	18.00 MPa	12.00 MPa	6.00 MPa
井流物重质含量（kg）	乙烷	105378	0	6434	14422	23761	33368	49314	67374
	丙烷	103573	0	4740	10612	17427	24402	36024	49218
	丁烷	108732	0	3459	7598	12296	16781	24329	33025
	戊烷以上	772600	0	22855	41007	56127	67769	81339	97298

① 饱和压力。

表 4-127　果勒油藏流体样品定容衰竭实验过程中瞬时采出量

分级压力（MPa）		37.78①	33.00	28.00	23.00	18.00	12.00	6.00
分离计算油罐油相对密度（20℃）		0.7969	0.7865	0.7778	0.7708	0.7644	0.7607	0.7585
一级分离器气/井流物（10³m³/10⁶m³）		813	924	953	968	976	985	984
一级分离器气/油罐油（m³/m³）		701	1881	3256	4964	7011	11284	10876
各组分重质含量（g/m³）	乙烷以上	1090	607	471	400	352	316	322
	丙烷以上	985	503	367	296	249	213	218
	丁烷以上	881	426	290	220	174	137	142
	戊烷以上	773	370	236	168	125	88	92

① 饱和压力。

表 4-128　果勒油藏流体样品定容衰竭实验过程中液相体积

压力（MPa）	液相体积占孔隙体积百分数（%）
37.78①	100.00
37.00	90.26
33.00	70.44
28.00	64.23
23.00	59.05
18.00	55.25
12.00	51.19
6.00	48.51
0.00	42.72

① 饱和压力。

（6）黏度测定实验。

果勒油藏 7530.00~7750.00m 层段流体样品在地层温度 163.5℃下，黏度测定实验结果见表4-129。

表4-129 果勒油藏流体样品黏度测定实验结果

压力（MPa）	原油黏度（mPa·s）
147.38[①]	0.35
100.00	0.26
50.00	0.16
37.78[②]	0.14
33.00	0.15
28.00	0.17
23.00	0.21
18.00	0.26
12.00	0.36
6.00	0.52
0.00	0.85

①地层压力。
②饱和压力。

二、哈得逊油田

哈得逊油田位于新疆维吾尔自治区阿克苏地区沙雅县境内，于1998年2月发现，发现井为HD1井。该构造位于塔里木盆地塔北隆起轮南低凸起哈得逊构造带上，纵向上共发育两套含油层系，即石炭系薄砂层（C_{I+II}）与东河砂岩（C_{III}）。其中石炭系薄砂层油藏为受岩性控制的层状边水未饱和油藏，储层类型为孔隙型，以灰白色中砂质细砂岩和中砂岩为主，岩石类型主要为岩屑石英砂岩，含少量长石岩屑砂岩，胶结物主要为方解石及少量铁白云石、白云石、硅质；储层物性以中孔隙度、中渗透率为主；储层原始地层压力54.02MPa，压力系数1.10，原始地层温度为113.86℃，温度梯度1.87℃/100m，属于正常压力、温度系统；原油具有中等密度、中等黏度、低含硫、中等含蜡、中等胶质与沥青质含量的特点，密度0.8654~0.8839g/cm³，黏度7.64~11.75mPa·s，天然气相对密度0.75~1.07，甲烷含量38.86%~57.21%，氮气含量9.79%~24.07%，乙烷含量9.4%~22.22%，丙烷含量8.03%~15.27%；地层水总矿化度22.6×10⁴mg/L，密度1.15g/cm³，Cl^-含量13.8×10⁴mg/L，水型为$CaCl_2$型。石炭系东河砂岩油藏构造高部位为纯油区，低部位为油水过渡区，储层类型为孔隙型，以灰色与灰白色细砂岩、中砂质细砂岩、灰质细砂岩为主,岩石类型主要为岩屑石英砂岩,含少量长石岩屑砂岩,胶结物主要为方解石及少量白云石、铁方解石和铁白云石,储层物性以中孔隙度、中高渗透率为主;储层原始地层压力51.12~55.5MPa,原始地层压力系数1.12,属于正常压力系统;原始地层温度为111.71℃,平均地温梯度1.92℃/100m,地温梯度偏低;原油具有中等密度、中等黏度、低含硫、中等含蜡、中等胶质沥青含量的特点,密度0.8751~0.8847 g/cm³,黏度8.964~14.21mPa·s,溶解气相对密度1.02~1.23,甲烷含量15.46%~53.58%,氮气含量17.48%~46.46%,二氧化碳含量0.21%~16.13%;地层水总矿化度27.2×10⁴mg/L,密度1.18g/cm³,Cl⁻含量16.8×10⁴mg/L,水型为$CaCl_2$型。哈得逊油田于1998年3月开始试采,2002年8月全面投入开发。

1. 原始流体取样与质量评价

勘探评价阶段哈得逊油田共录取了HD1井、HD1-2H井和HD4H井3口井的3个井段合格流体样品,每个井段分别取两支(1200mL)或三支(1800mL)油样。单井流体样品送回实验室后,在18.0~85.0℃条件下检查所有油样,每个井段取一个样品开展PVT实验分析。流体样品的取样条件及油井特征见表4-130。

表4-130 哈得逊油田流体样品取样条件及油井特征统计表

	井号	HD4H	HD1-2H	HD1
取样条件	取样时间	1999年3月25日	1999年6月10日	1999年11月15日
	生产油嘴(mm)	4.0	6.0	5.0
	油压(MPa)	6.7	1.65	3.00
	取样方式	井下钟控取样/取样深度4600m	井下钟控取样/取样深度3000m	井下钟控取样/取样深度4800m
油井特征	取样井段(m)	5196.0~5467.0	5046.4~5049.5	5002.5~5008.0
	层位	C_{III}	C_{III}	C_{I+II}
	原始地层压力(MPa)	55.07	54.38	53.87
	原始地层温度(℃)	111.6	112.3	115.9
	取样时地层压力(MPa)	55.07	54.38	53.87
	取样时地层温度(℃)	111.6	112.3	115.9
	产油量(t/d)	60	46	45

2. 流体相态实验

1) 石炭系东河砂岩油藏

(1) 流体组分。

石炭系东河砂岩油藏井流物组成见表4–131。井流物组成摩尔分数：C_1+N_2 为 13.22%、C_2—C_6+CO_2 为 20.84%、C_{7+} 为 65.94%，在三角相图上属于油藏范围（图4–37）。

表4–131 石炭系东河砂岩油藏流体组成表

井段 (m)	组分	单脱油 摩尔分数 (%)	单脱气 摩尔分数 (%)	井流物 摩尔分数 (%)	井流物 含量 (g/m³)
5196.00~5467.00	二氧化碳		2.35	0.63	0.15
	氮气		18.82	5.01	0.77
	甲烷		30.84	8.21	0.72
	乙烷	0.06	12.65	3.41	0.56
	丙烷	0.53	16.71	4.84	1.16
	异丁烷	0.49	4.26	1.49	0.47
	正丁烷	1.44	8.38	3.29	1.04
	异戊烷	1.24	2.11	1.47	0.58
	正戊烷	1.91	2.31	2.02	0.79
	己烷	4.62	1.13	3.69	1.69
	庚烷	6.27	0.36	4.70	2.46
	辛烷	8.26	0.08	6.08	3.55
	壬烷	7.63		5.60	3.69
	癸烷	7.52		5.52	4.03
	十一烷以上	60.03		44.04	78.32

注：十一烷以上流体特性：分子量326，相对密度0.913；油罐油密度0.8688g/cm³。

(2) 流体相态。

石炭系东河砂岩油藏 5046.4~5049.5m 井段取得高压流体得出的流体相态特征如图4–38所示。流体临界参数见表4–132，临界压力6.46MPa，临界温度324.5℃。地层温度位于临界温度左侧，远离临界点，表现出典型的油藏相态特征。

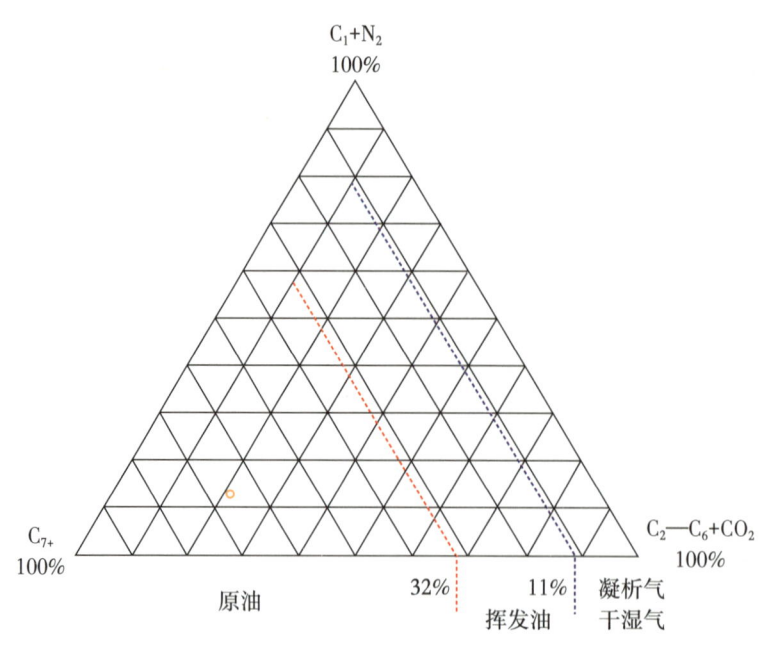

图 4-37　石炭系东河砂岩油藏流体类型三角相图

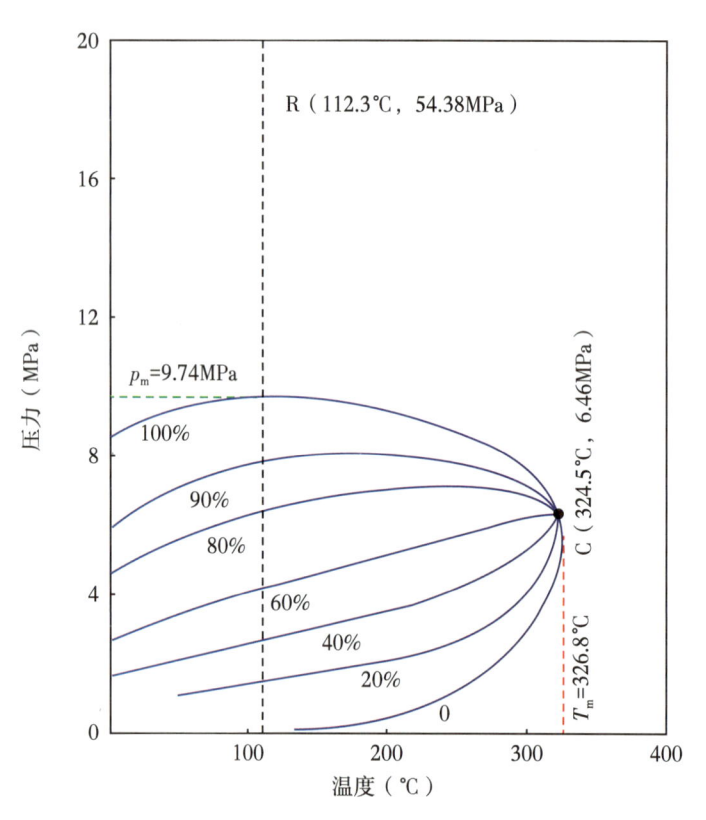

图 4-38　石炭系东河砂岩油藏地层流体相态图

表 4-132 石炭系东河砂岩油藏相态数据表

井段（m）	层位	地层压力（MPa）	地层温度（℃）	临界压力（MPa）	临界温度（℃）	泡点压力（MPa）	油气藏类型
5046.4~5049.5	$C_{Ⅲ}$	54.38	112.3	6.46	324.5	9.74	油藏

(3) 恒质膨胀实验。

石炭系东河砂岩油藏 5046.4~5049.5m 层段流体样品在地层温度 112.3℃下，地层原油的饱和压力为 9.74MPa，饱和压力下的原油密度为 0.769g/cm³，饱和油的热膨胀系数为 $6.60×10^{-4}℃^{-1}$。恒质膨胀实验结果见表 4-133。

表 4-133 石炭系东河砂岩油藏流体样品恒质膨胀实验结果

压力（MPa）	相对体积 V_i/V_r	Y 函数	压缩系数（$10^{-4}MPa^{-1}$）
54.38①	0.9459		9.64
48.00	0.9518		10.30
42.00	0.9576		11.19
36.00	0.9641		12.06
30.00	0.9711		12.92
24.00	0.9787		13.75
18.00	0.9868		15.59
12.00	0.9961		
9.74②	1.0000		
8.04	1.0381	5.5442	
7.03	1.0733	5.2578	
6.03	1.1237	4.9742	
4.99	1.2034	4.6792	
4.04	1.3199	4.4098	

①地层压力。
②饱和压力。

(4) 单次脱气实验。

石炭系东河砂岩油藏 5046.4~5049.5m 层段流体样品在地层温度 112.3℃、压力 54.38MPa 下，单次脱气实验结果见表 4-134。

表4-134　石炭系东河砂岩油藏流体样品单次脱气实验结果

气油比 （m³/m³）	原油收缩率 （%）	原油体积系数	地层原油密度 （g/cm³）	地层原油黏度 （mPa·s）	气体平均溶解系数 [m³/(m³·MPa)]	原油平均分子量
32	11.13	1.1253	0.8130	2.94	3.2854	237

（5）多次脱气实验。

石炭系东河砂岩油藏5046.4~5049.5m层段流体样品在地层温度112.3℃下，多次脱气实验结果见表4-135。

表4-135　石炭系东河砂岩油藏流体样品多次脱气实验结果

压力 （MPa）	溶解气油比 （m³/m³）	原油体积系数	双相体积系数	原油密度 （g/cm³）	偏差系数	气体体积系数	脱出气密度 （kg/m³）
9.74①	33	1.1922		0.7690			
7.00	28	1.1850	1.2583	0.7696	0.885	0.0168	0.936
4.00	23	1.1641	1.4720	0.7780	0.931	0.0310	0.932
2.00	17	1.1495	2.1781	0.7816	0.965	0.0643	0.956
0.00	0	1.0796		0.8047			
0.00（20℃）		1.0000		0.8688			

①饱和压力。

（6）黏度测定实验。

石炭系东河砂岩油藏5046.4~5049.5m层段流体样品在地层温度112.3℃下，黏度测定实验结果见表4-136。

表4-136　石炭系东河砂岩油藏流体样品黏度测定实验结果

压力（MPa）	黏度（mPa·s）
54.38①	2.94
50.00	2.84
45.00	2.71
40.00	2.59
35.00	2.46
30.00	2.35
25.00	2.20
20.00	2.10
15.00	1.96
10.00	1.85

续表

压力（MPa）	黏度（mPa·s）
9.74①	1.84
7.00	1.90
4.00	2.00
2.00	2.25
0.00	3.35

①地层压力。
②饱和压力。

2）石炭系薄砂层油藏

（1）流体组分。

石炭系薄砂层油藏井流物组成见表 4-137。井流物组成摩尔分数：C_1+N_2 为 24.06%、$C_2—C_6+CO_2$ 为 21.22%、C_{7+} 为 54.72%，在三角相图上属于油藏范围（图 4-39）。

表 4-137 石炭系薄砂层油藏井流物组成表

井段（m）	组分	单脱油摩尔分数（%）	单脱气摩尔分数（%）	井流物摩尔分数（%）	井流物含量（g/m³）
5196.00~5467.00	二氧化碳		0.84	0.32	0.08
	氮气		19.40	7.38	1.15
	甲烷		43.85	16.68	1.49
	乙烷	0.14	14.63	5.65	0.94
	丙烷	0.82	11.16	4.76	1.16
	异丁烷	0.61	2.36	1.28	0.41
	正丁烷	1.88	4.61	2.92	0.94
	异戊烷	1.50	1.21	1.39	0.56
	正戊烷	2.29	1.20	1.88	0.75
	己烷	4.51	0.60	3.02	1.41
	庚烷	5.81	0.13	3.65	1.94
	辛烷	6.73	0.01	4.17	2.48
	壬烷	5.83		3.61	2.42
	癸烷	5.13		3.18	2.36
	十一烷以上	64.75		40.11	81.90

注：十一烷以上流体特性：分子量 368，相对密度 0.901；油罐油密度（20℃）0.8668g/cm³。

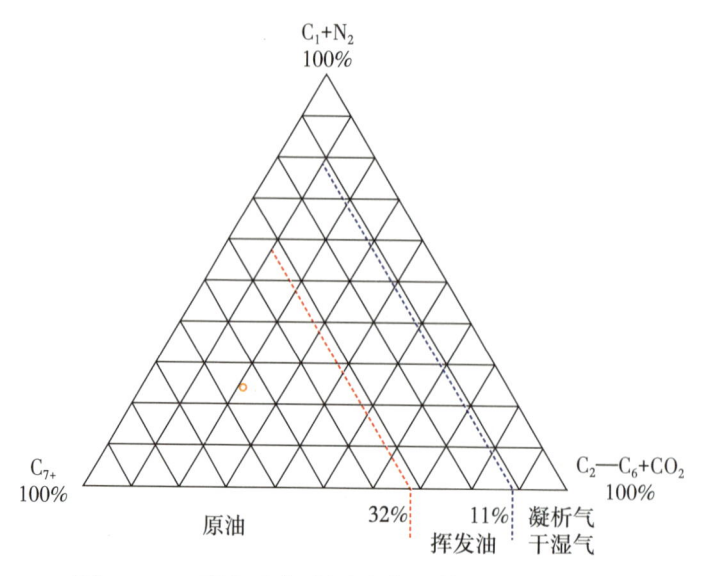

图 4-39 石炭系薄砂层油藏流体类型三角相图

（2）流体相态。

石炭系薄砂层油藏 5002.5~5008.0m 井段取得高压流体得出的流体相态特征如图 4-40 所示。流体临界参数见表 4-138，临界压力 4.84MPa，临界温度 437.5℃。地层温度位于临界温度左侧，远离临界点，表现出典型的油藏相态特征。

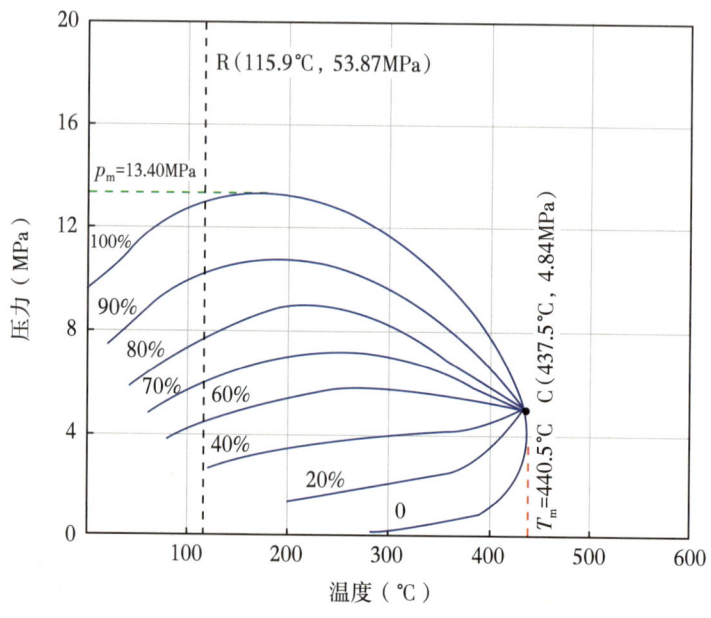

图 4-40 石炭系薄砂层油藏地层流体相态图

表 4-138　石炭系薄砂层油藏相态数据表

井段（m）	层位	地层压力（MPa）	地层温度（℃）	临界压力（MPa）	临界温度（℃）	泡点压力（MPa）	油气藏类型
5002.5~5008.0	C	53.87	115.9	4.84	437.5	13.10	油藏

（3）恒质膨胀实验。

石炭系薄砂层油藏 5046.4~5049.5m 层段流体样品在地层温度 115.9℃下，地层原油的饱和压力为 13.10MPa，饱和压力下的原油密度为 0.7478g/cm³，饱和油的热膨胀系数为 $7.17\times10^{-4}℃^{-1}$。恒质膨胀实验结果见表 4-139。

表 4-139　石炭系薄砂层油藏流体样品恒质膨胀实验结果

压力（MPa）	相对体积 V_i/V_r	Y 函数	压缩系数（10^{-4}MPa^{-1}）
53.87[①]	0.9417		10.24
50.00	0.9454		11.00
45.00	0.9506		11.87
40.00	0.9563		12.41
35.00	0.9622		12.94
30.00	0.9685		13.47
25.00	0.9750		14.68
20.00	0.9822		15.67
15.00	0.9899		
13.10[②]	1.0000		
11.00	1.0324	5.8939	
9.00	1.0866	5.2616	
7.00	1.1882	4.6294	
5.00	1.4053	3.9971	
4.00	1.6180	3.6809	

①地层压力。
②饱和压力。

（4）单次脱气实验。

石炭系薄砂层油藏 5046.4~5049.5m 层段流体样品在地层温度 115.9℃、压力 53.87MPa 下，单次脱气实验结果见表 4-140。

表4-140　石炭系薄砂层油藏流体样品单次脱气实验结果

气油比 (m³/m³)	原油收缩率 (%)	原油体积系数	地层原油密度 (g/cm³)	地层原油黏度 (mPa·s)	气体平均溶解系数 [m³/(m³·MPa)]	原油平均分子量
44	13.50	1.1561	0.7941	4.78	3.3588	291

（5）多次脱气实验。

石炭系薄砂层油藏5046.4~5049.5m层段流体样品在地层温度115.9℃下，多次脱气实验结果见表4-141。

表4-141　石炭系薄砂层油藏流体样品多次脱气实验结果

压力 (MPa)	溶解气油比 (m³/m³)	原油体积系数	双相体积系数	原油密度 (g/cm³)	偏差系数	气体体积系数	脱出气密度 (kg/m³)
53.87①		1.1504		0.7941			
13.10②	42	1.2217		0.7478			
11.00	39	1.2152	1.2476	0.7493	0.878	0.010619	0.988
9.00	35	1.2087	1.3054	0.7499	0.892	0.013157	0.993
7.00	30	1.2003	1.4115	0.7512	0.912	0.017238	1.001
5.00	25	1.1856	1.6109	0.7562	0.932	0.024524	1.020
3.00	19	1.1709	2.1710	0.7601	0.961	0.041595	1.054
0.00		1.0821		0.8010			1.218
0.00(20℃)		1.0000		0.8668			

①地层压力。
②饱和压力。

（6）黏度测定实验。

石炭系薄砂层油藏5046.4~5049.5m层段流体样品在地层温度115.9℃下，黏度测定实验结果见表4-142。

表4-142　石炭系薄砂层油藏流体样品黏度测定实验结果

压力(MPa)	原油黏度(mPa·s)	气体黏度(mPa·s)	黏度比（油/气）
53.87①	4.78		
13.10②	4.18		
11.00	4.24	0.01810	234.25
9.00	4.29	0.01726	248.55
7.00	4.38	0.01613	271.54

续表

压力（MPa）	原油黏度（mPa·s）	气体黏度（mPa·s）	黏度比（油/气）
5.00	4.49	0.01573	285.44
3.00	4.64	0.01519	305.46
0.00	5.01		

①地层压力。
②饱和压力。

三、轮南油田

轮南油田位于轮台县境内，1988年在轮南2井$T_{Ⅲ}$油组试油发现该油田，区域构造位于塔北隆起轮南斜坡中部的轮南潜山披覆背斜带上，为一系列近东西走向的长轴背斜，圈闭类型为背斜构造圈闭。轮南油田共由轮南2、轮南3等6个井区组成，其中轮南2井区是油田主力生产区块，轮2$T_Ⅰ$油藏是轮南2井区主力油藏。轮2$T_Ⅰ$油藏属于层状边水油藏，储层为长石质岩屑砂岩，孔隙类型以粒间孔为主，其次为溶蚀孔隙，物性为中孔隙度、中渗透率，平均孔隙度18.7%，渗透率155.8mD；原始地层压力51.87MPa，温度120℃，取样时地层压力46.74MPa，温度120℃；地面原油密度0.83~0.89g/cm³，黏度3.8~18.6mPa·s，天然气相对密度0.6129~0.7070，地层水属于$CaCl_2$型。轮南油田于1989年6月开始试采，1992年5月正式投入开发。

1. 原始流体取样与质量评价

按照油藏取样规范和标准，勘探评价阶段轮南油田录取了LN2-2井、LN3-4井、LN3井和LN2-33-3井4口井共4个井段流体样品，取3~5支（3000~5000mL）油样。流体样品的取样条件及油井特征见表4-143。

表4-143 轮南油田流体样品取样条件及油井特征统计表

	井号	LN2-2井	LN3-4井	LN3井	LN2-33-3井
取样条件	取样时间	1990年11月15日	1991年3月15日	1991年5月21日	1992年9月30日
	生产油嘴（mm）	8.0	6.0	6.0	5.0
	油压（MPa）	2.4	3.2	21.0	16.5
	取样方式	井口	井口	井下/取样深度4600m	井下/取样深度3500m

续表

	井号	LN2-2井	LN3-4井	LN3井	LN2-33-3井
油井特征	取样井段（m）	4750~4781	4736.5~4749.5	4881~4888.5	4546.5~4577.5
	层位	T_I	T_I	T_{III}	J_{IV}
	原始地层压力（MPa）	49.10	48.63	52.66	49.9
	原始地层温度（℃）	128	112	114	133
	取样时地层压力（MPa）	49.10	48.63	50.08	40.01
	取样时地层温度（℃）	128	112	114	101
	产油量（t/d）	74	70	140	120

2. 流体相态实验

1）轮南2油藏

（1）流体组分。

轮南2油藏井脱气后流体组成见表4-144。单次脱气流体组成体积分数：C_1+N_2 为 58.93%、C_2—C_6+CO_2 为 41.02%；多次脱气流体组成体积分数：C_1+N_2 为 43.25%~87.88%、C_2—C_6+CO_2 为 12.11%~56.75%。

表4-144 轮南2油藏流体组成表

	井段（m）	4750~4781					
	脱气方式	单次脱气	多次脱气				
	温度（℃）	128	128	128	128	128	128
	压力（MPa）	30.0	11.55	8.95	6.0	4.05	2.0
组分体积分数（%）	二氧化碳	0.64	0.42	0.5	0.66	0.26	0.31
	氮气（含稀有气体）	5.86	14.55	10.74	7.5	4.33	1.31
	甲烷	53.07	73.33	73.19	74.13	69.57	41.94
	乙烷	6.5	4.47	5.14	6.16	8.15	10.94
	丙烷	5.5	1.91	2.36	3.09	5.18	11.38
	异丁烷	2.19	0.52	0.65	0.89	1.57	3.82
	正丁烷	4.89	1.05	1.32	1.79	2.87	8.21
	异戊烷	3.59	0.98	0.73	1.1	1.71	5.11
	正戊烷	7.12	0.85	1.48	1.44	2.33	6.96
	异己烷（1）	2.98	0.64	0.68	1.01	1.38	3.55
	异己烷（2）	2.73	0.17	0.21	0.35	0.56	1.27
	正己烷	4.88	1.1	3.01	1.87	2.09	5.2
	气体相对密度	1.2434	0.7711	0.8196	0.821	0.9099	1.3891

(2) 单次脱气实验。

轮南 2 油藏 4750~4781m 层段流体样品在地层温度 128℃、压力 30.0MPa 下，单次脱气实验结果见表 4-145。

表 4-145　轮南 2 油藏流体样品单次脱气实验结果

气油比 (m^3/m^3)	原油收缩率 (%)	原油体积系数	原油密度 (g/cm^3)	气体密度 ($10^{-3} g/cm^3$)	20℃脱气原油密度 (g/cm^3)
44.09	20.55	1.2586	0.7428	1.4498	0.8724

恒质膨胀实验显示，地层原油的饱和压力为 11.9MPa，饱和压力增大系数为 0.0262MPa/℃，压缩系数为 $21.654×10^{-4} MPa^{-1}$。

(3) 多次脱气实验。

多次脱气实验结果见表 4-146，原油黏度测定结果见表 4-147。

表 4-146　轮南 2 油藏流体样品多次脱气实验结果

压力（MPa）	气油比（m^3/m^3）	原油体积系数	原油密度（g/cm^3）
11.55	43.14	1.1940	0.7639
8.95	33.44	1.1745	0.7762
6.00	24.03	1.1500	0.7849
4.05	17.11	1.1362	0.7886
2.00	9.81	1.1254	0.7893

表 4-147　轮南 2 油藏流体样品黏度测定实验结果

压力（MPa）	20.0	18.0	16.0	11.9[①]	7.9	5.0	2.2	常压
黏度（mPa·s）	1.75	1.71	1.66	1.58	1.67	1.78	1.98	2.30

①饱和压力。

2) 轮南 3 油藏

(1) 单次脱气实验。

轮南 3 油藏 4736.5~4749.5m 层段流体样品在地层温度 112℃、压力 48.63MPa 下，单次脱气实验结果见表 4-148。

表 4-148　轮南 3 油藏流体样品单次脱气实验结果

气油比 (m^3/m^3)	原油收缩率 （%）	原油体积 系数	原油密度 （g/cm^3）	气体密度 （$10^{-3}g/cm^3$）	20℃脱气原油密度 （g/cm^3）
47.02	15.58	1.1846	0.7836	1.1814	0.8731

恒质膨胀实验显示，地层原油的饱和压力为 12.4MPa，饱和压力增大系数为 0.01604MPa/℃，压缩系数为 $19.243×10^{-4}MPa^{-1}$，饱和油的热膨胀系数为 $5.018×10^{-4}℃^{-1}$。

（2）多次脱气实验。

多次脱气实验结果见表 4-149，原油黏度测定结果见表 4-150。

表 4-149　轮南 3 油藏流体样品多次脱气实验结果

压力（MPa）	气油比（m^3/m^3）	原油体积系数	原油密度（g/cm^3）
12.2	45.43	1.1994	0.7644
8.9	33.76	1.1659	0.7783
6.0	24.03	1.1424	0.7873
3.3	13.01	1.1155	0.7973
1.5	7.50	1.1036	0.8009

表 4-150　轮南 3 油藏流体样品黏度测定实验结果

压力（MPa）	20.0	18.0	16.0	12.4[①]	9.0	6.0	3.2	1.6	常压
黏度（mPa·s）	2.32	2.27	2.21	2.08	2.11	2.14	2.26	2.40	2.60

①饱和压力。

四、东河塘油田

东河塘油田位于新疆维吾尔自治区库车县境内，于 1990 年 7 月发现，发现井为 DH1 井。东河塘油田构造位于塔北隆起北部的东河塘断裂背斜构造带上，依次分布东河 1、东河 6、东河 14 和东河 4 等区块，其中东河 1C_{III} 为主力油藏。东河 1 区块纵向上分布有 J_{III}，J_{IV} 和 C_{III} 三个油藏，主力油藏东河 1C_{III} 为巨厚块状底水砂岩油藏，油藏储层孔隙类型以米间孔—微孔型为主，溶蚀孔次之。石炭系Ⅲ油组 0 砂层组平均孔隙度为 10.6%，平均渗透率为 222.1mD，1 砂层组平均孔隙度为 11.0%，平均渗透率为 10mD，属低孔隙度、低渗透率储层；2 砂层组平均孔隙度为 14.0%，平均渗透率为 64.2mD，3 砂层组平均孔隙度为 16.0%，平均渗透率为 144.5mD，4 砂层组平均孔隙度为 14.0%，平均渗透率为 49.0mD，5 砂层组平均孔隙度为 15.0%，平均渗透率为 106.5mD，2~5 砂层组均属中孔隙度、中渗透率储层。储层原始地层压力为 62.38MPa，压力系数为 1.12，属正常压力系统；原始地层温度为 140℃，温度梯度为 2.4℃/100m，属正常温度系统。地面原油密度为 0.8547~0.8778g/cm³、黏度为 5.23~12.47mPa·s，凝固点为 −24.5~−20℃；天然气相对密度为 0.9211~1.0664，甲烷含量为 39.87%~45.02%，二氧化碳和氮气的含量为 36.86%~47.42%；地层水总矿化度为 233866.5mg/L，属 $CaCl_2$ 水型。东河塘油田于 1990 年 7 月开始试采，1992 年正式投产。

1. 原始流体取样与质量评价

按照油藏取样规范和标准，勘探评价阶段东河塘油田录取了 DH1 井的 1 个井段合格流体样品，取三支油样，流体样品的取样条件及油井特征见表 4-151。

表 4-151　东河塘油田流体样品取样条件及油井特征统计表

	井号	DH1 井
取样条件	取样时间	1990 年 12 月 1 日
	生产油嘴（mm）	6.0
	油压（MPa）	7.9
	取样方式	井口
油井特征	取样井段（m）	5726~5800
	层位	C_{III}
	原始地层压力（MPa）	54.1
	原始地层温度（℃）	140.6
	取样时地层压力（MPa）	54.1
	取样时地层温度（℃）	140.6
	产油量（t/d）	182

2. 流体相态实验

（1）流体组分。

东河塘油藏脱气后流体组成见表 4-152。单次脱气流体组成体积分数：C_1+N_2 为 40.1%、C_2—C_6+CO_2 为 59.9%；多次脱气气体组成体积分数：C_1+N_2 为 28.17%~68.06%，C_2—C_6+CO_2 为 31.94%~71.83%。

表 4-152　东河塘油藏脱气气体组成表

井段（m）		5726~5800			
脱气方式		单次脱气	多次脱气		
温度（℃）		140.6	140.6	140.6	140.6
压力（MPa）		10.0	3.7	1.8	0.75
组分体积百分数（%）	二氧化碳	7.78	9.25	9.97	7.10
	氮气	14.23	30.83	18.68	4.64
	甲烷	25.87	37.23	36.53	23.53
	乙烷	4.69	3.95	5.10	7.35
	丙烷	4.96	2.62	4.01	9.06
	异丁烷	2.92	1.17	1.92	5.12
	正丁烷	6.46	2.42	3.94	10.57
	异戊烷	7.18	2.40	3.97	8.91
	正戊烷	9.57	3.22	6.09	11.68
	异己烷（1）	6.19	2.42	3.39	4.70
	异己烷（2）	2.29	0.85	1.28	1.90
	正己烷	7.86	3.64	5.13	5.44
气体相对密度		1.6233	1.1479	1.3143	1.6969

（2）单次脱气实验。

东河塘油藏5726~5800m层段流体样品在地层温度140.6℃、压力54.1MPa下，单次脱气实验结果见表4-153。

表 4-153　东河塘油藏流体样品单次脱气实验结果

气油比（m³/m³）	原油收缩率（%）	原油体积系数	地层原油密度（g/cm³）	气体密度（g/cm³）	20℃脱气原油密度（g/cm³）
13.77	13.0	1.1494	0.7756	1.8928×10⁻³	0.8631

恒质膨胀实验显示，地层原油的饱和压力为3.85MPa，饱和压力增大系数为0.0041MPa/℃，压缩系数为$20.7168\times10^{-4}\mathrm{MPa}^{-1}$，地层原油的热膨胀系数为$4.2571\times10^{-4}\mathrm{℃}^{-1}$。

（3）多次脱气实验。

东河塘油藏5726~5800m层段流体样品多次脱气实验结果见表4-154，原油黏度测定结果见表4-155。

表4-154　东河塘油藏流体样品多次脱气实验结果

压力（MPa）	气油比（m³/m³）	原油体积系数	原油密度（g/cm³）
3.7	11.31	1.1544	0.7630
1.8	6.50	1.1333	0.7715
0.75	2.91	1.1184	0.7768

表4-155　东河塘油藏流体样品黏度测定实验结果

压力（MPa）	10.0	8.0	6.0	3.85[①]	2.0	1.0	常压
黏度（mPa·s）	1.34	1.30	1.26	1.22	1.24	1.26	1.30

①饱和压力。

五、吉拉克气田

吉拉克气田位于新疆维吾尔自治区轮台县以南约50km。构造位置位于塔北隆起中段的解放渠东—吉拉克背斜构造带的东段，包括吉拉克和吉南4两个区块。吉拉克区块目的层为三叠系和石炭系。三叠系T_{II}油组以细砂岩和中砂岩为主，平均孔隙度为22.69%，平均渗透率为352.45mD，原始地层压力47.44MPa，地层温度104.5℃，为带底油的边底水凝析气藏。地面原油密度0.84~0.88g/cm³，地面脱气黏度3.78~14.28mPa·s，凝析油密度0.7424~0.7707g/cm³，凝析油黏度0.7~1.0mPa·s，天然气相对密度0.60~0.79，地层水密度1.10~1.14g/cm³，总矿化度129239~201991mg/L，水型为$CaCl_2$型。石炭系C_{III}油组以粉—细砂岩和细—中砂岩为主，平均孔隙度为9.4%，平均渗透率为174.0mD，原始地层压力71.59MPa，地层温度127.5℃，为受构造岩性控制的层状边水低含凝析油凝析气藏。凝析油密度0.8062~0.8133g/cm³，凝析油黏度2.96~3.16mPa·s，天然气相对密度0.515~0.6087。地层水密度1.06g/cm³，总矿化度84058.14mg/L，水型为$CaCl_2$型。吉南4区块目的层为三叠系，岩石类型以灰色细砂岩为主，次为含砾砂岩、中砂岩和粉砂岩，平均孔隙度24%，平均渗透率498mD，气藏平均原始地层压力47.2MPa，平均原始地层温度105.6℃，是受背斜控制的块状底水凝析气藏。凝析油密度0.7578g/cm³、黏度0.75mPa·s，天然气相对密度0.62~0.67，地层水密度1.0965g/cm³，矿化度150792.75mg/l，水型为$CaCl_2$型。

1. 原始流体取样与质量评价

按照凝析气藏流体取样合格性评价原则，筛选出代表性比较好的凝析气样品三个，LN58 井 T_{II} 层 4335.50~4337.50m 井段的样品，LN57 井 T_{II} 层 4341.80~4344.00m 井段的样品和 LN59 井 C_{III} 层 5368.00~5393.00m 井段的样品。合格流体样品的取样条件及气井特征见表 4-156。

表 4-156 吉拉克气田流体样品取样条件与气井特征统计表

	井号	LN58	LN57	LN59
取样条件	取样时间	1991年9月21日	1992年1月28日	1992年11月17日
	生产油嘴（mm）		9.52	
	油压（MPa）		30.34	
	一级分离器压力（MPa）	4.76	2.31	3.07
	一级分离器温度（℃）	20.00	15.00	29.40
	取样方式	地面分离器	地面分离器	地面分离器
气井特征	取样井段（m）	4335.50~4337.50	4341.80~4344.00	5368.00~5393.00
	层位	T_{II}	T_{II}	C_{III}
	原始地层压力（MPa）	47.70	47.6	71.59
	原始地层温度（℃）	106.70	104.00	126.70
	取样时地层压力（MPa）	47.70	47.60	71.59
	取样时地层温度（℃）	106.70	104.00	126.70
	产气量（m³/d）	233865.00	80690.00	1193130.00
	产油量（m³/d）	147.95	37.90	100.56
	生产气油比（m³/m³）	1581	2129	11865
	油罐油相对密度	0.7600	0.7471	

2. 流体相态实验

1）吉拉克三叠系气藏

（1）流体组分。

吉拉克三叠系气藏井流物组成见表 4-157。井流物组成摩尔分数：C_1+N_2 为 85.74%、C_2—C_6+CO_2 为 8.36%、C_{7+} 为 5.91%，在三角相图上属于凝析气藏范围（图 4-41）。

表 4-157 吉拉克三叠系气藏井流物组成表

井段（m）	组分	分离器液 摩尔分数（%）	分离器气 摩尔分数（%）	分离器气 含量（g/m³）	井流物 摩尔分数（%）	井流物 含量（g/m³）
4335.50~4337.50	氮气	0.68	6.77		6.09	
	二氧化碳	0.14	0.29		0.27	
	甲烷	17.13	87.48		79.65	
	乙烷	3.38	3.09	37.39	3.12	37.750
	丙烷	4.28	1.34	23.78	1.67	29.630
	异丁烷	1.68	0.2	4.68	0.36	8.420
	正丁烷	4.50	0.46	10.76	0.91	21.280
	异戊烷	3.10	0.17	4.94	0.51	14.520
	正戊烷	4.29	0.13	3.77	0.59	17.130
	己烷	7.87	0.06	2.03	0.93	31.430
	庚烷	8.98	0.01	0.39	1.01	39.020
	辛烷	9.58			1.07	46.070
	壬烷	7.48			0.83	40.410
	癸烷	5.92			0.66	35.590
	十一烷以上	20.99			2.34	177.020
	合计	100.00	100.00		100.01	

注：十一烷以上流体特性：相对密度 0.821，分子量 188；分离器气体相对密度 0.661；分离器气/分离器液 1383m³/m³；油罐气/油罐油 64m³/m³；分离器液/油罐油 1.183m³/m³。

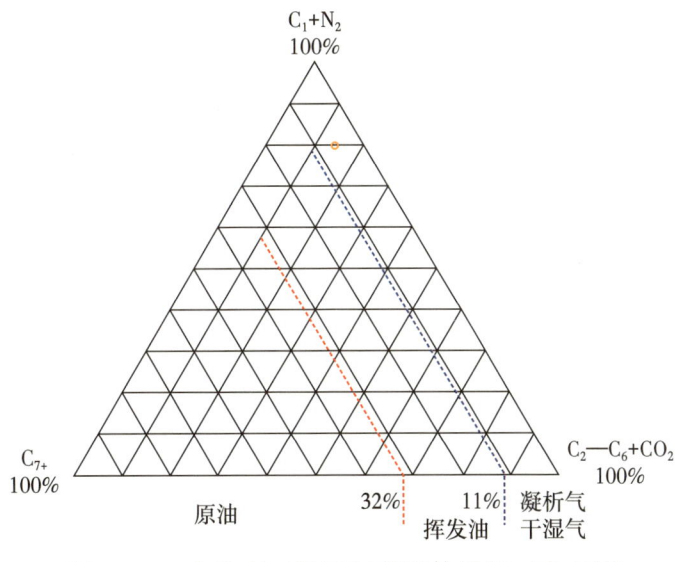

图 4-41 吉拉克三叠系气藏流体类型三角相图

（2）流体相态。

吉拉克三叠系气藏取得高压气体得出的流体相态特征如图4-42所示，流体临界参数见表4-158。地层温度位于相图包络线右侧，距临界点较远，表现出凝析气藏相态特征。

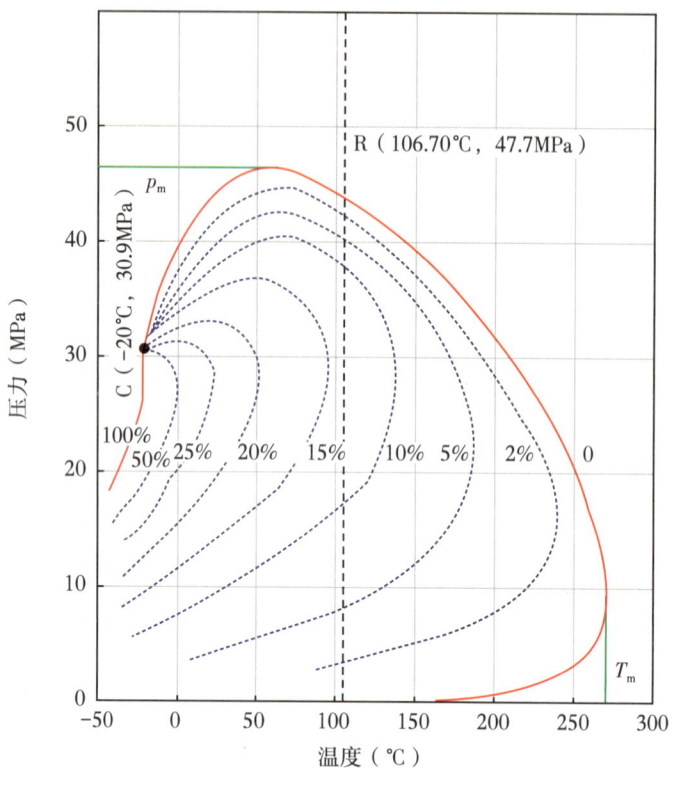

图4-42 吉拉克三叠系气藏地层流体相态图

表4-158 吉拉克三叠系气藏相态数据表

井段 （m）	层位	地层压力 （MPa）	地层温度 （℃）	临界压力 （MPa）	临界温度 （℃）	临界凝析 压力（MPa）	临界凝析 温度（℃）	油气藏 类型
4335.50~4337.50	T_{II}	47.70	106.70	30.90	−20.00	46.50	271.10	凝析气

（3）恒质膨胀实验。

吉拉克三叠系气藏4335.50~4337.50m层段流体样品露点压力为43.9MPa，地露压差为3.8MPa。在地层温度106.7℃、地层压力47.7MPa下，气体偏差系数为1.181、体积系数为$3.119\times10^{-3}\mathrm{m}^3/\mathrm{m}^3$。流体恒质膨胀实验结果见表4-159。

表 4-159 吉拉克三叠系气藏流体样品恒质膨胀实验结果

106.70℃		137.0℃		107.0℃		77.0℃	
压力（MPa）	相对体积 V_i/V_d	压力（MPa）	含液量（%）	压力（MPa）	含液量（%）	压力（MPa）	含液量（%）
48.02[①]	0.9618	41.75[②]	0.00	43.90[②]	0.00	46.08[②]	0.00
47.04	0.9684	40.18	0.27	42.14	0.32	45.08	0.36
46.06	0.9761	39.20	0.41	40.67	0.64	44.10	0.60
45.08	0.9858	34.01	1.75	39.20	1.04	39.20	2.30
43.90[②]	1.0000	28.42	3.67	34.40	3.57	34.50	5.09
42.14	1.0191	24.30	4.30	29.40	5.62	29.20	7.20
40.67	1.0370	19.60	4.45	24.50	6.29	24.40	7.80
39.20	1.0568	14.50	3.82	19.60	6.32	19.60	7.80
34.30	1.1410	9.70	2.50	14.60	4.71	14.60	6.02
29.40	1.2651	6.37	1.47	9.60	2.89	9.70	3.84
24.50	1.4563			5.88	1.68	5.29	2.04
19.60	1.7697						
14.70	2.3361						
9.80	3.5496						
4.90	7.3659						

①地层压力。

②露点压力。

（4）定容衰竭实验。

吉拉克三叠系气藏 4335.50~4337.50m 层段流体样品的定容衰竭实验结果见表 4-160。随着压力的降低，烃类组分中甲烷和庚烷以上组分的摩尔分数有一定程度变化，甲烷摩尔分数从 79.65% 上升至 85.74%，庚烷以上组分摩尔分数从 5.91% 降至 0.62%；非烃类组分二氧化碳和氮气的摩尔分数变化较小。实验压力降至 19.31MPa 时，反凝析液量达到最高，其值为 11.73%（表 4-161）。

表 4-160 定容衰竭实验井流物组成计算表（106.70℃）

	压力（MPa）	43.90①	39.20	34.30	29.40	25.28	19.31	14.70	9.80	5.10
衰竭各级井流物摩尔分数（%）	氮气	6.09	6.14	6.19	6.24	6.29	6.23	6.18	6.14	6.10
	二氧化碳	0.27	0.28	0.28	0.29	0.29	0.30	0.31	0.31	0.32
	甲烷	79.65	80.04	80.95	82.39	83.66	85.40	85.74	85.52	84.26
	乙烷	3.12	3.23	3.35	3.34	3.26	2.95	3.06	3.20	3.63
	丙烷	1.67	1.74	1.73	1.69	1.57	1.50	1.53	1.64	1.92
	异丁烷	0.36	0.36	0.36	0.35	0.35	0.35	0.36	0.39	0.46
	正丁烷	0.91	0.88	0.85	0.82	0.80	0.77	0.79	0.86	1.04
	异戊烷	0.50	0.48	0.46	0.44	0.43	0.42	0.41	0.45	0.55
	正戊烷	0.59	0.56	0.49	0.42	0.37	0.35	0.36	0.41	0.48
	己烷	0.93	0.86	0.75	0.60	0.52	0.45	0.44	0.46	0.53
	庚烷以上	5.91	5.43	4.59	3.42	2.46	1.28	0.82	0.62	0.71
	合计	100.00	100.00	100.00	100.00	100.00	100.00	100.00	100.00	100.00
庚烷以上的特性	分子量	142	139	135	132	130	129	129	129	129
	相对密度	0.7820	0.7800	0.7760	0.7730	0.7710	0.7700	0.7700	0.7700	0.7700
气相偏差系数 Z		1.123	1.051	0.983	0.933	0.901	0.884	0.888	0.910	0.940
气液两相偏差系数			1.057	0.993	0.929	0.897	0.875	0.864	0.844	0.757
累计采出（%）			5.287	11.659	19.031	27.930	43.519	56.559	70.162	83.227

①露点压力。

表 4-161 定容衰竭实验反凝析液量数据表（106.70℃）

压力（MPa）	43.90①	42.14	39.20	34.30	29.40	25.28	19.31	14.70	9.80	5.10	0.00
含液量（%）	0.00	0.33	1.51	5.00	8.53	10.53	11.73	11.68	11.14	10.29	9.41

①露点压力。

2）吉拉克石炭系气藏

（1）流体组分。

吉拉克石炭系气藏井流物组成见表 4-162。井流物组成摩尔分数：C_1+N_2 为 97.47%、C_2—C_6+CO_2 为 1.460%、C_{7+} 为 1.07%，在三角相图上属于凝析气藏范围（图 4-43）。

表 4-162 吉拉克石炭系气藏井流物组成表

井段（m）	组分	分离器液 摩尔分数（%）	分离器气 摩尔分数（%）	分离器气 含量（g/m³）	井流物 摩尔分数（%）	井流物 含量（g/m³）
5368.00~5393.00	二氧化碳	0.03	0.29		0.29	
	氮气	0.20	3.28		3.25	
	甲烷	14.20	94.96		94.22	
	乙烷	0.64	0.72	8.71	0.72	8.710
	丙烷	0.35	0.18	3.19	0.18	3.190
	异丁烷	0.15	0.04	0.94	0.04	0.940
	正丁烷	0.45	0.08	1.87	0.08	1.870
	异戊烷	0.37	0.03	0.87	0.03	0.870
	正戊烷	0.73	0.04	1.16	0.05	1.450
	己烷	2.41	0.05	1.69	0.07	2.360
	庚烷	4.01	0.1	3.86	0.14	5.410
	辛烷	6.35	0.15	6.46	0.21	9.040
	壬烷	5.97	0.06	2.92	0.11	5.360
	癸烷	6.11	0.02	1.08	0.08	4.310
	十一烷以上	58.03			0.53	47.560
	合计	100.00	100.00		100.00	

注：十一烷以上流体特性：相对密度 0.837，分子量 223.0；分离器气体相对密度 0.602；分离器气/分离器液 11983m³/m³；油罐气/油罐油 18m³/m³；分离器液/油罐油 1.033m³/m³。

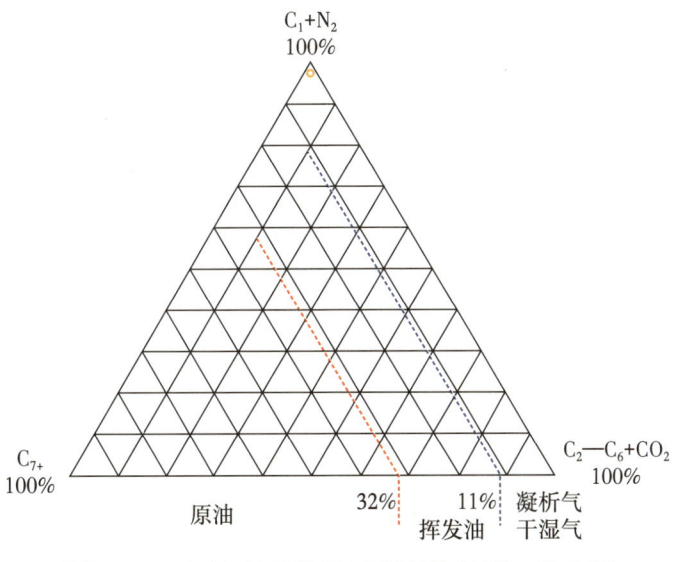

图 4-43 吉拉克石炭系气藏流体类型三角相图

（2）流体相态。

吉拉克石炭系气藏取得高压气体得出的流体相态特征如图4-44所示，流体临界参数见表4-163。地层温度位于相图包络线右侧，距临界点较远，表现出凝析气藏相态特征。

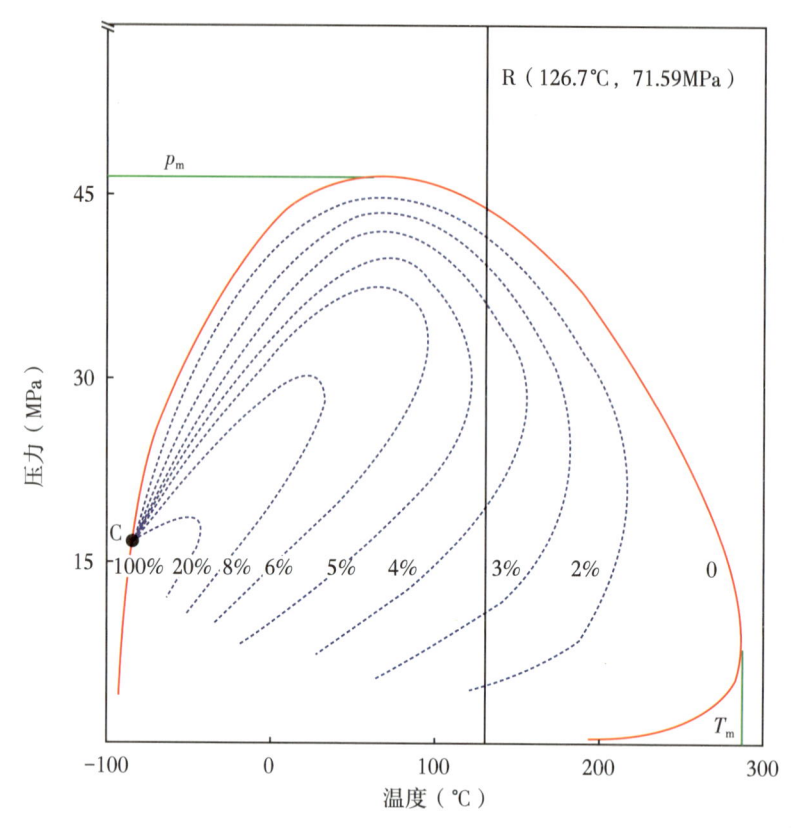

图4-44 吉拉克石炭系气藏地层流体相态图

表4-163 吉拉克石炭系气藏相态数据表

井段（m）	层位	地层压力（MPa）	地层温度（℃）	临界压力（MPa）	临界温度（℃）	临界凝析压力（MPa）	临界凝析温度（℃）	油气藏类型
5368.00~5393.00	$C_{Ⅲ}$	71.59	126.70	16.60	-89.00	46.50	282.00	凝析气

（3）恒质膨胀实验。

吉拉克石炭系气藏5368.00~5393.00m层段流体样品露点压力为44.69MPa，地露压差为26.9MPa。流体恒质膨胀实验结果见表4-164。

表 4-164　吉拉克石炭系气藏流体样品恒质膨胀实验结果

126.7℃		126.7℃		96℃		66℃	
压力（MPa）	相对体积 V_i/V_d	压力（MPa）	含液量（%）	压力（MPa）	含液量（%）	压力（MPa）	含液量（%）
71.59①	0.7637	44.69②	0.00	45.08②	0.00	45.67②	0.00
63.70	0.8125	43.12	0.01	41.16	0.04	39.40	0.17
53.90	0.8861	40.67	0.02	36.75	0.13	34.30	0.39
44.69②	1.0000	35.28	0.09	29.60	0.36	29.40	0.65
43.12	1.0223	29.60	0.19	24.50	0.56	24.50	0.83
40.67	1.0638	24.40	0.31	19.50	0.63	19.60	0.79
35.28	1.1803	19.50	0.38	14.70	0.51	14.41	0.64
29.60	1.3656	14.70	0.31	9.80	0.35	9.70	0.49
24.40	1.5979	9.60	0.20	7.15	0.26	6.37	0.38
19.50	1.9587	7.84	0.16				
14.70	2.5772						
9.60	3.8389						
7.84	6.4100						

①地层压力。
②露点压力。

（4）定容衰竭实验。

吉拉克石炭系气藏 5368.00~5393.00m 层段流体样品的定容衰竭实验结果见表 4-165。随着压力的降低，烃类组分中甲烷和庚烷以上组分的摩尔分数有一定程度变化，非烃类组分二氧化碳和氮气的摩尔分数变化较小。实验压力降至 9.70MPa 时，反凝析液量达到最高，其值为 0.98%（表 4-166）。

表 4-165　定容衰竭实验井流物组成计算表（126.70℃）

	压力（MPa）	44.69①	39.59	34.50	29.40	24.50	19.60	14.60	9.70	5.78
衰竭各级井流物摩尔分数（%）	氮气	3.25	3.26	3.28	3.32	3.44	3.60	3.62	3.57	3.39
	二氧化碳	0.29	0.29	0.29	0.29	0.29	0.29	0.29	0.31	0.33
	甲烷	94.22	94.23	94.25	94.37	94.63	94.74	94.79	94.79	94.74
	乙烷	0.72	0.71	0.71	0.71	0.71	0.72	0.73	0.77	0.83
	丙烷	0.18	0.18	0.18	0.17	0.16	0.14	0.14	0.16	0.18
	异丁烷	0.04	0.04	0.04	0.04	0.03	0.03	0.03	0.03	0.04

续表

	压力（MPa）	44.69①	39.59	34.50	29.40	24.50	19.60	14.60	9.70	5.78
衰竭各级井流物摩尔分数（%）	正丁烷	0.08	0.08	0.08	0.07	0.06	0.05	0.05	0.06	0.08
	异戊烷	0.03	0.03	0.03	0.03	0.03	0.02	0.02	0.02	0.03
	正戊烷	0.05	0.05	0.05	0.05	0.04	0.04	0.04	0.04	0.05
	己烷	0.07	0.07	0.07	0.06	0.05	0.04	0.03	0.04	0.05
	庚烷以上	1.07	1.06	1.02	0.89	0.56	0.35	0.26	0.22	0.28
	合计	100.00	100.00	100.00	100.00	100.00	100.02	100.00	100.01	100.00
庚烷以上的特性	分子量	166	156	151	146	142	138	135	132	130
	相对密度	0.8010	0.7930	0.7894	0.7850	0.7820	0.7780	0.7750	0.7730	0.771
气相偏差系数 Z		1.115	1.079	1.043	1.008	0.976	0.953	0.938	0.934	0.946
气液两相偏差系数			1.075	1.037	1.001	0.970	0.948	0.932	0.924	0.910
累计采出（%）		0.000	8.290	17.050	26.800	36.950	48.370	60.830	73.690	83.90

① 露点压力。

表 4-166 定容衰竭实验反凝析液量数据表（126.70℃）

压力（MPa）	44.69①	44.10	39.59	34.50	29.40	24.50	19.60	14.60	9.70	5.78	0.00
含液量（%）	0.00	0.02	0.11	0.22	0.35	0.51	0.70	0.96	0.98	0.80	0.52

①露点压力。

第四节 塔北隆起油气藏流体相态规律

塔北隆起既分布有大量的油藏，也有为数众多的凝析气藏。因此，本节分油藏和凝析气藏两部分总结流体相态规律。

一、油藏流体性质与高压物性特征

1. 油藏流体性质

常规油藏原油相对密度为 0.8~0.94，重质组分含量相对较多，由图 4-45 可以看出，轮南—东河油气田群油藏流体各组分变化趋势基本一致，和气藏流体相比，甲烷组分含量明显降低，十一烷以上组分含量明显升高。地层原油密度为 0.794~0.844g/cm³，平均为 0.717g/cm³，地层温度位于临界温度左侧，远离临界点，表现出典型的油藏流体特征。单次脱气实验显示，油藏原油体积系数为 1.066~2.323，收缩率 6.21%~56.96%，黏度 0.19~4.78mPa·s，普遍具有低黏度、脱气后收缩性小、不易膨胀的性质。同时，轮南—东河油气田群油藏两相区大部分位于 0℃ 以上，地层温度点远离临界点（图 4-46），油藏特征明显。

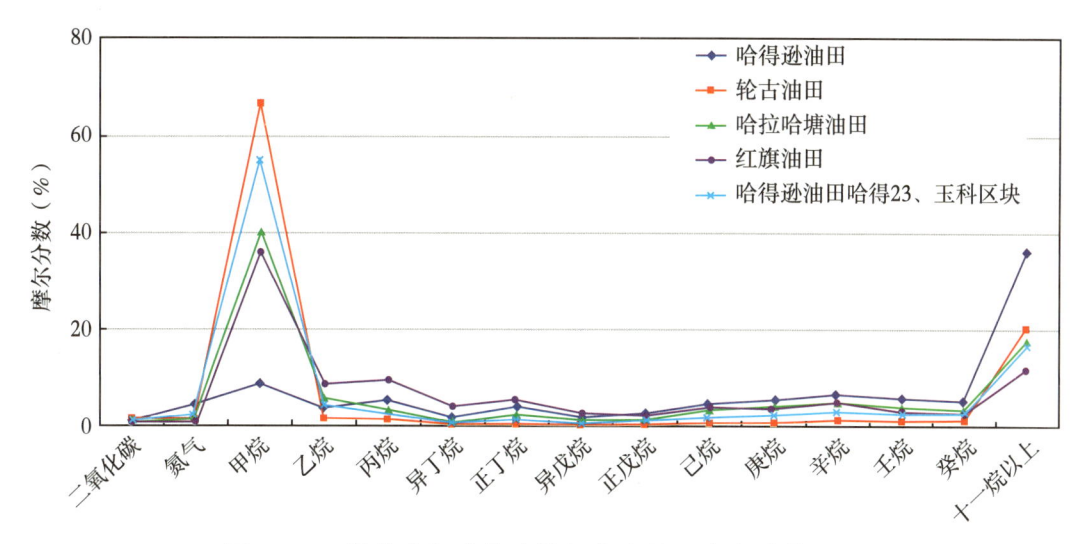

图 4-45 塔北隆起油藏流体组分含量（摩尔分数）图

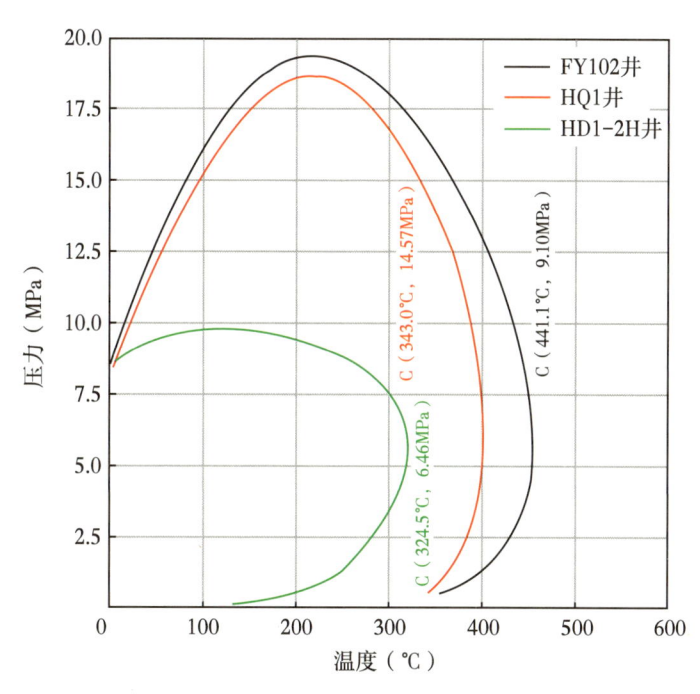

图 4-46 塔北隆起油藏流体相态图

2. 油藏流体高压物性

1) 地层原油的溶解气油比

地层原油的溶解气油比定义为某一压力、温度下的地下含气原油，在地面进行脱气后，得到 1m³ 原油时所分出的气量。

$$R_s = \frac{V_g}{V_s} \tag{4-1}$$

式中　R_s——在压力和温度为 p、T 时原油的溶解气油比，（标）m³/m³；

　　　V_g——地层油在地面脱出的气量，（标）m³；

　　　V_s——地面脱气原油或称储罐油，m³。

溶解气油比 R_s 表示了单位体积的地面原油处于地下（p、T）条件时所溶解的天然气体积，R_s 值越大，表明原油中溶解气越多。

如图 4-47 所示，多次脱气实验显示在低于饱和压力的前提下，随着压力的增加，溶解气油比越来越大，即单位体积的地面原油溶解的天然气量越来越大。其中 LG101 井、HQ1 井和 JY4-2 井为挥发性油藏，饱和压力下原油溶解气油比大于 243m³/m³，其余普通油藏原油通常小于 150m³/m³。原油中溶气越多，地层天然能量越充足，越利于油藏早期的开发。

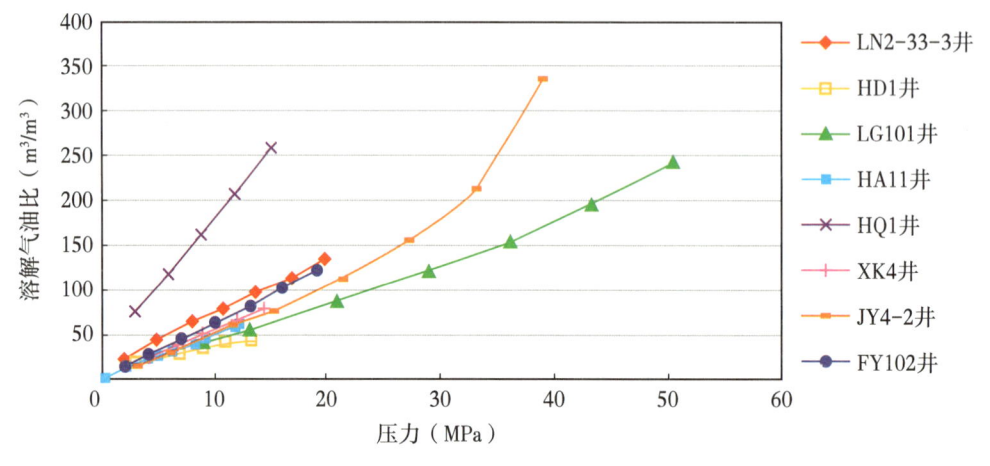

图 4-47　塔北隆起油藏原油溶解气油比曲线

2) 地层原油的体积系数、相对体积

地层原油的体积系数（B_o）定义为原油在地下的体积与其在地面脱气后的体积之比。

$$B_o = \frac{V_f}{V_s} \tag{4-2}$$

式中　V_f——在地层某一压力、温度（p、T）下原油的体积，m^3；

　　　V_s——地层 V_f 原油在地面（0.1MPa，20℃）脱气后的原油体积，m^3。

地层原油的体积系数能直接反映原油在油藏中的体积与地面脱气后的体积关系。随着压力的增加，溶解气量增大，油藏原油体积和体积系数也不断增大；当压力增大至饱和压力时，原油具有最大的溶解气油比，此时的体积系数也最大；当压力超过饱和压力时，原油以受压缩为主，此时随着压力的增加，地层原油体积缩小，体积系数也减小。多次脱气实验显示，LG101 井、HQ1 井和 JY4-2 井为挥发性油藏，饱和压力下原油体积系数大于 1.74，其余普通油藏原油通常小于 1.6（图 4-48）。

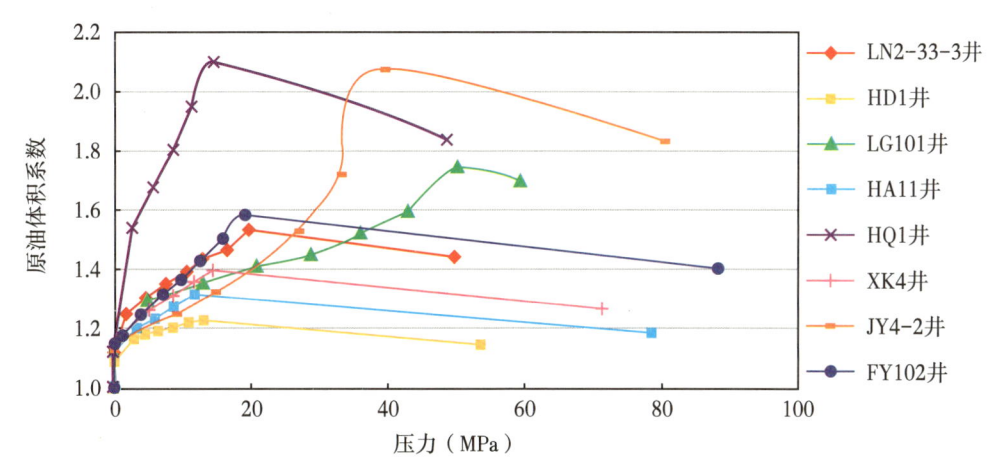

图 4-48　塔北隆起油藏原油体积系数曲线

地层原油的相对体积（R_i）定义为原油流体在 i 级压力下的体积与其在饱和压力下的体积之比，即：

$$R_i = \frac{V_i}{V_b} \tag{4-3}$$

式中　R_i——i 级压力下地层流体的相对体积；

　　　V_i——i 级压力下的地层流体体积，cm^3；

　　　V_b——饱和压力下的地层流体体积，cm^3。

相对体积从另一个角度定义了地层原油在不同压力下的体积变化趋势，反映了其弹性膨胀能力的大小。由图 4-49 可以发现，从地层压力开始，随着压力的逐步减小，油藏流体不断膨胀，相对体积不断变大，但趋势缓慢；当压力降至饱和压力时，相对体积为 1；继续减小压力，油藏流体开始脱气，相对体积进一步增大。

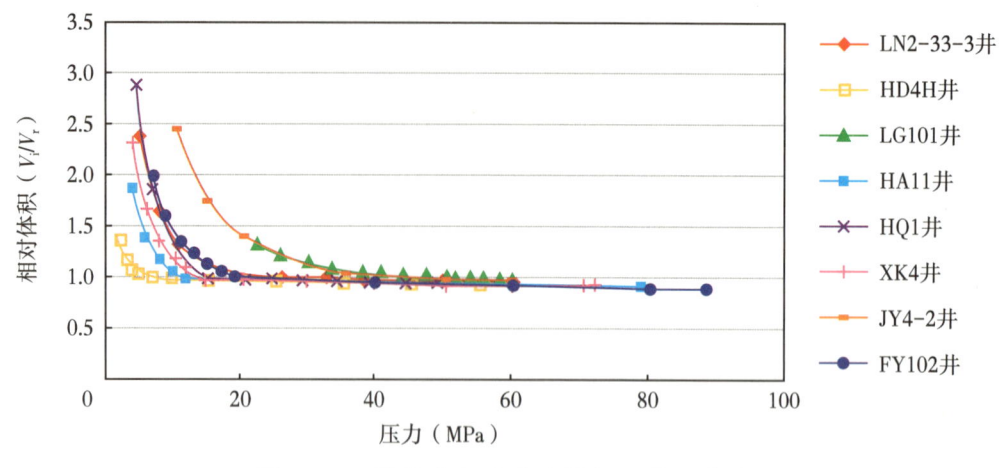

图 4-49 塔北隆起油藏流体相对体积曲线

3) 地层原油的压缩系数

地层原油的压缩系数（C_{oi}）指随着压力的变化地层原油体积的变化率。

$$C_{oi} = -\frac{1}{V_i} \cdot \frac{\Delta V_i}{\Delta p_i} \tag{4-4}$$

式中 C_{oi}——i 级与 $i-1$ 级压力区间地层原油的压缩系数，MPa^{-1}；

V_i——i 级压力下的样品体积，cm^3；

ΔV_i——i 级与 $i-1$ 级压力下的样品体积差，cm^3；

Δp_i——i 级与 $i-1$ 级压力差，MPa。

地层原油的压缩系数主要决定于油中溶解气量的大小以及原油所处的温度和压力。地层原油溶解气油比大，说明单位体积地层原油中溶解的气多，使原油密度减小更多而具有更大的弹性，所以压缩系数也大。图 4-50 显示，随着压力的不断降低，压缩系数逐渐增大，因为压力较低时，原油的密度比压力较高时更低，更易于压缩，LG101 井、HQ1 井和 JY4-2 井为挥发性油藏，趋势更明显；普通油藏在高于饱和压力（原油未脱气）的前提下，压缩系数为 $10.00 \times 10^{-4} \sim 27.00 \times 10^{-4} MPa^{-1}$。

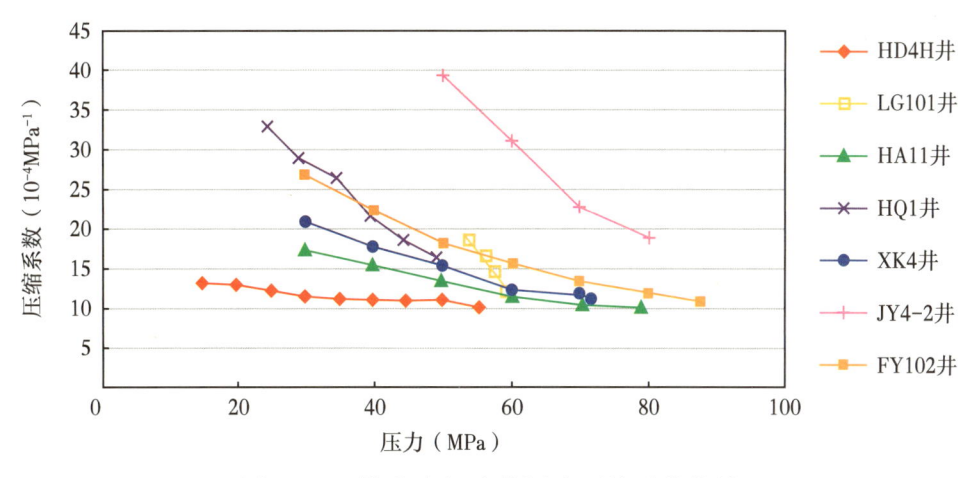

图 4-50　塔北隆起油藏原油压缩系数曲线

4）地层原油的黏度

原油的化学组成是决定黏度高低的内因，也是最重要的影响因素，原油中重烃含量，特别是胶质与沥青质含量的多少对原油黏度有着最重大的影响，胶质与沥青质含量高，则会增大液层分子的内摩擦，使原油黏度增大；除此之外，原油中溶解气量的多少也对原油黏度的影响较大，因为地层原油溶解气后，会降低溶气油内的摩擦阻力，黏度也相应降低。

如图 4-51 所示，当压力高于饱和压力时，随压力的增加，地层油弹性压缩，油的密度增大，液层间摩擦阻力增大，原油的黏度也相应增大，但增大幅度不高；当压力小于饱和压力时，随着压力的降低，油中溶解气不断分离出去，地层原油黏度明显增加。总体来看，轮南—东河油田群原油黏度较低，通

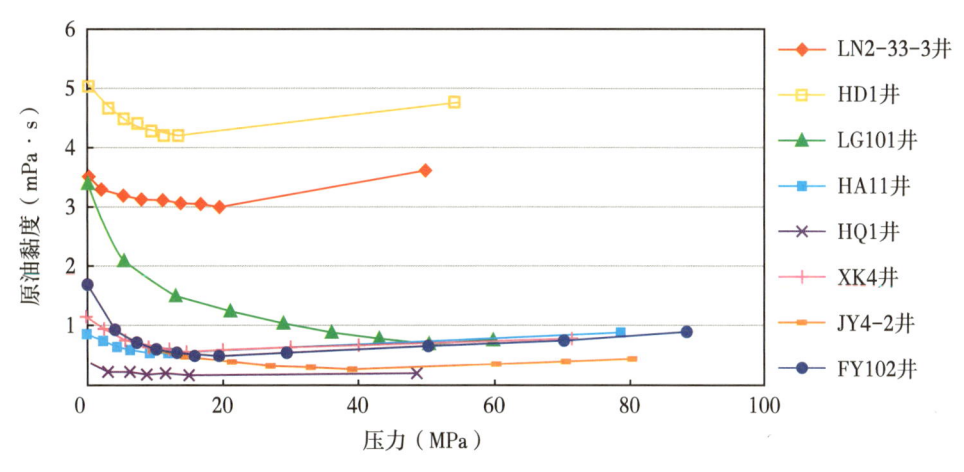

图 4-51　塔北隆起油藏原油黏度与压力关系曲线

常小于5mPa·s，有利于水驱开发。

二、凝析气藏流体性质与高压物性特征

1. 凝析气藏流体性质

塔北隆起已开发凝析气田凝析气组成的共同特点是：非烃成分 CO_2 含量低，CO_2 含量（摩尔分数）为 0.10%~1.902%，N_2 含量偏高，N_2 含量（摩尔分数）为 0.88%~8.32%。C_1+N_2 含量（摩尔分数）为 79.82%~89.36%，$C_2—C_6+CO_2$ 含量（摩尔分数）为 6.31%~14.39%，C_{7+} 含量（摩尔分数）为 0.56%~10.48%。由图 4-52 可以看出，凝析气藏流体各组分变化趋势基本一致。凝析油密度为 0.7720~0.7996g/m³，天然气相对密度为 0.6~0.64。塔里木已开发凝析气田两相区大部分位于-150~350℃，地层温度位于临界温度和最高温度之间（图 4-53），凝析气藏特征明显。

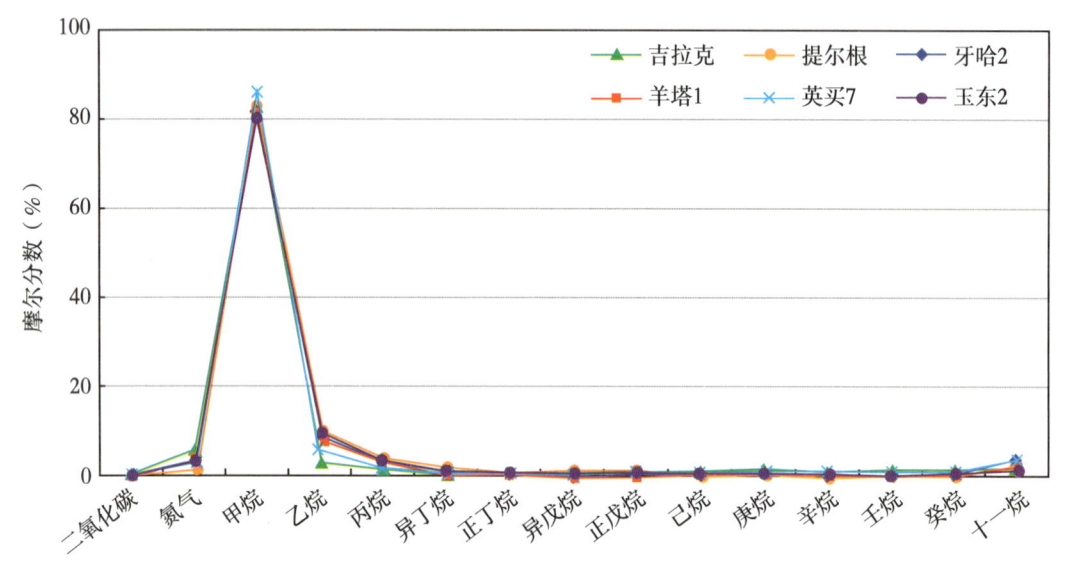

图 4-52 塔北隆起凝析气藏流体组分含量（摩尔分数）图

塔北隆起凝析气藏早期 PVT 流体取样及试油（图 4-54）发现气油比随深度有明显的变化，其变化范围为 925~1477m³/m³。研究认为，受重力、化学以及热应力作用的影响，流体的组分性质会随着深度变化。凝析气藏纵向上流体中各组分性质的差异，尤其是分子量的不同造成各组分含量（摩尔分数）有所变化。流体中组分含量变化使得凝析气流体性质随深度变化明显。

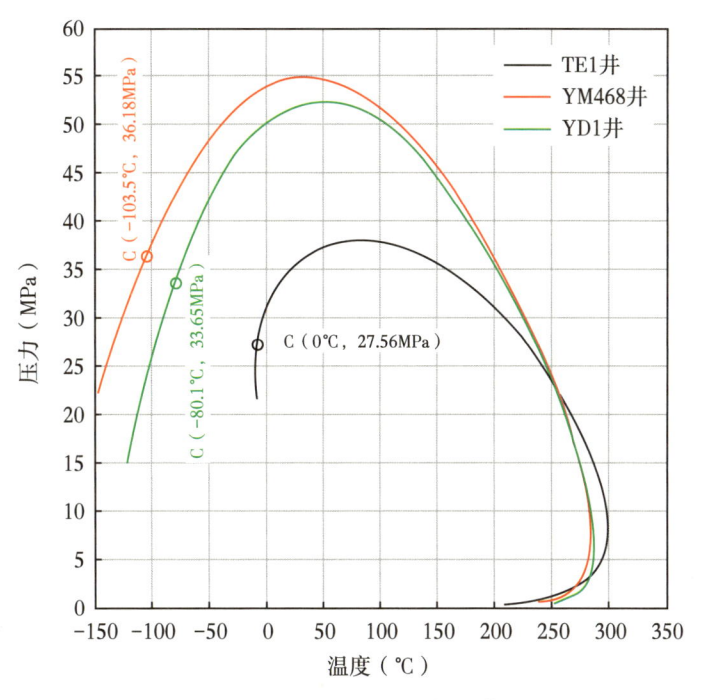

图 4-53 塔北隆起凝析气藏流体相态图

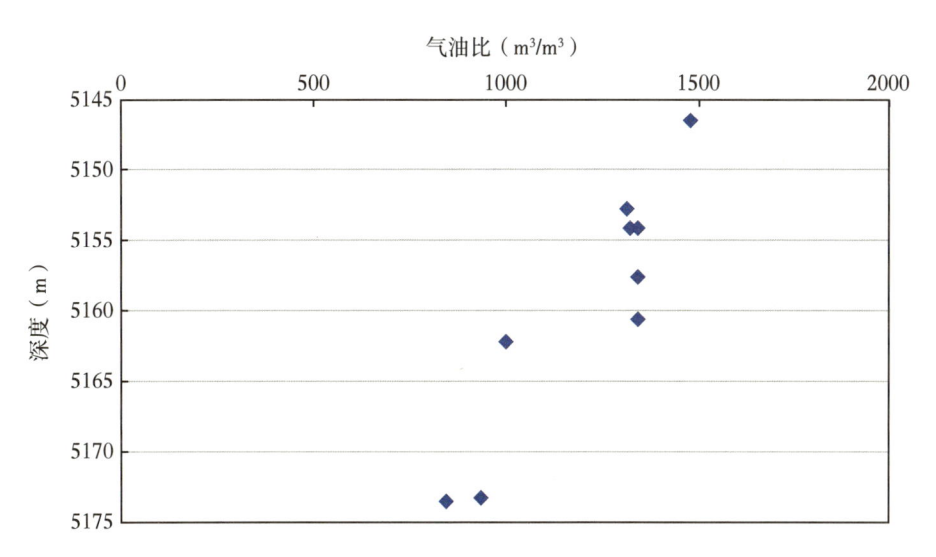

图 4-54 牙哈凝析气藏气油比随深度变化

2. 凝析气藏流体高压物性

1) 地层流体弹性膨胀特征

如图 4-55 所示，恒质量膨胀实验所测定的凝析气相对体积与压力呈幂函数关系。随着压力下降，地层流体膨胀性越强，当实验压力降低至 20MPa 左右，地层流体弹性膨胀后的体积与其露点压力下的体积相比可膨胀 1.5~2.0 倍。凝析气藏流体有一定的膨胀性，但膨胀能力小于干气。

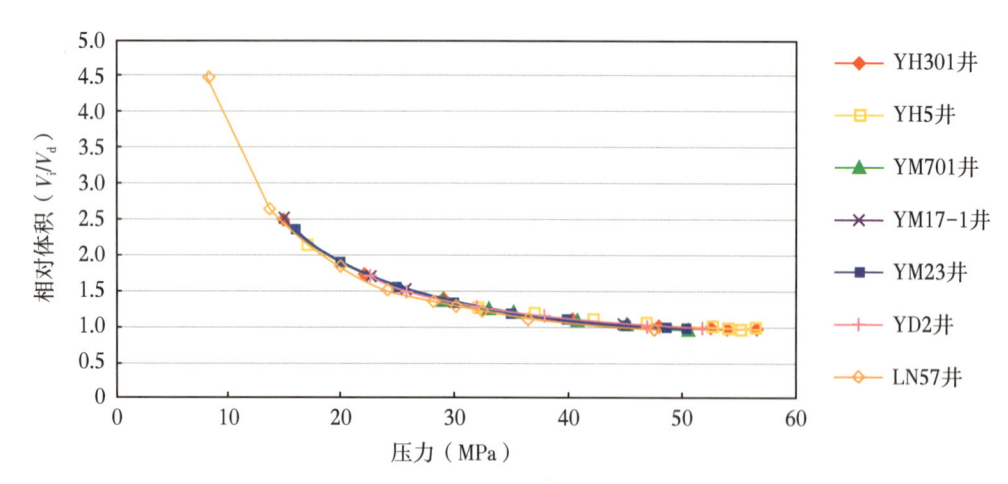

图 4-55　塔北隆起凝析气恒质量膨胀实验所测定的 p—V 关系

2）地层流体反凝析特征

反凝析是凝析气藏的特有现象，在原始地层压力下，气藏为单相气体，随着气体的不断采出，气藏压力会降低，当压力降至上露点时，液烃便开始凝析出；随着压力的继续下降，液烃析出量增大直到最大凝析量，此过程为反凝析过程；随着压力的进一步下降，液烃会逐步蒸发、含量也逐步降低。恒质量膨胀和定容衰竭实验都很好地诠释了这一规律（图 4-56 和图 4-57）。

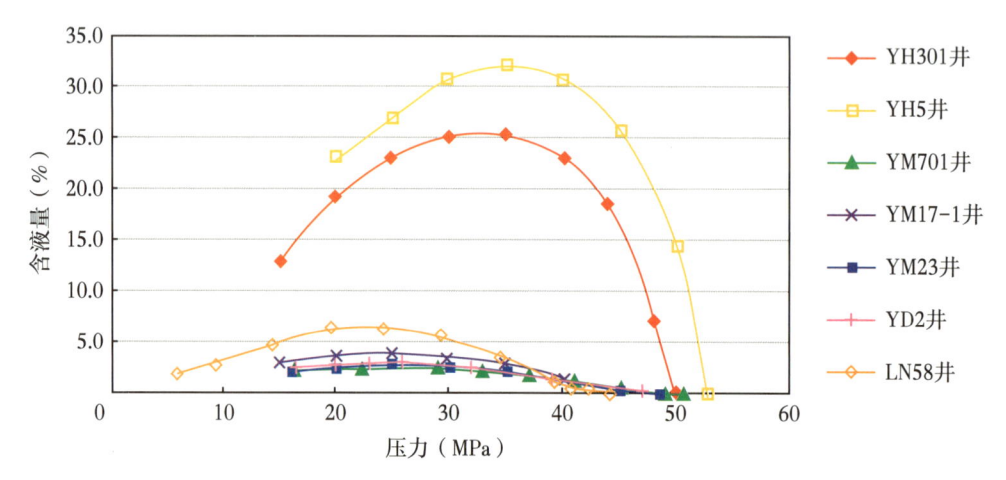

图 4-56　塔北隆起凝析气恒质量膨胀实验含液量数据图

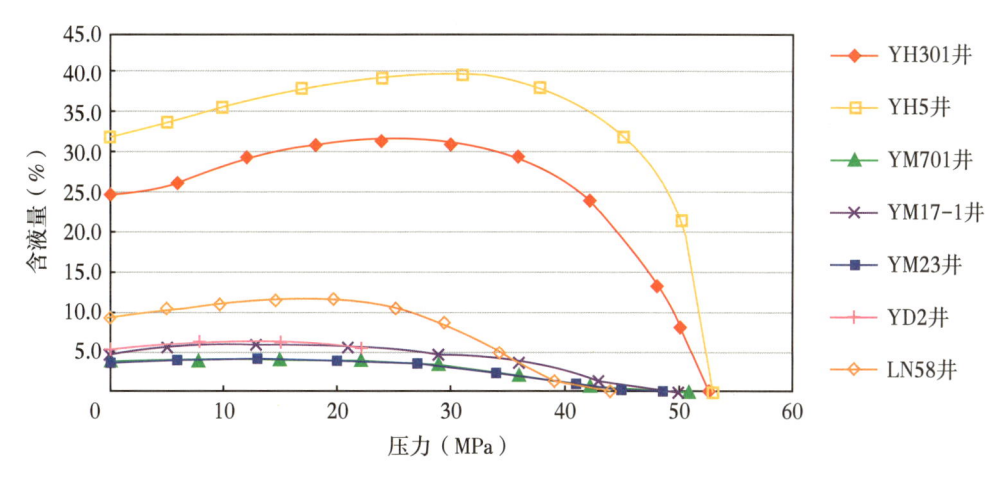

图 4-57 塔北隆起凝析气定容衰竭实验反凝析液量数据图

3）注干气过程中相态变化特征

在凝析气藏的开发过程中，流体相态特征变化影响因素一是注入干气，二是反凝析。通过随时间推移的实验数据对比发现以下两个较为明显的变化规律。

（1）注入干气与凝析气流体混合后对凝析气流体相态的影响。

实验证明，注入干气会使地层流体露点压力升高。如图 4-58，通过混入不同体积的干气进行相态计算发现，注入一定体积干气后的确会使露点压力升高，但持续注入后露点压力出现下降趋势，根据注入的干气组成以及原始凝析气流体组成的不同，最大露点压力值以及相应的混入干气体积也是不同的。根据所取样品，当混入约 0.4mol 干气时露点压力升高幅度最大。

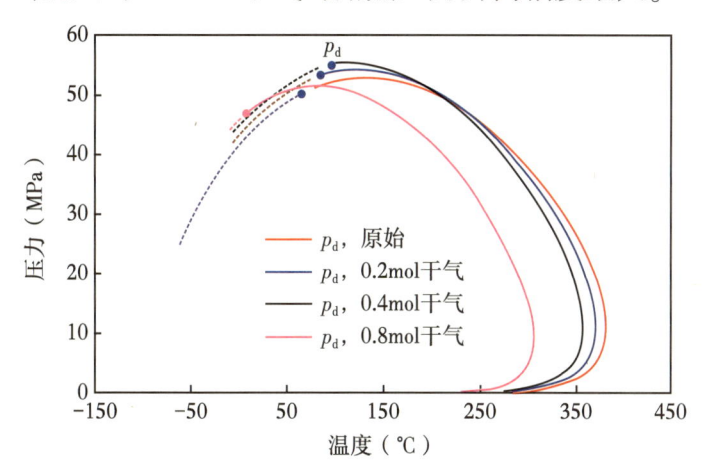

图 4-58 牙哈凝析气藏混入干气后凝析气流体相态图

p_d—露点压力

牙哈凝析气田采用循环注气开发。由图4-59看出，YH23-2-10井初期生产气油比稳定，自2005年开始气油比升高逐渐加快，示踪剂监测认为发生气窜。通过2002年与2005年两次的流体取样PVT实验分析发现，凝析气流体露点压力升高，相图右侧收缩（图4-60）。

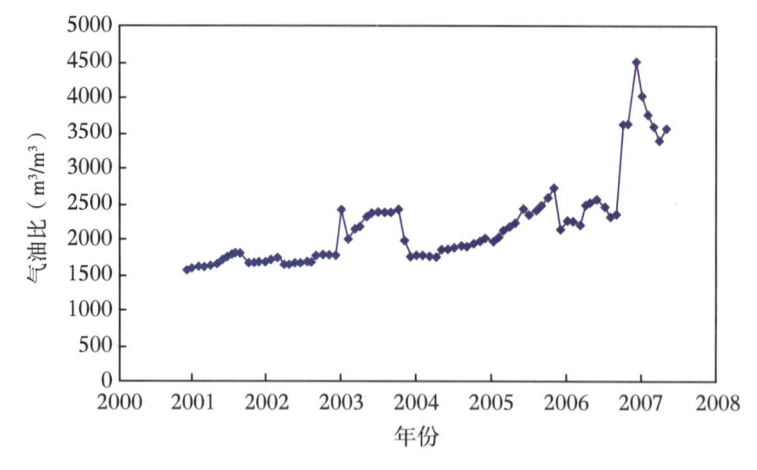

图4-59　YH23-2-10井生产气油比变化曲线

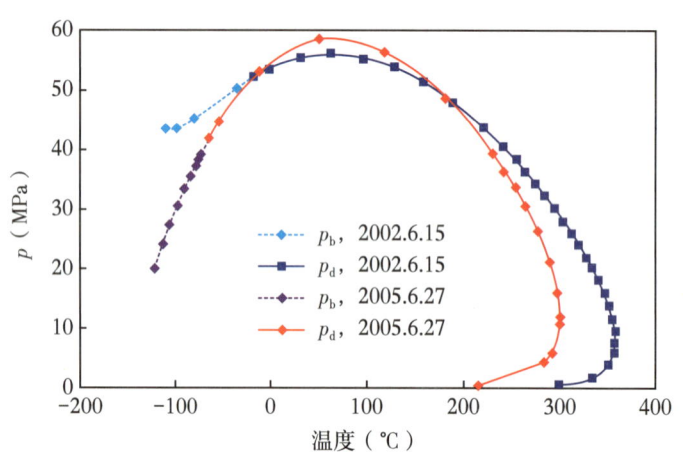

图4-60　YH23-2-10井相态图

p_d—露点压力；p_b—泡点压力

（2）压力下降导致的反析出对凝析气流体相态变化的影响。

①地层压力下降，凝析油析出。当地层压力低于露点压力之后，凝析气藏流体发生反凝析，其中的重质组分首先析出，轻质组分如C_1含量逐渐升高，而重质组分如C_{11+}呈逐渐减少的趋势。等容衰竭变化过程中，凝析气流体露点下降，相包络线均匀收缩，趋向于干气包络线形态（图4-61）。

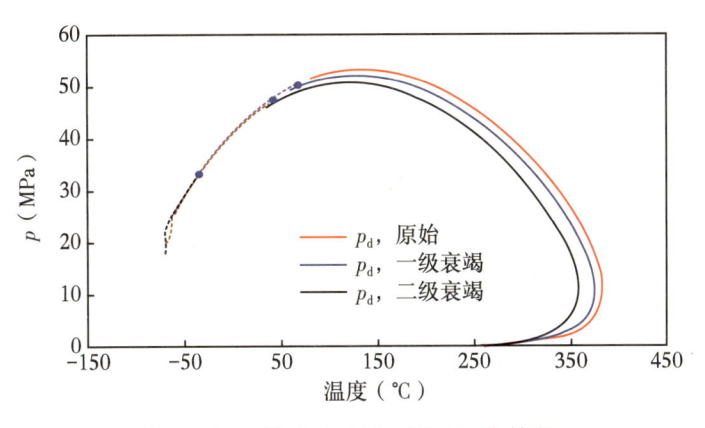

图 4-61 等容衰竭相态图变化特征

YH23-1-H1 井中气油比上升较缓（图 4-62），反映出这口井并没有受到注入干气的影响。图 4-63 为 YH23-1-H1 井实际取样的 p—T 相图，露点略有下降，相包络线均匀收缩。

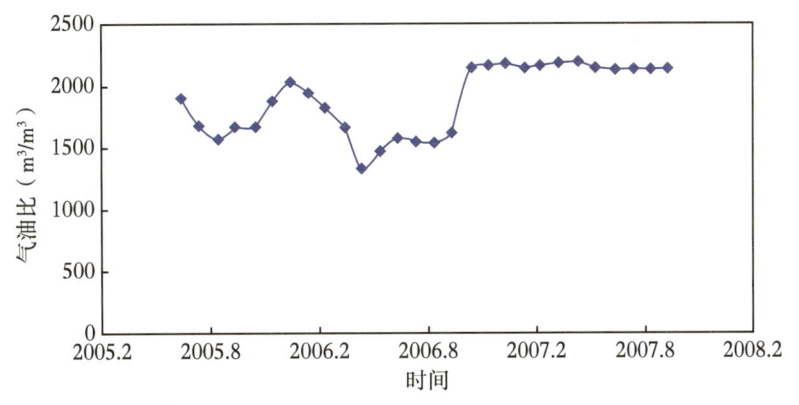

图 4-62 YH23-1-H1 井生产气油比变化曲线

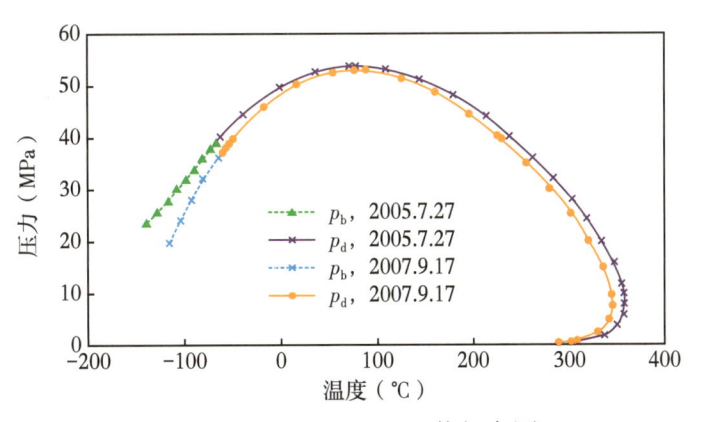

图 4-63 YH23-1-H1 井相态图

②凝析气高速流动携带部分凝析油。当凝析液在储层孔隙内逐渐聚集，达到临界流动饱和度时，地层中出现油气两相流。而气体在井底附近流速较高，高流速易产生剥离效应，将凝析液携带出来。此种情况下取得的样品中重质组分含量偏高。将一定比例的凝析油组成与原始流体组成相混合来代表取样流体，并计算其相图，进行分析研究。研究表明，混入一定比例的凝析油后，混合流体露点压力下降，右侧相包络线右移，相图向挥发油方向移动（图4-64）。

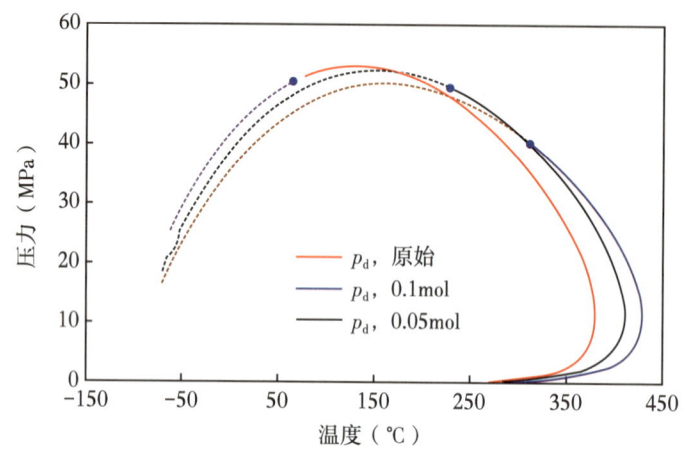

图 4-64 混入凝析油相态图

YH23-1-6井气油比基本没有较大幅度升高（图4-65），无注气突破的影响。图4-66为YH23-1-6井的两次实际取样PVT实验相图，露点压力下降，右侧相包络线右移。

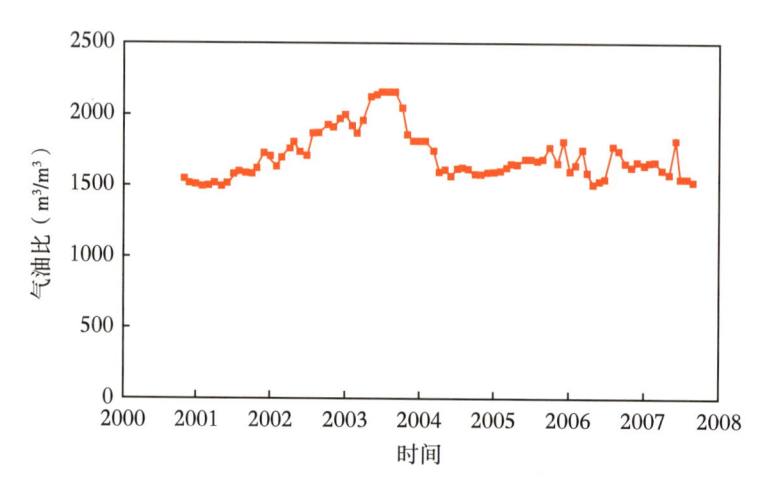

图 4-65 YH23-1-6井生产气油比变化曲线

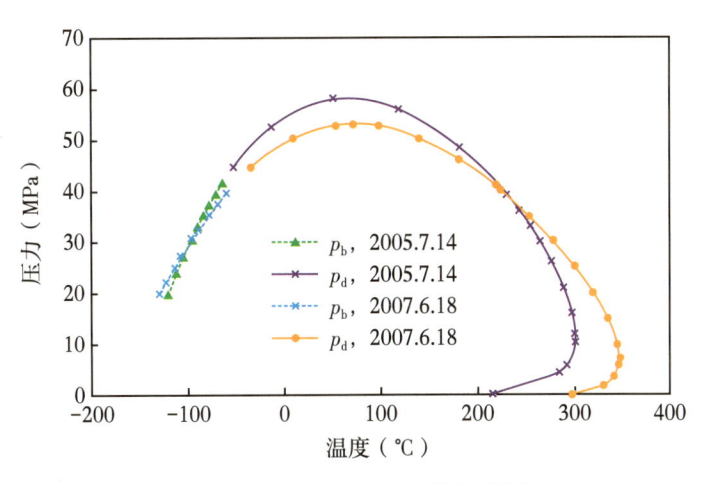

图 4-66　YH23-1-6 井相态图

第五章　中央隆起油气藏流体性质和分布规律

中央隆起是一个典型的复式油气聚集区，是在寒武系—奥陶系巨型褶皱背斜基础上长期发育的继承性古隆起，形成于早奥陶世末。泥盆系沉积前基本定型，早海西期以后以构造迁移和改造为特征，其后进入平稳升降期，多期次构造运动及断裂活动造就了中央隆起。塔中古隆起形成早，发育稳定，长期位于油气运聚的指向区，利于捕获多期次油气充注。下古生界碳酸盐岩与上覆志留系—石炭系发育多期储盖组合，形成多种类型的油气圈闭。古生界多期储盖组合紧邻寒武系—奥陶系烃源岩，寒武系—奥陶系断裂发育，为油气垂向运移提供通道，碳酸盐岩缝洞系统的交错分布是油气差异聚集的主要疏导格架，而奥陶系顶部不整合面是向志留系和石炭系油气运移的主要通道。古生界多套良好储盖组合与油气运聚形成良好的配置，形成寒武系—奥陶系，志留系和石炭系多目的层含油气而差异聚集的特征。中央隆起包括6个二级构造单元：柯坪凸起、巴楚凸起、塔中凸起、古城低凸起、塔东低凸起和罗布泊凸起。塔中油气田群主要分布在中央隆起的塔中凸起，油气藏类型多样，整体呈现西油东气、上油下气的分布格局。

第一节　塔中凸起油气藏

塔中凸起内已开发油气田主要包括塔中4油田、塔中10油田、塔中16油田、塔中Ⅰ号气田和塔中6气田，既有油又有气。油藏主要分布在石炭系和志留系。石炭系自西向东共发育塔中40、塔中10、塔中4、塔中16、塔中24等6个常规油藏。志留系发育塔中11和塔中12两个稠油油藏。凝析气藏主要分布在奥陶系。奥陶系西部以挥发油—正常油为主，东部以带油环凝析气藏和中高含凝析油凝析气藏为主。

一、塔中 4 油田

塔中 4 油田地处塔克拉玛干大沙漠腹地，新疆维吾尔自治区且末县境内，于 1992 年 4 月发现，发现井为塔中 4 井。塔中 4 油田构造位于塔里木盆地中央隆起东端，自西向东包括塔中 402、塔中 422 和塔中 401 三个区块，自上而下包括 C_I，C_{II} 和 C_{III} 三套含油层系。其中 C_I 油组油藏类型复杂，具有多套油水系统，油藏类型包括层状边水油藏、岩性油藏等；孔隙类型主要有原生粒间孔、粒间溶孔、粒内溶孔、裂隙孔等；岩性以中、细砂岩为主，成分以石英、岩屑为主，长石含量较低；平均孔隙度为 19.2%，平均渗透率为 932mD；油藏原始地层压力 33MPa，各单砂体地层压力分布不均，地层温度 97.8~103℃；原油密度 0.8331~0.853g/cm³，黏度 2.56~8.51mPa·s，天然气相对密度 0.4891，组分含量甲烷 45.51%~64.25%、乙烷 5.33%~10.91%、氮气 15.55%~15.97%、二氧化碳 0.04%~2.45%，为低二氧化碳高氮伴生气；地层水矿化度为 108512~123511mg/L，Cl^- 含量为 65069~74053mg/L，pH 值为 6~7，属 $CaCl_2$ 型水。C_{II} 油组为层状边水碳酸盐岩凝析气藏，凝析油密度（0.7065~0.8673g/cm³，平均 0.766g/cm³），低黏度（0.3902~10.77mPa·s）轻质油；天然气相对密度平均 0.7978，为高氮低二氧化碳的甲烷气。C_{III} 油组为块状底水和层状边水砂岩油藏，孔隙类型主要有原生粒间孔、粒间溶孔、粒内溶孔、铸模孔和微孔隙等，划分为均质段和含砾砂岩段；岩性以细砂岩为主，成分以岩屑石英砂岩为主，含砾砂岩段平均孔隙度为 10%，平均渗透率为 180mD，均质砂岩段平均孔隙度为 17.6%，平均渗透率为 400mD；原始地层压力 42.88MPa，地层温度 108℃；原油密度 0.7365~0.9170g/cm³，黏度 0.69~10.58mPa·s，天然气相对密度 0.6651~0.8095，为低二氧化碳高氮甲烷气；地层水矿化度 52283~114556mg/L，Cl^- 含量为 30935~69334mg/L，pH 值为 6~7，属 $CaCl_2$ 水型。塔中 4 油田于 1995 年 1 月开始试采。

1. 原始流体取样与质量评价

勘探评价阶段塔中 4 油田共录取 TZ401 井、TZ411 井、TZ402 井、TZ421 和 TZ422 井 5 口井 16 个井段的合格流体样品。单井流体样品送回实验室检查合格后开展 PVT 实验分析。流体样品的取样条件及油井特征见表 5-1。

表 5-1 塔中 4 油田流体样品取样条件及油井特征统计表

区块	塔中 401 区块			塔中 402 区块							塔中 421			塔中 422 区块
井号	TZ401		TZ411	TZ402								TZ421			TZ422
取样时间	1993年2月5日	1993年10月28日	1993年11月1日	1993年11月27日	1993年1月8日	1993年1月21日	1993年3月10日	1993年3月12日	1993年3月15日	1994年3月24日	1993年12月31日	1994年1月12日	1994年1月14日	1994年1月26日	1994年2月13日	1994年2月23日
一级分离器压力 (MPa)	0.85	0.7			1.03	0.79	0.53	0.57	0.43		0.345	0.548		0.344	0.14	0.689
一级分离器温度 (℃)	17	24			32	38	18	32	17		25	20		25	20	24
取样方式	地面分离器	地面分离器	地面分离器	MFE	地面分离器	地面分离器	地面分离器	地面分离器	地面分离器	井下/取样深度3605m	地面分离器	干扰测试地面取样	MFE	地面分离器	地面分离器	地面分离器
取样井段 (m)	3685.0~3703.0	3720.0~3723.5	3720.0~3723.5	3322.5~3328.0	3613.0~3628.0	3693.5~3696.0	3246.0~3250.0	3259.0~3268.0	3276.0~3280.0	3613.0~3628.0	3570.5~3575.0	3570.5~3575.0	3570.5~3575.0	3221.0~3223.5	3280.0~3283.0	3631.0~3634.0
层位	C_{III}	C_{III}	C_{III}	C_{I}	C_{III}	C_{III}	C_{I}	C_{I}	C_{I}	C_{III}	C_{III}	C_{III}	C_{III}	C_{I}	C_{I}	C_{III}
原始地层压力 (MPa)	42.97	42.93	42.93	32.84	43.04	43.18	33.02	33.06	33.45	43.04	42.16	42.16	42.16	32.47	33.56	42.42
原始地层温度 (℃)	112	113	113	99	107	110	98	100	99	107	104	104	104	98.8	97	108.9
取样时地层压力 (MPa)	42.97	42.93	42.93	32.84	43.04	43.18	33.02	33.06	33.45	42.36	42.16	42.16	42.16	32.47	33.56	42.42
取样时地层温度 (℃)	112	113	113	99	106	110	98	100	99	107	104	104	104	98.8	97	108.9
产油量 (t/d)	97.51	302.86	302.86		342	200	200	444	181	20.24	161.32	168.14		130.37	139.76	256.8
一级分离器气相对密度				0.89	0.79	0.814	0.85	0.85	0.95	0.773	0.73	0.73	0.73	0.73	0.73	

2. 流体相态实验

1）塔中 401 油藏（C$_\mathrm{III}$）

（1）流体组分。

塔中 401 油藏（C$_\mathrm{III}$）井流物组成见表 5-2。井流物组成摩尔分数：C_1+N_2 为 71.00%、C_2—C_6+CO_2 为 13.45%、C_{7+} 为 15.55%，在三角相图上属于挥发性油藏范围（图 5-1）。

表 5-2 塔中 401 油藏（C$_\mathrm{III}$）井流物组成表

井段 （m）	组分	油罐油 摩尔分数 （%）	油罐气 摩尔分数 （%）	分离器气 摩尔分数 （%）	分离器液 摩尔分数 （%）	井流物 摩尔分数 （%）	井流物 含量 （g/m³）
3685.0~3703.0	二氧化碳		2.93	1.98	0.24	1.67	1.01
	氮气			2.93		2.40	0.93
	甲烷		67.24	82.44	5.55	68.60	15.19
	乙烷	0.04	16.27	5.63	1.38	4.87	2.02
	丙烷	0.28	7.50	2.76	0.88	2.42	1.47
	异丁烷	0.29	1.55	1.06	0.39	0.94	0.75
	正丁烷	1.01	2.79	2.18	1.16	1.99	1.60
	异戊烷	0.79	0.58	0.39	0.77	0.46	0.46
	正戊烷	1.24	0.59	0.32	1.19	0.48	0.47
	己烷	2.52	0.43	0.24	2.35	0.62	0.72
	庚烷	3.17	0.07	0.03	2.91	0.55	0.73
	辛烷	4.99	0.02	0.02	4.58	0.84	1.24
	壬烷	6.14	0.02	0.02	5.64	1.03	1.72
	癸烷	4.68			4.29	0.77	1.43
	十一烷以上	74.84			68.67	12.36	70.26

注：十一烷以上流体特性：分子量 412，相对密度（20℃）0.912；油罐油密度（20℃）0.8968g/cm³；油罐气比重 0.833；油罐气/油罐油 5m³/m³；分离器液/油罐油 1.003m³/m³。

（2）流体相态。

塔中 401 油藏（C$_\mathrm{III}$）3685.0~3703.0m 井段取得高压流体得出的流体相态特征如图 5-2 所示。流体临界参数见表 5-3，临界压力 30.79MPa，临界温度 415.2℃。地层温度位于临界温度左侧，远离临界点，表现出典型的油藏相态特征。

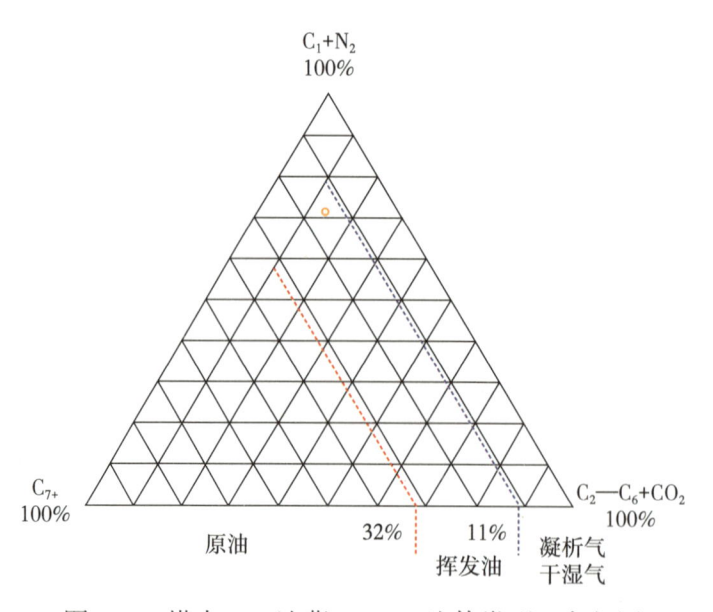

图 5-1　塔中 401 油藏（$C_Ⅲ$）流体类型三角相图

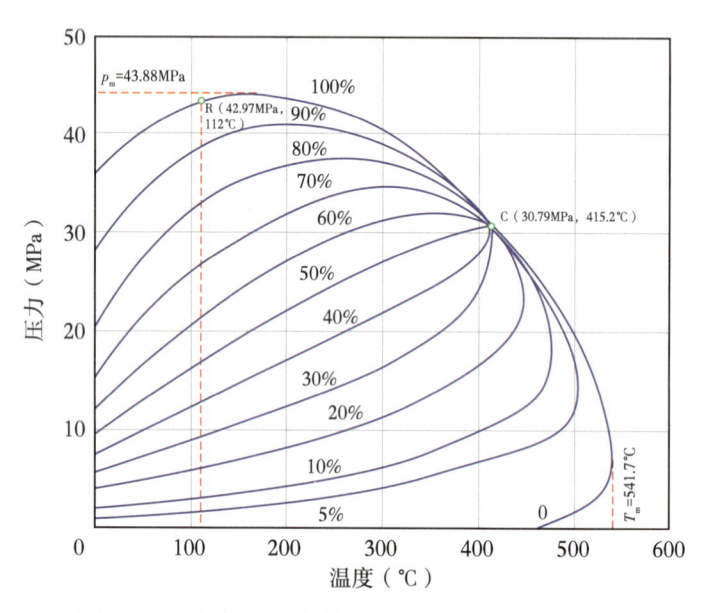

图 5-2　塔中 401 油藏（$C_Ⅲ$）地层流体相态图

表 5-3　塔中 401 油藏（$C_Ⅲ$）相态数据表

井段（m）	层位	地层压力（MPa）	地层温度（℃）	临界压力（MPa）	临界温度（℃）	临界体积（m^3/kmol）	临界偏差系数	油气藏类型
3685.0~3703.0	$C_Ⅲ$	42.97	112.0	30.79	415.2	0.2298	1.2325	油藏

(3) 恒质膨胀实验。

塔中 401 油藏（C_{III}）3685.0~3703.0m 层段流体样品在地层温度 112.0℃下，地层原油的饱和压力为 42.92MPa，饱和压力下的比容为 1.5911cm^3/g，饱和油的热膨胀系数为 13.56×10^{-4}℃$^{-1}$。恒质膨胀实验结果见表 5-4。

表 5-4　塔中 401 油藏（C_{III}）流体样品恒质膨胀实验结果

压力（MPa）	相对体积 V_i/V_r	Y 函数	压缩系数（10^{-4}MPa^{-1}）
47.04	0.9907		24.26
46.06	0.9930		24.27
45.08	0.9954		24.28
44.10	0.9977		
42.92[①]	1.0000		
38.22	1.0257	4.9779	
33.32	1.0624	4.6992	
28.42	1.1166	4.4205	
23.52	1.2003	4.1418	
18.62	1.3388	3.8631	
13.72	1.5934	3.5844	
8.82	2.1631	3.3057	

①饱和压力。

(4) 单次脱气实验。

塔中 401 油藏（C_{III}）3685.0~3703.0m 层段流体样品在地层温度 112.0℃、压力 42.97MPa 下，单次脱气实验结果见表 5-5。

表 5-5　塔中 401 油藏（C_{III}）流体样品单次脱气实验结果

气油比（m^3/m^3）	原油收缩率（%）	原油体积系数	地层原油密度（g/cm^3）	地层原油黏度（mPa·s）	气体平均溶解系数 [m^3/(m^3·MPa)]	API 重度（°API）	原油平均分子量
263	45.93	1.8495	0.6285	0.38	6.0993	25.8	388

(5) 多次脱气实验。

塔中 401 油藏（C_{III}）3685.0~3703.0m 层段流体样品在地层温度 112.0℃下，多次脱气实验结果见表 5-6。

表 5-6 塔中 401 油藏（$C_Ⅲ$）流体样品多次脱气实验结果

压力 （MPa）	溶解气油比 （m³/m³）	原油体积系数	双相体积系数	原油密度 （g/cm³）	偏差系数	气体体积系数	脱出气相对密度
47.04		1.8473	1.8473	0.6333			
42.92[①]	258	1.8614	1.8614	0.6285			
35.87	220	1.7577	1.8959	0.6457	1.005	0.0037	0.780
29.40	183	1.6614	1.9720	0.6617	0.922	0.0042	0.787
22.54	146	1.5563	2.1214	0.6834	0.860	0.0051	0.798
15.68	108	1.4546	2.5154	0.7058	0.843	0.0071	0.821
8.82	71	1.3529	3.7902	0.7293	0.875	0.0130	0.882
2.94	37	1.2624	10.4124	0.7502	0.950	0.0415	0.985
0		1.0710		0.8373	1.000		1.120
0（20℃）		1.0000		0.8968			

①饱和压力。
注：残余油 API 重度为 25.8°API。

（6）黏度测定实验。

塔中 401 油藏（$C_Ⅲ$）3685.0~3703.0m 层段流体样品在地层温度 112.0℃ 下，黏度测定实验结果见表 5-7。

表 5-7 塔中 401 油藏（$C_Ⅲ$）流体样品黏度测定实验结果

压力（MPa）	原油黏度（mPa·s）	气体黏度（mPa·s）	黏度比（油/气）
47.04	0.46		
42.92[①]	0.38		
35.87	0.41	0.0284	14.44
29.40	0.46	0.0249	18.47
22.54	0.53	0.0211	25.12
15.68	0.64	0.0178	35.96
8.82	0.81	0.0141	57.45
2.94	1.15	0.0110	104.55
0	2.61		

①饱和压力。

2）塔中 401 油藏（C_I）

（1）流体组分。

塔中 401 油藏（C_I）井流物组成见表 5-8。井流物组成摩尔分数：C_1+N_2 为 4.83%、C_2—C_6+CO_2 为 17.26%、C_{7+} 为 77.91%，在三角相图上属于油藏范围（图 5-3）。

表 5-8 塔中 401 油藏（C_I）井流物组成表

取样时间	井段(m)	组分	油罐气摩尔分数(%)	油罐油摩尔分数(%)	井流物摩尔分数(%)	井流物含量(g/m³)
1993年11月27日	3322.5~3328.0	二氧化碳	0.51		0.04	0.01
		氮气	21.15		1.73	0.26
		甲烷	38.14		3.11	0.27
		乙烷	2.65		0.22	0.44
		丙烷	3.97	0.11	0.42	0.10
		异丁烷	5.55	0.44	0.86	0.27
		正丁烷	11.38	1.38	2.20	0.68
		异戊烷	5.75	1.99	2.30	0.89
		正戊烷	7.31	3.65	3.95	1.52
		己烷	3.33	7.62	7.27	3.26
		庚烷	0.24	8.35	7.69	3.94
		辛烷	0.02	8.29	7.62	4.35
		壬烷		7.21	6.62	4.28
		癸烷		8.28	7.60	5.44
		十一烷以上		52.68	48.38	74.69

注：十一烷以上流体特性：分子量 289、相对密度（20℃）0.865。

（2）流体相态。

塔中 401 油藏（C_I）高压流体得出的流体相态特征如图 5-4 所示。流体临界参数见表 5-9，临界压力 4.02MPa，临界温度 507.8℃。地层温度位于临界温度左侧，远离临界点，表现出典型的油藏相态特征。

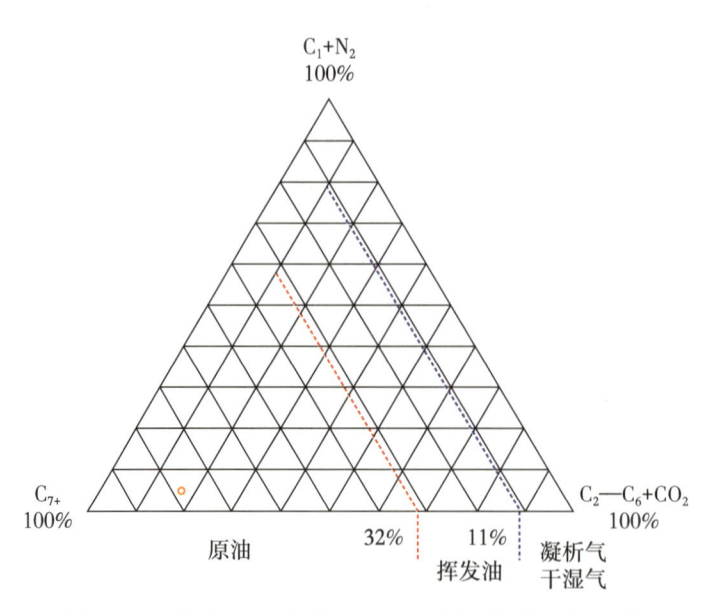

图 5-3 塔中 401 油藏（C_I）流体类型三角相图

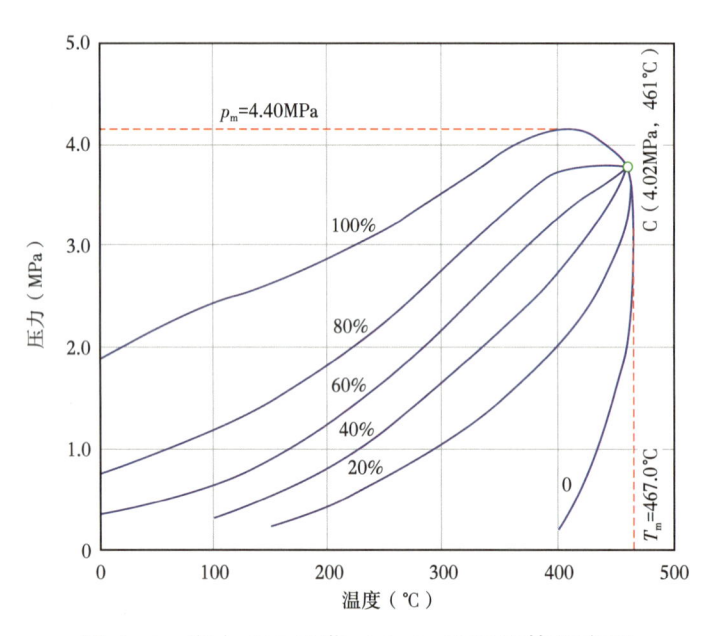

图 5-4 塔中 401 油藏（C_I）地层流体相态图

表 5-9 塔中 401 油藏（C_I）相态数据表

井段（m）	层位	地层压力（MPa）	地层温度（℃）	临界压力（MPa）	临界温度（℃）	临界体积（m³/kmol）	临界偏差系数	油气藏类型
3322.5~3328.0	C_I	32.84	99.0	4.02	461.0		0.4485	油藏

(3) 恒质膨胀实验。

塔中401油藏（C_I）3322.5~3328.0m层段流体样品在地层温度99.0℃下，地层原油的饱和压力为2.55MPa，饱和压力下的比容为1.2571cm³/g，饱和油的热膨胀系数为9.33×10⁻⁴℃⁻¹。恒质膨胀实验结果见表5-10。

表5-10　塔中401油藏（C_I）流体样品恒质膨胀实验结果

压力（MPa）	相对体积 V_i/V_r	Y函数	压缩系数（10^{-4}MPa⁻¹）
33.32	0.9685		7.57
28.42	0.9721		8.38
23.52	0.9761		9.39
18.62	0.9806		10.59
13.72	0.9857		11.97
8.82	0.9915		13.54
3.92	0.9981		
2.55①	1.0000		

①饱和压力。

(4) 单次脱气实验。

塔中401油藏（C_I）3322.5~3328.0m层段流体样品在地层温度99.0℃、压力32.84MPa下，单次脱气实验结果见表5-11。

表5-11　塔中401油藏（C_I）流体样品单次脱气实验结果

气油比（m³/m³）	原油收缩率（%）	原油体积系数	地层原油密度（g/cm³）	地层原油黏度（mPa·s）	气体平均溶解系数[m³/(m³·MPa)]	API重度（°API）	原油平均分子量
9	6.05	1.0645	0.8098	4.19	3.5322	35.5	201

(5) 黏度测定实验。

塔中401油藏（C_I）3322.5~3328.0m层段流体样品在地层温度99.0℃下，黏度测定实验结果见表5-12。

表 5-12　塔中 401 油藏（C_I）流体样品黏度测定实验结果

压力（MPa）	原油黏度（mPa·s）	气体黏度（mPa·s）	黏度比（油/气）
32.48	4.19		
23.52	4.03		
13.72	3.86		
3.92	3.70		
0.00	3.87		

3）塔中 402 油藏（C_{III}）

（1）流体组分。

塔中 402 油藏（C_{III}）井流物组成见表 5-13。井流物组成摩尔分数：C_1+N_2 为 55.35%、C_2—C_6+CO_2 为 22.82%、C_{7+} 为 21.83%，在三角相图上属于挥发性油藏和黑油油藏范围（图 5-5）。

表 5-13　塔中 402 油藏（C_{III}）井流物组成表

井段（m）	组分	油罐油摩尔分数（%）	油罐气摩尔分数（%）	分离器气摩尔分数（%）	分离器液摩尔分数（%）	井流物摩尔分数（%）	井流物含量（g/m³）
3613.0~3628.0	二氧化碳		2.25	2.21	0.36	1.55	0.84
	氮气			4.27		2.74	0.95
	甲烷		46.70	77.79	7.56	52.61	10.44
	乙烷	0.12	14.28	6.03	2.41	4.73	1.76
	丙烷	1.02	15.83	3.57	3.42	3.51	1.92
	异丁烷	1.13	4.53	1.09	1.68	1.30	0.94
	正丁烷	4.45	9.11	2.11	5.20	3.22	2.32
	异戊烷	3.45	2.19	0.44	3.25	1.45	1.29
	正戊烷	6.28	2.78	0.48	5.71	2.36	2.10
	己烷	11.05	1.99	1.97	9.58	4.70	4.89
	庚烷	10.19	0.23	0.02	8.58	3.09	3.67
	辛烷	9.68	0.07	0.01	8.13	2.92	3.87
	壬烷	8.45	0.03	0.01	7.09	2.55	3.81
	癸烷	6.00	0.01		5.03	1.80	2.99
	十一烷以上	38.18			32.00	11.47	58.21

注：十一烷以上流体特性：分子量 410，相对密度（20℃）0.896；油罐油密度（20℃）0.8426g/cm³；油罐气比重 1.149；油罐气/油罐油 17m³/m³；分离器液/油罐油 1.1089m³/m³。

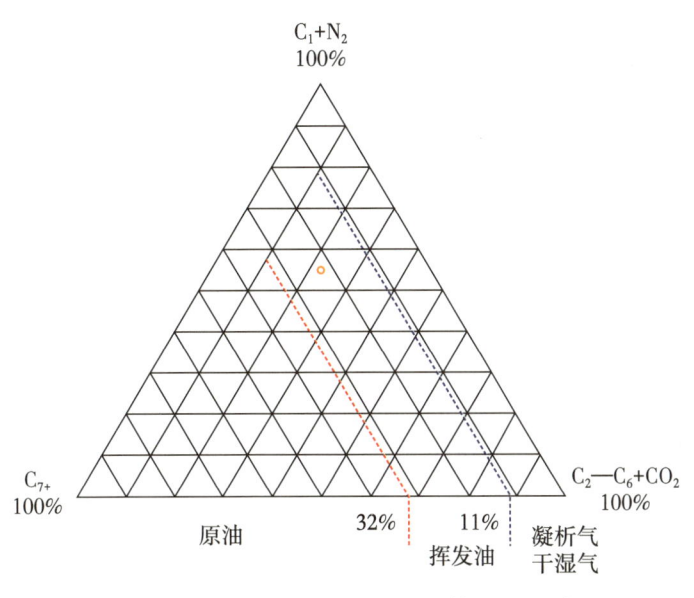

图 5-5　塔中 402 油藏（$C_Ⅲ$）流体类型三角相图

（2）流体相态。

塔中 402 油藏（$C_Ⅲ$）高压流体得出的流体相态特征如图 5-6 所示。流体临界参数见表 5-14，临界压力 20.38MPa，临界温度 391.3℃。地层温度位于临界温度左侧，远离临界点，表现出典型的油藏相态特征。

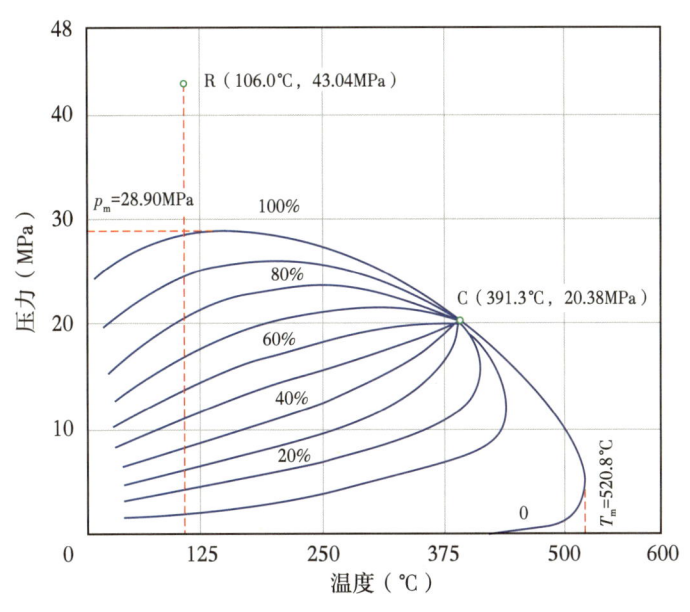

图 5-6　塔中 402 油藏（$C_Ⅲ$）地层流体相态图

表 5-14 塔中 402 油藏（C_{III}）相态数据表

井段（m）	层位	地层压力（MPa）	地层温度（℃）	临界压力（MPa）	临界温度（℃）	临界体积（m^3/kmol）	临界偏差系数	油气藏类型
3613.0~3628.0	C_{III}	43.04	106.0	20.38	391.3	0.2569	0.9494	油藏

（3）恒质膨胀实验。

塔中 402 油藏（C_{III}）3613.0~3628.0m 层段 1993 年 1 月 8 日取样流体样品在地层温度 106.0℃下，地层原油的饱和压力为 28.52MPa，饱和压力下的比容为 1.5411cm^3/g，饱和油的热膨胀系数为 $10.58×10^{-4}℃^{-1}$。恒质膨胀实验结果见表 5-15。

表 5-15 塔中 402 油藏（C_{III}）流体样品恒质膨胀实验结果

压力（MPa）	相对体积 V_i/V_r	Y 函数	压缩系数（$10^{-4}MPa^{-1}$）
44.10	0.9760		
43.12	0.9774		
42.14	0.9788		14.90
41.16	0.9802		
40.18	0.9816		
39.20	0.9831		15.23
34.30	0.9905		
29.40	0.9985		16.74
28.52①	1.0000		
24.50	1.0412	3.968	
19.60	1.1226	3.691	
14.70	1.2734	3.415	
9.80	1.6024	3.139	
8.23	1.7982	3.051	

①饱和压力。

（4）单次脱气实验。

塔中 402 油藏（C_{III}）3613.0~3628.0m 层段 1993 年 1 月 8 日取样流体样品在地层温度 106.0℃下、压力 43.04MPa 下，单次脱气实验结果见表 5-16。

表 5-16 塔中 402 油藏（C_{III}）流体样品单次脱气实验结果

气油比 （m^3/m^3）	原油收缩率 （%）	原油体积系数	地层原油密度 （g/cm^3）	地层原油黏度 （$mPa \cdot s$）	气体平均溶解系数 [$m^3/(m^3 \cdot MPa)$]	API 重度 （°API）	原油平均分子量
177.0	34.99	1.5382	0.6702	0.37	6.2066	35.8	230

（5）多次脱气实验。

塔中 402 油藏（C_{III}）3613.0~3628.0m 层段 1993 年 1 月 8 日取样流体样品在地层温度 106.0℃下，多次脱气实验结果见表 5-17。

表 5-17 塔中 402 油藏（C_{III}）流体样品多次脱气实验结果

压力 （MPa）	溶解气油比 （m^3/m^3）	原油体积系数	双相体积系数	原油密度 （g/cm^3）	偏差系数	气体体积系数	脱出气相对密度
44.10		1.5358	1.5358	0.8702			
28.52①	176	1.5860	1.5860	0.6489			
24.50	150	1.5336	1.6570	0.6553	0.920	0.0049	0.794
19.60	123	1.4775	1.7840	0.6624	0.880	0.0058	0.801
14.70	96	1.4232	2.0357	0.6691	0.870	0.0077	0.810
9.80	72	1.3695	2.5883	0.6780	0.890	0.0118	0.822
4.90	45	1.2728	4.4793	0.7076	0.935	0.0245	0.844
0		1.0739		0.7846	1.000		1.079
0（20℃）		1.0000		0.8426			

①饱和压力。

注：残余油 API 重度为 20.95°API。

（6）黏度测定实验。

塔中 402 油藏（C_{III}）3613.0~3628.0m 层段 1993 年 1 月 8 日取样流体样品在地层温度 106.0℃下，黏度测定实验结果见表 5-18。

表 5-18　塔中 402 油藏（C_{III}）流体样品黏度测定实验结果

压力（MPa）	原油黏度（mPa·s）	气体黏度（mPa·s）	黏度比（油/气）
44.10	0.370		
39.20	0.360		
34.30	0.350		
29.40	0.340		
28.52①	0.338		
24.50	0.366	0.0211	17.35
19.60	0.404	0.0185	21.84
14.70	0.456	0.0162	28.15
9.80	0.522	0.0145	36.00
4.90	0.641	0.0132	48.56
0	1.330		

①饱和压力。

4）塔中 402 油藏（C_I）

（1）流体组分。

塔中 402 油藏（C_I）井流物组成见表 5-19。井流物组成摩尔分数：C_1+N_2 为 26.66%、C_2—C_6+CO_2 为 23.02%、C_{7+} 为 50.32%，在三角相图上属于黑油油藏范围（图 5-7）。

表 5-19　塔中 402 油藏（C_I）井流物组成表

井段（m）	组分	油罐油摩尔分数（%）	油罐气摩尔分数（%）	分离器气摩尔分数（%）	分离器液摩尔分数（%）	井流物摩尔分数（%）	井流物含量（g/m³）
3246.0~3250.0	二氧化碳		2.50	0.13	0.14	0.14	0.04
	氮气			5.33		1.36	0.26
	甲烷		48.05	91.18	2.67	25.30	2.74
	乙烷	0.06	11.48	0.85	0.70	0.74	0.15
	丙烷	0.90	14.51	0.93	0.89	0.90	0.27
	异丁烷	1.52	5.55	0.32	1.74	1.38	0.54
	正丁烷	4.61	9.65	0.88	4.89	3.87	1.52

续表

井段 （m）	组分	油罐油 摩尔分数 （%）	油罐气 摩尔分数 （%）	分离器气 摩尔分数 （%）	分离器液 摩尔分数 （%）	井流物摩尔分数 （%）	井流物含量 （g/m³）
3246.0~3250.0	异戊烷	3.82	2.00	0.13	3.72	2.80	1.37
	正戊烷	6.69	2.41	0.15	6.45	4.84	2.36
	己烷	11.64	3.55	0.09	11.19	8.35	4.74
	庚烷	10.36	0.19	0.01	9.79	7.29	4.73
	辛烷	8.76	0.05		8.28	6.16	4.46
	壬烷	6.55	0.06		6.19	4.61	3.77
	癸烷	5.11	0.02		4.83	3.59	3.26
	十一烷以上	39.98			38.52	28.67	69.79

注：十一烷以上流体特性：分子量360，十一烷以上流体相对密度（20℃）0.886；油罐油密度（20℃）0.8212g/cm³；油罐气相对密度1.173；油罐气/油罐油6m³/m³；分离器液/油罐油1.0091m³/m³。

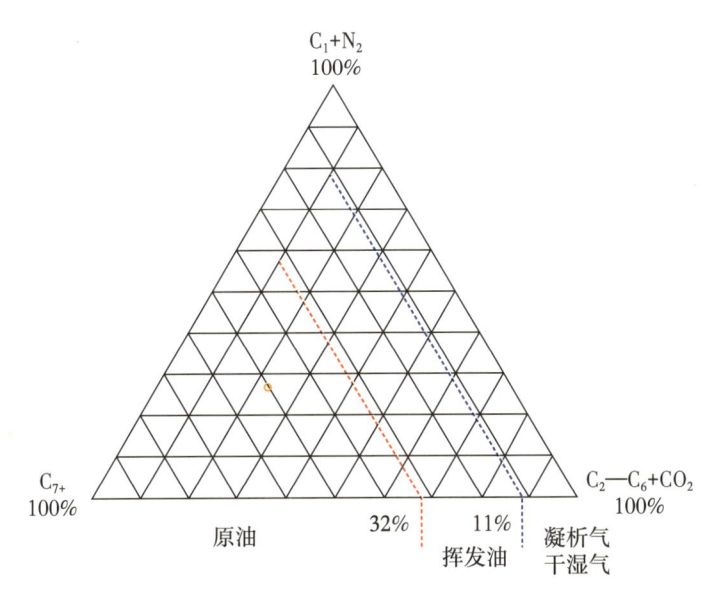

图 5-7 塔中402油藏（C_I）流体类型三角相图

（2）流体相态。

塔中402油藏（C_I）的流体相态特征如图5-8所示。流体临界参数见表5-20，临界压力15.19MPa，临界温度502.0℃。地层温度位于临界温度左侧，远离临界点，表现出典型的油藏相态特征。

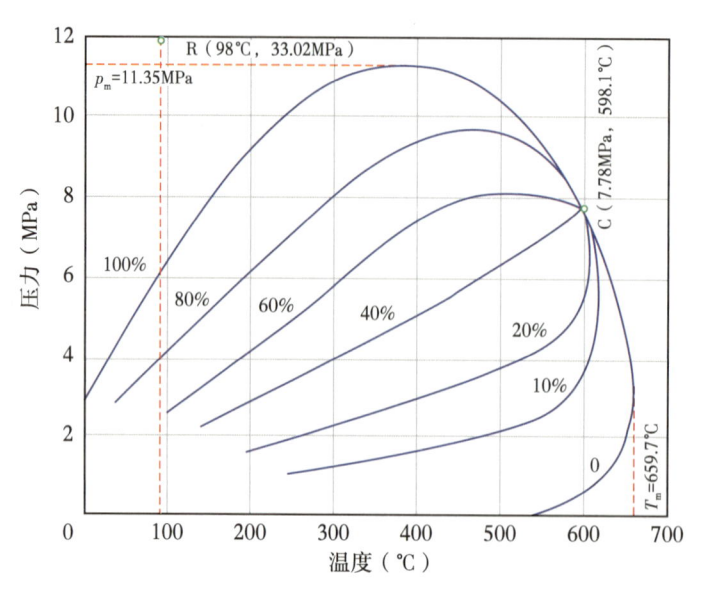

图 5-8　塔中 402 油藏（C_I）地层流体相态图

表 5-20　塔中 402 油藏（C_I）相态数据表

井段 （m）	层位	地层压力 （MPa）	地层温度 （℃）	临界压力 （MPa）	临界温度 （℃）	临界体积 （m³/kmol）	临界偏差 系数	油气藏 类型
3246.0~3250.0	C_I	33.02	98.0	7.78	598.1	0.7802	0.8378	油藏

（3）恒质膨胀实验。

塔中 402 油藏（C_I）3246.0~3250.0m 层段流体样品在地层温度 98.0℃下，地层原油的饱和压力为 6.17MPa，饱和压力下的比容为 1.3751cm³/g，饱和油的热膨胀系数为 $10.69 \times 10^{-4}℃^{-1}$。恒质膨胀实验结果见表 5-21。

表 5-21　塔中 402 油藏（C_I）流体样品恒质膨胀实验结果

压力（MPa）	相对体积 V_i/V_r	Y 函数	压缩系数（10^{-4}MPa^{-1}）
33.32	0.9658		9.58
31.36	0.9676		9.60
29.40	0.9695		9.63
27.44	0.9713		
25.48	0.9732		
21.56	0.9776		

续表

压力（MPa）	相对体积 V_i/V_r	Y 函数	压缩系数（10^{-4}MPa^{-1}）
17.64	0.9824		
13.72	0.9875		
9.80	0.9934		
6.17[①]	1.0000		
4.90	1.0631	4.038	
3.92	1.1580	3.550	
2.94	1.3476	3.062	
1.96	1.7953	2.575	

①饱和压力。

（4）单次脱气实验。

塔中402油藏（C_I）3246.0~3250.0m层段流体样品在地层温度98.0℃、压力33.02MPa下，单次脱气实验结果见表5-22。

表5-22 塔中402油藏（C_I）流体样品单次脱气实验结果

气油比（m³/m³）	原油收缩率（%）	原油体积系数	地层原油密度（g/cm³）	地层原油黏度（mPa·s）	气体平均溶解系数[m³/(m³·MPa)]	API重度（°API）	原油平均分子量
42	15.14	1.1784	0.7399	0.628	6.641	40.2	194

（5）多次脱气实验。

塔中402油藏（C_I）3246.0~3250.0m层段流体样品在地层温度98.0℃下，多次脱气实验结果见表5-23。

表5-23 塔中402油藏（C_I）流体样品多次脱气实验结果

压力（MPa）	溶解气油比（m³/m³）	原油体积系数	双相体积系数	原油密度（g/cm³）	偏差系数	气体体积系数	脱出气密度（kg/m³）
33.32		1.1783	1.1783	0.7399			
6.17[①]	40	1.1990	1.1990	0.7272			
3.92	33	1.1833	1.4052	0.7311	0.962	0.0307	0.765
2.45	27	1.1684	1.8004	0.7357	0.969	0.0487	0.802

续表

压力 （MPa）	溶解气油比 （m³/m³）	原油体积 系数	双相体积 系数	原油密度 （g/cm³）	偏差系数	气体体积 系数	脱出气密度 （kg/m³）
0.98	18	1.1375	3.6669	0.7465	0.983	0.1165	0.993
0		1.0754		0.7636			1.288
0（20℃）		1.0000		0.8212			

①饱和压力。

注：残余油 API 重度为 40.2°API。

（6）黏度测定实验。

塔中 402 油藏（C_I）3246.0~3250.0m 层段流体样品在地层温度 98.0℃下，黏度测定实验结果见表 5-24。

表 5-24　塔中 402 油藏（C_I）流体样品黏度测定实验结果

压力（MPa）	原油黏度（mPa·s）	气体黏度（mPa·s）	黏度比（油/气）
33.32	0.628		
23.52	0.614		
13.72	0.599		
6.17①	0.588		
3.92	0.630	0.0128	49.2
2.45	0.674	0.0124	54.3
0.98	0.760	0.0120	63.3
0	1.107		

①饱和压力。

5）塔中 422 油藏（C_{III}）

（1）流体组分。

塔中 422 油藏（C_{III}）井流物组成见表 5-25。井流物组成摩尔分数：C_1+N_2 为 57.74%、C_2—C_6+CO_2 为 11.83%、C_{7+} 为 30.43%，在三角相图上属于挥发性油藏范围（图 5-9）。

表 5-25 塔中 422 油藏（C_{III}）井流物组成表

井段（m）	组分	油罐气摩尔分数（%）	油罐油摩尔分数（%）	井流物摩尔分数（%）	井流物含量（g/m³）
3631.0~3634.0	二氧化碳	0.63		0.42	0.22
	氮气	12.22		8.11	2.68
	甲烷	74.78		49.63	9.41
	乙烷	6.31	0.06	4.21	1.49
	丙烷	2.71	0.25	1.88	0.98
	异丁烷	0.46	0.31	0.41	0.28
	正丁烷	1.06	0.93	1.02	0.70
	异戊烷	0.44	0.99	0.62	0.53
	正戊烷	0.62	1.90	1.05	0.90
	己烷	0.52	5.57	2.22	2.20
	庚烷	0.20	8.44	2.97	3.37
	辛烷	0.04	10.47	3.55	4.48
	壬烷	0.01	10.23	3.45	4.93
	癸烷		8.09	2.72	4.31
	十一烷以上		52.76	17.74	63.52

注：十一烷以上流体特性：分子量 303，十一烷以上流体相对密度（20℃）0.871。

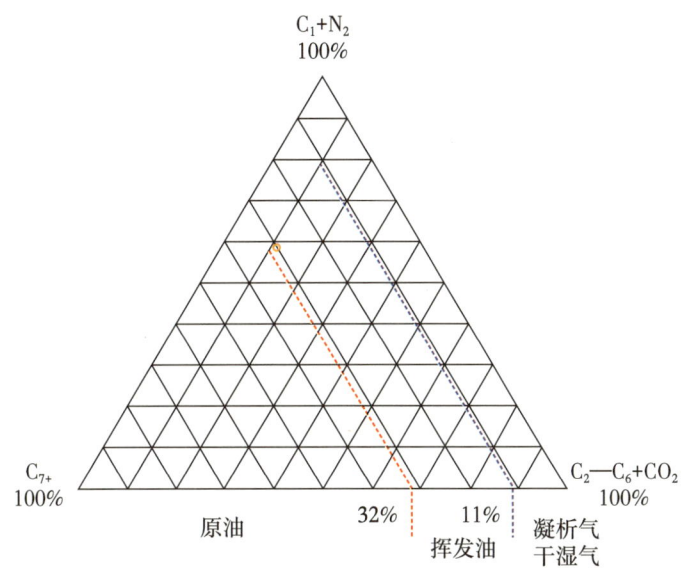

图 5-9 塔中 422 油藏（C_{III}）流体类型三角相图

（2）流体相态。

塔中422油藏（$C_{Ⅲ}$）3631.0~3634.0m井段的流体相态特征如图5-10所示。流体临界参数见表5-26，临界压力23.33MPa，临界温度447.5℃。地层温度位于临界温度左侧，远离临界点，表现出典型的油藏相态特征。

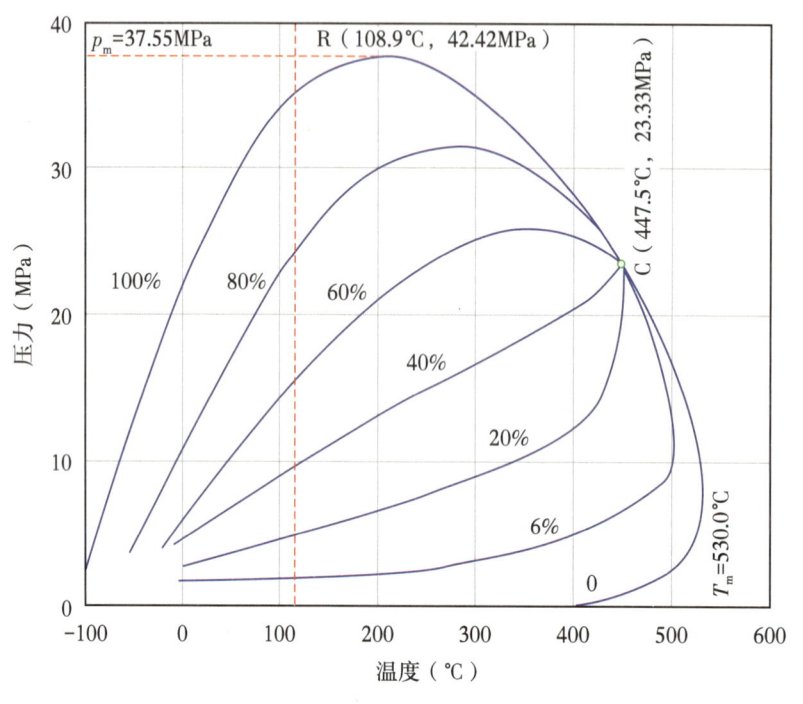

图5-10 塔中422油藏（$C_{Ⅲ}$）地层流体相态图

表5-26 塔中422油藏（$C_{Ⅲ}$）相态数据表

井段(m)	层位	地层压力(MPa)	地层温度(℃)	临界压力(MPa)	临界温度(℃)	临界偏差系数	油气藏类型
3631.0~3634.0	$C_{Ⅲ}$	42.42	108.9	23.33	447.5	0.9948	油藏

（3）恒质膨胀实验。

塔中422油藏（$C_{Ⅲ}$）3631.0~3634.0m层段流体样品在地层温度108.9℃下，地层原油的饱和压力为34.50MPa，饱和压力下的比容为1.5361cm³/g，饱和油的热膨胀系数为11.52×10⁻⁴℃⁻¹。恒质膨胀实验结果见表5-27。

表 5-27 塔中 422 油藏（C_{III}）流体样品恒质膨胀实验结果

压力（MPa）	相对体积 V_i/V_r	Y 函数	压缩系数（$10^{-4}MPa^{-1}$）
42.14	0.9868		16.67
40.18	0.9900		16.88
38.22	0.9933		17.16
36.26	0.9966		
34.50①	1.0000		
29.40	1.0375	4.604	
24.50	1.0968	4.196	
19.60	1.1996	3.787	
14.70	1.3958	3.379	
9.80	1.8395	2.971	
5.98	2.7684	2.653	

①饱和压力。

（4）单次脱气实验。

塔中 422 油藏（C_{III}）3631.0~3634.0m 层段流体样品在地层温度 108.9℃、压力 42.42MPa 下，单次脱气实验结果见表 5-28。

表 5-28 塔中 422 油藏（C_{III}）流体样品单次脱气实验结果

气油比（m^3/m^3）	原油收缩率（%）	原油体积系数	地层原油密度（g/cm^3）	地层原油黏度（mPa·s）	气体平均溶解系数[$m^3/(m^3·MPa)$]	API 重度（°API）	原油平均分子量
193	36.91	1.5850	0.6597	2.36	5.5949	34.3	210

（5）多次脱气实验。

塔中 422 油藏（C_{III}）3631.0~3634.0m 层段流体样品在地层温度 108.9℃ 下，多次脱气实验结果见表 5-29。

表 5-29 塔中 422 油藏（C_{III}）流体样品多次脱气实验结果

压力 （MPa）	溶解气油比 （m³/m³）	原油体积 系数	双相体积 系数	原油密度 （g/cm³）	偏差系数	气体体积 系数	脱出气密度 （kg/m³）
42.14		1.5753	1.5753	0.6597			
34.50①		1.5963	1.5963	0.6510			
29.40	191	1.5363	1.6487	0.6608	0.940	0.0042	0.744
24.50	164	1.4770	1.7296	0.6712	0.890	0.0048	0.749
19.60	138	1.4175	1.8710	0.6822	0.854	0.0057	0.754
14.70	111	1.3580	2.1600	0.6937	0.850	0.0076	0.761
9.80	85	1.2985	2.8373	0.7057	0.871	0.0116	0.769
4.90	58	1.2391	5.1103	0.7177	0.920	0.0243	0.778
0.00	31	1.0785		0.7922			1.044
0.00（20℃）		1.0000		0.8544			

①饱和压力。

注：残余油 API 重度为 34.3°API。

（6）黏度测定实验。

塔中 422 油藏（C_{III}）3631.0～3634.0m 层段流体样品在地层温度 108.9℃下，黏度测定实验结果见表 5-30。

表 5-30 塔中 422 油藏（C_{III}）流体样品黏度测定实验结果

压力（MPa）	原油黏度（mPa·s）	气体黏度（mPa·s）	黏度比（油/气）
42.14	2.36		
34.50①	2.30		
29.40	2.34	0.0251	93.2
24.50	2.40	0.0243	98.8
19.60	2.49	0.0197	126.4
14.70	2.65	0.0172	154.1
9.80	2.89	0.0153	188.9
4.90	3.14	0.0136	230.9
0.00	3.60		

①饱和压力。

二、塔中 10 油田

塔中 10 油田塔中 11 区块位于塔里木盆地塔克拉玛干沙漠腹地，新疆维吾尔自治区且末县境内，于 1995 年 2 月发现，发现井为塔中 11 井。塔中 11 区块构造位于塔里木盆地中央隆起塔中 10 号构造带西端，为层状边水背斜油藏，主要含油层段为志留系柯坪塔格组 S_{II} 油组上三亚段。塔中 11 区块岩石组成以岩屑砂岩为主，次为石英砂岩，储层物性为低孔隙度、低渗透率特征，S_{II} 油组平均孔隙度为 11.97%，平均渗透率为 41.7mD；原始地层压力 51.2MPa，压力系数为 1.18，地层温度 112.7℃，地温梯度为 2.1℃/100m，为正常温度、压力系统；原油具有较高黏度、密度、胶质+沥青质的低含硫原油特征，密度 0.9080~0.9848g/cm³，黏度 23.07~252.3mPa·s，含硫 0.79%~1.34%，含蜡 2.53%~7.19%，胶质+沥青质含量 17.97%~38.81%；水型为 $CaCl_2$ 型，其中总矿化度为 59713~93000mg/L，Cl^- 含量为 33602~55532mg/L。塔中 11 区块于 2004 年正式投产。

1. 原始流体取样与质量评价

勘探评价阶段塔中 10 油田塔中 11 区块原油录取了 TZ117 井的 1 个井段合格流体样品，取两支油样。单井流体样品送回实验室后，在 80℃温度条件下检查所有油样，取一个样品开展 PVT 实验分析。流体样品的取样条件及油井特征见表 5-31。

表 5-31　塔中 10 油田塔中 11 区块流体样品取样条件及油井特征统计表

	井号	TZ117
取样条件	取样时间	2002 年 12 月
	生产油嘴（mm）	3.00
	油压（MPa）	15.50
	取样方式	井下/取样深度 4350.00m
油井特征	取样井段（m）	4402.00~4425.50
	层位	S
	原始地层压力（MPa）	45.43
	原始地层温度（℃）	113.1
	取样时地层压力（MPa）	45.43
	取样时地层温度（℃）	113.1
	产油量（t/d）	35.4

2. 流体相态实验（塔中 11 油藏）

（1）流体组分。

塔中 11 油藏井流物组成见表 5-32。井流物组成摩尔分数：C_1+N_2 为 34.90%、C_2—C_6+CO_2 为 14.31%、C_{7+} 为 50.79%，在三角相图上属于油藏范围（图 5-11）。

表 5-32　塔中 11 油藏井流物组成表

井段（m）	组分	油罐气摩尔分数（%）	油罐油摩尔分数（%）	井流物摩尔分数（%）	井流物含量（g/m³）
4402.00~4425.00	二氧化碳	—	1.35	0.62	0.19
	氮气	—	2.06	0.95	0.19
	甲烷	—	73.59	33.95	3.83
	乙烷	—	9.77	4.51	0.95
	丙烷	0.13	5.20	2.47	0.77
	异丁烷	0.10	1.02	0.52	0.21
	正丁烷	0.37	2.49	1.35	0.55
	异戊烷	0.51	1.17	0.81	0.41
	正戊烷	0.94	1.34	1.12	0.57
	己烷	4.09	1.54	2.91	1.72
	庚烷	7.64	0.44	4.32	2.92
	辛烷	10.23	0.03	5.53	4.16
	壬烷	8.52	—	4.59	3.91
	癸烷	7.32	—	3.94	3.72
	十一烷以上	60.15	—	32.41	75.91

注：十一烷以上流体特性：分子量 333.05，相对密度 0.9129；油罐油密度（20℃）0.8759g/cm³。

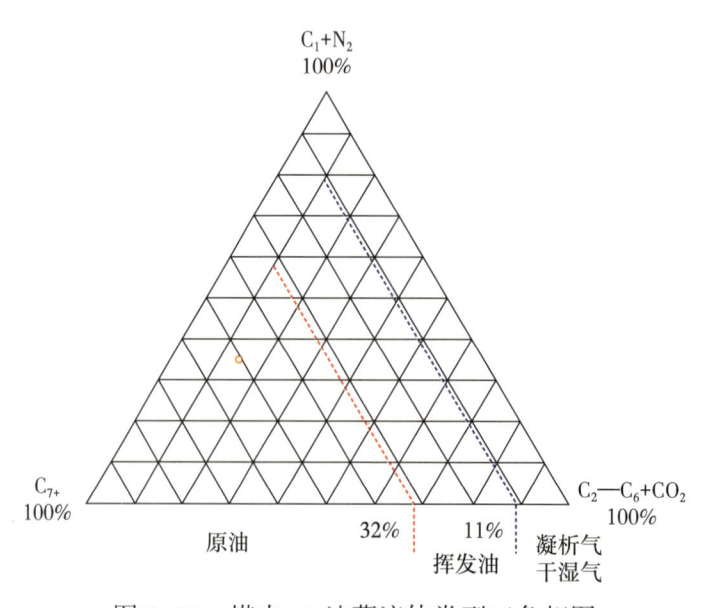

图 5-11　塔中 11 油藏流体类型三角相图

（2）流体相态。

塔中 11 油藏 4402.00~4425.50m 井段取得高压流体得出的流体相态特征如图 5-12 所示。流体临界参数见表 5-33，临界压力 7.21MPa，临界温度 487.5℃。地层温度位于临界温度左侧，远离临界点，表现出典型的油藏相态特征。

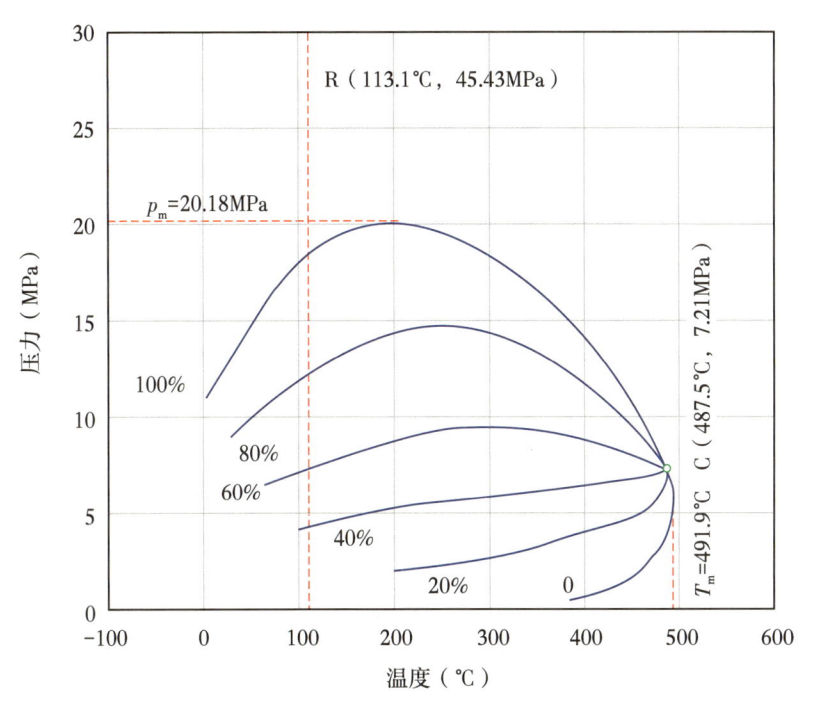

图 5-12 塔中 11 油藏地层流体相态图

表 5-33 塔中 11 油藏相态数据表

井段 (m)	层位	地层压力 (MPa)	地层温度 (℃)	临界压力 (MPa)	临界温度 (℃)	泡点压力 (MPa)	油气藏 类型
4402.00~4425.50	S	45.43	113.1	7.21	487.5	18.55	油藏

（3）恒质膨胀实验。

塔中 11 油藏 4402.00~4425.50m 层段流体在地层温度 113.1℃下，地层原油的饱和压力为 18.55MPa，饱和压力下的原油密度为 0.7429g/cm^3，饱和油的热膨胀系数为 8.84×10^{-4}℃$^{-1}$。恒质膨胀实验结果见表 5-34。

表 5-34 塔中 11 油藏流体样品恒质膨胀实验结果

压力（MPa）	相对体积 V_i/V_r	Y 函数	压缩系数（10^{-4}MPa^{-1}）
45.43①	0.9686	—	10.20
40.00	0.9740	—	11.02
35.00	0.9794	—	12.05
30.00	0.9853	—	13.25
25.00	0.9918		
18.55②	1.0000	—	
15.00	1.0426	5.5566	
13.00	1.0886	4.8184	
10.00	1.2304	3.7111	
7.00	1.6337	2.6038	

①地层压力。
②饱和压力。

（4）单次脱气实验。

塔中 11 油藏 4402.00~4425.50m 层段流体样品在地层温度 113.1℃、压力 45.43MPa 下，单次脱气实验结果见表 5-35。

表 5-35 塔中 11 油藏流体样品单次脱气实验结果

气油比（m³/m³）	原油收缩率（%）	原油体积系数	地层原油密度（g/cm³）	地层原油黏度（mPa·s）	气体平均溶解系数 [m³/(m³·MPa)]	原油平均分子量
74	19.24	1.2382	0.7670	1.88	3.9892	243.54

（5）多次脱气实验。

塔中 11 油藏 4402.00~4425.50m 层段流体样品在地层温度 113.1℃下，多次脱气实验结果见表 5-36。

表 5-36 塔中 11 油藏流体样品多次脱气实验结果

压力（MPa）	溶解气油比（m³/m³）	原油体积系数	双相体积系数	原油密度（g/cm³）	偏差系数	气体体积系数	脱出气密度（kg/m³）
45.43①		1.2382		0.7670			
18.55②	74	1.2783		0.7429			

续表

压力 (MPa)	溶解气油比 (m^3/m^3)	原油体积系数	双相体积系数	原油密度 (g/cm^3)	偏差系数	气体体积系数	脱出气密度 (kg/m^3)
14.00	58	1.2535	1.3930	0.7470	0.905	0.00883	0.819
7.00	30	1.2038	2.0013	0.7581	0.937	0.01816	0.838
0.00	0	1.0771		0.8132			1.230
0.00（20℃）		1.0000		0.8759			

①地层压力。

②饱和压力。

（6）黏度测定实验。

塔中11油藏4402.00~4425.50m层段流体样品在地层温度113.1℃下，黏度测定实验结果见表5-37。

表 5-37　塔中 11 油藏流体样品黏度测定实验结果

压力（MPa）	原油黏度（mPa·s）	气体黏度（mPa·s）	黏度比（油/气）
45.43①	1.88		
40.00	1.74		
30.00	1.48		
18.55②	1.21		
14.00	1.37	0.0168	82
7.00	1.85	0.0155	119
0.00	3.55		

①地层压力。

②饱和压力。

三、塔中 16 油田

塔中16油田位于塔里木盆地塔克拉玛干大沙漠腹地，新疆维吾尔自治区且末县境内，于1994年6月发现，发现井为塔中16井。塔中16油田构造位于塔里木盆地中央隆起北部斜坡带塔中16号构造，主要含油层段为C_{III}油组，整体为层状边水油藏。其中C_{III}油藏岩性以含砾细砂岩为主，成分以岩屑石英砂岩为主，孔隙度为 10%~15%，C_{III} 油组渗透率为 2.2~244.0mD。塔中 16 油田原始地层压力为 44.44MPa，压力系数 1.165，原始地层温度为 116.0℃，温度梯度 2.35℃/100m，为正常温度、压力系统；原油物性好，具有低黏度、低凝固点、低含硫、低含蜡，原油密度平均为 0.8744g/cm³，黏度 7.89~13.77mPa·s；天然气相对密度大于 0.7993，甲烷含量一般低于 68.76%，氮气含量为 13.81%~64.68%；地层水密度为 1.0554~1.081g/cm³，氯离子含量为 42359.56~65700.00mg/L，总矿化度为 80295.6~111000mg/L，水型为 $CaCl_2$ 型。塔中 16 油田于 1997 年 1 月开始试采，1998 年正式投产。

1. 原始流体取样与质量评价

勘探评价阶段塔中 16 油田录取了 TZ161 井、TZ164 井、TZ169 井、TZ69 井、TZ242 井、TZ25-1 井和 ZG541H 井 7 口井的 7 个井段合格流体样品，每个井段取一支或两支油样。单井流体样品送回实验室后，在 22.0℃ 和 60.0℃ 条件下检查所有油样，每个井段取一个样品开展 PVT 实验分析。流体样品的取样条件及油井特征见表 5-38。

表 5-38　塔中 16 油田流体样品取样条件及油井特征统计表

	区块	塔中 16 石炭系		塔中 16 志留系		塔中 24 志留系	塔中 24 石炭系	塔中 16 奥陶系
	井号	TZ161	TZ164	TZ169	TZ69	TZ242	TZ25-1	ZG541H
取样条件	取样时间	1997 年 3 月 8 日	1997 年 3 月 9 日	2003 年 12 月 20 日	2004 年 3 月 22 日	2005 年 8 月 16 日	2006 年 3 月 9 日	2013 年 3 月 7 日
	生产油嘴（mm）	3	3		25.4		6	5
	油压（MPa）	7.8	11.6				0.8	12.1
	一级分离器压力（MPa）							0.5
	一级分离器温度（℃）							31
	取样方式	井下钟控取样/取样深度 2500m	井下钟控取样/取样深度 1500m	井下/取样深度 4100.00m、4118.0m	井下/取样深度 4318.73m	MDT/取样深度 4065.15m	井下/取样深度 2600m	地面分离器

续表

区块		塔中16石炭系		塔中16志留系		塔中24志留系	塔中24石炭系	塔中16奥陶系
井号		TZ161	TZ164	TZ169	TZ69	TZ242	TZ25-1	ZG541H
油井特征	取样井段（m）	3807.50~3819.00	3850.50~3862.00	4113.50~4130.50	4355.62~4391.47	4065.15	3933.50~4217.00	4210.31~5092.00
	层位	C_{III}	C_{III}	S	S+O	S	C_{III}	O
	原始地层压力（MPa）	45.43	44.44	33.86	43.15	48.48	42.92	47.81
	原始地层温度（℃）	115.6	116	112.5	114	114.2	112.48	115.9
	取样时地层压力（MPa）	45.43	44.44	33.86	43.15	48.48	42.92	47.81
	取样时地层温度（℃）	115.6	116	112.5	114	114.2	112.48	115.9

2. 流体相态实验

1）塔中16石炭系油藏

（1）流体组分。

塔中16石炭系油藏井流物组成见表5-39。井流物组成摩尔分数：C_1+N_2为13.72%、C_2—C_6+CO_2为20.01%。C_{7+}为66.27%，在三角相图上属于油藏范围（图5-13）。

表5-39 塔中16石炭系油藏井流物组成表

井段（m）	组分	单脱油摩尔分数（%）	单脱气摩尔分数（%）	井流物摩尔分数（%）	井流物含量（g/m³）
3807.50~3819.00	二氧化碳		2.79	0.57	0.60
	氮气		18.71	3.80	0.14
	甲烷		48.74	9.92	0.89
	乙烷		7.14	1.45	0.24
	丙烷	0.22	7.26	1.65	0.41

续表

井段 （m）	组分	单脱油 摩尔分数 （%）	单脱气 摩尔分数 （%）	井流物 摩尔分数 （%）	井流物 含量 （g/m³）
3807.50~3819.00	异丁烷	0.54	3.70	1.18	0.38
	正丁烷	1.23	6.15	2.23	0.73
	异戊烷	1.98	2.23	2.03	0.82
	正戊烷	2.64	2.11	2.53	1.02
	己烷	10.26	0.97	8.37	3.93
	庚烷	8.77	0.18	7.02	3.77
	辛烷	10.20	0.02	8.13	4.87
	壬烷	8.81		7.02	4.75
	癸烷	6.78		5.40	4.05
	十一烷以上	48.57		38.70	73.40

注：十一烷以上流体特性：分子量339、相对密度0.9256；油罐油密度（20℃）0.8846g/cm³。

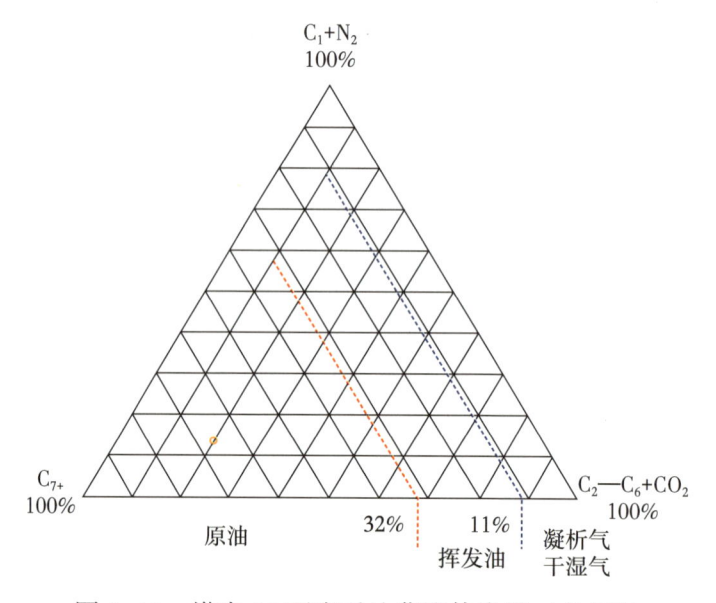

图 5-13 塔中 16 石炭系油藏流体类型三角相图

（2）流体相态。

塔中 16 石炭系油藏 3807.50~3819.00m 井段的流体相态特征如图 5-14 所示。流体临界参数见表 5-40，临界压力 4.87MPa，临界温度 445.5℃。地层温度位于临界温度左侧，远离临界点，表现出典型的油藏相态特征。

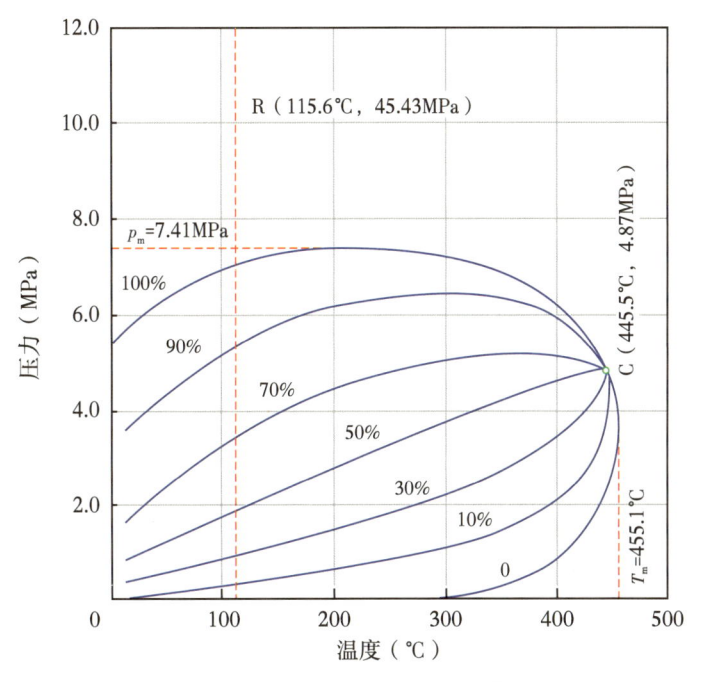

图 5-14 塔中 16 石炭系油藏地层流体相态特征图

表 5-40 塔中 16 石炭系油藏相态数据表

井段（m）	层位	地层压力（MPa）	地层温度（℃）	临界压力（MPa）	临界温度（℃）	泡点压力（MPa）	油气藏类型
3807.50~3819.00	C_{III}	45.43	115.6	4.87	445.5	7.09	油藏

（3）恒质膨胀实验。

塔中 16 石炭系油藏 3807.50~3819.00m 层段流体样品在地层温度 115.6℃下，地层原油的饱和压力为 7.09MPa，饱和压力下的比容为 1.3609cm³/g，饱和油的热膨胀系数为 $8.07×10^{-4}℃^{-1}$。恒质膨胀实验结果见表 5-41。

表 5-41 塔中 16 石炭系油藏流体样品恒质膨胀实验结果

压力（MPa）	相对体积 V_i/V_r	Y 函数	压缩系数（10^{-4}MPa^{-1}）
45.43[①]	0.9462		12.02
40.00	0.9524		12.74
35.00	0.9585		13.45

续表

压力（MPa）	相对体积 V_i/V_r	Y 函数	压缩系数（10^{-4}MPa^{-1}）
30.00	0.9650		14.38
25.00	0.9719		15.39
20.00	0.9794		16.50
15.00	0.9876		17.68
10.00	0.9963		
7.09①	1.0000		
6.00	1.0402	4.5223	
5.00	1.1030	4.0582	
4.00	1.2149	3.5940	

①地层压力。
②饱和压力。

（4）单次脱气实验。

塔中 16 石炭系油藏 3807.50～3819.00m 层段流体样品在地层温度 115.6℃、压力 45.43MPa 下，单次脱气实验结果见表 5-42。

表 5-42 塔中 16 石炭系油藏流体样品单次脱气实验结果

气油比（m³/m³）	原油收缩率（%）	原油体积系数	地层原油密度（g/cm³）	地层原油黏度（mPa·s）	气体平均溶解系数（m³/m³/MPa）	原油平均分子量
25	15.13	1.1782	0.7766	1.964	3.5261	217

（5）多次脱气实验。

塔中 16 石炭系油藏 3807.50～3819.00m 层段流体样品在地层温度 115.6℃ 下，多次脱气实验结果见表 5-43。

表 5-43 塔中 16 石炭系油藏流体样品多次脱气实验结果

压力（MPa）	溶解气油比（m³/m³）	原油体积系数	双相体积系数	原油密度（g/cm³）	偏差系数	气体体积系数	脱出气密度（kg/m³）
45.43①		1.1795		0.7766			
7.09②	25	1.2465		0.7348			
6.00	22	1.2414	1.2836	0.7362	0.905	0.0202	1.01

续表

压力 （MPa）	溶解气油比 （m³/m³）	原油体积 系数	双相体积 系数	原油密度 （g/cm³）	偏差系数	气体体积 系数	脱出气密度 （kg/m³）
4.00	17	1.2289	1.4483	0.7399	0.937	0.0314	1.05
2.00	12	1.2014	2.0467	0.7506	0.968	0.0649	1.15
0.00	0	1.0780		0.8206			
0.00（20℃）		1.0000		0.8846			

①地层压力。

②饱和压力。

2）塔中 16 志留系油藏

（1）流体组分。

塔中 16 志留系油藏井流物组成见表 5-44。井流物组成摩尔分数：C_1+N_2 为 40.27%、$C_2—C_6+CO_2$ 为 12.18%、C_{7+} 为 47.55%，在三角相图上属于油藏范围（图 5-15）。

表 5-44 塔中 16 志留系油藏井流物组成表

井段 （m）	组分	单脱油 摩尔分数 （%）	单脱气 摩尔分数 （%）	井流物 摩尔分数 （%）	井流物 含量 （g/m³）
4113.50~4130.50	二氧化碳		1.95	0.96	0.23
	氮气		5.62	2.78	0.42
	甲烷		75.91	37.49	3.23
	乙烷	0.08	5.95	2.98	0.48
	丙烷	0.58	5.75	3.13	0.74
	异丁烷	0.21	0.73	0.47	0.15
	正丁烷	1.31	2.58	1.94	0.60
	异戊烷	0.63	0.46	0.55	0.21
	正戊烷	1.34	0.65	1.00	0.39
	己烷	1.94	0.34	1.15	0.52
	庚烷	2.19	0.06	1.14	0.59
	辛烷	2.45		1.24	0.71
	壬烷	1.50		0.76	0.49
	癸烷	1.30		0.66	0.47
	十一烷以上	86.47		43.75	90.77

注：十一烷以上流体特性：分子量 386.36，相对密度 0.9260；单脱气气体相对密度（空气=1.000）0.760。

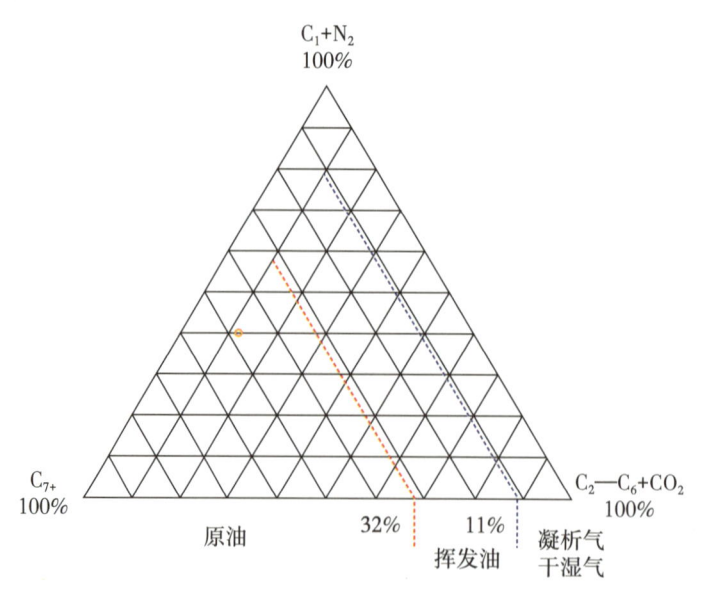

图 5-15　塔中 16 志留系油藏流体类型三角相图

（2）流体相态。

塔中 16 志留系油藏 4113.50~4130.50m 井段取得高压流体得出的流体相态特征如图 5-16 所示。流体临界参数如表 5-45 所示，临界压力 8.65MPa，临界温度 448.4℃。地层温度位于临界温度左侧，远离临界点，表现出典型的油

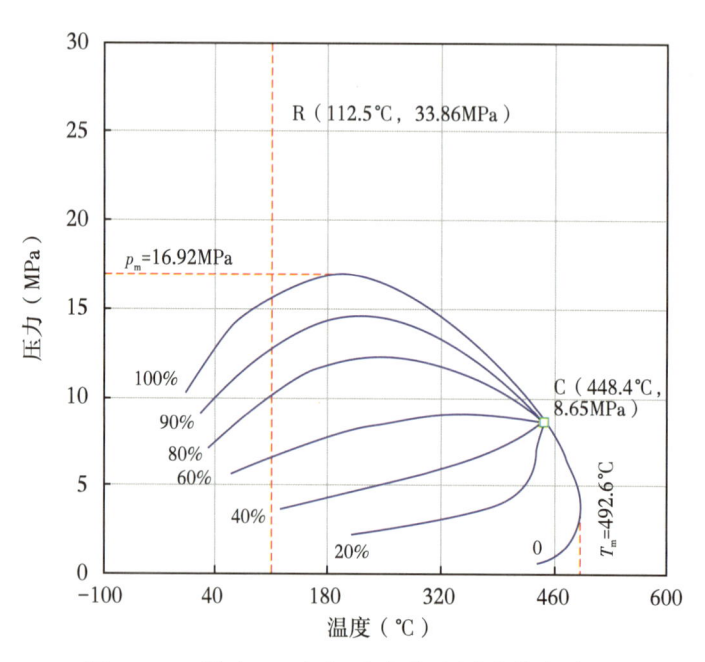

图 5-16　塔中 16 志留系油藏地层流体相态图

藏相态特征。

表 5-45　塔中 16 志留系油藏相态数据表

井段 （m）	层位	地层压力 （MPa）	地层温度 （℃）	临界压力 （MPa）	临界温度 （℃）	泡点压力 （MPa）	油气藏 类型
4113.50~4130.50	S	33.86	112.5	8.65	448.4	15.93	油藏

（3）恒质膨胀实验。

塔中 16 志留系油藏 4113.50~4130.50m 层段流体样品在地层温度 112.5℃下，地层原油的饱和压力为 15.93MPa，饱和油的热膨胀系数为 $10.33\times10^{-4}℃^{-1}$。恒质膨胀实验结果见表 5-46。

表 5-46　塔中 16 志留系油藏流体样品恒质膨胀实验结果

压力（MPa）	相对体积 V_i/V_r	压缩系数（$10^{-4}MPa^{-1}$）
33.86①	0.9569	20.49
30.00	0.9645	21.48
26.00	0.9729	22.21
22.00	0.9815	22.93
18.00	0.9906	
15.93②	1.0000	
14.00	1.0332	
12.00	1.0844	
10.00	1.1642	
8.00	1.2967	
6.00	1.5388	

①地层压力。
②饱和压力。

（4）单次脱气实验。

塔中 16 志留系油藏 4113.50~4130.50m 层段流体样品在地层温度 112.5℃、压力 33.86MPa 下，单次脱气实验结果见表 5-47。

表 5-47 塔中 16 志留系油藏流体样品单次脱气实验结果

气油比 (m^3/m^3)	原油收缩率 (%)	原油体积系数	原油密度 (g/cm^3) 地层条件下	饱和压力下	20℃地面条件	原油黏度 (mPa·s) 地层条件下	大气压力条件	气体平均溶解系数 [$m^3/(m^3·MPa)$]	原油平均分子量
62	16.14	1.1925	0.8158	0.7682	0.9152	2.71	5.90	3.8920	346.43

(5) 多次脱气实验。

塔中 16 志留系油藏 4113.50~4130.50m 层段流体样品在地层温度 112.5℃下，多次脱气实验结果见表 5-48。

表 5-48 塔中 16 志留系油藏流体样品多次脱气实验结果

压力 (MPa)	溶解气油比 (m^3/m^3)	原油体积系数	双相体积系数	原油密度 (g/cm^3)	偏差系数	气体体积系数	脱出气密度 (kg/m^3)
33.86①		1.1838		0.8158			
15.93②	61	1.2571		0.7682			
13.00	54	1.2407	1.3144	0.7733	0.911	0.009239	0.79
10.00	43	1.2099	1.4322	0.7863	0.821	0.012115	0.80
8.00	35	1.1874	1.6052	0.7951	0.931	0.015270	0.81
6.00	28	1.1701	1.8807	0.8021	0.945	0.020580	0.82
4.00	21	1.1400	2.4572	0.8180	0.965	0.031265	0.83
0.00	0	1.0669		0.8574			0.87
0.00(20.0℃)		1.0000		0.9147			

①地层压力。
②饱和压力。

(6) 黏度测定实验。

塔中 16 志留系油藏 4113.50~4130.50m 层段流体样品在地层温度 112.5℃下，黏度测定实验结果见表 5-49。

表 5-49 塔中 16 志留系油藏流体样品黏度测定实验结果

压力（MPa）	原油黏度（mPa·s）	气体黏度（mPa·s）	黏度比（油/气）
33.86[①]	2.71		
26.00	2.48		
19.00	2.28		
15.93[②]	2.18		
13.00	2.26	0.01585	142.59
10.00	2.40	0.01507	159.26
8.00	2.58	0.01454	177.44
6.00	2.98	0.01412	211.05
4.00	3.84	0.01360	282.35
0.00	5.90		

①地层压力。
②饱和压力。

3）塔中 24 志留系油藏

（1）流体组分。

塔中 24 志留系油藏井流物组成见表 5-50。井流物组成摩尔分数：C_1+N_2 为 42.79%、C_2—C_6+CO_2 为 12.41%、C_{7+} 为 44.80%，在三角相图上属于油藏范围（图 5-17）。

表 5-50 塔中 24 志留系油藏井流物组成表

井段（m）	组分	单脱油摩尔分数（%）	单脱气摩尔分数（%）	井流物摩尔分数（%）	井流物含量（g/m³）
4065.15	二氧化碳		1.39	0.69	0.32
	氮气		6.71	3.32	0.98
	甲烷	0.05	79.80	39.47	6.68
	乙烷	0.06	3.61	1.81	0.58
	丙烷	0.24	2.46	1.34	0.62
	异丁烷	0.31	0.99	0.65	0.40
	正丁烷	0.85	1.89	1.36	0.84
	异戊烷	1.44	0.91	1.18	0.90
	正戊烷	1.99	1.03	1.52	1.15

续表

井段 （m）	组分	单脱油 摩尔分数 （%）	单脱气 摩尔分数 （%）	井流物摩尔分数（%）	井流物含量（g/m³）
4065.15	己烷	6.76	0.90	3.86	3.42
	庚烷	10.59	0.28	5.49	5.56
	辛烷	14.69	0.03	7.44	8.40
	壬烷	11.16		5.64	7.20
	癸烷	10.82		5.47	7.73
	十一烷以上	41.04		20.76	55.23

注：十一烷以上流体特性：分子量252.4、相对密度0.8659；单脱气气体相对密度（空气=1.000）0.745。

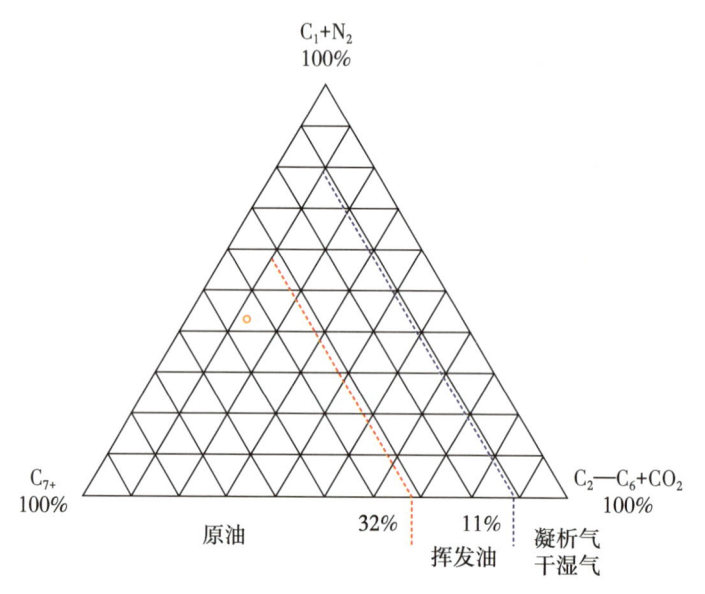

图 5-17 塔中24志留系油藏流体类型三角相图

（2）流体相态。

塔中24志留系油藏4065.15m井段取得高压流体得出的流体相态特征如图5-18所示。流体临界参数见表5-51，临界压力11.81MPa，临界温度390.5℃。地层温度位于临界温度左侧，远离临界点，表现出典型的油藏相态特征。

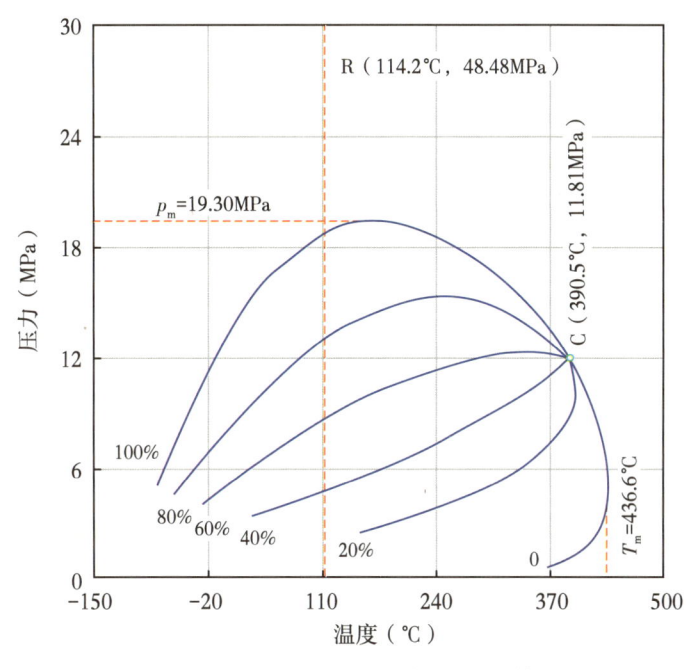

第五章 中央隆起油气藏流体性质和分布规律

图 5-18 塔中 24 志留系油藏地层流体相态图

表 5-51 塔中 24 志留系油藏相态数据表

井段 （m）	层位	地层压力 （MPa）	地层温度 （℃）	临界压力 （MPa）	临界温度 （℃）	泡点压力 （MPa）	油气藏 类型
4065.15	S	48.48	114.2	11.81	390.5	18.75	油藏

（3）恒质膨胀实验。

塔中 24 志留系油藏 4065.15m 层段流体样品在地层温度 114.2℃下，地层原油的饱和压力为 18.75MPa，饱和油的热膨胀系数为 10.74×10^{-4}℃$^{-1}$。恒质膨胀实验结果见表 5-52。

表 5-52 塔中 24 志留系油藏流体样品恒质膨胀实验结果

压力（MPa）	相对体积 V_i/V_r	压缩系数（10^{-4}MPa^{-1}）
48.48[①]	0.9393	18.94
45.00	0.9455	20.20
40.00	0.9551	20.59
35.00	0.9650	20.95
30.00	0.9752	22.46

续表

压力（MPa）	相对体积 V_t/V_r	压缩系数（$10^{-4}MPa^{-1}$）
25.00	0.9862	
18.75[②]	1.0000	
17.00	1.0382	
15.00	1.0964	
12.00	1.2298	
9.00	1.4708	
7.00	1.7618	
5.00	2.3060	

① 地层压力。
② 饱和压力。

（4）单次脱气实验。

塔中24志留系油藏4065.15m层段流体样品在地层温度114.2℃、压力48.48MPa下，单次脱气实验结果见表5-53。

表5-53 塔中24志留系油藏流体样品单次脱气实验结果

气油比（m³/m³）	原油收缩率（%）	原油体积系数	原油密度（g/cm³） 地层条件下	饱和压力下	20℃地面条件下	原油黏度（mPa·s） 地层条件下	大气压力条件下	气体平均溶解系数[m³/(m³·MPa)]	原油平均分子量
114	26.43	1.3593	0.6693	0.6287	0.8075	0.59	0.93	6.0800	166.4

（5）多次脱气实验。

塔中24志留系油藏4065.15m层段流体样品在地层温度114.2℃下，多次脱气实验结果见表5-54。

表5-54 塔中24志留系油藏流体样品多次脱气实验结果

压力（MPa）	溶解气油比（m³/m³）	原油体积系数	双相体积系数	原油密度（g/cm³）	偏差系数	气体体积系数	脱出气密度（kg/m³）
48.48[①]		1.3596		0.6693			
18.75[②]	114	1.4475		0.6287			
14.00	91	1.4205	1.6244	0.6273	0.909	0.008869	0.806
10.00	67	1.3837	1.9668	0.6303	0.925	0.012600	0.803
6.00	44	1.3416	2.8220	0.6363	0.946	0.021334	0.802

续表

压力 （MPa）	溶解气油比 （m³/m³）	原油体积 系数	双相体积 系数	原油密度 （g/cm³）	偏差 系数	气体体积 系数	脱出气密度 （kg/m³）
3.00	25	1.2730	5.1424	0.6581	0.971	0.043083	0.829
0.00	0	1.0959		0.7399			1.070
0.00（20.0℃）		1.0000		0.8107			

①地层压力。
②饱和压力。

（6）黏度测定实验。

塔中24志留系油藏4065.15m层段流体样品在地层温度114.2℃下，黏度测定实验结果见表5-55。

表5-55 塔中24志留系油藏流体样品黏度测定实验结果

压力（MPa）	原油黏度（mPa·s）	气体黏度（mPa·s）	黏度比（油/气）
48.48①	0.590		
35.00	0.550		
30.00	0.535		
25.00	0.520		
18.75②	0.502		
14.00	0.516	0.01644	31.387
10.00	0.543	0.01507	36.032
6.00	0.597	0.01415	42.191
3.00	0.692	0.01339	51.680
0.00	0.930		

①地层压力。
②饱和压力。

4）塔中24石炭系油藏

（1）流体组分。

塔中24石炭系油藏井流物组成见表5-56。井流物组成摩尔分数：C_1+N_2为14.75%、C_2—C_6+CO_2为15.92%、C_{7+}为69.33%，在三角相图上属于油藏范围（图5-19）。

表 5-56 塔中 24 石炭系油藏井流物组成表

井段 (m)	组分	单脱油 摩尔分数 (%)	单脱气 摩尔分数 (%)	井流物 摩尔分数 (%)	井流物 含量 (g/m³)
3933.50~4217.00	二氧化碳		1.12	0.22	0.05
	氮气		17.44	3.38	0.51
	甲烷	0.01	58.74	11.37	0.98
	乙烷	0.02	3.68	0.73	0.12
	丙烷	0.16	4.01	0.91	0.21
	异丁烷	0.40	3.46	0.99	0.31
	正丁烷	0.98	4.79	1.72	0.53
	异戊烷	1.55	2.41	1.72	0.66
	正戊烷	2.75	2.48	2.70	1.04
	己烷	8.19	1.71	6.93	3.11
	庚烷	10.15	0.14	8.21	4.21
	辛烷	11.91	0.02	9.61	5.49
	壬烷	8.79		7.09	4.58
	癸烷	6.18		4.98	3.57
	十一烷以上	48.91		39.44	74.63

注：十一烷以上流体特性：分子量 354.17，相对密度（20.0℃）0.9096；油罐油密度（20.0℃）0.8548g/cm³。

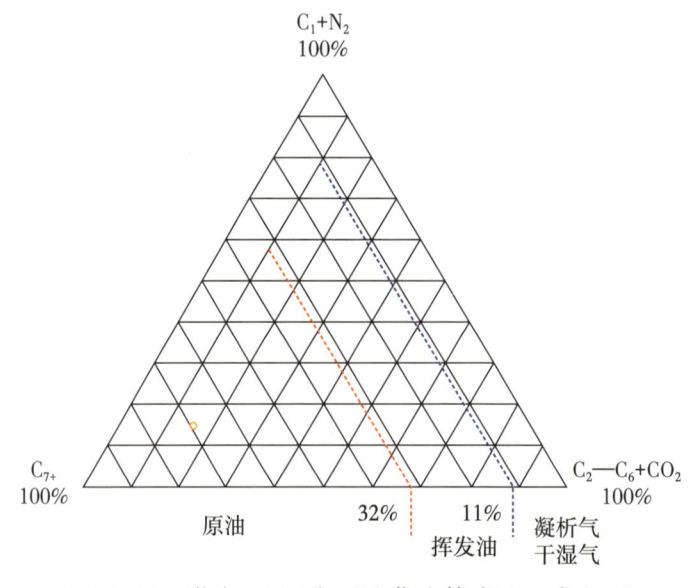

图 5-19 塔中 24 石炭系油藏流体类型三角相图

（2）流体相态。

塔中 24 石炭系油藏 3933.50~4217.00m 井段取得高压流体得出的流体相态特征如图 5-20 所示。流体临界参数见表 5-57，临界压力 4.56MPa，临界温度 489.2℃。地层温度位于临界温度左侧，远离临界点，表现出典型的油藏相态特征。

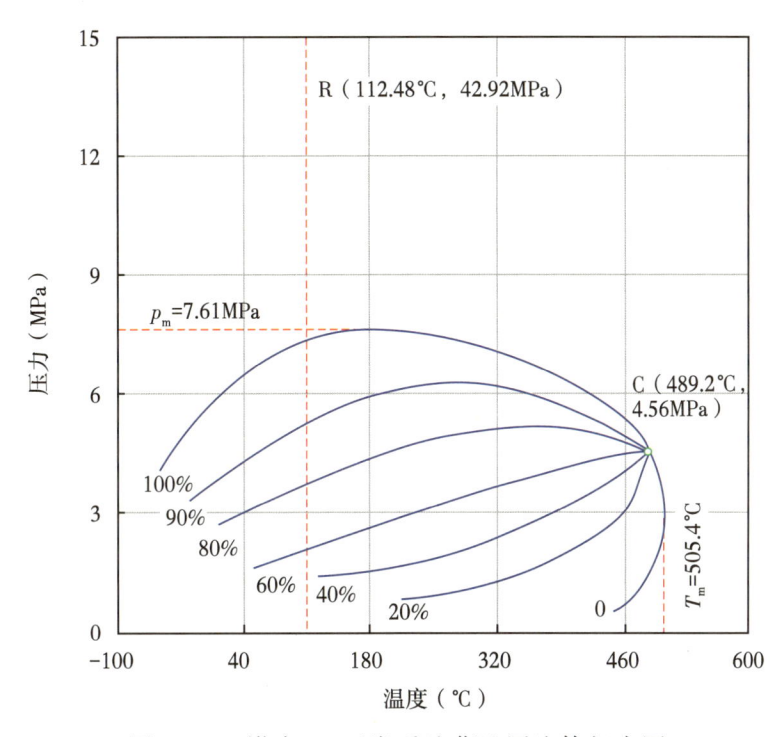

图 5-20　塔中 24 石炭系油藏地层流体相态图

表 5-57　塔中 24 石炭系油藏相态数据表

井段（m）	层位	地层压力（MPa）	地层温度（℃）	临界压力（MPa）	临界温度（℃）	泡点压力（MPa）	油气藏类型
3933.50~4217.00	C_{III}	42.92	112.48	4.56	489.2	7.39	油藏

（3）恒质膨胀实验。

塔中 24 石炭系油藏 3933.50~4217.00m 层段流体样品在地层温度 112.48℃下，地层原油的饱和压力为 7.39MPa，饱和压力下的原油密度为 0.7620g/cm³，饱和油的热膨胀系数为 $7.20\times10^{-4}℃^{-1}$。恒质膨胀实验结果见表 5-58。

表 5-58　塔中 24 石炭系油藏流体样品恒质膨胀实验结果

压力（MPa）	相对体积 V_i/V_r	Y 函数	压缩系数（$10^{-4}MPa^{-1}$）
42.92[①]	0.9523		9.43
40.00	0.9550		9.67
35.00	0.9596		10.97
30.00	0.9649		11.15
25.00	0.9703		11.89
20.00	0.9761		14.05
15.00	0.9829		16.54
10.00	0.9911		
7.39[②]	1.0000		
6.00	1.0568	4.0820	
5.00	1.1223	3.9072	
4.00	1.2271	3.7325	
3.00	1.4113	3.5577	
2.00	1.7966	3.3830	

①地层压力。
②饱和压力。

（4）单次脱气实验。

塔中 24 石炭系油藏 3933.50～4217.00m 层段流体样品在地层温度 112.48℃、压力 42.92MPa 下，单次脱气实验结果见表 5-59。

表 5-59　塔中 24 石炭系油藏流体样品单次脱气实验结果

气油比（m^3/m^3）	原油收缩率（%）	原油体积系数	地层原油密度（g/cm^3）	地层原油黏度（mPa·s）	气体平均溶解系数 [$m^3/(m^3·MPa)$]	原油平均分子量
22	9.55	1.1056	0.8001	2.50	2.9770	224.39

（5）多次脱气实验。

塔中 24 石炭系油藏 3933.50～4217.00m 层段流体样品在地层温度 112.48℃下，多次脱气实验结果见表 5-60。

表 5-60　塔中 24 石炭系油藏流体样品多次脱气实验结果

压力 （MPa）	溶解气油比 （m³/m³）	原油体积 系数	双相体积 系数	原油密度 （g/cm³）	偏差 系数	气体体积 系数	脱出气密度 （kg/m³）
42.92①		1.1026		0.8001			
7.39②	21	1.1577		0.7620			
6.00	19	1.1522	1.2043	0.7636	0.931	0.02033	0.92
4.5	16	1.1436	1.3011	0.7669	0.949	0.02748	0.91
3.00	13	1.1368	1.5023	0.7691	0.965	0.04146	0.93
1.50	8	1.1225	2.2672	0.7747	0.981	0.08164	1.02
0.00	0	1.0815		0.7937			1.34
0.00（20℃）		1.0000		0.8584			

①地层压力。
②饱和压力。

（6）黏度测定实验。

塔中 24 石炭系油藏 3933.50~4217.00m 层段流体样品在地层温度 112.48℃下，黏度测定实验结果见表 5-61。

表 5-61　塔中 24 石炭系油藏流体样品黏度测定实验结果

压力（MPa）	原油黏度（mPa·s）	气体黏度（mPa·s）	（油/气）黏度比
42.92①	2.50		
7.39②	1.78		
6.00	1.81	0.01362	133
4.50	1.88	0.01336	141
3.00	2.00	0.01300	154
1.50	2.23	0.01265	176
0	2.60		

①地层压力。
②饱和压力。

5）塔中 16 奥陶系油藏

（1）流体组分。

塔中 16 奥陶系油藏井流物组成见表 5-62。井流物组成摩尔分数：C_1+N_2 为 57.94%、C_2—C_6+CO_2 为 14.48%、C_{7+} 为 27.58%，在三角相图上属于挥发性油藏范围（图 5-21）。

表 5-62 塔中 16 奥陶系油藏井流物组成表

井段 (m)	组分	单脱油 摩尔分数 (%)	单脱气 摩尔分数 (%)	井流物 摩尔分数 (%)	井流物 含量 (g/m³)
4210.31~5092.00	二氧化碳		11.074	7.86	4.55
	氮气		4.239	3.01	1.11
	甲烷		77.368	54.93	11.60
	乙烷	0.20	3.169	2.31	0.91
	丙烷	0.21	1.904	1.41	0.82
	异丁烷	0.09	0.315	0.25	0.19
	正丁烷	0.43	0.84	0.72	0.55
	异戊烷	0.41	0.307	0.34	0.32
	正戊烷	0.83	0.33	0.48	0.45
	己烷	2.99	0.349	1.11	1.23
	庚烷	5.78	0.104	1.75	2.21
	辛烷	8.84	0.001	2.56	3.61
	壬烷	8.67		2.51	4.01
	癸烷	8.47		2.46	4.33
	十一烷	6.79		1.97	3.81
	十二烷	5.60		1.62	3.44
	十三烷	5.46		1.58	3.65
	十四烷	4.79		1.39	3.47
	十五烷	4.73		1.37	3.72
	十六烷	3.12		0.90	2.64
	十七烷	2.67		0.77	2.42
	十八烷	1.94		0.56	1.86
	十九烷	1.73		0.50	1.74
	二十烷	1.47		0.43	1.54
	二十一烷	1.00		0.29	1.11
	二十二烷	0.89		0.26	1.04
	二十三烷	0.70		0.20	0.85
	二十四烷	0.57		0.17	0.72
	二十五烷	0.47		0.14	0.62
	二十六烷	0.38		0.11	0.52
	二十七烷	0.32		0.09	0.46
	二十八烷	0.26		0.08	0.39
	二十九烷	0.20		0.06	0.31
	三十烷以上	19.99		5.80	34.34

注：十一烷以上流体特性：分子量 384，相对密度（20℃）0.889。

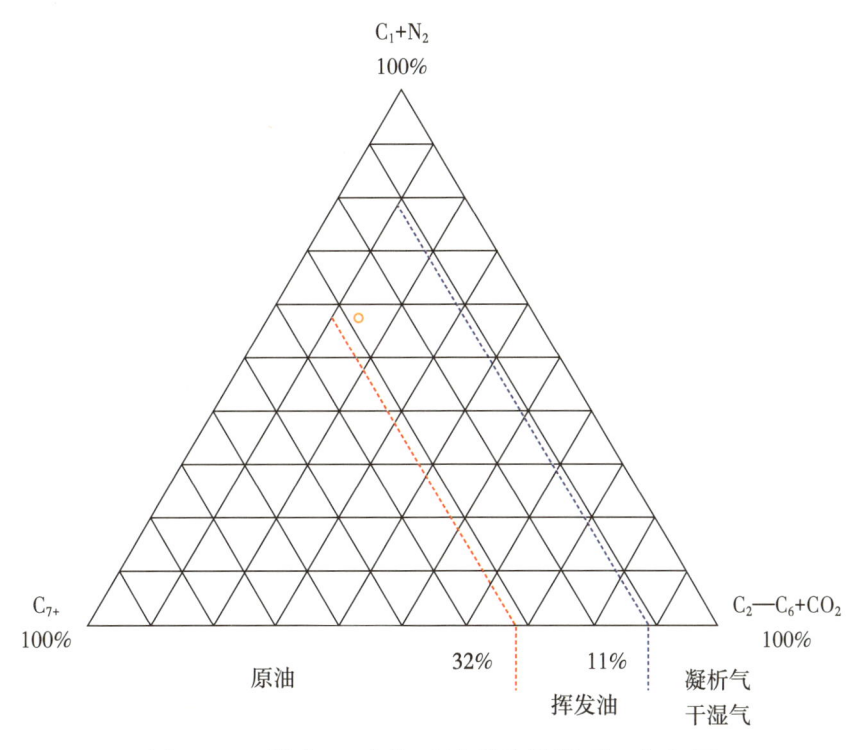

图 5-21　塔中 16 奥陶系油藏流体类型三角相图

(2) 流体相态。

塔中 16 奥陶系油藏 4210.31~5092.00m 井段的流体相态特征如图 5-22 所示。流体临界参数见表 5-63，临界压力 13.30MPa，临界温度 385.6℃。地层温度位于临界温度左侧，远离临界点，表现出典型的油藏相态特征。

表 5-63　塔中 16 奥陶系油藏相态数据表

井段（m）	层位	地层压力（MPa）	地层温度（℃）	临界压力（MPa）	临界温度（℃）	泡点压力（MPa）	油气藏类型
4210.31~5092.00	O	47.81	115.9	13.30	385.6	29.69	油藏

(3) 恒质膨胀实验。

塔中 16 奥陶系油藏 4210.31~5092.00m 层段流体样品在地层温度 115.9℃下，地层原油的饱和压力为 29.69MPa，饱和压力下的原油密度为 0.6468g/cm³，饱和油的热膨胀系数为 $9.35\times10^{-4}℃^{-1}$。恒质膨胀实验结果见表 5-64。

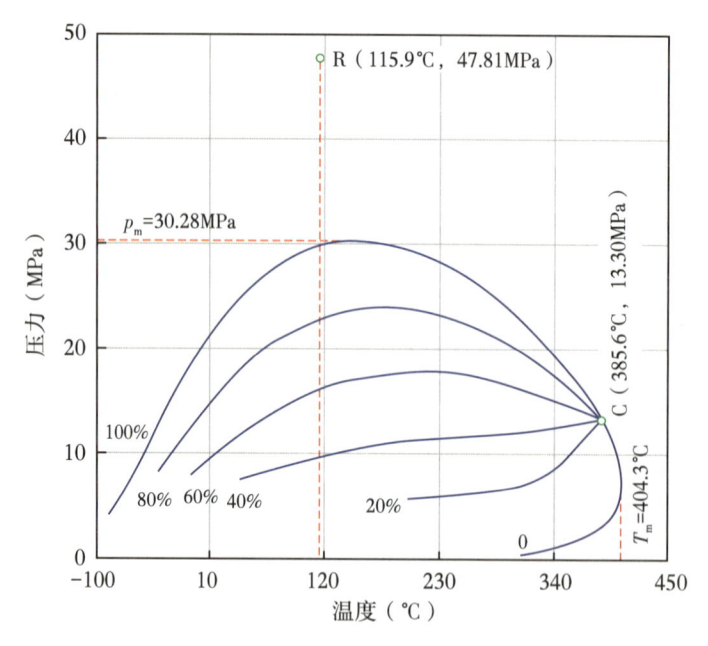

图 5-22 塔中 16 奥陶系油藏地层流体相态图

表 5-64 塔中 16 奥陶系油藏流体样品恒质膨胀实验结果

压力（MPa）	相对体积 V_i/V_r	Y 函数	压缩系数（10^{-4} MPa^{-1}）
47.81[①]	0.9444		36.11
44.00	0.9538		27.34
40.00	0.9643		29.07
36.00	0.9756		32.05
32.00	0.9882		
29.69[②]	1.0000		
26.00	1.0383	3.6922	
23.00	1.0821	3.5279	
20.00	1.1518	3.1746	
17.00	1.2450	3.0294	
14.00	1.3879	2.8686	
11.00	1.6137	2.7435	
8.00	2.0296	2.6004	

①地层压力。
②饱和压力。

（4）单次脱气实验。

塔中 16 奥陶系油藏 4210.31～5092.00m 层段流体样品在地层温度 115.9℃、压力 47.81MPa 下，单次脱气实验结果见表 5-65。

表 5-65　塔中 16 奥陶系油藏流体样品单次脱气实验结果

气油比 （m³/m³）	原油收缩率 （%）	原油体积系数	地层原油密度 （g/cm³）	气体平均溶解系数 [m³/（m³·MPa）]	原油平均分子量
180	33.49	1.5036	0.6839	6.0598	283

（5）多次脱气实验。

塔中 16 奥陶系油藏 4210.31～5092.00m 层段流体样品在地层温度 115.9℃ 下，多次脱气实验结果见表 5-66。

表 5-66　塔中 16 奥陶系油藏流体样品多次脱气实验结果

压力 （MPa）	溶解气油比 （m³/m³）	原油体积系数	双相体积系数	原油密度 （g/cm³）	偏差系数	气体体积系数	脱出气密度 （kg/m³）
47.81[①]		1.4994		0.6839			
29.69[②]	179	1.5854		0.6468			
25.00	148	1.4932	1.6529	0.6690	0.9453	0.005068	0.841
20.00	119	1.4392	1.8134	0.6772	0.9224	0.006190	0.842
15.00	89	1.3890	2.1292	0.6836	0.9169	0.008221	0.846
10.00	59	1.3503	2.8448	0.6843	0.9268	0.012481	0.859
5.00	29	1.3163	5.1677	0.6819	0.9551	0.025718	0.882
0.00	0	1.0823		0.7993			
0.00（20℃）		1.0000		0.8651			

①地层压力。
②饱和压力。

（6）黏度测定实验。

塔中 16 奥陶系油藏 4210.31～5092.00m 层段流体样品在地层温度 115.9℃ 下，黏度测定实验结果见表 5-67。

表 5-67　塔中 16 奥陶系油藏流体样品黏度测定实验结果

压力（MPa）	原油黏度（mPa·s）	气体黏度（mPa·s）	黏度比（油/气）
47.81①	0.86		
44.00	0.81		
40.00	0.76		
36.00	0.72		
29.69②	0.64		
25.00	0.73	0.01936	38
20.00	0.86	0.01782	48
15.00	1.04	0.01632	64
10.00	1.32	0.01485	89
5.00	1.76	0.01379	128
0.00	2.37		

①地层压力。
②饱和压力。

四、塔中 I 号气田

塔中 I 号气田位于新疆维吾尔自治区民丰县、沙雅县和且末县境内。构造位于塔里木盆地塔中凸起北部斜坡带北边缘，其北为满加尔凹陷。平面上自东向西依次划分为 I 区、II 区和 III 区，I 区和 II 区主要含气层位均为良里塔格组和鹰山组，III 区含气层位主要为一间房组。I 区包括塔中 62、塔中 82、塔中 26 和塔中 83 等 4 个区块，II 区包括中古 8、中古 43、中古 5、中古 10 和中古 7 等 5 个区块，III 区包括中古 15 区块。储层岩石类型主要为礁滩相生屑灰岩、砂砾屑灰岩、礁灰岩，储层以裂缝—孔洞型为主，占 53.8%；孔洞—裂缝型次之，占 30.8%；孔洞型最少，占 15.4%。储层平均孔隙度 1.44%，渗透率小于 0.1mD。原始地层压力 58.31~61.59MPa，压力系数 1.11~1.20，地层温度 122.1~142.9℃，地温梯度 2.49~2.77℃/100m，为常温、常压系统。凝析油密度 0.7716~0.8265g/cm³，动力黏度 0.9342~2.69mPa·s；天然气甲烷含量 83.72%~94.57%，CO_2 含量 1.60%~4.91%，H_2S 含量变化大，微含硫—中高含硫；地层水平均密度 1.0794g/cm³，总矿化度平均 116294mg/L，水型为

$CaCl_2$ 型。塔中 I 号气田整体为凝析气藏，部分为油藏。2008 年 10 月，塔中 I 号气田塔中 82、塔中 83、中古 7-10、中古 5 和中古 43 等区块相继投入开发。

1. 原始流体取样与质量评价

勘探评价阶段塔中 I 号气田录取了 TZ26 井、TZ82 井、TZ65-2 井、TZ83 井、ZG17 井、TZ8 井、TZ5 井和 TZ43 井等 8 口井共 8 个井段的合格流体样品。流体样品的取样条件及气井特征见表 5-68。

表 5-68 塔中 I 号气田流体样品取样条件与气井特征统计表

	区块	塔中 26	塔中 82	塔中 62	塔中 83	塔中 86	中古 8	中古 5	中古 43
	井号	TZ26	TZ82	TZ65-2	TZ83	ZG17	TZ8	TZ5	TZ43
取样条件	取样时间	1997年8月28日	2005年8月11日	2005年8月18日	2006年9月8日	2007年9月4日	2008年9月12日	2008年1月22日	2010年3月26日
	生产油嘴（mm）	4.76	9.53	7	7	6			5
	油压（MPa）	31.2	42.84	35	42.8	49.708		23.2	39.46
	一级分离器压力（MPa）	4	2.19	2.3	1.9	1.626	1.15	3.02	0.97
	一级分离器温度（℃）	20	33.9	11	15	17	14.8	40	8.38
	取样方式	地面分离器	地面分离器	地面分离器	地面分离器	地面分离器	地面分离器	地面分离器	地面分离器
气井特征	取样井段（m）	4300.00~4360.00	5430.00~5487.00	4773.53~4825.00	5666.10~5684.70	6438.00~6448.00	5893.00~6145.58	6351.64~6460.00	4980.08~5334.09
	层位	O	O	O	O	O	O	O	O
	原始地层压力（MPa）	54.89	63.96	55.64	61.67	72.457	148	150.6	63.33
	原始地层温度（℃）	121.97	137.3	130.2	145.1	138.8	66.11	75.09	124.87
	取样时地层压力（MPa）	54.89	63.96	55.64	61.67	72.457	145620	80667	139701
	取样时地层温度（℃）	121.97	137.3	130.2	145.1	138.8	160	21.84	137.2
	生产气油比（m³/m³）	3679	1492	3245	21740	4869	910	3694	1018
	油罐油密度（g/cm³）	0.7711	0.7765	0.7975	0.8213	0.7765	0.7875	0.7802	0.8011

2. 流体相态实验

1）塔中 26 气藏

（1）流体组分。

塔中 26 气藏井流物组成见表 5-69。井流物组成摩尔分数：C_1+N_2 为 92.96%、$C_2—C_6+CO_2$ 为 4.39%、C_{7+} 为 2.655%，在三角相图上属于凝析气藏范围（图 5-23）。

表 5-69 塔中 26 气藏井流物组成表（1997 年 8 月 28 日取样）

井段 （m）	组分	分离器液 摩尔分数 （%）	分离器气 摩尔分数 （%）	含量 （g/m³）	井流物 摩尔分数 （%）	含量 （g/m³）
4300.00~4360.00	氮气	0.16	1.58		9.87	
	二氧化碳	0.40	10.21		1.54	
	甲烷	9.51	85.68		83.09	
	乙烷	1.15	1.49	18.637	1.48	18.512
	丙烷	1.84	0.66	12.107	0.70	12.841
	异丁烷	0.50	0.07	1.692	0.08	1.934
	正丁烷	2.08	0.19	4.594	0.25	6.044
	异戊烷	1.14	0.03	0.900	0.07	2.101
	正戊烷	1.95	0.04	1.200	0.11	3.301
	己烷	3.91	0.03	1.048	0.16	5.591
	庚烷	6.08	0.02	0.799	0.23	9.185
	辛烷	7.72			0.26	11.572
	壬烷	8.46			0.29	14.597
	癸烷	9.33			0.32	17.837
	十一烷以上	45.77			1.55	156.032

注：十一烷以上流体特性：相对密度 0.804，分子量 242；分离器气体相对密度 0.632；分离器气/分离器液 3341.0m³/m³；油罐气/油罐油 17m³/m³；分离器液/油罐油 1.0331m³/m³；油罐油密度（20℃）0.7772g/cm³。

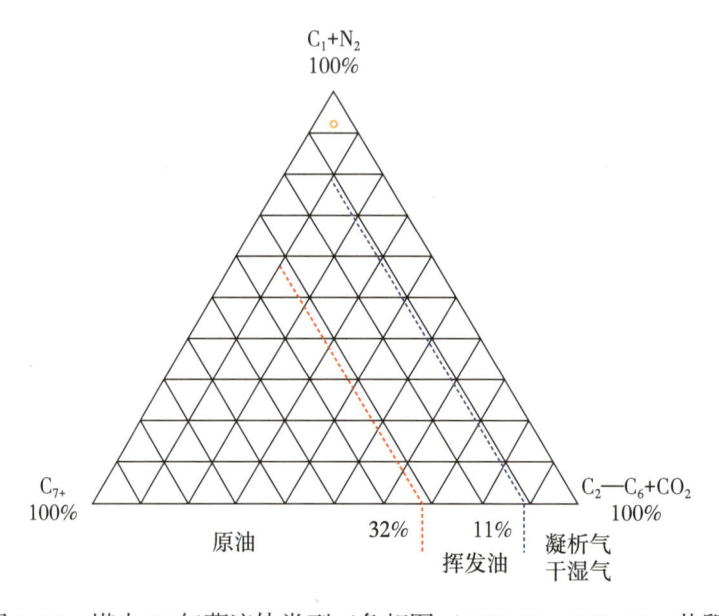

图 5-23 塔中 26 气藏流体类型三角相图（4300.00~4360.00m 井段）

(2) 流体相态。

塔中 26 气藏的流体相态特征如图 5-24 所示，流体临界参数见表 5-70。地层温度位于相图包络线右侧，距临界点较远，表现出凝析气藏相态特征。

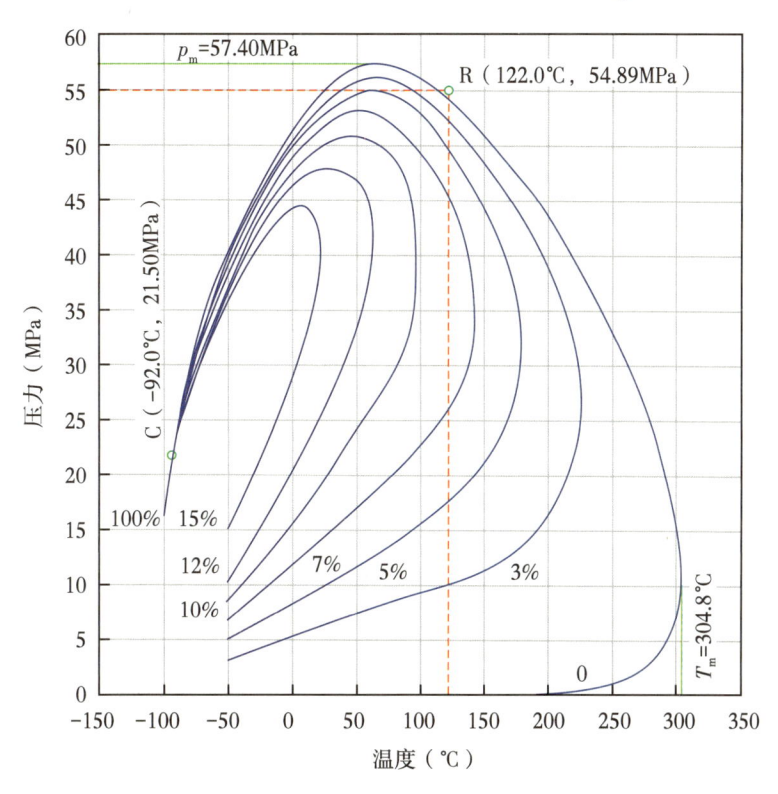

图 5-24 塔中 26 气藏地层流体相态图

表 5-70 塔中 26 气藏相态数据表

取样时间	层位	地层压力（MPa）	地层温度（℃）	临界压力（MPa）	临界温度（℃）	临界凝析压力（MPa）	临界凝析温度（℃）	油气藏类型
1997年8月28日	O	54.89	121.97	21.5	-92.0	57.40	304.8	凝析气

(3) 恒质膨胀实验。

塔中 26 气藏 4300.00~4360.00m 层段 1997 年 8 月 28 日取得的流体样品露点压力为 54.19MPa，地露压差为 0.70MPa。在地层温度 122.00℃、地层压力 54.89MPa 下，气体偏差系数为 1.230、体积系数为 $3.0604\times10^{-3}\mathrm{m}^3/\mathrm{m}^3$。流体恒质膨胀实验结果见表 5-71。

表 5-71 塔中 26 气藏层段恒质膨胀实验结果

122℃		122.0℃		102.0℃		82.0℃	
压力（MPa）	相对体积 V_l/V_d	压力（MPa）	含液量（%）	压力（MPa）	含液量（%）	压力（MPa）	含液量（%）
54.89①	0.9920	54.19②	0.00	55.16②	0.00	56.73②	0.00
54.19②	1.0000	52.00	0.15	53.16	0.50	54.73	1.24
52.00	1.0223	50.00	0.49	51.16	1.05	52.73	2.29
50.00	1.0450	48.00	1.00	49.16	2.10	48.73	4.65
48.00	1.0703	46.00	1.85	45.00	4.41	44.00	7.28
46.00	1.0986	44.00	2.67	41.00	6.43	40.00	9.59
44.00	1.1303	40.00	4.80	37.00	7.99	36.00	10.20
40.00	1.2060	35.00	6.50	33.00	8.37	32.00	10.44
35.00	1.3319	30.00	7.00	29.00	8.20	28.00	10.29
30.00	1.5098	26.90	6.46				
26.90	1.6595						

①地层压力。
②露点压力。

（4）定容衰竭实验。

塔中 26 气藏 4300.00~4360.00m 层段 1997 年 8 月 28 日取得的流体样品定容衰竭实验结果见表 5-72。随着压力的降低，烃类组分中甲烷和十一烷以上组分的摩尔分数有一定程度变化，非烃类组分二氧化碳、氮气的摩尔分数变化较小，甲烷摩尔分数从 81.46% 上升至 84.30%，十一烷以上组分摩尔分数从 1.78% 降至 0.18%。实验压力降至 12MPa 时，反凝析液量达到最高，其值为 10.36%（表 5-73）。

表 5-72 塔中 26 气藏定容衰竭实验井流物组成表（122.00℃）

	压力（MPa）	54.19①	47.00	40.00	33.00	26.00	19.00	12.00	6.62
衰竭各级井流物摩尔分数（%）	二氧化碳	1.51	1.30	1.29	1.31	1.32	1.32	1.32	1.50
	氮气	10.38	10.43	10.70	10.76	10.85	10.82	10.76	10.09
	甲烷	81.46	82.07	82.52	82.95	83.50	83.99	84.33	84.30
	乙烷	1.43	1.44	1.44	1.44	1.44	1.44	1.45	1.69
	丙烷	1.31	1.13	0.78	0.73	0.69	0.71	0.74	0.82
	异丁烷	0.22	0.20	0.17	0.10	0.09	0.08	0.08	0.10

续表

	压力（MPa）	54.19[①]	47.00	40.00	33.00	26.00	19.00	12.00	6.62
衰竭各级井流物摩尔分数（%）	正丁烷	0.42	0.38	0.34	0.32	0.30	0.29	0.30	0.32
	异戊烷	0.09	0.09	0.09	0.09	0.08	0.08	0.08	0.09
	正戊烷	0.12	0.12	0.12	0.11	0.11	0.11	0.10	0.13
	己烷	0.25	0.25	0.25	0.25	0.25	0.23	0.20	0.23
	庚烷	0.17	0.16	0.16	0.16	0.16	0.16	0.13	0.13
	辛烷	0.22	0.22	0.22	0.21	0.19	0.17	0.11	0.09
	壬烷	0.29	0.28	0.27	0.26	0.25	0.16	0.11	0.17
	癸烷	0.35	0.35	0.34	0.33	0.29	0.17	0.12	0.16
	十一烷以上	1.78	1.58	1.31	0.98	0.48	0.27	0.17	0.18
	合计	100.00	100.00	100.00	100.00	100.00	100.00	100.00	100.00
十一烷以上的特性	分子量	242	185	176	167	162	160	158	157
	相对密度	0.804	0.777	0.770	0.764	0.760	0.757	0.755	0.754
气相偏差系数 Z		1.224	1.143	1.069	1.004	0.956	0.925	0.915	0.932
气液两相偏差系数			1.143	1.058	1.006	0.948	0.920	0.875	0.839
累计采出（%）			7.197	14.609	25.955	38.112	53.379	69.046	82.181

①露点压力。

表5-73 塔中26气藏定容衰竭实验反凝析液量数据表（122.00℃）

压力（MPa）	54.19[①]	47.00	40.00	33.00	26.00	19.00	12.00	6.62	0.10
含液量（%）	0.00	1.69	5.00	7.40	9.05	10.23	10.36	9.19	7.40

①露点压力。

2）中古8气藏

（1）流体组分。

中古8气藏井流物组成见表5-74。井流物组成摩尔分数：C_1+N_2为78.82%、C_2—C_6+CO_2为10.704%、C_{7+}为10.481%，在三角相图上属于凝析气藏范围（图5-25）。

表 5-74　中古 8 气藏井流物组成表

井段 （m）	组分	分离器液 摩尔分数 （%）	分离器气 摩尔分数 （%）	分离器气 含量 （g/m³）	井流物 摩尔分数 （%）	井流物 含量 （g/m³）
5893.00~6145.58	氮气	0.08	2.210		1.902	
	二氧化碳	0.17	3.328		2.918	
	甲烷	0.86	88.977		76.897	
	乙烷	0.94	2.809	35.114	2.563	32.042
	丙烷	2.98	1.258	23.061	1.341	24.580
	异丁烷	2.95	0.319	7.708	0.457	11.050
	正丁烷	3.56	0.541	13.072	0.975	23.562
	异戊烷	8.12	0.182	5.459	0.59	17.694
	正戊烷	10.70	0.165	4.949	0.65	19.508
	己烷	13.70	0.142	4.959	1.21	42.249
	庚烷	11.48	0.059	2.355	1.446	57.716
	辛烷	9.42			1.779	79.121
	壬烷	6.90			1.49	74.961
	癸烷	5.48			1.223	68.119
	十一烷	4.25			0.896	54.737
	十二烷	3.42			0.711	47.612
	十三烷	2.92			0.552	40.136
	十四烷	0.08			0.444	35.066
	十五烷	0.17			0.379	32.461
	十六烷	2.21			0.287	26.476
	十七烷	1.89			0.245	24.172
	十八烷	1.48			0.192	20.047
	十九烷	1.41			0.183	20.012
	二十烷	0.99			0.129	14.692
	二十一烷	0.85			0.11	13.348
	二十二烷	0.73			0.095	12.015
	二十三烷	0.60			0.078	10.296
	二十四烷	0.46			0.06	8.217
	二十五烷	0.34			0.044	6.330
	二十六烷	0.27			0.035	5.231
	二十七烷	0.19			0.025	3.835
	二十八烷	0.18			0.023	3.769
	二十九烷	0.12			0.016	2.603
	三十烷以上	0.30			0.039	7.285
	合计	100.20	99.99		99.98	

注：十一烷以上流体特性：密度 0.8290g/cm³，分子量 205；分离器气体相对密度 0.654；分离器气/分离器液 858.4m³/m³；油罐气/油罐油 14m³/m³；分离器液/油罐油 1.0409m³/m³；油罐油密度（20℃）0.7745g/cm³。

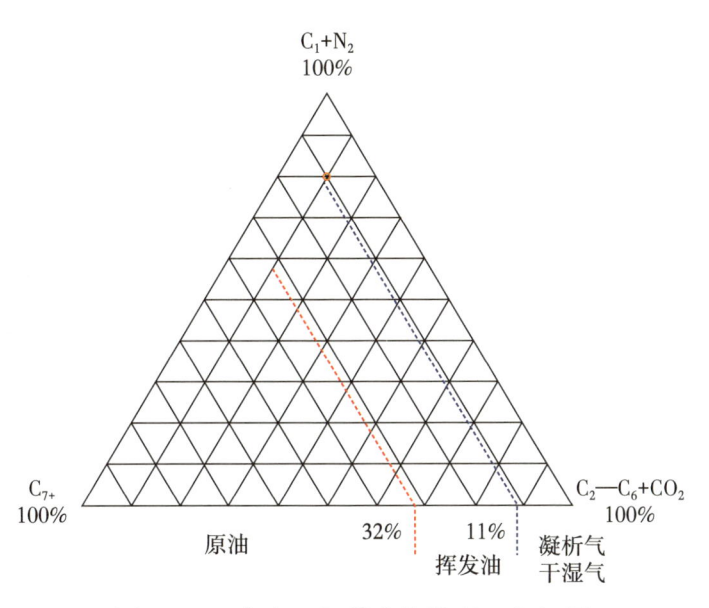

图 5-25 中古 8 气藏流体类型三角相图

（2）流体相态。

中古 8 气藏的流体相态特征如图 5-26 所示，流体临界参数见表 5-75。地层温度位于相图包络线右侧，距临界点较远，表现出凝析气藏相态特征。

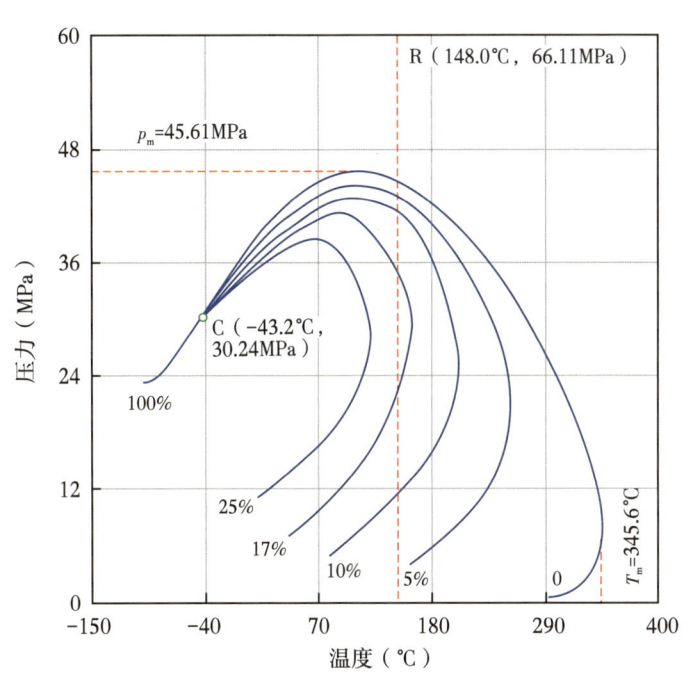

图 5-26 中古 8 气藏地层流体相态图

表 5-75　中古 8 气藏相态数据表

井段(m)	层位	地层压力(MPa)	地层温度(℃)	临界压力(MPa)	临界温度(℃)	临界凝析压力(MPa)	临界凝析温度(℃)	油气藏类型
5893.00~6145.58	O	66.11	148.00	30.24	-43.20	45.61	345.60	凝析气

（3）恒质膨胀实验。

中古 8 气藏 5893.00~6145.58m 层段流体样品露点压力为 44.61MPa，地露压差为 21.50MPa。在地层温度 148.00℃、地层压力 66.11MPa 下，气体偏差系数为 1.502、体积系数为 3.3074。流体恒质膨胀实验结果见表 5-76。

表 5-76　中古 8 气藏流体样品恒质膨胀实验结果

148℃ 压力(MPa)	相对体积 V_i/V_d	148.0℃ 压力(MPa)	含液量(%)	128.0℃ 压力(MPa)	含液量(%)	108.0℃ 压力(MPa)	含液量(%)
66.11①	0.8678	44.61②	0.00	46.17②	0.00	47.44②	0.00
60.00	0.8978	44.00	1.10	45.00	1.77	46.00	2.64
50.00	0.9596	42.00	9.68	43.00	12.16	43.00	16.73
44.61②	1.0000	40.00	13.01	40.00	17.66	40.00	20.08
42.00	1.0305	36.00	17.66	36.00	20.14	36.00	22.44
40.00	1.0576	32.00	19.92	32.00	21.62	32.00	23.64
36.00	1.1233	28.00	19.09	28.00	20.54	28.00	23.14
32.00	1.2101	24.00	17.38	24.00	18.74	24.00	21.13
28.00	1.3274	20.00	15.34	20.00	16.77	20.00	18.6
24.00	1.4912						
20.00	1.7307						

①地层压力。
②露点压力。

（4）定容衰竭实验。

中古 8 气藏 5893.00~6145.58m 层段流体样品的定容衰竭实验结果见表 5-77。随着压力的降低，烃类组分中甲烷和十一烷以上组分的摩尔分数有一定程度变化，非烃类组分二氧化碳和氮气的摩尔分数变化较小。甲烷摩尔分数从 76.91%上升至 85.32%。十一烷以上组分摩尔分数从 4.55%降至 0.13%。实验压力降至 23MPa 时，反凝析液量达到最高，其值为 24.51%（表 5-78）。

表 5-77　中古 8 气藏定容衰竭实验井流物组成表（148.00℃）

	压力（MPa）	44.61[①]	37.00	30.00	23.00	15.00	8.00
衰竭各级井流物摩尔分数（%）	氮气	1.90	2.02	2.26	2.19	1.91	1.89
	二氧化碳	2.92	2.94	2.97	3.02	3.07	3.12
	甲烷	76.91	80.54	82.67	84.11	85.32	85.67
	乙烷	2.56	2.58	2.61	2.65	2.71	2.82
	丙烷	1.34	1.35	0.37	1.40	1.44	1.49
	异丁烷	0.46	0.46	0.45	0.45	0.46	0.48
	正丁烷	0.97	0.91	0.86	0.81	0.84	0.86
	异戊烷	0.59	0.58	0.57	0.56	0.55	0.56
	正戊烷	0.65	0.64	0.63	0.62	0.61	0.61
	己烷	1.21	1.16	1.10	1.07	1.05	1.04
	庚烷	1.45	1.12	0.97	0.85	0.74	0.68
	辛烷	1.78	1.19	0.92	0.68	0.45	0.32
	壬烷	1.49	0.99	0.69	0.46	0.31	0.20
	癸烷	1.22	0.81	0.61	0.43	0.23	0.13
	十一烷以上	4.55	2.71	1.32	0.70	0.31	0.13
	合计	100.00	100.00	100.00	100.00	100.00	100.00
十一烷以上的特性	分子量	205	189	178	170	164	161
	相对密度	0.8290	0.8180	0.8110	0.8050	0.8000	0.7970
气相偏差系数 Z		1.168	1.046	0.971	0.924	0.915	0.943
气液两相偏差系数			1.063	0.990	0.928	0.850	0.701
累计采出（%）		0.000	8.945	20.738	35.120	53.794	70.119

①露点压力。

表 5-78　中古 8 气藏定容衰竭实验反凝析液量数据表（148.00℃）

压力（MPa）	44.61[①]	37.00	30.00	23.00	15.00	8.00	0.00
含液量（%）	0.00	18.52	22.77	24.51	23.69	22.63	19.69

①露点压力。

3) 中古 5 气藏

(1) 流体组分。

中古 5 气藏井流物组成见表 5-79。井流物组成摩尔分数：C_1+N_2 为 85.14%、$C_2—C_6+CO_2$ 为 11.625%、C_{7+} 为 3.24%，在三角相图上属于凝析气藏范围（图 5-27）。

表 5-79 中古 5 气藏井流物组成表

井段 (m)	组分	分离器液 摩尔分数 (%)	分离器气 摩尔分数 (%)	分离器气 含量 (g/m³)	井流物 摩尔分数 (%)	井流物 含量 (g/m³)
6351.64~6460.00	二氧化碳	1.36	6.048		5.849	
	氮气	0.16	1.476		1.420	
	甲烷	10.46	86.971		83.721	
	乙烷	1.63	3.631	45.389	3.546	44.328
	丙烷	1.25	0.86	15.765	0.876	16.065
	异丁烷	0.71	0.245	5.92	0.265	6.400
	正丁烷	1.55	0.371	8.964	0.421	10.174
	异戊烷	1.34	0.14	4.199	0.191	5.727
	正戊烷	1.73	0.128	3.839	0.196	5.882
	己烷	4.48	0.095	3.317	0.281	9.819
	庚烷	7.32	0.029	1.157	0.339	13.512
	辛烷	12.12	0.005	0.222	0.520	23.125
	壬烷	12.35			0.525	26.402
	癸烷	10.45			0.444	24.740
	十一烷	7.42			0.315	19.265
	十二烷	5.27			0.224	14.982
	十三烷	4.71			0.200	14.545
	十四烷	4.19			0.178	14.043
	十五烷	2.92			0.124	10.640
	十六烷	1.63			0.069	6.392
	十七烷	1.40			0.060	5.874
	十八烷	1.38			0.059	6.109
	十九烷	1.13			0.048	5.230
	二十烷	0.66			0.028	3.184
	二十一烷	0.50			0.021	2.591
	二十二烷	0.40			0.017	2.128
	二十三烷	0.33			0.014	1.841
	二十四烷	0.27			0.011	1.572
	二十五烷	0.22			0.009	1.331
	二十六烷	0.16			0.007	1.012
	二十七烷	0.13			0.006	0.888
	二十八烷	0.11			0.005	0.749
	二十九烷	0.08			0.003	0.537
	三十烷以上	0.20			0.009	1.603
	合计	100.01	100.00		100.00	

注：十一烷以上流体特性：密度 0.8188g/cm³，分子量 194.74；分离器气体相对密度 0.662；分离器气/分离器液 3275.3m³/m³；油罐气/油罐油 25m³/m³；分离器液/油罐油 1.0772m³/m³；油罐油密度（20℃）0.7770g/cm³。

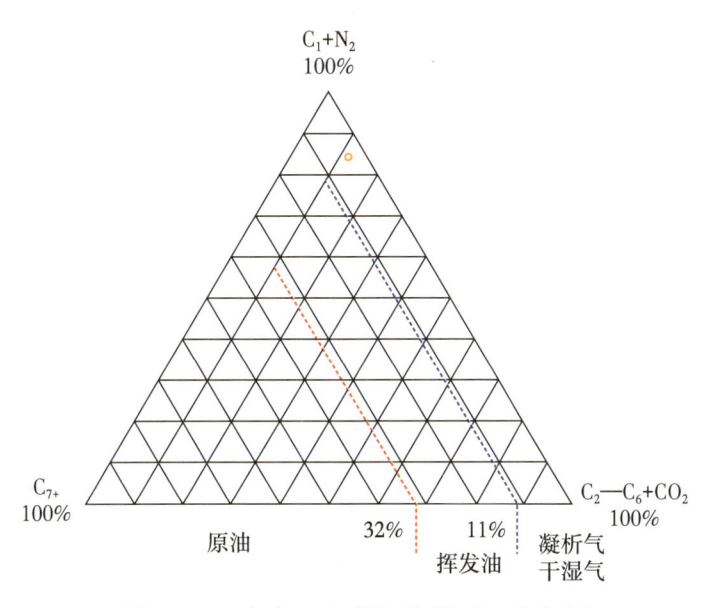

图 5-27 中古 5 气藏流体类型三角相图

（2）流体相态。

中古 5 气藏的流体相态特征如图 5-28 所示，流体临界参数见表 5-80。地层温度位于相图包络线右侧，距临界点较远，表现出凝析气藏相态特征。

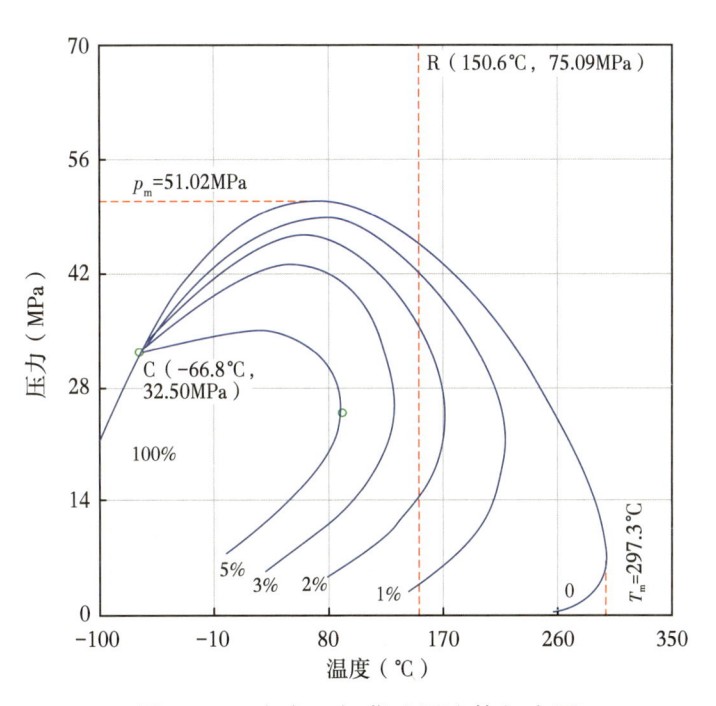

图 5-28 中古 5 气藏地层流体相态图

表 5-80 中古 5 气藏相态数据表

井段（m）	层位	地层压力（MPa）	地层温度（℃）	临界压力（MPa）	临界温度（℃）	临界凝析压力（MPa）	临界凝析温度（℃）	油气藏类型
6351.64~6460.00	O	75.09	150.6	32.50	-66.80	51.02	297.30	凝析气

（3）恒质膨胀实验。

中古 5 气藏 6351.64~6460.00m 层段流体样品露点压力为 45.72MPa，地露压差为 29.37MPa。在地层温度 150.6℃、地层压力 75.09MPa 下，气体偏差系数为 1.491、体积系数为 $2.9087\times10^{-3}m^3/m^3$。流体恒质膨胀实验结果见表 5-81。

表 5-81 中古 5 气藏流体样品恒质膨胀实验结果

150.6℃		150.6℃		130.6℃		110.6℃	
压力（MPa）	相对体积 V_i/V_d	压力（MPa）	含液量（%）	压力（MPa）	含液量（%）	压力（MPa）	含液量（%）
75.09[①]	0.7875	45.72[②]	0.00	47.50[②]	0.00	49.16[②]	0.00
70.00	0.8109	43.00	0.07	45.00	0.04	48.00	0.06
65.00	0.8384	40.00	0.46	40.00	0.77	45.00	0.25
60.00	0.8692	35.00	1.33	35.00	1.97	40.00	1.44
55.00	0.9068	30.00	2.06	30.00	3.00	35.00	2.68
50.00	0.9519	25.00	2.59	25.00	3.39	30.00	3.8
45.72[②]	1.0000	20.00	2.54	20.00	3.23	25.00	4.22
43.00	1.0376					20.00	4.17
40.00	1.0868						
35.00	1.1924						
30.00	1.3413						
25.00	1.5604						
20.00	1.9040						

①地层压力。
②露点压力。

（4）定容衰竭实验。

中古 5 气藏 6351.64~6460.00m 层段流体样品的定容衰竭实验结果见表 5-82。随着压力的降低，烃类组分中甲烷和十一烷以上组分的摩尔分数有一定程度变化，非烃类组分二氧化碳、氮气的摩尔分数变化较小。甲烷摩尔分数从 83.73% 上升至 85.15%。十一烷以上组分摩尔分数从 1.40% 降至 0.29%。实验压力降至 13MPa 时，反凝析液量达到最高，其值为 4.70%（表 5-83）。

表 5-82 中古 5 气藏定容衰竭实验井流物组成表（150.6℃）

	压力（MPa）	45.72[①]	40.00	34.00	27.00	20.00	13.00	6.00
衰竭各级井流物摩尔分数（%）	二氧化碳	5.85	5.83	5.82	5.82	5.86	5.90	5.93
	氮气	1.42	1.45	1.48	1.53	1.58	1.63	1.65
	甲烷	83.73	84.40	84.81	85.00	85.11	85.15	85.13
	乙烷	3.55	3.56	3.57	3.58	3.59	3.61	3.64
	丙烷	0.88	0.89	0.90	0.91	0.92	0.93	0.95
	异丁烷	0.26	0.26	0.25	0.25	0.26	0.27	0.30
	正丁烷	0.42	0.42	0.41	0.41	0.42	0.43	0.45
	异戊烷	0.19	0.19	0.18	0.18	0.18	0.19	0.20
	正戊烷	0.20	0.20	0.19	0.19	0.18	0.19	0.21
	己烷	0.28	0.28	0.27	0.27	0.26	0.26	0.27
	庚烷	0.34	0.33	0.32	0.31	0.30	0.30	0.29
	辛烷	0.52	0.47	0.41	0.38	0.35	0.32	0.29
	壬烷	0.52	0.45	0.39	0.33	0.29	0.25	0.22
	癸烷	0.44	0.39	0.35	0.31	0.26	0.21	0.18
	十一烷以上	1.40	0.88	0.65	0.53	0.44	0.36	0.29
	合计	100.00	100.00	100.00	100.00	100.00	100.00	100.00
十一烷以上的特性	分子量	195	190	185	180	175	170	166
	相对密度	0.8190	0.8140	0.8100	0.8060	0.8030	0.8000	0.7980
气相偏差系数 Z		1.153	1.103	1.053	1.002	0.959	0.937	0.960
气液两相偏差系数			1.100	1.048	0.998	0.952	0.914	0.775
累计采出（%）		0.000	8.293	18.180	31.797	47.045	64.144	80.464

①露点压力。

表 5-83 中古 5 气藏定容衰竭实验反凝析液量数据表（150.6℃）

压力（MPa）	45.72[①]	40.00	34.00	27.00	20.00	13.00	6.00	0.00
含液量（%）	0.00	0.46	1.89	3.69	4.59	4.70	4.64	4.41

①露点压力。

4）中古 43 气藏

（1）流体组分。

中古 43 气藏井流物组成见表 5-84。井流物组成摩尔分数：C_1+N_2 为 79.90%、$C_2—C_6+CO_2$ 为 13.89%、C_{7+} 为 6.21%，在三角相图上属于凝析气藏范围（图 5-29）。

表 5-84 中古 43 气藏井流物组成表

井段 (m)	组分	分离器液 摩尔分数 (%)	分离器气 摩尔分数 (%)	分离器气 含量 (g/m³)	井流物 摩尔分数 (%)	井流物 含量 (g/m³)
4980.08~5334.09	氮气	0.03	3.181		2.771	
	二氧化碳	0.53	2.88		2.574	
	甲烷	4.90	87.94		77.133	
	乙烷	2.34	4.347	54.34	4.085	51.071
	丙烷	5.94	0.982	18.002	1.628	29.838
	异丁烷	3.99	0.193	4.663	0.687	16.611
	正丁烷	10.88	0.3	7.249	1.676	40.502
	异戊烷	5.34	0.075	2.25	0.76	22.809
	正戊烷	8.21	0.065	1.95	1.125	33.741
	己烷	10.19	0.029	1.013	1.352	47.202
	庚烷	10.19	0.006	0.239	1.332	53.147
	辛烷	11.14			1.45	64.495
	壬烷	7.62			0.992	49.880
	癸烷	5.47			0.712	39.636
	十一烷	3.39			0.442	26.986
	十二烷	2.09			0.272	18.218
	十三烷	1.76			0.229	16.679
	十四烷	1.37			0.178	14.095
	十五烷	1.00			0.13	11.123
	十六烷	0.78			0.102	9.381
	十七烷	0.60			0.078	7.678
	十八烷	0.49			0.063	6.599
	十九烷	0.36			0.046	5.063
	二十烷	0.26			0.034	3.873
	二十一烷	0.23			0.029	3.552
	二十二烷	0.16			0.02	2.578
	二十三烷	0.13			0.017	2.240
	二十四烷	0.11			0.015	2.020
	二十五烷	0.10			0.014	1.944
	二十六烷	0.09			0.011	1.686
	二十七烷	0.07			0.009	1.405
	二十八烷	0.06			0.008	1.275
	二十九烷	0.04			0.006	0.944
	三十烷以上	0.14			0.018	3.380
	合计	100.00	100.00		100.00	

注：十一烷以上流体特性：密度 0.840/cm³，分子量 224；分离器气体相对密度 0.636；分离器气/分离器液 1003.0m³/m³；油罐气/油罐油 21m³/m³；分离器液/油罐油 1.0591m³/m³。

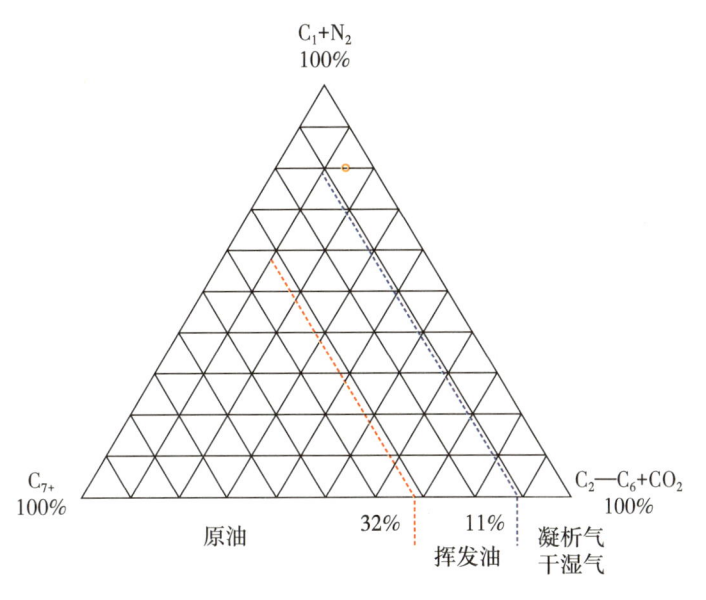

图 5-29 中古 43 气藏流体类型三角相图

（2）流体相态。

中古 43 气藏取得高压气体得出的流体相态特征如图 5-30 所示，流体临界参数见表 5-85。地层温度位于相图包络线右侧，距临界点较远，表现出凝析

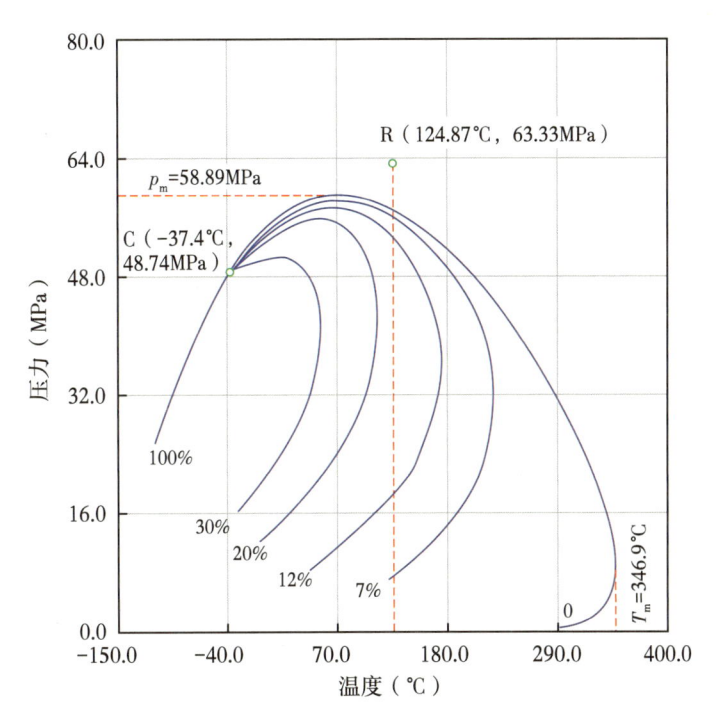

图 5-30 中古 43 气藏地层流体相态图

气藏相态特征。

表 5-85　中古 43 气藏相态数据表

井段（m）	层位	地层压力（MPa）	地层温度（℃）	临界压力（MPa）	临界温度（℃）	临界凝析压力（MPa）	临界凝析温度（℃）	油气藏类型
4980.08~5334.09	O	63.33	124.87	48.74	−37.4	58.89	346.9	凝析气

（3）恒质膨胀实验。

中古 43 气藏 4980.08~5334.09m 层段流体样品露点压力为 56.99MPa，地露压差为 6.34MPa。在地层温度 124.87℃、地层压力 63.33MPa 下，气体偏差系数为 1.544、体积系数为 $3.3542\times10^{-3}m^3/m^3$。流体恒质膨胀实验结果见表 5-86。

表 5-86　中古 43 气藏流体样品恒质膨胀实验结果

124.87℃ 压力（MPa）	相对体积 V_i/V_d	144.9℃ 压力（MPa）	含液量（%）	124.9℃ 压力（MPa）	含液量（%）	104.9℃ 压力（MPa）	含液量（%）
63.33①	0.9556	55.10②	0.00	56.99②	0.00	58.50②	0.00
56.99②	1.0000	53.00	0.20	53.00	0.78	55.00	1.24
53.00	1.0246	50.00	1.69	50.00	3.90	50.00	7.13
50.00	1.0470	45.00	9.44	45.00	11.33	45.00	13.84
45.00	1.0943	40.00	13.55	40.00	15.91	40.00	17.86
40.00	1.1587	35.00	15.75	35.00	18.71	35.00	20.22
35.00	1.2484	30.00	16.23	30.00	19.13	30.00	20.71
30.00	1.3777	25.00	15.16	25.00	17.75	25.00	19.28
25.00	1.5726	20.00	12.79	20.00	14.90	20.00	16.74
20.00	1.8861						

①地层压力。

②露点压力。

（4）定容衰竭实验。

中古 43 气藏 4980.08~5334.09m 层段流体样品的定容衰竭实验结果见表 5-87。随着压力的降低，烃类组分中甲烷和十一烷以上组分的摩尔分数有一定程度变化，非烃类组分二氧化碳和氮气的摩尔分数变化较小。甲烷摩尔分数从 77.14% 上升至 79.22%。十一烷以上组分摩尔分数从 1.72% 降至 0.36%。实验压力降至 24MPa 时，反凝析液量达到最高，其值为 24.89%（表 5-88）。

表5-87 中古43气藏定容衰竭实验井流物组成计算表（124.87℃）

压力（MPa）		56.99[①]	49.00	41.00	33.00	24.00	15.00	7.00
衰竭各级井流物摩尔分数（%）	氮气	2.77	2.80	2.83	2.81	2.82	2.85	2.89
	二氧化碳	2.57	2.56	2.58	2.60	2.62	2.62	2.62
	甲烷	77.14	77.61	78.07	78.65	79.03	79.22	78.87
	乙烷	4.09	4.08	4.10	4.12	4.15	4.18	4.22
	丙烷	1.63	1.61	1.59	1.57	1.61	1.63	1.67
	异丁烷	0.69	0.66	0.63	0.60	0.62	0.65	0.70
	正丁烷	1.68	1.65	1.62	1.59	1.61	1.64	1.69
	异戊烷	0.76	0.72	0.69	0.66	0.68	0.71	0.75
	正戊烷	1.12	1.09	1.06	1.03	1.05	1.08	1.11
	己烷	1.35	1.31	1.28	1.25	1.22	1.19	1.20
	庚烷	1.33	1.30	1.27	1.24	1.21	1.18	1.19
	辛烷	1.45	1.40	1.36	1.32	1.28	1.24	1.25
	壬烷	0.99	0.96	0.93	0.90	0.87	0.85	0.86
	癸烷	0.71	0.68	0.66	0.64	0.62	0.60	0.61
	十一烷以上	1.72	1.57	1.33	1.02	0.62	0.36	0.37
	合计	100.00	100.00	100.00	100.00	100.01	100.00	100.00
十一烷以上的特性	分子量	224	206	194	187	182	178	176
	相对密度	0.8400	0.8250	0.8150	0.8090	0.8040	0.8020	0.8000
气相偏差系数 Z		1.454	1.316	1.174	1.064	0.980	0.945	0.955
气液两相偏差系数			1.316	1.197	1.069	0.963	0.887	0.756
累计采出（%）		0.000	5.088	12.692	21.314	36.473	56.908	76.415

①露点压力。

表5-88 中古43气藏定容衰竭实验反凝析液量数据表（124.87℃）

压力（MPa）	56.99[①]	49.00	41.00	33.00	24.00	15.00	7.00	0.00
含液量（%）	0.00	5.64	16.18	22.99	24.89	24.76	23.65	21.86

①露点压力。

5）塔中86气藏

（1）流体组分。

塔中86气藏井流物组成见表5-89。井流物组成摩尔分数：C_1+N_2为90.49%、C_2—C_6+CO_2为7.23%、C_{7+}为2.29%，在三角相图上属于凝析气藏范围（图5-31）。

表 5-89 塔中 86 气藏井流物组成表

井段 (m)	组分	分离器液 摩尔分数 (%)	分离器气 摩尔分数 (%)	分离器气 含量 (g/m³)	井流物 摩尔分数 (%)	井流物 含量 (g/m³)
6438.00~6448.00	氮气	0.102	4.635		4.485	
	二氧化碳	0.500	2.563		2.495	
	甲烷	7.446	88.690		86.000	
	乙烷	1.609	2.684	33.551	2.648	33.106
	丙烷	1.796	0.604	11.072	0.643	11.796
	异丁烷	1.026	0.145	3.504	0.174	4.208
	正丁烷	3.357	0.295	7.128	0.396	9.577
	异戊烷	2.910	0.113	3.389	0.206	6.167
	正戊烷	4.346	0.116	3.479	0.256	7.679
	己烷	9.326	0.104	3.632	0.409	14.293
	庚烷	12.402	0.051	2.035	0.460	18.354
	辛烷	15.525			0.514	22.863
	壬烷	11.732			0.388	19.537
	癸烷	8.311			0.275	15.327
	十一烷	4.389			0.145	8.879
	十二烷	3.324			0.110	7.366
	十三烷	2.603			0.086	6.270
	十四烷	1.944			0.064	5.082
	十五烷	1.820			0.060	5.161
	十六烷	1.020			0.034	3.117
	十七烷	0.879			0.029	2.869
	十八烷	0.712			0.024	2.461
	十九烷	0.563			0.019	2.037
	二十烷	0.413			0.014	1.564
	二十一烷	0.343			0.011	1.374
	二十二烷	0.290			0.010	1.218
	二十三烷	0.255			0.008	1.116
	二十四烷	0.220			0.007	1.002
	二十五烷	0.185			0.006	0.877
	二十六烷	0.167			0.006	0.826
	二十七烷	0.123			0.004	0.634
	二十八烷	0.097			0.003	0.517
	二十九烷	0.079			0.003	0.438
	三十烷以上	0.185			0.006	1.144
	合计	100.00	100.00	67.791	100.00	216.859

注：十一烷以上流体特性：密度 0.8430g/cm³，分子量 230；分离器气体相对密度 0.631；分离器气/分离器液 4515m³/m³；油罐气/油罐油 20m³/m³；分离器液/油罐油 1.0733m³/m³；油罐油密度（20℃）0.7704g/cm³。

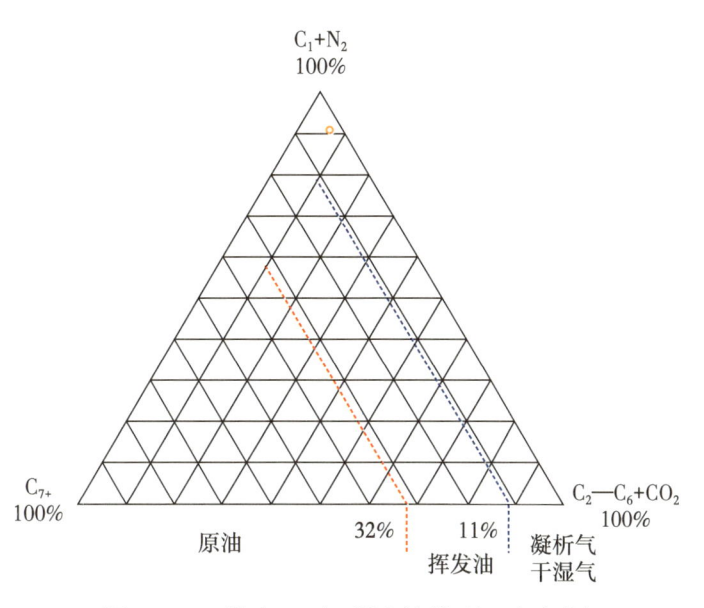

图 5-31 塔中 86 气藏流体类型三角相图

（2）流体相态。

塔中 86 气藏取得高压气体得出的流体相态特征如图 5-32 所示，流体临界参数见表 5-90。地层温度位于相图包络线右侧，距临界点较远，表现出凝析气藏相态特征。

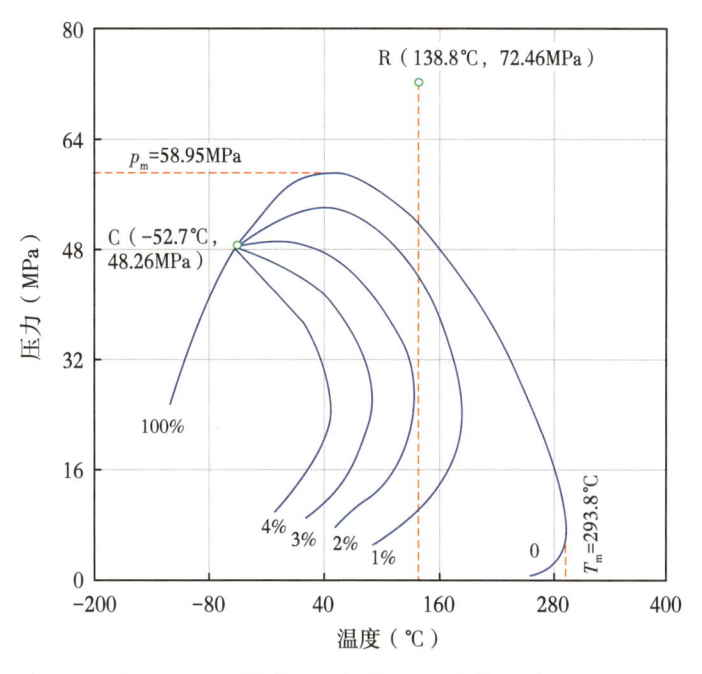

图 5-32 塔中 86 气藏地层流体相态图

表 5-90　塔中 86 气藏相态数据表

取样时间	层位	地层压力（MPa）	地层温度（℃）	临界压力（MPa）	临界温度（℃）	临界凝析压力（MPa）	临界凝析温度（℃）	油气藏类型
6438.00~6448.00	O	72.46	138.8	48.26	−52.7	58.95	293.8	凝析气

(3) 恒质膨胀实验。

塔中 86 气藏 6438.00~6448.00m 层段流体样品露点压力为 51.93MPa，地露压差为 20.53MPa。在地层温度 138.8℃、地层压力 72.46MPa 下，气体偏差系数为 1.451、体积系数为 $2.8503\times10^{-3}m^3/m^3$。流体恒质膨胀实验结果见表 5-91。

表 5-91　塔中 86 气藏流体样品恒质膨胀实验结果

138.8℃ 压力（MPa）	相对体积 V_i/V_d	98.8℃ 压力（MPa）	含液量（%）	118.8℃ 压力（MPa）	含液量（%）	138.8℃ 压力（MPa）	含液量（%）
72.46①	0.8563	56.53②	0.00	54.14②	0.00	51.93②	0.00
51.93②	1.0000	54.00	0.06	52.00	0.03	50.00	0.03
45.00	1.0869	50.00	0.29	50.00	0.13	45.00	0.15
40.00	1.1733	45.00	0.81	45.00	0.42	40.00	0.61
35.00	1.2898	40.00	1.41	40.00	0.97	35.00	1.15
30.00	1.4519	35.00	1.98	35.00	1.45	30.00	1.59
25.00	1.6880	30.00	2.45	30.00	1.93	25.00	1.77
20.00	2.0545	25.00	2.58	25.00	2.16	20.00	1.79
16.00	2.5250	20.00	2.58	20.00	2.10	16.00	1.67
16.00	2.26	16.00	1.91				

① 地层压力。

② 露点压力。

(4) 定容衰竭实验。

塔中 86 气藏 6438.00~6448.00m 层段流体样品定容衰竭实验结果见表 5-92。随着压力的降低，烃类组分中十一烷以上组分的摩尔分数有一定程度变化，十一烷以上组分摩尔分数从 0.65% 降至 0.16%，非烃类组分二氧化碳和氮气的摩尔分数变化较小，实验压力降至 14MPa 时，反凝析液量达到最高，其值为 3.00%（表 5-93）。

表 5-92 塔中 86 气藏定容衰竭实验井流物组成计算表（138.8℃）

压力（MPa）		51.93[①]	45.00	38.00	30.00	22.00	14.00	6.00
衰竭各级井流物摩尔分数（%）	氮气	4.48	4.51	4.53	4.52	4.54	4.56	4.59
	二氧化碳	2.49	2.48	2.50	2.52	2.52	2.52	2.52
	甲烷	86.00	86.42	86.68	86.89	87.04	87.02	86.68
	乙烷	2.65	2.63	2.65	2.67	2.69	2.71	2.74
	丙烷	0.64	0.62	0.60	0.58	0.61	0.64	0.68
	异丁烷	0.17	0.14	0.12	0.10	0.13	0.16	0.20
	正丁烷	0.40	0.37	0.35	0.33	0.36	0.39	0.44
	异戊烷	0.21	0.18	0.15	0.13	0.15	0.17	0.20
	正戊烷	0.26	0.23	0.20	0.17	0.14	0.19	0.23
	己烷	0.41	0.38	0.42	0.50	0.46	0.46	0.47
	庚烷	0.46	0.43	0.40	0.37	0.34	0.31	0.32
	辛烷	0.51	0.47	0.44	0.41	0.38	0.35	0.36
	壬烷	0.39	0.35	0.32	0.29	0.26	0.23	0.24
	癸烷	0.28	0.24	0.22	0.20	0.18	0.16	0.17
	十一烷以上	0.65	0.55	0.42	0.32	0.20	0.14	0.16
	合计	100.00	100.00	100.00	100.00	100.00	100.00	100.00
十一烷以上的特性	分子量	230	213	202	193	187	183	181
	相对密度	0.8430	0.8310	0.8220	0.8160	0.8130	0.8100	0.8090
气相偏差系数 Z		1.214	1.141	1.071	1.003	0.956	0.934	0.951
气液两相偏差系数			1.146	1.068	0.997	0.935	0.877	0.722
累计采出（%）		0.00	8.180	16.832	29.606	44.981	62.677	80.566

①露点压力。

表 5-93 塔中 86 气藏定容衰竭实验反凝析液量数据表（138.8℃）

压力（MPa）	51.93[①]	50.00	45.00	38.00	30.00	22.00	14.00	6.00	0.00
含液量（%）	0.00	0.03	0.23	0.80	1.90	2.69	3.00	2.88	2.65

①露点压力。

6）塔中 62 气藏

（1）流体组分。

塔中 62 气藏井流物组成见表 5-94。井流物组成摩尔分数：C_1+N_2 为 91.92%、C_2—C_6+CO_2 为 5.62%、C_{7+} 为 2.46%，在三角相图上属于凝析气藏范围（图 5-33）。

表 5-94 塔中 62 气藏井流物组成表

井段 （m）	组分	单脱油 摩尔分数 （%）	单脱气 摩尔分数 （%）	单脱气 含量 （g/m³）	井流物 摩尔分数 （%）	井流物 含量 （g/m³）
4773.53~4825.00	二氧化碳		1.61		1.57	
	氮气		3.59		3.50	
	甲烷	0.50	90.60		88.42	
	乙烷	0.05	2.27	28.376	2.21	27.626
	丙烷	0.07	0.74	13.565	0.72	13.199
	异丁烷	0.07	0.21	5.074	0.20	4.833
	正丁烷	0.12	0.36	8.699	0.35	8.457
	异戊烷	0.26	0.15	4.499	0.15	4.499
	正戊烷	0.17	0.17	5.099	0.17	5.099
	己烷	2.03	0.20	6.984	0.25	8.730
	庚烷	5.99	0.07	2.794	0.21	8.381
	辛烷	12.05	0.03	1.334	0.33	14.679
	壬烷	11.89			0.29	14.587
	癸烷	11.10			0.27	15.041
	十一烷以上	55.70			1.36	120.424
	合计	100.00	100.00	76.424	100.00	245.555

注：十一烷以上流体特性：相对密度 0.839，分子量 213；分离器气体相对密度 0.617；分离器气/分离器液 3409.8m³/m³；油罐气/油罐油 12.0m³/m³；分离器液/油罐油 0.9987m³/m³；油罐油密度（20℃）0.7896g/cm³。

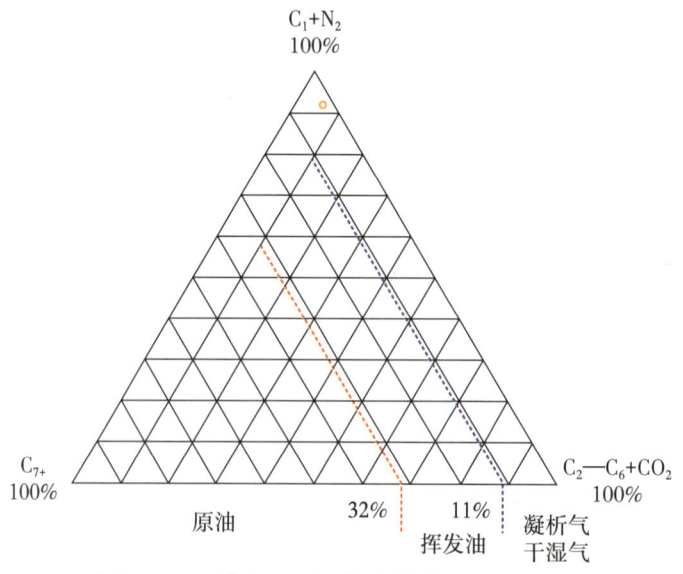

图 5-33 塔中 62 气藏流体类型三角相图

（2）流体相态。

塔中62气藏取得高压气体得出的流体相态特征如图5-34所示，流体临界参数见表5-95。地层温度位于相图包络线右侧，距临界点较远，表现出凝析气藏相态特征。

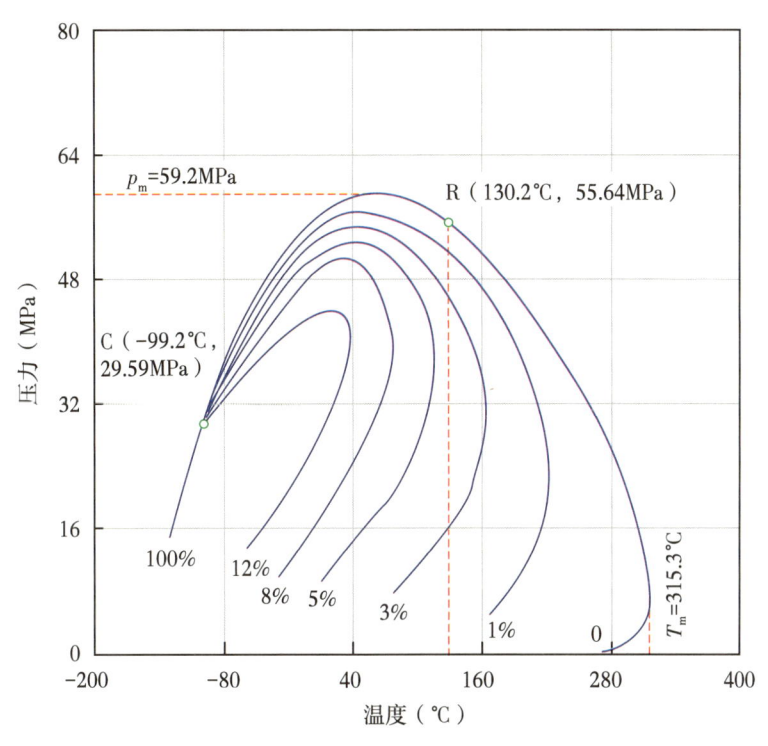

图5-34 塔中62气藏地层流体相态图

表5-95 塔中62气藏相态数据表

取样时间	层位	地层压力（MPa）	地层温度（℃）	临界压力（MPa）	临界温度（℃）	临界凝析压力（MPa）	临界凝析温度（℃）	油气藏类型
2005年8月18日	O	55.64	130.2	29.59	-99.2	59.20	315.3	凝析气

（3）恒质膨胀实验。

塔中62气藏4773.53~4825.00m层段流体样品露点压力为55.64MPa，地露压差为0.0MPa。在地层温度130.2℃、地层压力55.64MPa下，气体偏差系数为1.275、体积系数为$3.1947 \times 10^{-3} m^3/m^3$。流体恒质膨胀实验结果见表5-96。

表 5-96　塔中 62 气藏流体样品恒质膨胀实验结果

130.2℃		90.2℃		110.2℃		130.2℃	
压力（MPa）	相对体积 V_i/V_d	压力（MPa）	含液量（%）	压力（MPa）	含液量（%）	压力（MPa）	含液量（%）
55.64①	1.0000	58.86①	0.00	57.09①	0.00	55.64①	0.00
50.00	1.0613	55.00	0.52	55.00	0.28	50.00	0.78
45.00	1.1325	50.00	1.75	50.00	1.33	45.00	1.84
40.00	1.2260	45.00	3.05	45.00	2.54	40.00	2.98
35.00	1.3519	40.00	4.42	40.00	3.67	35.00	3.78
30.00	1.5272	35.00	5.43	35.00	4.62	30.00	4.08
25.00	1.7822	30.00	5.87	30.00	4.92	25.00	3.91
20.00	2.1782	25.00	5.59	25.00	4.72	20.00	3.46
20.00	4.97	20.00	4.19				

①露点压力。

（4）定容衰竭实验。

塔中 62 气藏 4773.53~4825.00m 层段流体样品定容衰竭实验结果见表 5-97。随着压力的降低，烃类组分中十一烷以上组分的摩尔分数有一定程度变化，非烃类组分二氧化碳和氮气的摩尔分数变化较小，十一烷以上组分摩尔分数从 1.36%降至 0.12%。实验压力降至 8MPa 时，反凝析液量达到最高，其值为 8.34%（表 5-98）。

表 5-97　塔中 62 气藏定容衰竭实验井流物组成表（130.2℃）

	压力（MPa）	55.64①	48.00	40.00	32.00	24.00	16.00	8.00
衰竭各级井流物摩尔分数（%）	二氧化碳	1.57	1.60	1.65	1.78	1.92	1.84	1.80
	氮气	3.50	3.63	3.78	3.85	3.92	3.90	3.89
	甲烷	88.42	88.88	89.16	89.44	89.59	89.91	89.97
	乙烷	2.21	2.19	2.17	2.18	2.20	2.23	2.28
	丙烷	0.72	0.69	0.66	0.62	0.62	0.69	0.73
	异丁烷	0.20	0.20	0.20	0.19	0.19	0.20	0.21
	正丁烷	0.35	0.34	0.33	0.32	0.32	0.33	0.34
	异戊烷	0.15	0.14	0.13	0.11	0.09	0.08	0.09
	正戊烷	0.17	0.17	0.14	0.11	0.10	0.10	0.10

续表

		压力（MPa）	55.64①	48.00	40.00	32.00	24.00	16.00	8.00
衰竭各级井流物摩尔分数（%）	己烷		0.25	0.22	0.19	0.16	0.15	0.13	0.14
	庚烷		0.21	0.18	0.15	0.12	0.10	0.10	0.09
	辛烷		0.33	0.30	0.27	0.22	0.15	0.10	0.07
	壬烷		0.29	0.25	0.21	0.18	0.15	0.11	0.09
	癸烷		0.27	0.23	0.20	0.17	0.14	0.10	0.08
	十一烷以上		1.36	0.98	0.76	0.55	0.36	0.18	0.12
	合计		100.00	100.00	100.00	100.00	100.00	100.00	100.00
十一烷以上的特性	分子量		213	204	196	187	180	173	168
	相对密度		0.839	0.831	0.823	0.816	0.810	0.805	0.802
气相偏差系数 Z			1.275	1.170	1.077	1.005	0.957	0.935	0.946
气液两相偏差系数				1.191	1.108	1.032	0.974	0.937	0.922
累计采出（%）			0.00	7.662	17.258	28.955	43.503	60.841	80.121

①露点压力。

表5-98　塔中62气藏定容衰竭实验反凝析液量数据表（130.2℃）

压力（MPa）	55.64①	48.00	40.00	32.00	24.00	16.00	8.00	0.00
含液量（%）	0.00	1.38	3.10	4.87	6.55	7.93	8.34	7.79

①露点压力。

7）塔中82气藏

（1）流体组分。

塔中82气藏井流物组成见表5-99。井流物组成摩尔分数：C_1+N_2为83.09%、C_2—C_6+CO_2为10.28%、C_{7+}为6.63%，在三角相图上属于凝析气藏范围（图5-35）。

表5-99　塔中82气藏井流物组成表

井段（m）	组分	分离器液 摩尔分数（%）	分离器气 摩尔分数（%）	分离器气 含量（g/m³）	井流物 摩尔分数（%）	井流物 含量（g/m³）
5430.00~5487.00	二氧化碳	0.28	1.77		1.62	
	氮气	0.23	6.61		5.95	
	甲烷	6.27	85.27		77.14	
	乙烷	1.59	3.22	40.277	3.05	38.150

续表

井段 （m）	组分	分离器液 摩尔分数 （%）	分离器气 摩尔分数 （%）	分离器气 含量 （g/m³）	井流物 摩尔分数 （%）	井流物 含量 （g/m³）
5430.00~5487.00	丙烷	2.70	1.48	27.150	1.61	29.535
	异丁烷	1.90	0.39	9.429	0.55	13.297
	正丁烷	4.35	0.62	14.989	1.00	24.176
	异戊烷	3.92	0.20	6.002	0.58	17.407
	正戊烷	4.80	0.20	6.002	0.67	20.108
	己烷	10.30	0.15	5.241	1.20	41.930
	庚烷	12.42	0.07	2.795	1.34	53.511
	辛烷	14.72	0.02	0.890	1.53	68.099
	壬烷	10.31			1.06	53.353
	癸烷	8.08			0.83	46.265
	十一烷以上	18.14			1.87	158.686
	合计	100.00	100.00	112.775	100.00	564.517

注：十一烷以上流体特性：密度 0.828g/cm³，分子量 204；分离器气体相对密度 0.657；分离器气/分离器液 1418.5m³/m³；油罐气/油罐油 19m³/m³；分离器液/油罐油 1.0533m³/m³；油罐油密度（20℃）0.7739g/cm³。

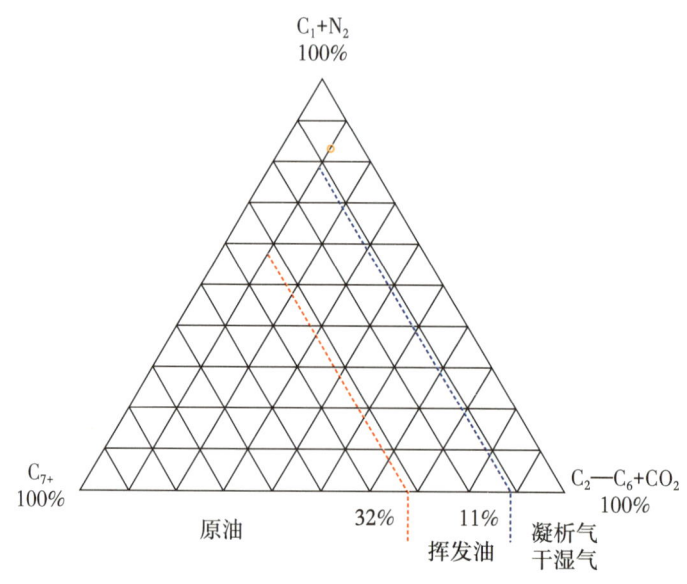

图 5-35　塔中 82 气藏流体类型三角相图

(2) 流体相态。

塔中 82 气藏的流体相态特征如图 5-36 所示，流体临界参数见表 5-100。地层温度位于相图包络线右侧，距临界点较远，表现出凝析气藏相态特征。

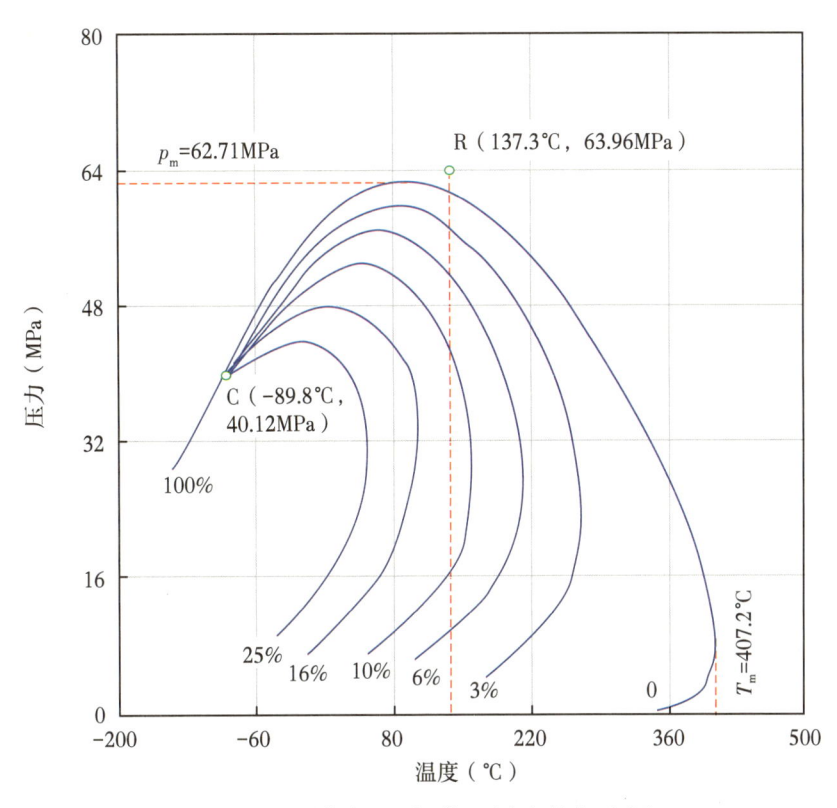

图 5-36 塔中 82 气藏地层流体相态图

表 5-100 塔中 82 气藏相态数据表

取样时间	层位	地层压力 （MPa）	地层温度 （℃）	临界压力 （MPa）	临界温度 （℃）	临界凝析压力 （MPa）	临界凝析温度 （℃）	油气藏 类型
5430.00~5487.00	O	63.96	137.3	40.12	−89.8	62.71	407.2	凝析气

(3) 恒质膨胀实验。

塔中 82 气藏 5430.00~5487.00m 层段流体样品露点压力为 61.43MPa，地露压差为 2.53MPa。在地层温度 137.3℃、地层压力 63.96MPa 下，气体偏差系数为 1.410、体积系数为 $3.1266 \times 10^{-3} m^3/m^3$。流体恒质膨胀实验结果见表 5-101。

表 5-101 塔中 82 气藏流体样品恒质膨胀实验结果

137.3℃		97.3℃		117.3℃		137.3℃	
压力（MPa）	相对体积 V_t/V_d	压力（MPa）	含液量（%）	压力（MPa）	含液量（%）	压力（MPa）	含液量（%）
63.96①	0.9846	63.47②	0.00	62.51②	0.00	61.43②	0.00
61.43②	1.0000	60.00	0.46	59.00	0.34	58.00	0.18
58.00	1.0239	55.00	2.44	55.00	1.49	55.00	0.69
55.00	1.0483	50.00	6.56	50.00	4.60	50.00	2.96
50.00	1.0979	45.00	11.04	45.00	9.21	45.00	6.99
45.00	1.1622	40.00	13.41	40.00	11.83	40.00	10.28
40.00	1.2473	35.00	14.76	35.00	13.38	35.00	11.94
35.00	1.3627	30.00	14.93	30.00	13.62	30.00	12.34
30.00	1.5245	25.00	14.64	25.00	13.10	25.00	11.79
25.00	1.7617	20.00	12.54	20.00	11.12	20.00	9.88
20.00	2.1329						

①地层压力。
②露点压力。

（4）定容衰竭实验。

塔中 82 气藏 5430.00～5487.00m 层段流体样品定容衰竭实验结果见表 5-102。随着压力的降低，烃类组分中甲烷和十一烷以上组分的摩尔分数有一定程度变化，非烃类组分二氧化碳和氮气的摩尔分数变化较小，甲烷摩尔分数从 77.14% 上升至 83.40%，十一烷以上组分摩尔分数从 1.87% 降至 0.12%。实验压力降至 14MPa 时，反凝析液量达到最高，其值为 17.04%（表 5-103）。

表 5-102 塔中 82 气藏定容衰竭实验井流物组成表（137.3℃）

	压力（MPa）	61.43	53.00	45.00	37.00	29.00	21.00	14.00	7.00
衰竭各级井流物摩尔分数（%）	二氧化碳	1.62	1.64	1.65	1.65	1.66	1.67	1.69	1.75
	氮气	5.95	6.15	6.29	6.40	6.58	6.62	6.57	6.43
	甲烷	77.14	78.47	79.66	80.65	81.60	82.54	83.21	83.40
	乙烷	3.05	3.08	3.07	3.09	3.10	3.12	3.18	3.28
	丙烷	1.61	1.59	1.56	1.54	1.51	1.52	1.51	1.61
	异丁烷	0.55	0.48	0.46	0.46	0.45	0.46	0.45	0.47
	正丁烷	1.00	0.91	0.84	0.80	0.76	0.77	0.77	0.82

续表

	压力（MPa）	61.43	53.00	45.00	37.00	29.00	21.00	14.00	7.00
衰竭各级井流物摩尔分数（%）	异戊烷	0.58	0.49	0.41	0.38	0.35	0.34	0.33	0.35
	正戊烷	0.67	0.59	0.51	0.44	0.38	0.36	0.37	0.40
	己烷	1.20	0.98	0.75	0.70	0.61	0.56	0.48	0.50
	庚烷	1.34	1.11	0.90	0.80	0.61	0.49	0.36	0.36
	辛烷	1.53	1.33	1.09	0.91	0.78	0.53	0.33	0.24
	壬烷	1.06	0.94	0.84	0.72	0.60	0.42	0.27	0.17
	癸烷	0.83	0.72	0.64	0.55	0.41	0.29	0.23	0.10
	十一烷以上	1.87	1.52	1.33	0.91	0.60	0.31	0.25	0.12
	合计	100.00	100.00	100.00	100.00	100.00	100.00	100.00	100.00
十一烷以上的特性	分子量	204	196	188	180	173	167	163	160
	相对密度	0.828	0.823	0.818	0.813	0.808	0.803	0.800	0.798
气相偏差系数 Z		1.375	1.251	1.143	1.048	0.974	0.927	0.910	0.933
气液两相偏差系数			1.257	1.156	1.073	1.007	0.951	0.919	0.888
累计采出（%）		0.00	5.665	12.921	22.861	35.537	50.582	65.916	82.360

表 5-103 塔中 82 气藏定容衰竭实验反凝析液量数据表（137.3℃）

压力（MPa）	61.43[①]	53.00	45.00	37.00	29.00	21.00	14.00	7.00	0.00
含液量（%）	0.00	1.42	7.40	13.23	16.30	16.94	17.04	15.37	13.46

①露点压力。

8）塔中 83 气藏

（1）流体组分。

塔中 83 气藏井流物组成见表 5-104。井流物组成摩尔分数：C_1+N_2 为 90.88%、$C_2—C_6+CO_2$ 为 8.61%、C_{7+} 为 0.51%，在三角相图上属于凝析气藏范围（图 5-37）。

表 5-104　塔中 83 气藏井流物组成表

井段（m）	组分	分离器液摩尔分数（%）	分离器气摩尔分数（%）	分离器气含量（g/m³）	井流物摩尔分数（%）	井流物含量（g/m³）
5666.10~5684.70	二氧化碳	1.07	7.74		7.702	
	氮气	0.11	0.88		0.876	
	甲烷	8.16	90.47		89.995	
	乙烷	0.30	0.62	7.755	0.618	7.732
	丙烷	0.18	0.09	1.651	0.091	1.661
	异丁烷	0.16	0.03	0.725	0.031	0.744
	正丁烷	0.41	0.05	1.209	0.052	1.260
	异戊烷	0.55	0.03	0.900	0.033	0.991
	正戊烷	0.84	0.03	0.900	0.035	1.041
	己烷	3.17	0.04	1.398	0.058	2.029
	庚烷	6.60	0.02	0.799	0.058	2.314
	辛烷	10.99			0.063	2.821
	壬烷	11.23			0.065	3.260
	癸烷	9.69			0.056	3.117
	十一烷	7.48			0.043	2.639
	十二烷	6.60			0.038	2.551
	十三烷	5.31			0.031	2.229
	十四烷	4.22			0.024	1.925
	十五烷	3.77			0.022	1.865
	十六烷	2.71			0.016	1.445
	十七烷	2.32			0.013	1.318
	十八烷	2.05			0.012	1.234
	十九烷	1.75			0.010	1.105
	二十烷	1.38			0.008	0.913
	二十一烷	1.07			0.006	0.746
	二十二烷	0.91			0.005	0.664
	二十三烷	0.77			0.004	0.589
	二十四烷	0.62			0.004	0.492
	二十五烷	0.47			0.003	0.387
	二十六烷	0.36			0.002	0.310
	二十七烷	0.29			0.002	0.258
	二十八烷	0.24			0.001	0.226
	二十九烷	0.22			0.001	0.217
	三十烷以上	3.98			0.023	4.297
	合计	100.00	100.00	15.34	100.00	52.378

注：十一烷以上流体特性：相对密度 0.8320，分子量 225；分离器气体相对密度 0.640；分离器气/分离器液 21213.3m³/m³；油罐气/油罐油 13m³/m³；分离器液/油罐油 1.0376m³/m³；油罐油密度（20℃）0.8124g/cm³。

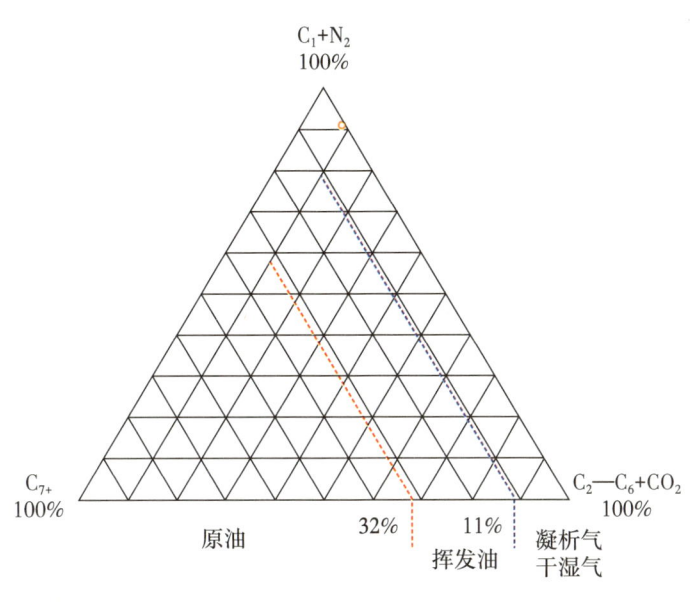

图 5-37 塔中 83 气藏流体类型三角相图

（2）流体相态。

塔中 83 气藏的流体相态特征如图 5-38 所示，流体临界参数见表 5-105。地层温度位于相图包络线右侧，距临界点较远，表现出凝析气藏相态特征。

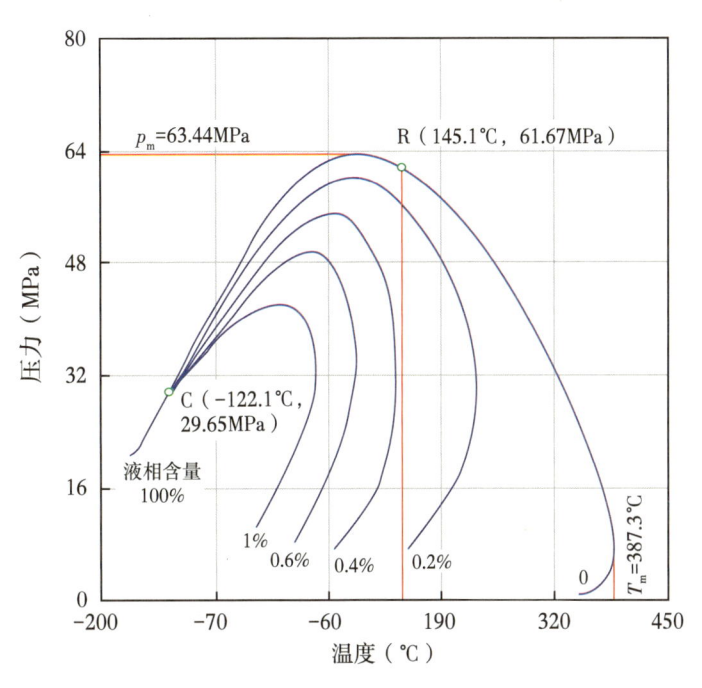

图 5-38 塔中 83 气藏地层流体相态图

表 5-105　塔中 83 气藏相态数据表

取样时间	层位	地层压力（MPa）	地层温度（℃）	临界压力（MPa）	临界温度（℃）	临界凝析压力（MPa）	临界凝析温度（℃）	油气藏类型
2006年9月8日	O	61.67	145.1	29.65	-122.1	63.44	387.3	凝析气

（3）恒质膨胀实验。

塔中 83 气藏 5666.10~5684.70m 层段流体样品露点压力为 61.67MPa，地露压差为 0.00MPa。在地层温度 145.1℃、地层压力 61.67MPa 下，气体偏差系数为 1.302、体积系数为 $3.0521\times10^{-3}m^3/m^3$。流体恒质膨胀实验结果见表 5-106。

表 5-106　塔中 83 气藏流体样品恒质膨胀实验结果

压力（MPa）	相对体积 V_i/V_d	105.1℃ 压力（MPa）	105.1℃ 含液量（%）	125.1℃ 压力（MPa）	125.1℃ 含液量（%）	145.1℃ 压力（MPa）	145.1℃ 含液量（%）
61.67①	1.0000	63.92①	0.00	63.05①	0.00	61.67①	0.00
58.00	1.0346	60.00	0.07	60.00	0.04	58.00	0.04
55.00	1.0672	55.00	0.14	55.00	0.11	55.00	0.07
50.00	1.1323	50.00	0.21	50.00	0.16	50.00	0.12
45.00	1.2150	45.00	0.29	45.00	0.24	45.00	0.18
40.00	1.3220	40.00	0.34	40.00	0.29	40.00	0.25
35.00	1.4642	35.00	0.39	35.00	0.35	35.00	0.31
30.00	1.6596	30.00	0.42	30.00	0.38	30.00	0.35
25.00	1.9405	25.00	0.44	25.00	0.40	25.00	0.37
20.00	0.43	20.00	0.39	20.00	0.35		

①露点压力。

（4）定容衰竭实验。

塔中 83 气藏 5666.10~5684.70m 层段流体样品定容衰竭实验结果见表 5-107。随着压力的降低，烃类组分中十一烷以上组分的摩尔分数有一定程度变化，从 0.27% 降至 0.09%，非烃类组分二氧化碳和氮气的摩尔分数变化较小，实验压力降至 9MPa 时，反凝析液量达到最高，其值为 0.88%（表 5-108）。

表 5-107 塔中 83 气藏定容衰竭实验井流物组成计算表（145.1℃）

	压力（MPa）	61.67[①]	51.00	42.00	33.00	25.00	17.00	9.00
衰竭各级井流物摩尔分数（%）	二氧化碳	7.70	7.65	7.58	7.43	7.40	7.40	7.40
	氮气	0.88	0.92	0.98	1.10	1.18	1.25	1.29
	甲烷	90.00	90.11	90.16	90.19	90.17	90.16	90.15
	乙烷	0.62	0.62	0.62	0.62	0.62	0.62	0.63
	丙烷	0.09	0.09	0.10	0.10	0.11	0.11	0.12
	异丁烷	0.03	0.03	0.03	0.04	0.04	0.04	0.04
	正丁烷	0.05	0.05	0.05	0.05	0.05	0.06	0.06
	异戊烷	0.03	0.03	0.03	0.03	0.03	0.04	0.03
	正戊烷	0.03	0.03	0.03	0.03	0.04	0.04	0.04
	己烷	0.06	0.06	0.05	0.07	0.07	0.06	0.07
	庚烷	0.06	0.04	0.04	0.04	0.04	0.04	0.04
	辛烷	0.06	0.05	0.04	0.03	0.02	0.01	0.01
	壬烷	0.06	0.05	0.05	0.05	0.02	0.01	0.01
	癸烷	0.06	0.05	0.05	0.04	0.04	0.02	0.02
	十一烷以上	0.27	0.22	0.19	0.17	0.15	0.13	0.09
	合计	100.00	100.00	100.00	100.00	100.00	100.00	100.00
十一烷以上的特性	分子量	225	217	211	206	202	199	196
	相对密度	0.832	0.830	0.828	0.826	0.825	0.824	0.823
气相偏差系数 Z		1.302	1.191	1.101	1.021	0.970	0.947	0.958
气液两相偏差系数			1.194	1.115	1.044	0.994	0.959	0.940
累计采出（%）		0.000	9.822	20.469	33.280	46.893	62.577	79.790

①露点压力。

表 5-108 塔中 83 气藏定容衰竭实验反凝析液量数据表（145.1℃）

压力（MPa）	61.67[①]	51.00	42.00	33.00	25.00	17.00	9.00	0.00
含液量（%）	0.00	0.15	0.28	0.43	0.60	0.78	0.88	0.81

①露点压力。

五、塔中 6 气田

塔中 6 气田位于新疆维吾尔自治区末县境内。构造位于塔里木盆地中央隆起东端塔中 6 号构造上。塔中 6 构造石炭系圈闭向西北倾没，向南上倾超覆，构造轴线为北西—南展布，圈闭内有三个局部高点。主产层为石炭系东河砂岩，为孔隙型砂砾岩储层，岩性以砂砾岩互层为主，储层类型为低孔隙度、低渗透率—低孔隙度、中渗透率储层。纵向上分为均质段和非均质段，均质段物性好于非均质段。非均质段砾岩较厚，泥质夹层较多，平均孔隙度6.9%，平均渗透率23mD。均质段平均孔隙度9.2%，平均渗透率32mD。储层中部埋深3721.44m，原始地层压力43.49MPa，压力系数1.20，原始地层温度115℃，地温梯度2.54℃/100m，属正常温度、压力系统。塔中6气藏为底水块状未饱和凝析气藏。凝析油平均密度0.7959g/cm³，黏度平均0.59mPa·s，凝固点-28~-22℃。天然气相对密度0.6172~0.7249，平均0.6631，甲烷含量平均81.4%，CO_2含量平均2.09%，N_2含量平均10.2%。地层水密度平均1.080g/cm³；矿化度平均117647mg/L，氯离子含量平均70914.10mg/L，水型为$CaCl_2$。2007年4月，塔中6气田投入开发。

1. 原始流体取样与质量评价

按照凝析气藏流体取样合格性评价原则，筛选出代表性比较好的凝析气样品一个，TZ103井C_{III}层3718.00~3723.00m井段的样品。合格流体样品的取样条件及气井特征见表5-109。

表5-109　塔中6气田流体样品取样条件与气井特征统计表

井号		TZ103井
取样条件	取样时间	1997年11月10日
	生产油嘴（mm）	6.00
	油压（MPa）	30.69
	一级分离器压力（MPa）	2.83
	一级分离器温度（℃）	17.00
	取样方式	地面分离器
气井特征	取样井段（m）	3718.00~3723.00
	层位	C_{III}
	原始地层压力（MPa）	43.36
	原始地层温度（℃）	115.00
	取样时地层压力（MPa）	43.36
	取样时地层温度（℃）	115.00
	产气量（m³/d）	168249.00
	产油量（m³/d）	18.27
	生产气油比（m³/m³）	9209
	油罐油相对密度	0.8017

2. 流体相态实验（塔中 6 气藏）

（1）流体组分。

塔中 6 气藏井流物组成见表 5-110。井流物组成摩尔分数：C_1+N_2 为 92.36%、C_2—C_6+CO_2 为 6.31%、C_{7+} 为 1.33%，在三角相图上属于凝析气藏范围（图 5-39）。

表 5-110　塔中 6 气藏井流物组成表

井段 （m）	组分	分离器液 摩尔分数 （%）	分离器气 摩尔分数 （%）	分离器气 含量 （g/m³）	井流物 摩尔分数 （%）	井流物 含量 （g/m³）
3718.00~3723.00	二氧化碳	0.02	1.11		1.09	
	氮气	0.52	8.45		8.32	
	甲烷	2.84	85.34		84.04	
	乙烷	2.92	2.22	27.768	2.23	27.894
	丙烷	2.74	1.46	26.783	1.48	27.150
	异丁烷	1.05	0.33	7.978	0.34	8.220
	正丁烷	2.97	0.51	12.330	0.55	13.297
	异戊烷	1.96	0.12	3.601	0.15	4.502
	正戊烷	3.11	0.15	4.502	0.2	6.002
	己烷	8.03	0.15	5.241	0.27	9.434
	庚烷	10.85	0.13	5.191	0.3	11.980
	辛烷	15.09	0.03	1.335	0.27	12.017
	壬烷	15.33			0.24	12.080
	癸烷	8.64			0.14	7.804
	十一烷以上	23.94			0.38	27.820
	合计	100.01	100.00		100.00	

注：十一烷以上流体特性：相对密度 0.830，分子量 176；分离器气体相对密度 0.650；分离器气/分离器液 9221.5m³/m³；油罐气/油罐油 18m³/m³；分离器液/油罐油 1.0468m³/m³；油罐油密度（20℃）0.7976g/cm³。

（2）流体相态。

塔中 6 气藏的流体相态特征如图 5-40 所示，流体临界参数见表 5-111。地层温度位于相图包络线右侧，距临界点较远，表现出凝析气藏相态特征。

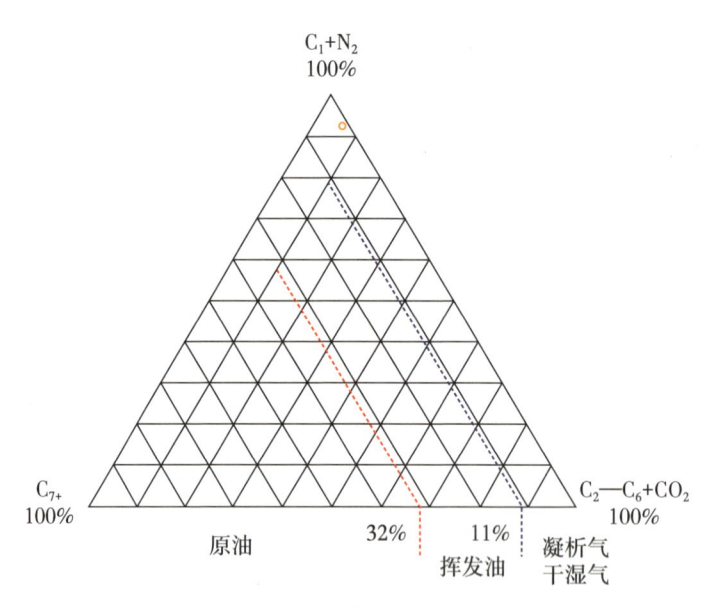

图 5-39　塔中 6 气藏流体类型三角相图

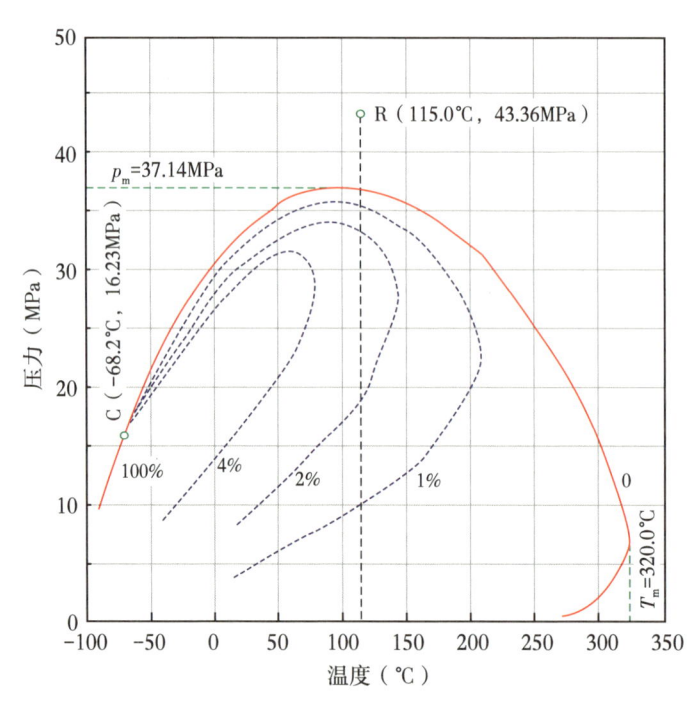

图 5-40　塔中 6 气藏地层流体相态图

表 5-111 塔中 6 气藏相态数据表

井段（m）	层位	地层压力（MPa）	地层温度（℃）	临界压力（MPa）	临界温度（℃）	临界凝析压力（MPa）	临界凝析温度（℃）	油气藏类型
3718.00~3723.00	$C_{Ⅲ}$	43.36	115.00	16.23	−68.20	37.14	320.00	凝析气

（3）恒质膨胀实验。

塔中 6 气藏 3718.00~3723.00m 层段流体样品露点压力为 37.07MPa，地露压差为 6.29MPa。在地层温度 115.0℃、地层压力 43.36MPa 下，气体偏差系数为 1.143、体积系数为 $3.536×10^{-3} m^3/m^3$。流体恒质膨胀实验结果见表 5-112。

表 5-112 塔中 6 气藏流体样品恒质膨胀实验结果

115.0℃		115.0℃		95.0℃		75.0℃	
压力（MPa）	相对体积 V_t/V_d	压力（MPa）	含液量（%）	压力（MPa）	含液量（%）	压力（MPa）	含液量（%）
43.36①	0.8981	37.07②	0.00	37.82②	0.00	36.51②	0.00
40.00	0.9476	34.00	0.01	34.00	0.15	34.00	0.18
37.07②	1.0000	31.00	0.02	31.00	0.26	31.00	0.42
34.00	1.0655	28.00	0.31	28.00	0.43	28.00	0.56
30.00	1.1758	25.00	0.41	25.00	0.57	25.00	0.69
25.00	1.3731	22.00	0.48	22.00	0.64	22.00	0.77
20.00	1.6843	19.00	0.52	19.00	0.65	19.00	0.78
15.00	2.2257	16.00	0.50	16.00	0.61	16.00	0.72
		14.00	0.43	13.00	0.54	13.00	0.63

①地层压力。
②露点压力。

（4）定容衰竭实验。

塔中 6 气藏 3718.00~3723.00m 层段流体样品的定容衰竭实验结果见表 5-113。随着压力的降低，烃类组分中甲烷和十一烷以上组分的摩尔分数有一定程度变化，非烃类组分二氧化碳和氮气的摩尔分数变化较小。实验压力降至 7MPa 时，反凝析液量达到最高，其值为 1.12%（表 5-114）。

表 5-113 塔中 6 气藏定容衰竭实验井流物组成计算表（115.00℃）

	压力（MPa）	37.07[①]	32.00	27.00	22.00	17.00	12.00	7.00
衰竭各级井流物摩尔分数（%）	二氧化碳	1.09	1.03	0.97	0.94	0.96	0.97	1.03
	氮气	8.32	8.90	8.54	8.56	8.52	8.45	8.44
	甲烷	84.04	84.46	85.27	85.32	85.52	85.56	85.25
	乙烷	2.23	2.22	2.22	2.23	2.25	2.26	2.27
	丙烷	1.48	1.34	1.25	1.27	1.28	1.33	1.39
	异丁烷	0.34	0.30	0.29	0.29	0.29	0.29	0.30
	正丁烷	0.55	0.47	0.40	0.38	0.35	0.45	0.50
	异戊烷	0.15	0.14	0.13	0.12	0.11	0.11	0.11
	正戊烷	0.20	0.18	0.17	0.14	0.14	0.14	0.15
	己烷	0.27	0.22	0.20	0.18	0.17	0.16	0.16
	庚烷	0.30	0.19	0.14	0.13	0.12	0.11	0.12
	辛烷	0.27	0.13	0.11	0.10	0.08	0.05	0.07
	壬烷	0.24	0.14	0.12	0.11	0.07	0.04	0.07
	癸烷	0.14	0.10	0.09	0.08	0.05	0.03	0.04
	十一烷以上	0.38	0.18	0.10	0.15	0.09	0.05	0.10
	合计	100.00	100.00	100.00	100.00	100.00	100.00	100.00
庚烷以上的特性	分子量	176	171	168	166	164	163	162
	相对密度	0.8300	0.8230	0.8180	0.8150	0.8130	0.8110	0.8100
气相偏差系数 Z		1.088	1.049	1.013	0.980	0.951	0.942	0.951
气液两相偏差系数			1.039	1.003	0.976	0.958	0.961	0.981
累计采出（%）			9.662	20.983	33.869	47.914	63.370	79.055

①露点压力。

表 5-114 塔中 6 气藏定容衰竭实验反凝析液量数据表（115.00℃）

压力（MPa）	37.07[①]	32.00	27.00	22.00	17.00	12.00	7.00	0.10
含液量（%）	0.00	0.07	0.35	0.62	0.91	1.07	1.12	0.98

①露点压力。

第二节 中央隆起油气藏流体相态规律

与塔里木盆地塔北隆起类似，中央隆起既分布有油藏，也有凝析气藏。因此，本节分油藏和凝析气藏两部分总结流体相态规律。

一、油藏流体性质与高压物性特征

1. 油藏流体性质

由图 5-41 可以看出，中央隆起油藏流体各组分变化趋势基本一致，和气藏流体相比，甲烷组分含量明显偏低，十一烷以上组分含量明显偏高。地层原油密度介于 0.629~0.816g/cm³ 之间，平均为 0.729g/cm³，地层温度位于临界温度左侧，远离临界点，表现出典型的油藏流体特征。单次脱气实验显示，油藏原油体积系数为 1.065~1.850，收缩率 6.05%~45.93%，黏度 0.37~4.19mPa·s，普遍具有低黏度、脱气后收缩性小、不易膨胀的性质。同时，中央隆起油藏两相区大部分位于零度以上，地层温度点远离临界点（图 5-42），油藏特征明显。

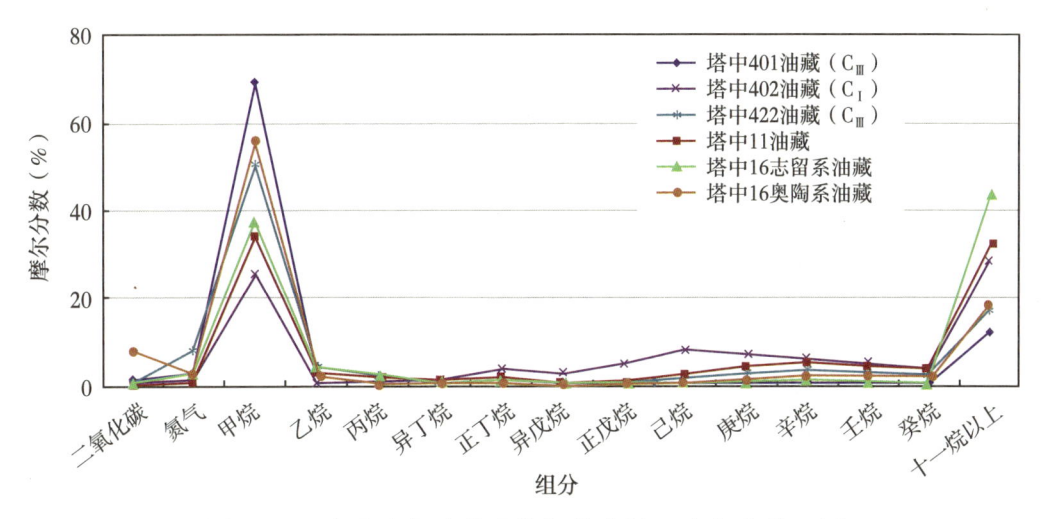

图 5-41　中央隆起油藏流体组分含量（摩尔分数）图

2. 油藏流体高压物性

1) 地层原油的溶解气油比

如图 5-43 所示，多次脱气实验显示在低于饱和压力的前提下，随着压力的增加，溶解气油比越来越大，即单位体积的地面原油溶解的天然气量越来越大。其中 TZ401 井、TZ422 井和 ZG541H 井为挥发性油藏，饱和压力下原油溶解气油比大于 179m³/m³，其余普通油藏气油比通常小于 80m³/m³。原油中溶解的气越多，地层天然能量越充足，越利于油藏早期的开发。

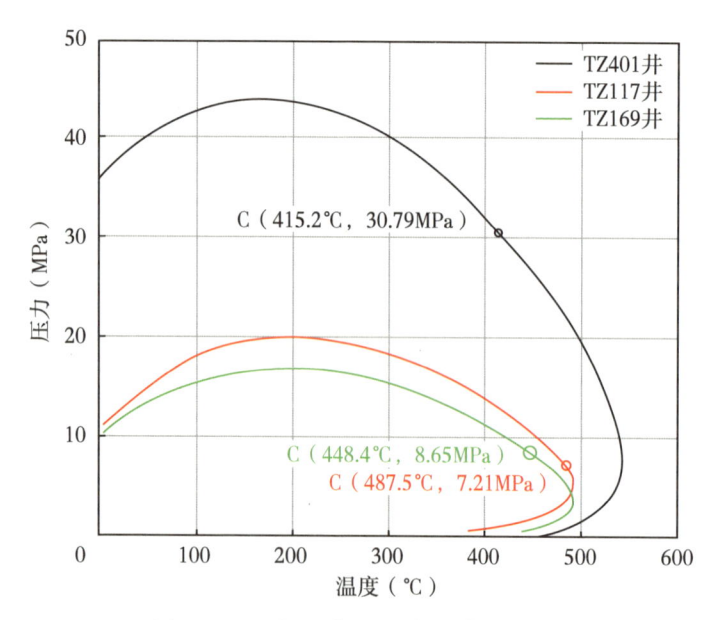

图 5-42 中央隆起油藏流体相态图

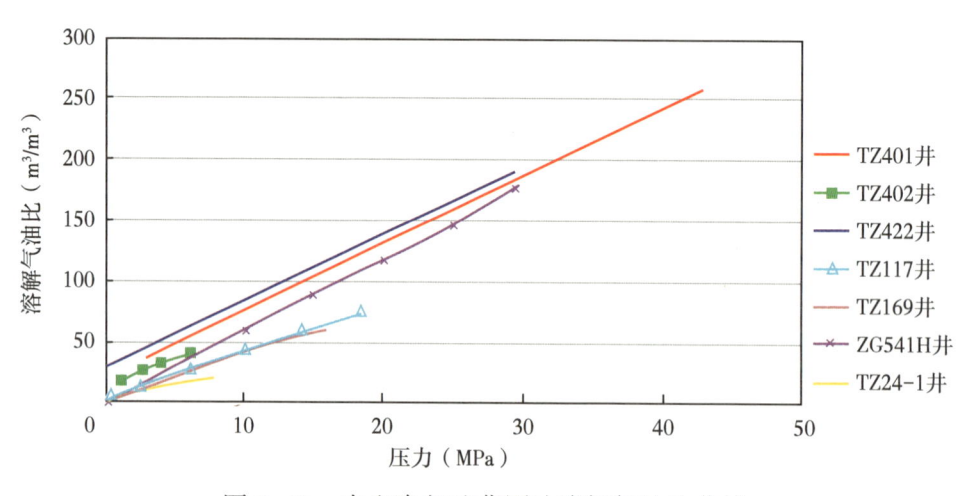

图 5-43 中央隆起油藏原油溶解气油比曲线

2) 地层原油的体积系数和相对体积

地层原油的体积系数能直接反映原油在油藏中的体积与地面脱气后的体积关系。多次脱气实验显示，TZ401 井、TZ422 井和 ZG541H 井为挥发性油藏，饱和压力下原油体积系数大于 1.59，其余普通油藏原油通常小于 1.3（图 5-44）。

相对体积从另一个角度定义了地层原油在不同压力下的体积变化趋势，反映了其弹性膨胀能力的大小。由图 5-45 可以发现，从地层压力开始，随着压

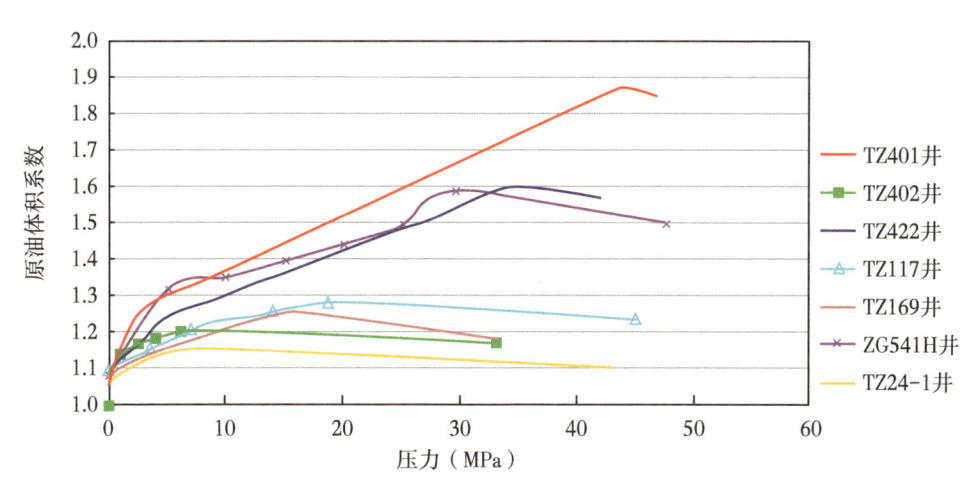

图 5-44　中央隆起油藏原油体积系数曲线

力的逐步减小，油藏流体不断膨胀，相对体积不断变大，但趋势缓慢；当压力降至饱和压力时，相对体积为 1；继续减小压力，油藏流体开始脱气，相对体积进一步增大。

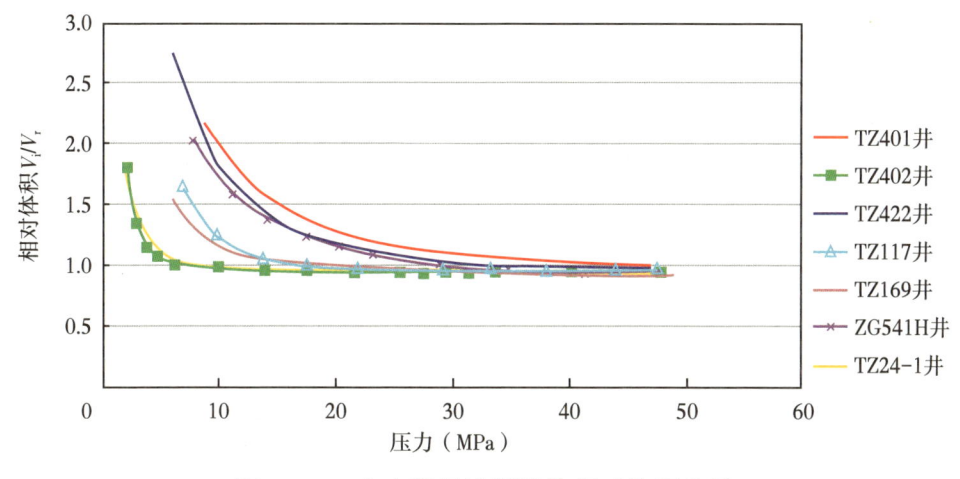

图 5-45　中央隆起油藏流体相对体积曲线

3）地层原油的压缩系数

地层原油的压缩系数主要决定于油中溶解气量的大小以及原油所处的温度和压力。图 5-46 显示，随着压力的不断降低，压缩系数逐渐增大，因为压力较低时，原油的密度比压力较高时更低，更易于压缩，普通油藏在高于饱和压力（原油未脱气）的前提下，压缩系数为 $(9.00 \sim 23.00) \times 10^{-4} \mathrm{MPa}^{-1}$。

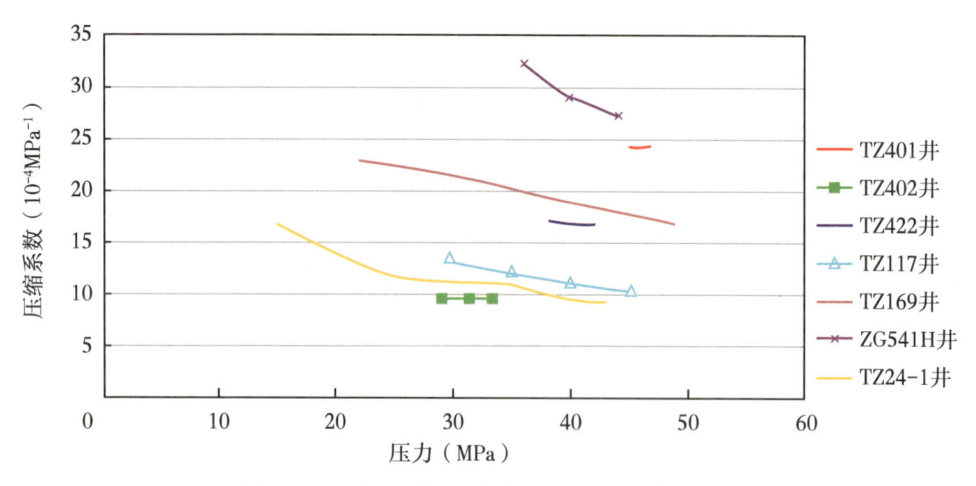

图 5-46　中央隆起油藏原油压缩系数曲线

4）地层原油的黏度

如图 5-47 所示，当压力高于饱和压力时，随压力的增加，使地层油弹性压缩，油的密度增大，液层间摩擦阻力增大，原油的黏度也相应增大，但增大幅度不高。当压力小于饱和压力时，随着压力的降低，油中溶解气不断分离出去，地层原油黏度明显增加。总体来看，中央隆起油田原油黏度较低，通常小于 6mPa·s，有利于水驱开发。

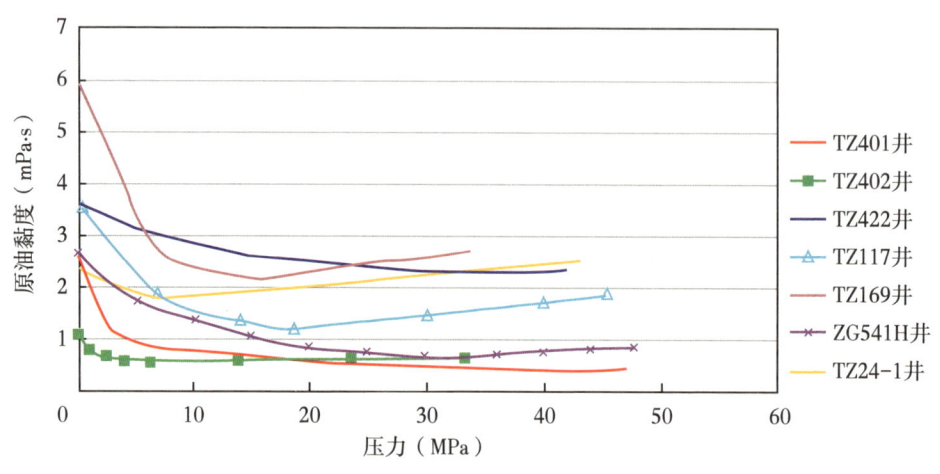

图 5-47　中央隆起油藏原油黏度与压力关系曲线

二、凝析气藏流体性质与高压物性特征

1. 凝析气藏流体性质

中央隆起已开发凝析气田凝析气组成的共同特点是：非烃成分 CO_2 含量较高，为 1.09%~7.70%，N_2 含量偏高，为 0.88%~9.87%。C_1+N_2 含量为 78.8%~92.96%，C_2—C_6+CO_2 含量为 4.39%~13.89%，C_{7+} 含量为 0.51%~10.48%。由图 5-48 可以看出，凝析气藏流体各组分变化趋势基本一致。凝析油密度介于 0.7716~0.7959g/m³，天然气相对密度为 0.62。两相区位于 -200~400℃，地层温度位于临界温度和最高温度之间（图 5-49），凝析气藏特征明显。

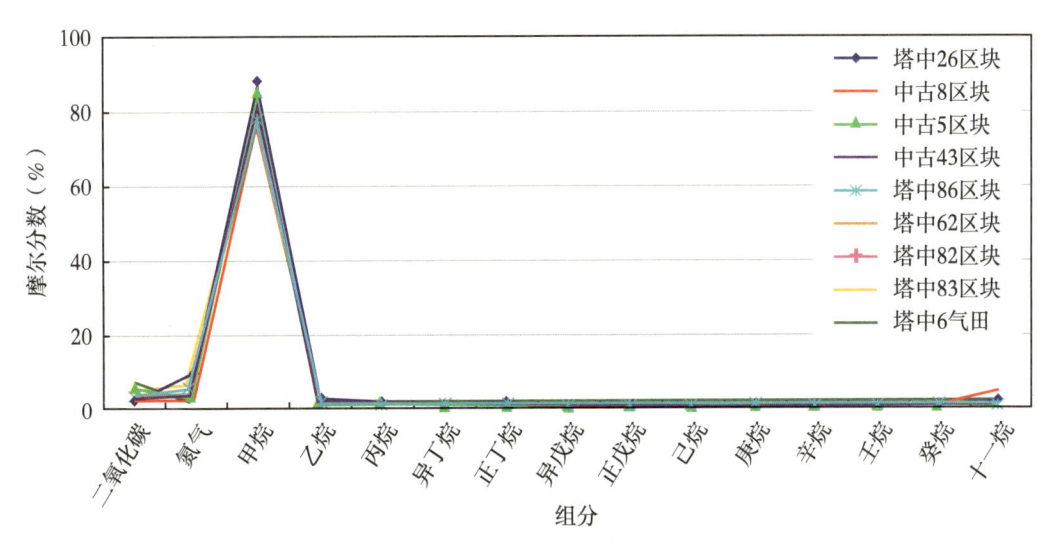

图 5-48 中央隆起凝析气田流体组分含量图

2. 凝析气藏流体高压物性

1）地层流体弹性膨胀特征

如图 5-50 所示，恒质量膨胀实验所测定的凝析气相对体积与压力呈幂函数关系。随着压力下降，地层流体膨胀性越强，当实验压力降低至 20MPa 左右，地层流体弹性膨胀后的体积与其露点压力下的体积相比可膨胀 1.6~2.6 倍。凝析气藏流体有一定的膨胀性，但膨胀能力小于干气。

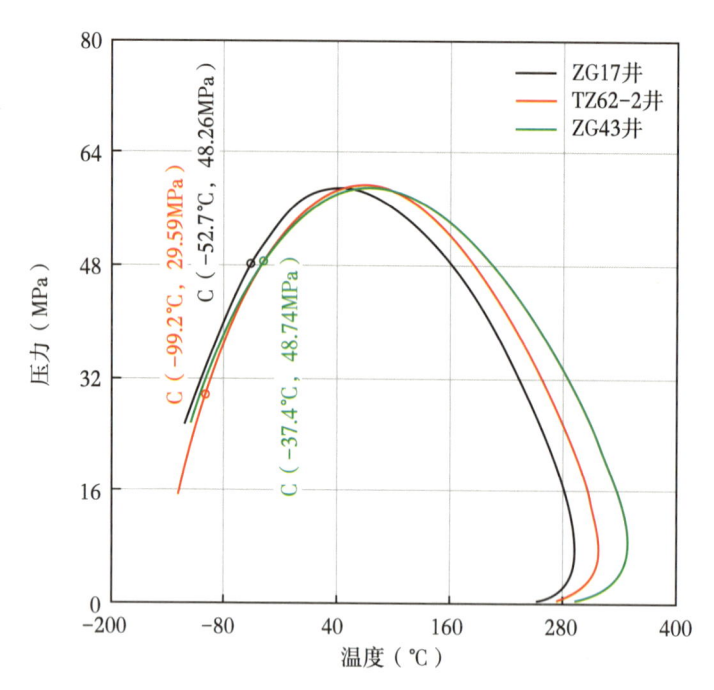

图 5-49 中央隆起凝析气藏流体 p—T 相图

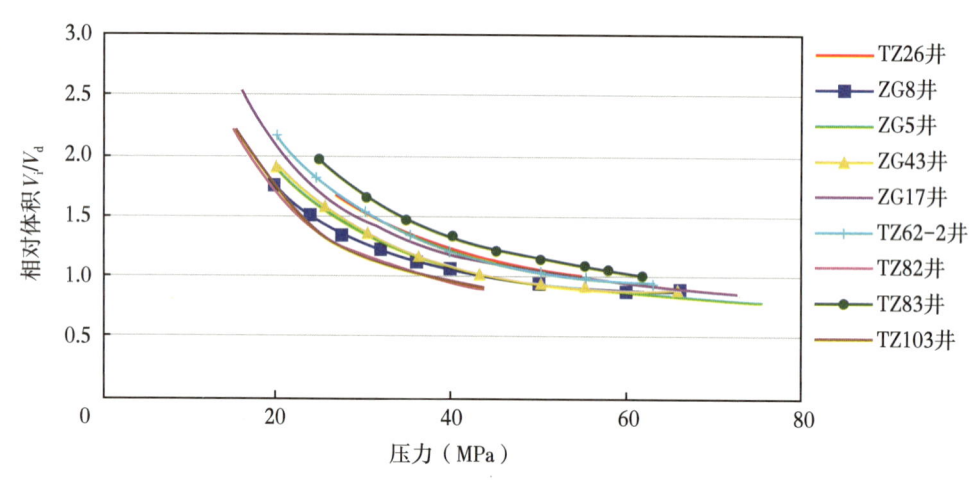

图 5-50 中央隆起凝析气恒质量膨胀实验所测定的 p—V 关系

2) 地层流体反凝析特征

恒质量膨胀和定容衰竭实验显示中央隆起凝析气藏反凝析特征明显（图 5-51 和图 5-52）。

第五章 中央隆起油气藏流体性质和分布规律

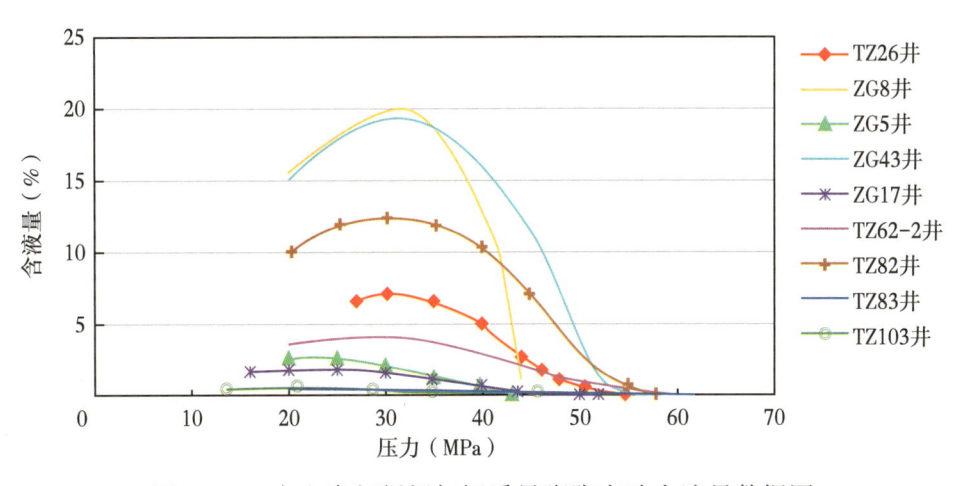

图 5-51 中央隆起凝析气恒质量膨胀实验含液量数据图

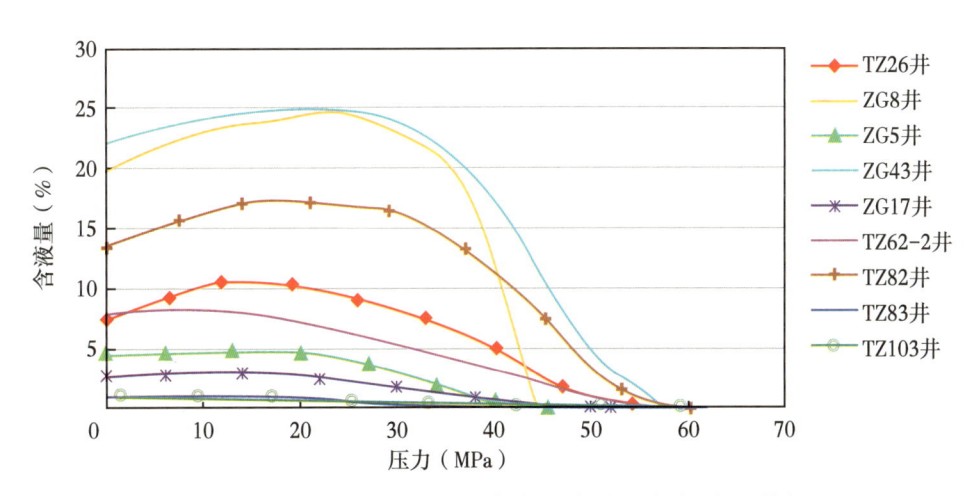

图 5-52 中央隆起凝析气定容衰竭实验反凝析液量数据图

· 367 ·

第六章　西南坳陷油气藏流体性质和分布规律

塔里木盆地西南坳陷是一个经长期发展形成的复合型前陆坳陷，资源量丰富、勘探程度低。西南坳陷内主要发育石炭系、二叠系和侏罗系三套烃源岩，集中分布在柯克亚周缘、齐姆根周缘、喀什凹陷。西南坳陷储层条件非常优越，储层岩石类型有碳酸盐岩和碎屑岩两大类，碳酸盐岩储层主要有寒武系—奥陶系、古近系卡拉塔尔组等；碎屑岩储层主要有石炭系巴楚组、侏罗系、白垩系克孜勒苏群、新近系安居安组和克孜洛依组等。塔西南坳陷的盖层因沉积环境不同而类型多样，并且发育范围广，形成多套良好的区域盖层。盖层类型有泥质岩类、碳酸岩类、蒸发岩类等类型，这些盖层的存在为塔西南坳陷油气运聚成藏提供了良好的封盖条件。西南坳陷包括7个二级构造单元：西天山冲断带、西昆仑冲断带、喀什凹陷、叶城凹陷、塘古凹陷、麦盖提斜坡和玛东构造带。塔西南油气田群主要分布在西天山冲断带、西昆仑冲断带和麦盖提斜坡。综合储层发育和烃源岩分布特征，塔西南坳陷油气主要分布在断裂带，不同时期定型的构造圈闭所含油气的性质不同，晚海西期定型的巴什托普断裂带和玉北断裂带含油，而喜马拉雅期定型的色力布亚断裂带和玛扎塔格断裂带富气，具有"南油北气"的分布特点。

第一节　西天山冲断带油气藏

西天山冲断带内已开发油气藏主要包括阿克莫木气藏，以气为主。

阿克莫木气藏位于新疆维吾尔自治区乌恰县境内东北，距乌恰县城约13km，构造位于塔里木盆地西南坳陷喀什凹陷乌恰构造带西段阿克莫木构造上。阿克莫木气田于2001年7月发现，发现井为AK1井。圈闭类型为挤压背斜圈闭，构造表现为一近东西向展布的长轴状背斜构造，发育东、西两个高点。阿克莫木气田含气层集中分布在克孜勒苏群上段砂岩中，气层厚度约

200m。属于低孔隙度、低渗透率储层，孔渗相关性较好。气藏原始地层压力 33.39MPa，原始地层温度 70.48℃，属于正常的温度、压力系统，天然气以甲烷为主，非烃气体含量较高，气体相对密度 0.66~0.71，地层水为 $NaHCO_3$ 型，密度 $1.05g/cm^3$，属背斜型常温常压块状底水干气气藏。该气田 2005 年 1 月开始试采。

一、原始流体取样与质量评价

按照气藏取样规范和标准，勘探评价阶段阿克莫木气藏录取了 AK1 井和 AK4 井的 3 个井段流体样品，每个井段分别取一支（400mL）、两支（40000mL）或者三支（60000mL）气样。单井流体样品送回实验室后，在环境温度（室温 18.0~27.0℃）条件下检查所有气样合格性，每个井段取一个样品开展 PVT 实验分析。流体样品的取样条件及气井特征见表 6-1。

表 6-1 阿克莫木气藏流体样品取样条件及气井特征统计表

	井号	AK1 井		AK4 井
取样条件	取样时间	2001 年 7 月 20 日	2001 年 8 月 2 日	2009 年 9 月 5 日
	生产油嘴（mm）			8
	油压（MPa）			16.95
	一级分离器压力（MPa）	2.55	2.4	3
	一级分离器温度（℃）	26	3	17.7
	取样方式	地面分离器	MDT/取样深度 3381.10m	地面分离器
气井特征	取样井段（m）	3225.8~3341.0	3381.10	3285~3329
	层位	K_1kz	K_1kz	K_1kz
	原始地层压力（MPa）	33.30	33.94	33.16
	原始地层温度（℃）	68.50	72.00	71.5
	取样时地层压力（MPa）	33.30	33.94	33.16
	取样时地层温度（℃）	68.50	72.00	71.5
	产气量（m³/d）	90370		195620
	一级分离器气相对密度	0.69		0.73

二、流体相态实验

(1) 流体组分。

阿克莫木气藏井流物组成见表6-2。井流物组成摩尔分数：C_1+N_2 为 89.77%、C_2—C_6+CO_2 为 10.20%、C_{7+} 为 0.02%，在三角相图上属于干气藏范围（图6-1）。

表6-2 阿克莫木气藏井流物组成表

井段（m）	组分	井流物摩尔分数（%）	井流物含量（g/m³）
3381.10	二氧化碳	7.395	
	氮气	7.368	
	甲烷	82.401	
	乙烷	0.219	2.738
	丙烷	0.888	16.278
	异丁烷	0.434	10.486
	正丁烷	0.597	14.425
	异戊烷	0.507	15.207
	正戊烷	0.147	4.409
	己烷	0.015	0.524
	庚烷	0.012	0.479
	辛烷	0.007	0.311
	壬烷		
	癸烷		
	十一烷以上		

注：气体分子量20.10，相对密度0.694。

(2) 流体相态。

阿克莫木气藏的流体相态特征如图6-2所示。流体临界参数见表6-3，临界压力6.91MPa，临界温度−67.2℃。地层温度远离相包络线右侧，表现出典型的干气藏相态特征。

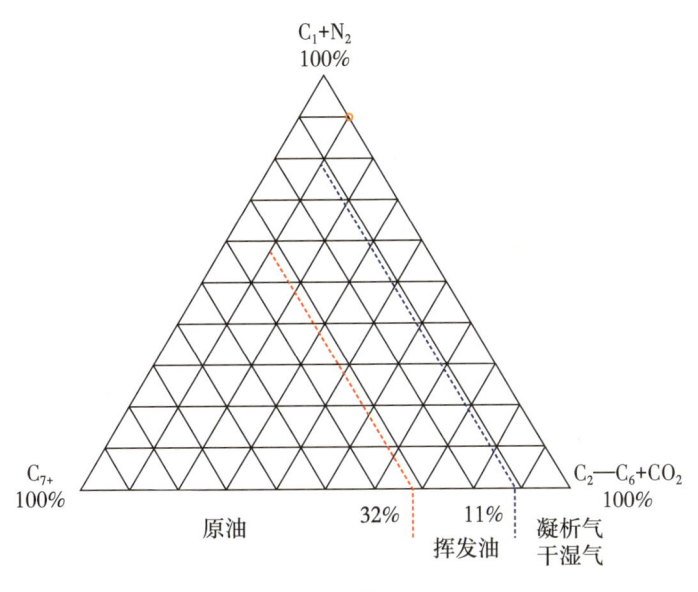

图 6-1 阿克莫木气藏流体类型三角相图

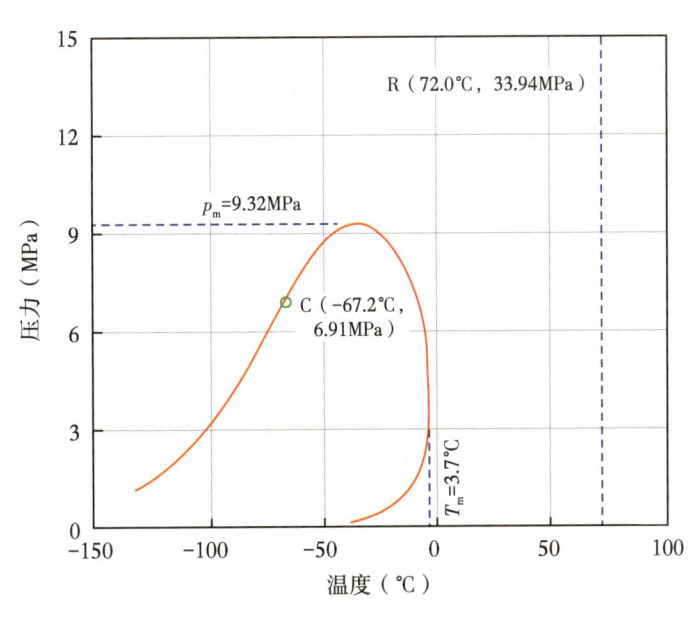

图 6-2 阿克莫木气藏地层流体相态特征图

表 6-3 阿克莫木气藏相态数据表

井段（m）	层位	地层压力（MPa）	地层温度（℃）	临界压力（MPa）	临界温度（℃）	气藏类型
3381.10	K_1kz	33.94	72.00	6.91	-67.2	干气

（3）恒质膨胀实验。

阿克莫木气藏 3381.10m 层段流体样品在地层温度 72℃、地层压力 33.94MPa 下，气体偏差系数为 1.0856、体积系数为 $3.7887\times10^{-3}\mathrm{m}^3/\mathrm{m}^3$，气体黏度 $2.382\times10^{-2}\mathrm{mPa}\cdot\mathrm{s}$。流体恒质膨胀实验结果见表 6-4 和表 6-5。

表 6-4 阿克莫木气藏 3381.10m 流体样品恒质膨胀实验结果（72℃）

压力（MPa）	相对体积	偏差系数 Z	体积系数（$10^{-3}\mathrm{m}^3/\mathrm{m}^3$）
33.94	1.0000	1.0856	3.7887
30.00	1.0955	1.0516	4.1504
26.00	1.2290	1.023	4.6563
22.00	1.4284	1.0067	5.4117
18.00	1.7315	0.9996	6.5604
14.00	2.2166	0.9968	8.3982
10.00	3.0900	0.9954	11.7073

表 6-5 阿克莫木气藏 3381.10m 流体压缩系数表（72℃）

压力（MPa）	压缩系数（MPa^{-1}）
33.94	0.02159
31.97	0.02315
28.00	0.02872
24.00	0.03751
20.00	0.04797
16.00	0.06143
12.00	0.08229

第二节 麦盖提斜坡油气藏

麦盖提斜坡内已开发油气藏主要包括和田河气藏和巴什托普油藏，以气为主。

和田河气藏位于新疆维吾尔自治区和田地区墨玉县境内，于 1997 年 9 月发现，发现井为 MA4 井。和田河气藏构造位于塔里木盆地巴楚凸起南缘玛扎塔格构造带，为一被南、北两条逆断层所夹持的断垒构造带，从西向东依次发育玛 8、玛 2 和玛 4 三个局部构造。气藏主要目的层为石炭系生屑灰岩段（C_{II}）、东河砂岩段（C_{III}）和奥陶系（O）。其中，石炭系生屑灰岩段（C_{II}），平均孔隙度 3.7%、渗透率 8.561mD，为裂缝型低孔隙度储层。石炭系东河砂岩段（$C_Ⅲ$）岩石类型为石英砂岩，平均孔隙度6.3%、渗透率20.21mD，储层岩性致密，属于微裂缝—孔隙型储层。奥陶系岩石类型为颗粒灰（云）岩，平均孔隙度2.7%、渗透率12.191mD，为孔、洞发育的低孔隙度储层。气藏原始地层温度45.9~71.1℃，原始地层压力15.8~23.15MPa，地温梯度为1.92~2.08℃/100m，压力系数为1.05~1.10，属于正常温压系统。天然气甲烷平均含量81.29%、乙烷1.66%、氮气12.18%、二氧化碳4.01%，地层水为$CaCl_2$型，总矿化度为88860~97177mg/L。$C_Ⅱ$为受构造控制的低孔隙度、低渗透率层状边水、微含硫化氢气藏；$C_{Ⅲ+O}$为受构造控制低孔中渗块状底水、低含硫化氢气藏。2003年12月，和田河气田开始试采。

一、原始流体取样与质量评价

按照气藏取样规范和标准，勘探评价阶段和田河气田录取了MA4-H1井的1个井段流体样品，取三支（60000mL）气样。单井流体样品送回实验室后，在环境温度（室温26.0℃）条件下检查所有气样，取一个样品开展PVT实验分析。流体样品的取样条件及气井特征见表6-6。

表6-6 和田河气藏流体样品取样条件及气井特征统计表

	井号	MA4-H1井
取样条件	取样时间	2003年7月9日
	生产油嘴（mm）	10
	油压（MPa）	
	一级分离器压力（MPa）	2.4
	一级分离器温度（℃）	3.0
	取样方式	地面分离器
气井特征	取样井段（m）	1931.41~2433.00
	层位	$C_Ⅲ$
	原始地层压力（MPa）	16.98
	原始地层温度（℃）	66.8
	取样时地层压力（MPa）	16.27
	取样时地层温度（℃）	66.0
	产气量（m³/d）	327000
	一级分离器气相对密度	0.627

二、流体相态实验

（1）流体组分。

和田河气藏井流物组成见表6-7。井流物组成摩尔分数：C_1+N_2 为 97.17%、C_2—C_6+CO_2 为 2.75%、C_{7+} 为 0.08%，在三角相图上属于干气、湿气藏范围（图6-3）。

表6-7 和田河气藏井流物组成表

井段（m）	组分	井流物摩尔分数（%）	含量（g/m³）
1931.41~2433.00	二氧化碳	0.13	
	氮气	12.27	
	甲烷	84.9	
	乙烷	1.54	19.263
	丙烷	0.57	10.456
	异丁烷	0.12	2.901
	正丁烷	0.21	5.077
	异戊烷	0.08	2.401
	正戊烷	0.05	1.501
	己烷	0.05	1.747
	庚烷	0.04	1.597
	辛烷	0.01	0.445
	壬烷	0.01	0.503
	癸烷	0.01	0.557
	十一烷以上	0.01	0.669

注：气体分子量18.15，相对密度0.627。

（2）流体相态。

和田河气藏1931.41~2433.00m井段取得高压气体得出的流体相态特征如图6-4所示。流体临界参数见表6-8，临界压力5.92MPa，临界温度-81.8℃。地层温度远离相包络线右侧，地面分离条件点与露点线相交，表现出典型的干气气藏相态特征。

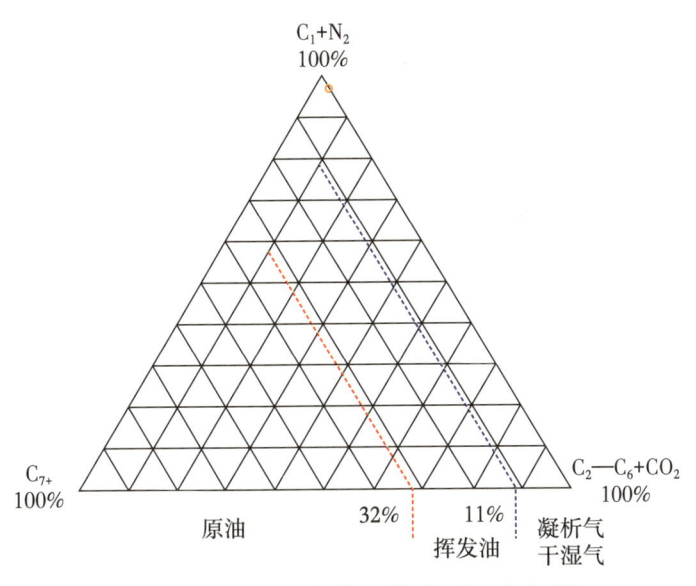

图 6-3 和田河气藏流体类型三角相图

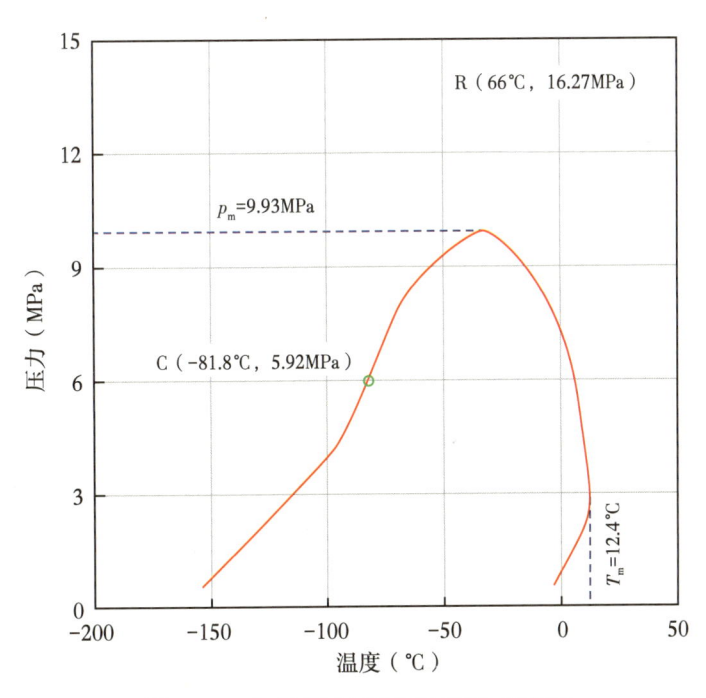

图 6-4 和田河气藏地层流体相态图

表 6-8 和田河气藏相态数据表

井段（m）	层位	地层压力（MPa）	地层温度（℃）	临界压力（MPa）	临界温度（℃）	气藏类型
1931.41~2433.00	C	16.27	66	5.92	−81.8	干气

(3) 恒质膨胀实验。

和田河气藏在 1931.41~2433.00m 层段流体样品在地层温度 66.0℃、地层压力 16.27MPa 下，气体偏差系数为 0.9449、体积系数为 $6.744\times10^{-3}\mathrm{m}^3/\mathrm{m}^3$，气体黏度 $1.6065\times10^{-2}\mathrm{mPa\cdot s}$。流体恒质膨胀实验结果见表 6-9。

表 6-9 和田河气藏流体样品恒质膨胀实验结果

压力（MPa）	相对体积 V_t/V_r	偏差系数 Z
16.27	1.0000	0.9449
14.00	1.1551	0.9400
12.00	1.3494	0.9425
10.00	1.6324	0.9518
8.00	2.0719	0.9687
6.00	2.8262	0.9953

第三节 西南坳陷油气藏流体相态规律

一、气藏流体性质

由图 6-5 可以看出，西南坳陷气藏流体各组分变化趋势基本一致，甲烷组分含量（摩尔分数）均大于 82%。并且气体相对密度为 0.627~0.694，地层

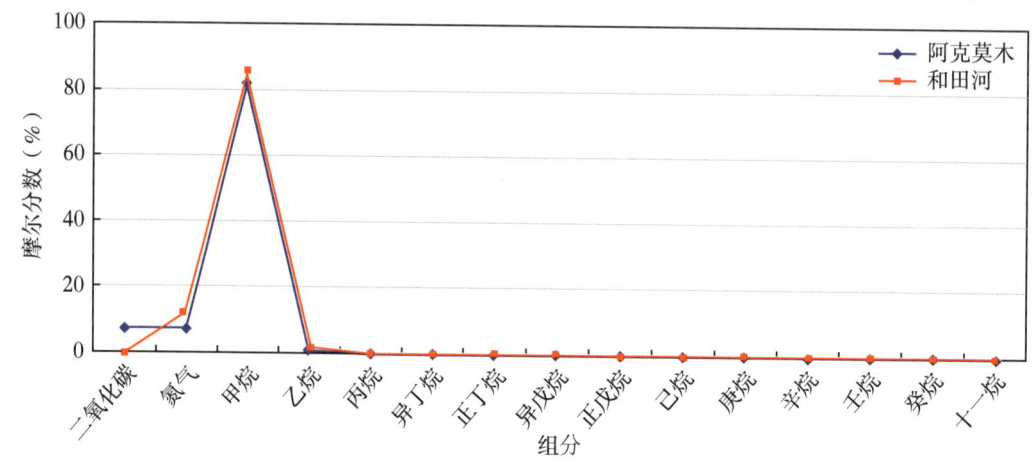

图 6-5 西南坳陷气田流体组分含量（摩尔分数）图

温度远离相包络线右侧，气藏流体性质表现出明显的干气气藏流体特征。在地层温度条件下气体黏度为 $(1.607\sim2.382)\times10^{-2}\mathrm{mPa\cdot s}$，原始压力下体积系数为 $(3.7887\sim6.744)\times10^{-3}\mathrm{m^3/m^3}$，原始偏差系数为 $0.9449\sim1.0856$，气体压缩系数为 $(0.02159\sim0.07228)\mathrm{MPa^{-1}}$，具有低黏度、易膨胀、难压缩的性质。同时，西南坳陷已开发气藏两相区均位于 15℃ 以下，地层温度点远离相包络线区域（图6-6），干气特征明显。

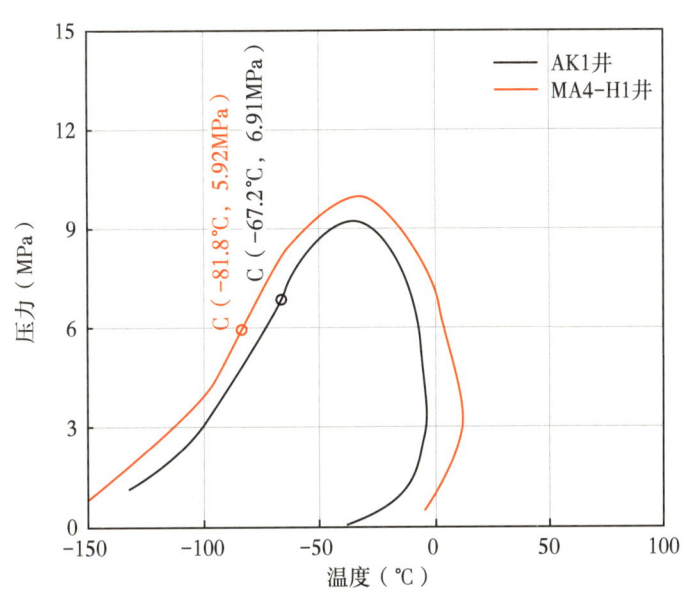

图6-6 西南坳陷气藏相态图

二、气藏流体高压物性

1. 地层流体弹性膨胀特征

如图6-7所示，恒质膨胀实验显示，随着压力下降，地层流体膨胀性越强，地层流体弹性膨胀后的体积与其地层压力下的体积相比最大可膨胀 $2.8\sim3.1$ 倍。实验数据显示气藏气体膨胀性大，弹性膨胀能强。

2. 地层流体偏差系数特征

从实验得出的偏差系数数据图6-8可以看出，西南坳陷已开发气藏的偏差系数随着压力降低趋近于1（图6-8）。另外，阿克莫木气藏流体二氧化碳含量（摩尔分数）大于10%，其天然气偏差系数呈现出与低含二氧化碳气藏偏差系数不一致的变化趋势。在同一压力下，二氧化碳含量增加，流体偏差系数数值偏小。

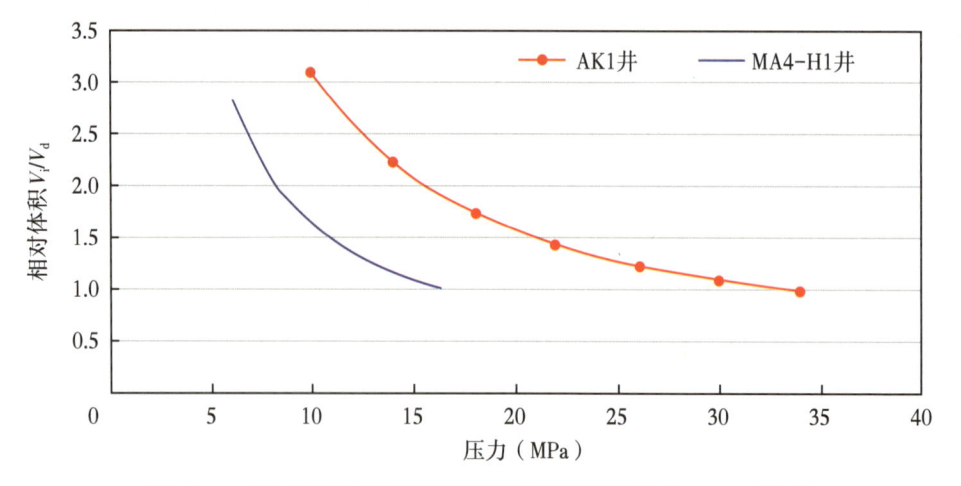

图 6-7　西南坳陷气藏恒质膨胀实验所测定的 p—V 关系

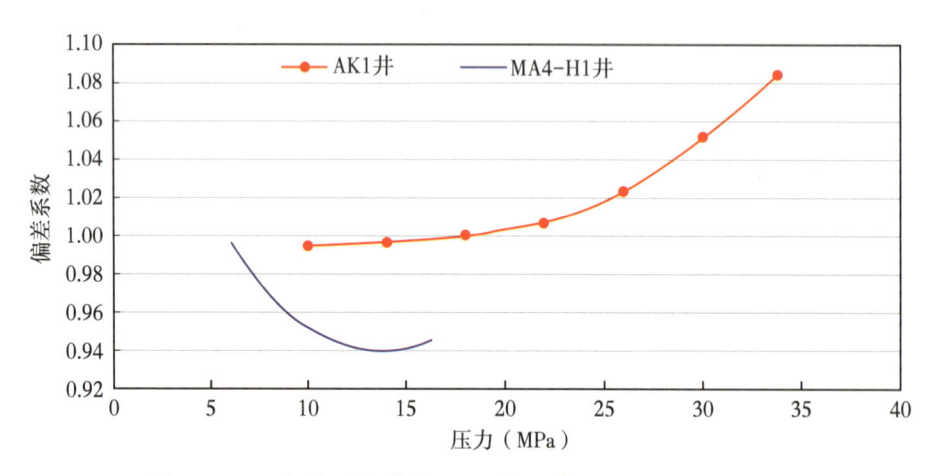

图 6-8　西南坳陷气藏偏差系数随压力变化关系曲线图

3. 地层流体体积系数

西南坳陷气藏原始地层、温度条件下的体积系数为 $(3.7887～6.744)\times10^{-3}\mathrm{m}^3/\mathrm{m}^3$（图 6-9），膨胀系数为 $263.94\mathrm{m}^3/\mathrm{m}^3$，这表明气藏在开发早期具有较高的体积膨胀能力，气体弹性膨胀能是气藏开发过程中的主要能量。

4. 地层流体压缩系数

西南坳陷气藏原始地层条件下流体压缩系数为 $(0.02159～0.07228)\mathrm{MPa}^{-1}$。如图 6-10 所示，在同一地层温度下，干气气藏流体压缩系数与压力呈幂函数关系，随着实验压力的降低而增加。

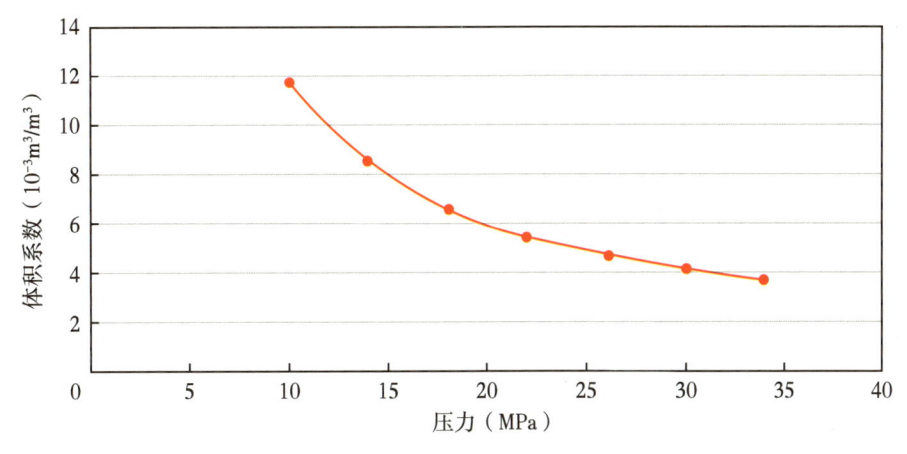

图 6-9　西南坳陷气藏体积系数随压力变化曲线图（AK1 井）

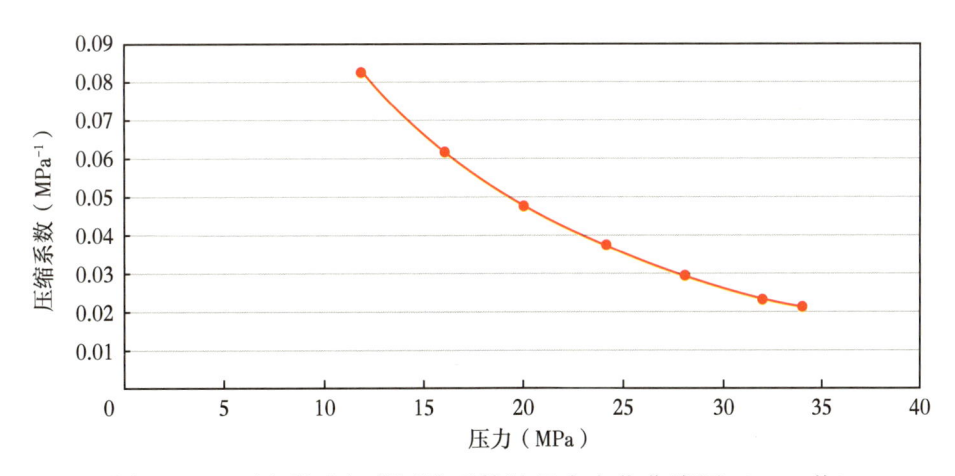

图 6-10　西南坳陷气藏压缩系数随压力变化曲线图（AK1 井）

参 考 文 献

[1] Fang Yisheng, Li Baozhu, Hu Yongle, et al. Condensate Gas Phase Behavior and Development [R]. SPE 50925-MS, 1998.
[2] 李士伦, 孙雷, 郭平. 油气体系相态及凝析气田开发概论 [D]. 成都: 西南石油大学, 1997.
[3] 罗凯, 钟太贤. 试论临界凝析气在 PVT 筒中的分层现象 [J]. 石油勘探与开发, 1999, 26 (1): 68-70.
[4] 刘合年, 罗凯, 胡永乐, 等. 高含蜡凝析气流体的气—固相变特征 [J]. 石油勘探与开发, 2003, 30 (2): 91-93.
[5] 胡永乐, 罗凯, 郑希潭, 等. 高含蜡凝析气相态特征研究 [J]. 石油学报, 2003, 24 (3): 61-67.
[6] Song Wenjie, Jiang Tongwen, Wang Zhenbiao, et al. Development Techniques for Abnormal High-Prssure Gas Fields and Condensate Gas Fields in Tarim Basin [R]. SPE 88575-MS, 2004.
[7] 孙龙德, 宋文杰, 江同文. 塔里木盆地牙哈凝析气田循环注气开发研究 [J]. 中国科学, 2003, 33 (2): 176-182.
[8] 江同文, 王振彪, 宋文宁, 等. 异常高压气田开发 [M]. 北京: 石油工业出版社, 2016.
[9] 李士伦, 王鸣华, 何江川, 等. 气田与凝析气田开发 [M]. 北京: 石油工业出版社, 2004.
[10] 袁士义, 叶继根, 孙志道. 凝析气藏高效开发理论与实践 [M]. 北京: 石油工业出版社, 2003.
[11] 郭平, 孙雷, 宋文杰, 等. 凝析气藏相态恢复理论研究 [J]. 西南石油学院学报, 2001, 23 (2): 26-29.
[12] SY/T 5156—2014 油气藏流体取样方法 [S].
[13] 李士伦. 天然气工程 [M]. 北京: 石油工业出版社, 1994.
[14] 郭天民. 多元气—液平衡与精馏 [M]. 北京: 化学工业出版社, 1983.